"十二五"普通高等教育本科国家级规划教材

"十二五"江苏省高等学校重点教材
（编号：2014-1-117）

高等院校电子信息与电气学科系列教材

模拟电子技术基础

第4版

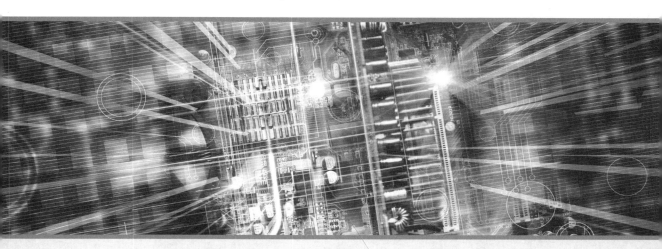

黄丽亚 杨恒新 袁丰 编著

U0190953

机械工业出版社
CHINA MACHINE PRESS

图书在版编目（CIP）数据

模拟电子技术基础 / 黄丽亚，杨恒新，袁丰编著 . -- 4 版 . -- 北京：机械工业出版社，2022.7（2024.5 重印）

（高等院校电子信息与电气学科系列教材）

ISBN 978-7-111-71041-7

I.①模… II.①黄… ②杨… ③袁… III.①模拟电路 – 电子技术 – 高等学校 – 教材 IV.①TN710

中国版本图书馆 CIP 数据核字（2022）第 104871 号

　　本书是编者在总结多年本科"模拟电子线路"课程教学改革经验的基础上编写而成的。为紧跟现代电子技术的发展和适应社会对电子电路设计型人才的需求，本书对传统教学内容进行了较大幅度的更新和补充，强化了器件模型与实际器件的对立统一，引入了电子电路设计、有源滤波器设计软件和电子电路仿真软件等内容。全书共分 11 章，内容包括半导体器件、放大电路基础、双极型晶体管、频率响应、集成运算放大电路、反馈、集成运算放大电路的应用、功率放大电路、直流稳压电源、电子电路仿真软件和集成逻辑门电路。

　　本书可作为高等院校电子信息类、电气类、自动化类、仪器类及计算机类等专业"模拟电子线路"或"模拟电子技术"课程的教材和教学参考书，也可作为相关工程技术人员的参考书。

出版发行：机械工业出版社（北京市西城区百万庄大街 22 号　邮政编码：100037）

责任编辑：王　颖　　　　　　　　　　　　　责任校对：付方敏

印　　刷：北京瑞禾彩色印刷有限公司　　　版　　次：2024 年 5 月第 4 版第 4 次印刷

开　　本：185mm×260mm　1/16　　　　　印　　张：22

书　　号：ISBN 978-7-111-71041-7　　　　定　　价：69.00 元

客服电话：(010) 88361066　68326294

　　本教材依据教育部高等学校电工电子基础课程教学指导分委员会颁布的"模拟电子技术基础"课程教学的基本要求，结合编者多年的教学和实践经验编写而成。在内容安排上，尽量做到思路清晰、叙述详尽，并突出电路的设计方法，以达到引导学生思考、激发学生创新的目的。

　　本教材具有以下特点：

- 精选内容，突出重点，强化三基。以分立元件电路为基础，以集成电路为重点，强调概念的物理本质和含义，深刻、透彻地讲述了基本概念、基本原理和基本分析方法。

- 强化场效应晶体管及其放大电路的内容，以便学生更好地掌握与当前电子技术尤其是集成电路技术相关的知识。

- 以"物理基础 – 器件 – 模块电路 – 系统"为主线，加强各知识模块之间的联通性。在每个知识模块前（后）增加引言（小结），使知识模块间建立紧密联系，力求过渡自然，在知识体系上形成互联互通的全局观，在兼顾定量分析的基础上强化定性分析能力。

- 兼顾模拟电路的分析与设计以及工程近似与实际器件。以分析为基础，面向实际需要，增加了相关的设计实例，并通俗易懂地介绍模拟电路的设计方法，通过电路设计深化电子电路理论。基于元器件模型的电路，体现了电子电路的工程近似性，虽然与实际测试参数是有差异的，但简化了分析和设计。本版教材在保留"工程近似及其运用条件"的基础上，强化基于实际器件的晶体管和场效应晶体管分立电路以及运算放大器电路（及系统）的"分析与设计参数"方法，实现工程近似与实际器件的对立统一，回答了教学实践中学生对工程近似的合理性的质疑。

- 加强模拟电子新技术的介绍。EDA 技术已极大地影响了模拟电子电路分析、设计的方法和手段，本教材引入了有源滤波器设计软件 FilterPro 的功能及其应用、电子电路仿真软件 Multisim 的功能及其应用内容。

- 注重模拟电路与数字电路教学内容的衔接，将集成门电路内容纳入模拟电路部分。

- 与线上课程平台相融合，构建立体的多媒体教材。教材中增加了二维码，扫码后可进入中国大学 MOOC 课程网站，观看重难点讲解、实际电路运行视频，参与知识点测试等。该网站对学生知识的掌握、能力的形成提供了多方位的支持。

　　本书第 1~6 章由黄丽亚执笔，第 7~11 章由杨恒新执笔，袁丰对第 2、3 章进行了修订。张苏对本书亦有贡献。参与本课程教学的赵华、车晶、何艳、周洪敏、方承志、张瑛、朱莉娟、杨华、何涛、杨浩、施刚、张盼盼、胡善文、王子轩、周波和钱国明等为本书的编写提出了宝贵的意见，编者在此表示衷心的感谢！

　　由于编者水平有限，对于书中的错误和不当之处，恳请读者批评指正。

编者

2022 年 3 月

章号	学习要点	教学要求	参考学时（不包括实验和机动学时）
1	介绍半导体物理基础知识、PN 结和二极管及其基本电路	重点内容：二极管的特性，二极管基本电路	4
2	介绍场效应晶体管的工作原理、特性曲线，小信号模型，放大电路的放大原理，放大电路的静态、动态分析	重点内容：场效应晶体管的工作原理、外部特性、主要参数；小信号模型；场效应晶体管基本放大电路的组成、工作原理及性能特点；静态工作点的基本概念、偏置电路及 Q 点估算；小信号等效电路分析法，参数 A_u、R_i、R_o、U_{om} 的计算	7
3	介绍双极型晶体管的工作原理、特性曲线，静态、动态分析，多级放大电路的指标计算	重点内容：双极型晶体管的工作原理、特性曲线和参数；大信号和小信号模型；偏置电路及 Q 点估算；图解分析法和小信号等效电路分析法，参数 A_u、R_i、R_o、U_{om} 的计算；动态范围；多级放大电路的指标计算	11
4	介绍放大电路频率响应的基本概念，晶体管、场效应晶体管和多级放大电路的频率响应，放大电路的噪声	重点内容：放大电路频率响应的基本概念，放大器的低频、中频和高频等效电路，晶体管频率参数，共射电路频率响应特性；单管放大电路频率响应的分析方法；伯德图的概念及画法	6
5	介绍集成运算放大电路的内部电路结构，包括电流源电路、差动电路、复合管放大电路、输出级电路；还介绍集成运算放大电路的外部特性	重点内容：电流源电路、差动电路的工作原理和特性，集成运算放大电路外部特性的理想化	8
6	介绍负反馈放大电路的基本概念、基本方程和组态，负反馈对放大电路性能的影响及深度负反馈下放大电路的近似计算，负反馈放大电路的稳定性	重点内容：反馈的基本概念和反馈类型的判断方法；深度负反馈条件下放大电路的近似计算；负反馈对放大电路性能的影响	10
7	介绍集成运算放大电路在线性系统和非线性系统中的典型应用，包括模拟信号的基本运算、电压比较器、弛张振荡器、精密二极管电路、有源滤波器	重点内容：比例运算电路、求和运算电路、电压比较器、弛张振荡器、有源滤波器的功能分析及其设计	6

（续）

章号	学习要点	教学要求	参考学时 （不包括实验 和机动学时）
8	介绍功率放大电路的特点，典型电路的结构、工作原理及性能参数，常见的集成功率放大器及功率器件	重点内容：互补推挽乙类功率放大电路的工作原理和主要性能参数	3
9	介绍整流、滤波、串联稳压电路的工作原理，典型单片集成稳压器的功能及其应用，同时简要介绍开关型集成稳压器的工作原理	重点内容：整流、滤波、串联稳压电路的原理、性能参数和设计方法	3
10	介绍 Multisim 11 的功能及应用	重点内容：Multisim 11 在模拟电子电路静态、动态性能参数分析中的应用	2
11	介绍双极型晶体管和 MOS 管的开关特性，讨论 TTL 门电路和 CMOS 门电路的工作原理、逻辑功能特性及电气特性，特别是输入特性和输出特性	重点内容：TTL 门电路和 CMOS 门电路的工作原理、电气特性	4

CONTENTS 目 录

第1章

半导体二极管及其应用

1.1　半导体物理基础知识

在物理学中，按照材料导电能力的强弱，可以粗略地将它们分为导体和绝缘体两大类。导体中存在大量的自由电子，外加电场后可以形成定向电流。因此，导体的电阻率很小（$\rho < 10^{-5}\,\Omega \cdot m$），导电能力很强，如铜、银、铝、铁等。该定向电流会受到电子本身热运动的干扰，因而大多数导体的电阻率呈现正的温度特性（即温度越高，导体的电阻率越大）。绝缘体中的自由电子很少，加上电场后，几乎没有电流形成。因此，绝缘体的电阻率很大（$\rho > 10^{6}\,\Omega \cdot m$），导电能力很差，如塑料、陶瓷、石英、橡胶等。

1833 年，英国物理学家法拉第在研究物质的宏观导电能力时发现，有些物质的导电能力介于金属导体和绝缘体之间，而其电阻率却具有负的温度特性（即随着温度的升高，导体的电阻率下降），从而打开了半导体材料世界的大门。

之后，人们又发现半导体具有一些独特的物理特性（如在与金属导体的接触面上会产生单向导电现象等），使得它在电子技术领域发挥了极其巨大的作用。目前的集成电路就主要以硅晶体为基本材料，美国的半导体生产基地"硅谷"也是由此而得名（目前"硅谷"的含义已扩展为以微电子技术为先导的科技园）。本节将从半导体材料的基本性质出发，学习半导体器件的基本原理和特性。

1.1.1　本征半导体

半导体材料在宏观上呈现的物理性质有其对应的微观原因，因此对于半导体材料的研究与应用也将从半导体物理材料的微观结构开始。

1. 本征半导体硅和锗的共价键结构

常用的半导体材料硅和锗的原子序号分别为 14 和 32，相应的原子结构如图 1.1.1a、b 所示，它们的最外层电子都是 4 个。对于硅和锗原子而言，其最外层电子受原子核的束缚力最小，决定着物质的化学性质和导电能力，称为它们的**价电子**。为了突出价电子的作用，研究半导体导电性能时，常采用图 1.1.1c 所示的简化模型表示半导体材料，其中四个点表示最外层的四个价电子，中间的圆圈表示半导体惯性核，圈中的数字 +4 表示中和最外层价电子应具有的内层电荷。

根据价键理论，微观原子必须通过原子间的得失价电子（原子得失电子的能力称为**价**）产生强电性吸引（原子间通过价产生的强相互作用力称为**键**）才能形成宏观物质。因此，硅和锗原子在形成宏观物质时，每个原子会向周围相邻的四个原子"共享"其最外层的四个价电子形成四个**共价键**，从而将所有的原子联结成空间中定向规律排布的点阵（称为晶格），最终形成纯净的单晶半导体（**本征半导体**），如图 1.1.2 所示。

　　a) 硅的原子结构图　　　　　b) 锗的原子结构图　　　　c) 半导体材料的原子简化模型

图 1.1.1　常用半导体材料的原子结构和简化模型

2. 半导体中的两种载流子：电子-空穴对模型

在绝对零度 $T = 0\text{K}$（$-273.15℃$）时，价电子没有能力脱离共价键的束缚成为自由移动的带电粒子（我们把这种粒子称为**载流子**）。这时的本征半导体并不导电，是良好的绝缘体，但是半导体共价键中的价电子并不像绝缘体中束缚得那样紧，只需在室温（300K）下，价电子就会获得足够的随机热振动能量而挣脱共价键的束缚，成为自由电子。这些自由电子很容易在晶体中运动，在外加电压的作用下，就会形成电流，因此自由电子是半导体的一种载流子。

当价电子挣脱共价键的束缚成为自由电子时，共价键中就留下了一个空位，我们将这个空位建模为**空穴**。空穴的出现是半导体区别于导体的一个重要特点。由于空穴是价电子跃出共价键形成自由电子后留下的空位，这就使得该空穴所属的原子核多了一个未被抵消的正电荷，因此可将空穴看成一个带正电荷的粒子。

需要注意的是，共价键中出现的空穴并不是固定不动的，相邻共价键的价电子在正电荷的吸引下会填补这个空位，而在其原有的位置上产生一个空穴。以此类推，空穴便可在整个晶体内自由移动，如图 1.1.3 所示。当有电场作用时，价电子定向地填补空位，使空穴做相反方向的移动，这种空穴移动等效于带正电荷的粒子做定向运动，也可以形成电流。

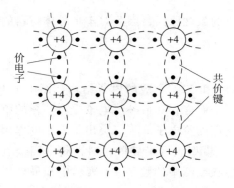

图 1.1.2　单晶硅和锗的共价键结构示意图

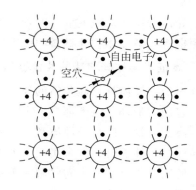

图 1.1.3　本征激发产生电子-空穴对

可见，本征半导体中有两种载流子，即自由电子和空穴，两者都可以参与导电，所不同的是，电子带负电而空穴带正电，在电场作用下的运动方向相反。空穴与自由电子总是成对出现，因此称为**电子-空穴对**。从宏观上看，自由电子和空穴的数量相等，晶体仍然是电中性的。

需要再次强调的是，空穴只是价电子跃出共价键后留下的电性等效模型，而不是一种实际的物理粒子。价电子跃出共价键形成的自由电子在外加定向电场的作用下形成自由电子流，而仍然留在共价键内的空穴在外加定向电场的作用下所形成的电流的本质是价电子流。因此，电子－空穴对模型只能用来分析半导体内部的载流子运动，而不能推广到其他金属导体。

半导体电阻率的温度特性不同于一般导体的原因在于：一般导体在温度升高时，自由电子的热运动阻碍定向运动，所以一般导体的电阻率具有正的温度特性；而对于半导体，温度升高时，反而会促进两种载流子的产生，使得导电性能增强，因而其电阻率具有负的温度特性。

本征半导体受外界能量（热能、电能和光能等）激发，产生电子－空穴对的过程称为**本征激发**。由于本征激发，不断地产生电子－空穴对，使载流子浓度增加。另外，由于正负电荷相吸引，会使电子和空穴在运动过程中相遇。这时，电子填入空穴成为价电子，同时释放出相应的能量，从而消失一对电子－空穴，这一过程称为**复合**。显然，本征激发和复合的程度都是与外界（温度）的影响紧密相关的，载流子浓度越高，复合的机会就越多。这样在一定温度下，当没有其他能量存在时，电子－空穴对的产生与复合最终会达到一种热平衡状态，使本征半导体中载流子的浓度固定。既然存在载流子，那么在电场作用下，本征半导体的导电能力如何？

如果用 n_i、p_i 分别表示电子和空穴的浓度，理论分析表明，在室温下本征硅的载流子浓度 $n_i = p_i = 1.43 \times 10^{10} \mathrm{cm}^{-3}$，这看上去是一个很大的数值，但与硅的原子密度 $5 \times 10^{22} \mathrm{cm}^{-3}$ 相比，室温下只有约三万亿分之一的价电子受激发产生电子－空穴对。因此，本征半导体的导电能力是很弱的。另外值得注意的是，本征载流子浓度随温度升高近似呈指数规律增大，所以其导电性能对温度的变化很敏感。

1.1.2　杂质半导体

1874 年，德国物理学家卡尔·布劳恩在法拉第半导体导电性质研究的基础上发现：当本征半导体和金属探针接触时，在其接触面上会产生单向导电特性（即电流从一个方向可以通过，而反之则不能）。这一特性可以广泛用于整流、信号检测等领域，从而进一步拓展了人们对于半导体物理学的研究。

进一步的研究表明，单向导电特性和半导体受到本征激发产生的两种载流子有着直接的关系，而本征激发受外部条件的影响极大。因此在应用中，如果不对本征半导体加以改进，就会影响单向导电特性的稳定发挥。改进的思路是：既要改变（增大）半导体内部的载流子浓度，又不希望这种改变由本征激发产生。因此，最直接的方法就是使用**掺杂技术**。

在本征半导体中，有选择地掺入少量其他元素，会使其导电性能发生显著变化。这些少量元素统称为杂质。掺入杂质的半导体称为**杂质半导体**，根据掺入的杂质不同，有 N 型半导体和 P 型半导体两种。

1. N 型半导体

在本征硅(或锗)中掺入少量的五价元素，如磷、砷、锑等，就得到 N 型半导体。这时杂质原子替代了晶格中的某些硅原子，它的四个价电子和周围四个硅原子组成共价键，而多出的一个价电子只能位于共价键之外，如图 1.1.4 所示。由于这个键外电子受杂质原子的束缚力很弱，所以只需很小的能量便可挣脱杂质原子的束缚，成为自由电子。因此，室温下几乎每个杂质原子都能提供一个自由电子，从而使 N 型半导体中的电子数大大增加。因为这种杂质原子能"施舍"出一个电子，所以称为**施主原子**(或施主杂质)。施主原子失去一个价电子后，便成为正离子，称为施主正离子。由于施主正离子被束缚在晶格中，不能自由移动，所以不能参与导电。

在这种杂质半导体中，不但有杂质电离产生的自由电子，而且还有本征激发产生的电子 - 空穴对，由于掺杂浓度远远大于本征激发的载流子浓度，因此自由电子的数量比空穴的数量大得多，故称自由电子为**多数载流子**，简称**多子**，而空穴占少数，故称为**少数载流子**，简称**少子**。应当指出，在 N 型半导体中，虽然自由电子数远大于空穴数，但由于施主正离子的存在，使正、负电荷数相等，即自由电子数等于空穴数加正离子数，所以整个半导体仍然是电中性的。

2. P 型半导体

在本征硅(或锗)中掺入少量的三价元素，如硼、铝、铟等，就得到 P 型半导体。这时杂质原子替代了晶格中的某些硅原子，它的三个价电子和相邻的四个硅原子组成共价键时，只有三个共价键是完整的，第四个共价键因缺少一个价电子而出现一个空位，如图 1.1.5 所示。由于空位的存在，邻近共价键内的电子只需很小的激发就能填补这个空位，使杂质原子因多一个价电子而成为负离子，同时在邻近产生一个空穴。由于这种杂质原子能接受价电子，所以称为**受主原子**(或受主杂质)。在室温下，几乎全部的受主原子都能接受一个价电子而成为负离子，称为受主负离子，同时产生相同数目的空穴，所以在 P 型半导体中，空穴浓度大大增加。

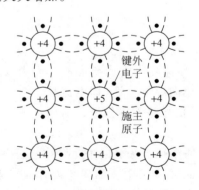

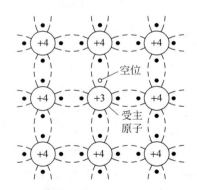

图 1.1.4　N 型半导体原子结构示意图　　　图 1.1.5　P 型半导体原子结构示意图

在这种杂质半导体中，同样既有自由电子，又有空穴。空穴是由杂质电离和本征激发产生的；而自由电子只是由本征激发产生。空穴的数量比自由电子大得多，空穴是多子，自由电子则为少子。在 P 型半导体中，空穴数等于自由电子数加受主负离子数，整个半导体也是电中性的。

3. 杂质半导体的载流子浓度

在以上两种杂质半导体中，尽管掺入的杂质浓度很小，但通常由杂质原子提供的载流子数却远大于本征载流子数。例如，在室温下，硅的本征载流子浓度 $n_i = 1.43 \times 10^{10} \, \text{cm}^{-3}$，硅的原子密度为 $5 \times 10^{22} \, \text{cm}^{-3}$，若掺入百万分之一的磷原子，则施主杂质浓度为

$$N_D = 5 \times 10^{22} \times 10^{-6} = 5 \times 10^{16} \, \text{cm}^{-3}$$

可见，由杂质提供的电子数是 n_i 的百万倍以上。因此，在杂质半导体中，多数载流子的浓度主要由掺杂浓度决定。具体而言，对 N 型半导体，电子浓度 n_N 近似等于施主浓度 N_D；对 P 型半导体，空穴浓度 p_P 近似等于受主浓度 N_A。

杂质半导体的少子浓度，因掺杂不同，会随多子浓度的变化而变化。理论证明，在热平衡下，两种载流子浓度的乘积恒等于本征载流子浓度值 n_i 的平方，即 $n \cdot p = n_i^2$。

4. 掺杂的意义

由以上分析可知，本征半导体通过掺杂，可以大大改变半导体内载流子的浓度，并使一种载流子多，而另一种载流子少。对于多子，通过控制掺杂浓度可严格控制其浓度，而温度变化对其影响很小；对于少子，其浓度与本征激发和复合有关，受温度的影响很大，所以它对半导体器件的温度特性有很大影响。

通过掺杂技术，半导体的载流子浓度几乎只取决于外部掺杂杂质的浓度。杂质半导体在外加电场作用下形成内部电流，由本征电流转变成杂质电流，从而提高了内部电流的稳定性。

在同一块半导体材料中，既掺入施主杂质，又掺入受主杂质，它到底会成为哪种半导体材料呢？这主要由施主杂质和受主杂质的浓度决定。哪一种浓度高，就成为哪种半导体。由此可见，采用适当的掺杂密度，可以使 P 型和 N 型半导体相互转换。

1.2 PN 结

在本征半导体材料中掺入杂质后，其载流子浓度大大提高，导电能力大大增强。然而，提高导电能力并不是目的。如果使 P 型半导体和 N 型半导体结合在一起，在其交界面处就会形成一个很薄的特殊物理层，称为 **PN 结**。PN 结的出现包含了一系列极其重要的物理现象，它为现代半导体工业和电子技术的革命性发展奠定了有力的基础。

1.2.1 PN 结的形成

P 型半导体和 N 型半导体有机地结合在一起时，P 区一侧空穴多，N 区一侧电子多。由于存在浓度差，P 区中的空穴会向 N 区扩散，N 区中的电子也会向 P 区扩散，这种由于存在浓度差引起载流子从高浓度区域向低浓度区域的运动称为**扩散运动**，所形成的电流称为**扩散电流**。扩散电流是半导体器件所特有的，在一般的导体中无法形成扩散电流。

P 区的空穴向 N 区扩散并与 N 区的电子复合，N 区的电子向 P 区扩散并与 P 区的空穴复合。P 区一边失去空穴，留下了带负电的受主负离子；N 区一边失去电子，留下了带正电的施主正离子。这些带电的杂质离子，由于物质结构的关系，不能随意移动，因此不参与导电。在交界面两侧形成的这种具有等量正、负离子的薄层，称为**空间电荷区**，又称**耗尽层**或**阻挡层**。上述过程如图 1.2.1 所示。

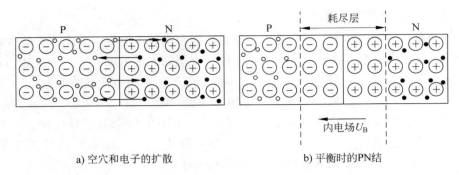

a) 空穴和电子的扩散　　　　　　b) 平衡时的PN结

图 1.2.1　PN 结的形成

由于耗尽层的出现，在界面处形成了一个由 N 区指向 P 区的内建电场，称为**内电场**。在内电场的作用下，N 区的少子(空穴)向 P 区漂移，P 区的少子(电子)向 N 区漂移。这种载流子在电场作用下的运动称为**漂移运动**，所形成的电流称为**漂移电流**。漂移运动的结果是耗尽层变窄，内电场减弱。

多子的扩散运动和少子的漂移运动相互制约，最终扩散电流和漂移电流达到动态平衡，此时，虽然扩散和漂移仍在进行，但通过界面的净载流子数为零，因此流过 PN 结的总电流也为零。同时，耗尽层的宽度保持不变，内电场 U_B 也保持不变，如图 1.2.1b 所示。

需要指出的是，形成 PN 结的多子扩散运动和少子漂移运动都与两侧杂质半导体的掺杂浓度或所处温度有着紧密的关系：两侧杂质半导体的掺杂浓度越大，双方多子在扩散过程中的复合概率也就越大，因而两侧对等重掺杂的 PN 结就会越薄；反之，两侧对等轻掺杂的 PN 结则会越厚。当温度升高时，双方多子的扩散运动变得更加剧烈，在扩散过程中的复合概率也会更大。因而，当温度升高时，同一 PN 结的厚度会变薄；反之，当温度降低时，同一 PN 结的厚度则会变厚。

形象地说，PN 结的形成是由双方杂质载流子的扩散"挤"出来的，因而使得双方杂质载流子的扩散趋势得到增强的改变都将削弱 PN 结的厚度，反之亦然。

当 P 区和 N 区的杂质浓度相等时，PN 结正、负离子区的宽度相等，称为**对称结**。而当两边杂质浓度不相等时，称为**不对称结**，用 P^+N 和 PN^+ 表示(+ 号表示重掺杂区)。这时，由于两边电荷量相等，但正、负离子分布的疏密不同，耗尽层伸向轻掺杂区一边，如图 1.2.2所示。

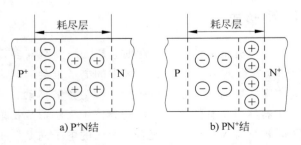

a) P$^+$N结　　　　　　　b) PN$^+$结

图 1.2.2　不对称 PN 结

1.2.2 PN结的单向导电性

1. PN结外加正向电压

将PN结的P区接电源正极，N区接电源负极，称为PN结**外加正向电压**或**正向偏置**，如图1.2.3所示。PN结正向偏置时，外电场与内电场方向相反，从而减弱了耗尽层的内电场，破坏了PN结的动态平衡，由于耗尽层的宽度减小，使得多子扩散运动大大增强，而少子漂移运动大大减弱。因此，通过外加正向电压的PN结的电流，扩散电流占主导地位，在外电路中形成一个流入P区的**正向电流**，用I_F表示。

应该强调的是，PN结在正向偏置时，虽然可以形成较大的正向电流，但这个正向电流的维持，**必须**依赖于一个足以削弱PN结并帮助多子通过PN结的最小外加电压(称为PN结的**死区电压**或**开启电压**)，一旦外加电压的值小于死区电压，就不能形成正向电流I_F。也就是说，PN结正向电流的形成不仅对PN结的偏置电压有极性的要求(正偏)，还有大小的要求(必须高于死区电压)；而当正向电流形成后，在一定的外加电压下(不考虑温度变化)，其电流大小只与多子浓度(掺杂工艺)有关。

在正常工作范围内，PN结上外加的正向电压只要稍有增加，就能引起正向电流显著增加，因此，正向PN结表现为一个很小的电阻。

2. PN结外加反向电压

将PN结的P区接电源负极，N区接电源正极，称为PN结**外加反向电压**或**反向偏置**，如图1.2.4所示。PN结反向偏置时，外电场与内电场方向相同，增强了耗尽层的内电场，耗尽层变宽，阻止了多子的扩散运动，使扩散电流迅速减小，同时促进了漂移运动。由于形成漂移运动的是两侧区域的少子，且少子浓度很低，所以形成的漂移电流很小。在外电路中形成流入N区的电流，称为**反向饱和电流**，用I_S表示。当反向电压增大时，两侧边界处少子的数目并无多大变化，因此，I_S几乎不随外加电压的增大而增大，近似为定值。

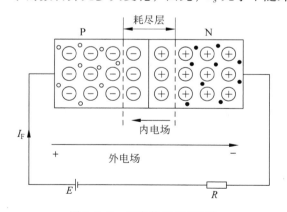

图1.2.3 正向偏置的PN结

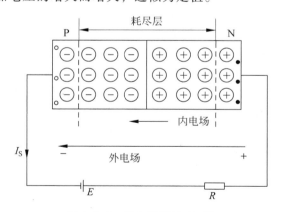

图1.2.4 反向偏置的PN结

在PN结反向偏置时，由于I_S很小，PN结表现为一个很大的电阻。同时，I_S是少子运动产生的，因此受温度的影响很大。

同样应该强调的是，PN结在反向偏置时，形成的反向电流虽然较小，但这个反向电流的形成，却**只需要**外加电压令PN结反偏即可，而与反向电压的大小无关。这是因为少子反向漂移通过PN结时，内电场的方向和少子通过PN结的方向一致，也就是说，此时的内电场对于少子的反向通过不仅不会有阻碍作用，还会有帮助作用。简言之，PN 结反向电流的形成只对 PN 结的偏置电压有极性的要求，而没有大小的要求；反向电流形成后，其大小只与少子浓度有关。

综上所述，PN 结正向偏置时，电流很大，并随外加电压的变化而显著变化；PN 结反向偏置时，电流极小，且不随外加电压变化。这就是 PN 结的**单向导电性**。

3. PN 结的伏安特性

理论分析证明，流过 PN 结的电流 i 和外加电压 u 之间的关系可以近似地表示为

$$i = I_S(e^{qu/kT} - 1) = I_S(e^{u/U_T} - 1) \tag{1.2.1}$$

式（1.2.1）也称为 PN 结电流方程，其中反向饱和电流 I_S 的大小与 PN 结的材料、制作工艺、温度等有关，U_T 称为热电压或温度的电压当量，由下式计算：

$$U_T = \frac{k \cdot T}{q} \tag{1.2.2}$$

式中，k 为玻尔兹曼常数；q 为单位电子电荷量；T 为热力学温度。在常温（$T = 300K$）下，$U_T = 26mV$。应用式（1.2.1）时要注意 u 和 i 的规定正方向：u 的规定正方向为 P 区一端为"正"，N 区一端为"负"；P 区流向 N 区的方向为电流 i 的正方向。

由式（1.2.1）可知，当 $u = 0$ 时，$i = 0$。

当 $u > 0$ 且 $u \gg U_T$ 时，因 $e^{u/U_T} \gg 1$，故有

$$i \approx I_S e^{u/U_T} \tag{1.2.3}$$

所以，当 PN 结正向偏置时，i 和 u 基本上呈指数规律变化。

当 $u < 0$ 且 $|u| \gg U_T$ 时，因 $e^{u/U_T} \ll 1$，则有

$$i \approx -I_S \tag{1.2.4}$$

即 i 是一个与反向电压 u 无关的常数，PN 结反向截止。由式（1.2.1）可画出 PN 结的伏安特性曲线，如图 1.2.5 所示。

PN 结的伏安特性对温度变化很敏感，根据 1.2.1 节中温度对 PN 结厚度影响的分析可知：当温度升高时，PN 结变薄，正向导通性增强，反向截止性削弱。所以，在 PN 结的伏安特性曲线上表现为当温度升高时，正向特性左移，反向特性下移，如图 1.2.5 中虚线所示。也就是说，在相同的偏压下，温度越高，电流越大。具体变化规律是：保持正向电流不变时，温度每升高 1℃，结电压 u 减小约 2～2.5mV。温度每升高 10℃，反向饱和电流 I_S 增大一倍。

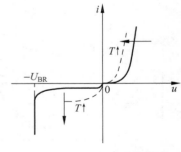

图 1.2.5　PN 结的伏安特性曲线

当温度升高到一定程度时，由本征激发产生的少子浓度有可能超过掺杂浓度，使杂质半导体变得与本征半导体一样，这时 PN 结就不存在了。因此，为了保证 PN 结正常工作，它的最高工作温度有一个限制，对硅材料为 150～200℃，对锗材料为 75～100℃。

1.2.3　PN 结的反向击穿特性

由图 1.2.5 看出，当 PN 结的外加反向电压增大到一定值 U_{BR} 时，反向电流急剧增大，这种现象称为 PN 结的**反向击穿**，发生击穿时的反向电压 U_{BR} 称为 PN 结的**反向击穿电压**。

根据 PN 结发生击穿的机理不同，反向击穿可以分为两种：**齐纳击穿**和**雪崩击穿**。

1. 齐纳击穿

在重掺杂的 PN 结中，由于耗尽层内的正、负离子排列紧密，耗尽层很窄，因此外加不大的反向电压就能在耗尽层内形成很强的电场，而直接破坏共价键，使价电子脱离共价键的束缚，产生大量电子 – 空穴对，致使反向电流急剧增大，这种击穿称为**齐纳击穿**。可见，齐纳击穿电压较低，对于硅材料的 PN 结来说，齐纳击穿的 U_{BR} 一般小于 5V。

2. 雪崩击穿

如果掺杂浓度较低，耗尽层较宽，那么低反向电压下不会产生齐纳击穿。当反向电压增大到较大数值时，耗尽层的电场加速少子的漂移速度，动能增加，这些加速的少子会与共价键中的价电子相碰撞，把价电子撞出共价键，产生电子-空穴对。新产生的电子-空穴对再被电场加速后又撞出其他价电子，这种连锁反应的结果，使耗尽层内的载流子数量像雪崩一样剧增，从而引起反向电流急剧增大，所以称为**雪崩击穿**，如图 1.2.6 所示。

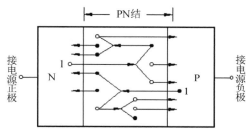

一般来说，对硅材料的 PN 结，雪崩击穿的 $U_{BR} > 7V$。当 U_{BR} 为 5 ~ 7V 时，两种击穿都有。另外需要说明的是，雪崩击穿和齐纳击穿都属于电击穿，只要限制击穿时流过 PN 结的电流，不因过热而烧坏 PN 结，则当减小反向电压时，PN 结特性又可以恢复到击穿前的情况。

图 1.2.6 PN 结的雪崩击穿示意图

1.2.4 PN 结的电容特性

在外加电压发生变化时，PN 结耗尽层内的空间电荷量和耗尽层外的载流子数量均发生变化，这种电荷量随外加电压变化的电容效应，称为 **PN 结的结电容**。按产生的机理不同，结电容分成势垒电容和扩散电容两种。

1. 势垒电容

PN 结的耗尽层具有不能移动的带电离子，当外加电压(尤其是反向电压)发生变化时，会引起耗尽层的宽度和相应的电荷量发生改变。可以看出，PN 结的耗尽层就像一个平板电容器。我们把耗尽层电荷量随外加电压变化而变化的电容效应，称为**势垒电容**，用 C_T 表示。经推导，C_T 可表示为

$$C_T = \frac{dQ}{du} = \frac{C_{T0}}{\left(1 - \dfrac{u}{U_B}\right)^n} \tag{1.2.5}$$

式中，C_{T0} 为外加电压 $u = 0$ 时的 C_T 值，它由 PN 结的结构、掺杂浓度等决定；U_B 为内建电位差；n 为变容指数，与 PN 结的制作工艺有关，取值一般在 $1/3 ~ 6$ 之间。

2. 扩散电容

当 PN 结正向偏置时，扩散运动占主导地位。P 区的空穴向 N 区扩散，N 区的电子向 P 区扩散，边扩散边复合，使得靠近 PN 结边界处的少子(非平衡少子)浓度高，远离边界处的少子浓度低，浓度曲线呈指数规律，如图 1.2.7 中曲线①所示。当正偏电压加大时，扩散到 N

区的空穴数和扩散到 P 区的电子数增加，使得浓度分布曲线梯度增大，如图1.2.7中曲线②所示。这时图中两条曲线之间的面积，就是扩散区内非平衡少子电荷的改变量 ΔQ_N。为了维持电中性，N 区和 P 区内的非平衡多子浓度也相应地增大，引起相同的电荷改变量。我们把这种外加电压改变引起扩散区内存储电荷量变化的电容效应，称为**扩散电容**，用 C_D 表示。

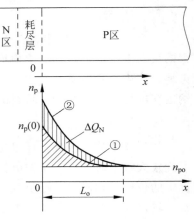

如果电压变化量为 Δu 时，引起非平衡自由电子电荷变化量 ΔQ_N 和非平衡空穴电荷变化量 ΔQ_P，则 P 区（N区）存储的空穴（自由电子）电荷变化量包含两部分，即注入 N 区（P 区）的 ΔQ_P（ΔQ_N）和维持电中性注入 P 区（N区）的 ΔQ_N（ΔQ_P），故 P 区和 N 区中各自存储的空穴和自由电子电荷变化量相等，均为 $\Delta Q = \Delta Q_N + \Delta Q_P$，则

图 1.2.7　P 区少子浓度分布曲线

$$C_D = \frac{\Delta Q}{\Delta u} = \frac{\Delta Q_N}{\Delta u} + \frac{\Delta Q_P}{\Delta u} \qquad (1.2.6)$$

由于 PN 结的 C_T 和 C_D 均等效地并接在 PN 结上，因此 PN 结上的总电容 C_J 为两者之和，即 $C_J = C_T + C_D$。PN 结正偏时，扩散电容占主导，其值通常为几十到几百 pF；反偏时，势垒电容占主导，其值通常为几到几十 pF。由于 C_T 和 C_D 均不大，因此在低频工作时，忽略它们的影响。

1.3　半导体二极管及其基本电路

将 PN 结加上两根电极引线并封装在管壳中便构成了半导体二极管，半导体二极管根据工艺不同分为点接触型二极管、面接触型二极管和平面型二极管。图 1.3.1a 为点接触型二极管，它有一根金属丝经特殊工艺与半导体表面相接，形成单向导电结，因接触面积小，故不能通过较大的电流，一般用于小功率情况。图 1.3.1b 为面接触型二极管，它采用合金法

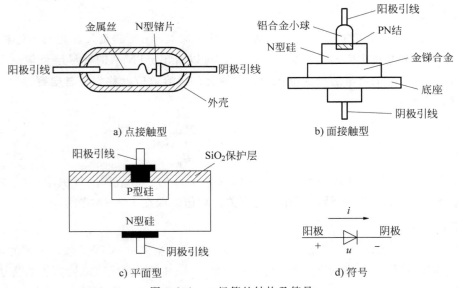

a) 点接触型

b) 面接触型

c) 平面型

d) 符号

图 1.3.1　二极管的结构及符号

工艺制成，因接触面积大，故能工作于大电流情况。图1.3.1c为平面型二极管，它采用扩散工艺制成，其结面积较大，可用于大功率情况。图1.3.1d为二极管符号。

1.3.1　半导体二极管的伏安特性曲线

与PN结相同，二极管具有单向导电性。但由于二极管存在引线电阻、P区和N区体电阻，所以在外加正向电压相同的情况下，二极管的正向电流要小于PN结的电流；在大电流的情况下，P区、N区体电阻和引线电阻的作用趋于明显，使得电流和电压近似呈线性关系。另外，由于表面漏电流的影响，当外加反向电压时，反向电流增大。图1.3.2为实测的二极管伏安特性曲线。在近似计算时，二极管仍然采用PN结电流方程，即式(1.2.1)。

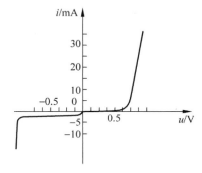

图1.3.2　二极管的伏安特性曲线

由图1.3.2可知，当正向电压较小时，流过二极管的正向电流几乎为零。正向电压超过某一数值时，正向电流才明显增加。这一电压称为**死区电压**。死区电压的大小与二极管的材料及温度等因素有关。室温下，硅管的死区电压为0.5V左右，锗管的死区电压为0.1V左右。当正向电压超过死区电压以后，随着电压的升高，正向电流迅速增大。硅二极管正常工作的电压为0.6~0.8V，锗二极管正常工作的电压为0.2~0.3V。

当反向电压增大到足够大时，二极管也会被击穿，不同型号二极管的击穿电压差别很大，从几十伏到几千伏。温度对二极管特性的影响，也与PN结相同。

1.3.2　半导体二极管的主要参数

1. 直流电阻 R_D

当二极管外加直流偏置电压 U_D 时，将有直流电流 I_D，此时二极管等效为一个直流电阻 R_D，且

$$R_D = \frac{U_D}{I_D} \tag{1.3.1}$$

从特性曲线可以看出，R_D 不是恒定值，呈现非线性。正向的 R_D 随工作电流增大而减小，反向的 R_D 随反向电压增大而增大。由图1.3.3a可知，R_D 的几何意义是 Q 点(U_D，I_D)到原点直线斜率的倒数。显然，图中 Q_1 点处的 R_D 小于 Q_2 点处的 R_D。

2. 交流电阻 r_D

由上面的分析知道，当二极管外加直流电压时就会有直流电流，曲线上反映该电压和电流的点为 Q 点。若在 Q 点基础上外加微小的变化电压 Δu，也会引起电流的微小变化量 Δi，如图1.3.3b所示。由于变化量较小，可以用以 Q 点为切点的直线来近似表示微小变化的曲线，即在微小电压作用下的二极管可以等效为一个交流电阻 r_D，且

$$r_D = \frac{\Delta u}{\Delta i}\bigg|_{I_{DQ}, U_{DQ}} \approx \frac{\mathrm{d}u}{\mathrm{d}i}\bigg|_{I_{DQ}, U_{DQ}} \tag{1.3.2}$$

r_D 的几何意义见图1.3.3b，即二极管伏安特性曲线上 Q 点(U_D，I_D)处切线斜率的倒数。根据二极管的伏安特性方程式(1.2.1)，可以求出

$$r_{\mathrm{D}} = \frac{\mathrm{d}u}{\mathrm{d}i}\bigg|_{\mathrm{Q}} = \frac{U_{\mathrm{T}}}{I_{\mathrm{S}}\mathrm{e}^{u/U_{\mathrm{T}}}}\bigg|_{\mathrm{Q}} = \frac{U_{\mathrm{T}}}{I_{\mathrm{DQ}}} \qquad (1.3.3)$$

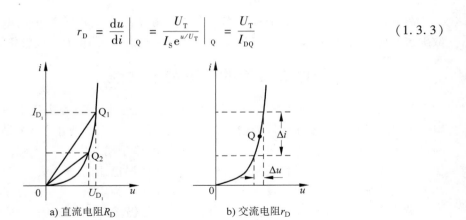

a) 直流电阻 R_{D}　　　　b) 交流电阻 r_{D}

图 1.3.3　二极管电阻的几何意义

从图中看出，在不同工作点 Q，二极管呈现的交流电阻 r_{D} 不是恒定值，具有非线性特性。同时，在同一工作点处交流和直流电阻也不相同，而我们以前学到的电阻通常是线性电阻，无论在哪一个工作点其交流电阻和直流电阻均相等，因此在以前的学习中不特别强调是直流电阻还是交流电阻。

　　例 1.3.1　如图 1.3.4 所示，已知 VD 为硅二极管，室温下流过 VD 的直流电流 $I_{\mathrm{D}} = 10\mathrm{mA}$，交流电压 $\Delta u = 10\mathrm{mV}$，流过 VD 的交流电流 Δi 是多少？

　　解：根据室温下的 U_{T} 和流过二极管的直流电流 I_{DQ}，可以计算出二极管的交流电阻

图 1.3.4　例 1.3.1 电路图

$$r_{\mathrm{D}} \approx \frac{U_{\mathrm{T}}}{I_{\mathrm{DQ}}} \approx \frac{26\mathrm{mV}}{10\mathrm{mA}} = 2.6\Omega$$

交流电流 Δi 为总的交流电压 Δu 除以回路的交流电阻，即

$$\Delta i = \frac{\Delta u}{R + r_{\mathrm{D}}}$$

其中，电阻 R 的交流电阻和直流电阻都为 $0.93\mathrm{k}\Omega$，因此

$$\Delta i = \frac{\Delta u}{R + r_{\mathrm{D}}} = \frac{10\mathrm{mV}}{0.93\mathrm{k}\Omega + 2.6\Omega} = 1.1 \times 10^{-2}\mathrm{mA}$$

3. 最大整流电流 I_{FM}

I_{FM} 指二极管长期工作时允许通过的最大正向平均电流，其大小由 PN 结的结电压和外界散热条件决定。

4. 最大反向工作电压 U_{RM}

U_{RM} 指二极管工作时所允许加的最大反向电压，超过此值容易发生反向击穿。通常取 U_{BR} 的一半作为 U_{RM}。

5. 反向电流 I_{R}

I_{R} 指二极管未击穿时的反向电流。I_{R} 越小，单向导电性能越好。I_{R} 与温度密切相关，使用时应注意 I_{R} 的温度条件。

6. 最高工作频率 f_M

f_M 是与结电容有关的参数。工作频率超过 f_M 时，二极管的单向导电性能变差。需要指出，由于器件参数分散性较大，手册中给出的一般为典型值，必要时应通过实际测量得到准确值。另外，应注意参数的测试条件，当运用条件不同时，应考虑其影响。

器件参数是定量描述器件性能质量和安全工作范围的重要数据，也是我们合理选择和正确使用器件的依据。参数一般可以从产品手册中查到，也可以通过直接测量得到。对于二极管的使用，应特别注意不能超过最大整流电流 I_{FM} 和最大反向工作电压 U_{RM}，否则容易损坏二极管。

1.3.3 半导体二极管的电路模型

半导体二极管是一种非线性器件，对含有二极管的电路进行分析时，可以使用式 (1.2.1) 对其电压电流关系进行理论和计算机辅助分析。但使用这个公式往往不够直观，也不够简明方便。因此，常用一些等效的线性器件模型来代替二极管，并对二极管电路进行分析。下面介绍几种常用的二极管模型。

1. 理想模型

理想二极管模型是一种最简单且最常用的模型。它对二极管的单向导电性做了理想化处理。当正向偏置 ($u > 0$) 时，二极管导通，有较大的正向电流，其导通压降为零；当反向偏置或零偏 ($u \leq 0$) 时，二极管截止，反向电流为零。可以把理想二极管想象为一个开关，二极管导通相当于开关闭合，二极管截止相当于开关打开。理想二极管的符号和伏安特性曲线如图 1.3.5 所示。

理想二极管模型与实际的二极管特性虽然有一定的差别，但由于其简单实用，因而得到了广泛的应用。

2. 恒压降模型

在相当多的情况下，二极管本身的导通压降不能忽略。这时，可以采用理想二极管串联电压源的模型，即恒压降模型，如图 1.3.6 所示。图中，理想二极管反映了二极管 D 的单向导电性，电压源 $U_{D(on)}$ 称为二极管的**导通电压**，通常硅管取 0.7V，锗管取 0.25V。显然，这种模型比理想模型更加接近实际的二极管特性。

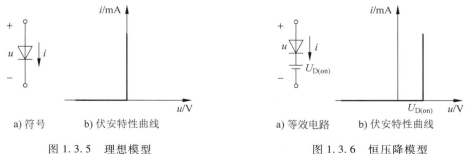

图 1.3.5 理想模型　　　　图 1.3.6 恒压降模型

3. 折线模型

为了更加准确地计算二极管电路，可以采用折线模型来近似代替二极管的特性曲线。

图1.3.7a是其等效电路，图1.3.7b是等效的伏安特性曲线。二极管导通后的特性曲线可用一条斜线来近似，即电压与电流呈线性关系。斜线斜率为$1/r_{D(on)}$，$r_{D(on)}$一般为几十欧姆。二极管截止时，反向电流为零。因此，等效电路是理想二极管串联电压源$U_{D(on)}$和电阻$r_{D(on)}$。这种模型在大信号作用时准确度更高。

4．交流小信号模型

以上3种模型通常是二极管工作在大信号时的等效模型。在模拟电子线路中，二极管的电压和电流经常是在某一固定点附近做小范围的变化。这时，主要是对其变化量进行分析，而以上几种模型就不再适用了，需要使用二极管的交流电阻r_D来等效，如图1.3.8所示，其中$r_D = \dfrac{U_T}{I_{DQ}}$，$r_D$与其静态工作电流$I_{DQ}$有关。

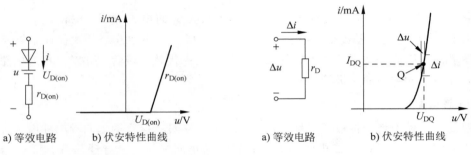

a) 等效电路　　b) 伏安特性曲线　　　　　　a) 等效电路　　b) 伏安特性曲线

图1.3.7　折线模型　　　　　　　　　　图1.3.8　交流小信号模型

1.3.4　半导体二极管的基本应用电路

利用二极管的单向导电特性，可实现整流、限幅、开关等功能。

1．二极管整流电路

例1.3.2　二极管基本电路如图1.3.9a所示，已知u_i为正弦波，如图1.3.9b所示。试利用二极管理想模型，定性地画出u_o的波形。

解：当u_i为正半周时，二极管导通，此时$u_o = u_i$；当u_i为负半周时，二极管截止，相当于开关打开，此时$u_o = 0$。其输入、输出波形如图1.3.9b所示。

该电路称为半波整流。整流电路可用于信号检测，也是直流电源的一个组成部分。

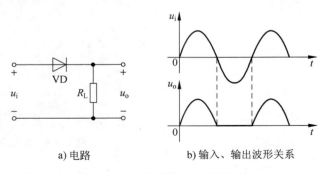

a) 电路　　　　　　　b) 输入、输出波形关系

图1.3.9　二极管整流电路及波形

2. 二极管限幅电路

在电子线路中，常用限幅电路对各种信号进行处理，它能对输入电压的变化范围加以限制，常用于波形变换和整形。限幅电路的传输特性如图 1.3.10 所示，图中 U_{IH}、U_{IL} 分别称为上门限电压和下门限电压。可见，当 $U_{IH} \geq u_i \geq U_{IL}$ 时，输出电压正比于输入电压。当 $u_i > U_{IH}$ 或 $u_i < U_{IL}$ 时，输出电压将被限制为最大值 U_{omax} 或最小值 U_{omin}。换言之，电路将把输入信号中超出 U_{IH}、U_{IL} 的部分削去。有两个门限电压的限幅电路，称为双向限幅；只有一个门限的电路，则为单向限幅。现举例说明。

例 1.3.3 一限幅电路如图 1.3.11 所示，其中二极管为硅管。设输入信号为 $u_i = 5\sin(\omega t)$（V）的正弦信号，试分别用理想模型和恒压降模型分析输出波形曲线。

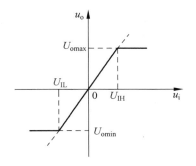

图 1.3.10 限幅电路的传输特性

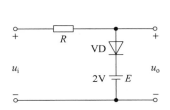

图 1.3.11 二极管限幅电路

解： 对于理想模型，等效电路如图 1.3.12a 所示。当 $u_i > 2\text{V}$ 时，二极管导通，$u_o = 2\text{V}$；当 $u_i < 2\text{V}$ 时，二极管截止，$u_o = u_i$。得到的输出波形如图 1.3.12b 所示。

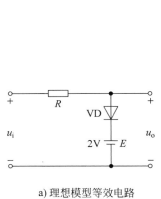

a) 理想模型等效电路

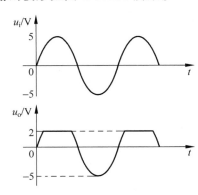

b) 输入、输出波形关系

图 1.3.12 理想模型等效电路及波形

对于恒压降模型，等效电路如图 1.3.13a 所示。当 $u_i > E + U_{D(on)} = 2.7\text{V}$ 时，二极管导通，$u_o = 2.7\text{V}$，即将 u_o 的最大电压限制为 2.7V；当 $u_i < 2.7\text{V}$ 时，二极管截止，二极管支路开路，$u_o = u_i$。图 1.3.13b 画出了电路的输出波形。可见，该电路将输入信号中高出 2.7V 的部分削平了，因此称该电路为上限幅电路。

如果将图中的二极管反接，并适当调整 E 值，则电路变为下限幅电路。将上、下限幅电路适当组合，可组成双向限幅电路。

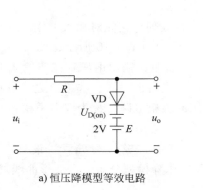
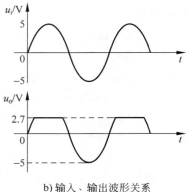

a) 恒压降模型等效电路   b) 输入、输出波形关系

图 1.3.13　恒压降模型等效电路及波形

3. 二极管开关电路

利用二极管的单向导电性来接通或断开电路，在数字电路中得到广泛的应用。在分析这种电路时，应当掌握一条基本原则，即判断电路中的二极管处于导通状态还是截止状态。可以先将二极管断开，然后观察阴、阳两极间所加电压是正偏还是反偏，若正偏则二极管导通，否则二极管截止。若多个二极管都正偏，则正偏压降大的二极管先导通，然后将导通二极管用等效模型代替，再分析其余二极管的导通、截止情况。现举例说明。

例 1.3.4　二极管开关电路如图 1.3.14 所示。当输入电压 u_1 和 u_2 为 0V 或 5V 时，利用二极管理想模型分析 u_1 和 u_2 在不同取值组合情况下输出电压 u_o 的值。

解：1）当 $u_1 = 0V$、$u_2 = 5V$ 时，VD_1 为正向偏置，正偏压降为 5V，VD_2 零偏，因此 VD_1 导通，等效为一根导线。此时 VD_2 的阴极电位为 5V，阳极为 0V，处于反偏，故 VD_2 截止。用二极管理想模型代入，则 $u_o = u_1 = 0V$。

2）当 $u_1 = 5V$、$u_2 = 5V$ 时，VD_1、VD_2 均零偏，两个二极管均断开，则 $u_o = E = 5V$。

以此类推，将 u_1 和 u_2 的其余两种组合及输出电压列于表 1.3.1 中。由表可知，这种关系在数字电路中称为与逻辑，因此该电路也称为与门。

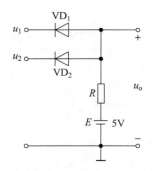

图 1.3.14　二极管开关电路

表 1.3.1　例 1.3.4 输入、输出电压关系

u_1	u_2	二极管工作状态		u_o
		VD_1	VD_2	
0V	0V	导通	导通	0V
0V	5V	导通	截止	0V
5V	0V	截止	导通	0V
5V	5V	截止	截止	5V

1.4　特殊二极管

除了普通二极管外，还有许多特殊二极管，如稳压二极管、变容二极管、发光二极管和光电二极管。

1.4.1　稳压二极管

1. 稳压二极管的特性

稳压二极管的电路符号及伏安特性曲线如图 1.4.1 所示。由图可见，它的正、反向特性与普通二极管基本相同。区别仅在于击穿后，其特性曲线更加陡峭。从图中可以看出，稳压二极管工作在击穿区，电流在很大范围内变化（$I_{Zmin} < I < I_{Zmax}$）时，其两端电压基本不变，具有稳压特性。

普通二极管工作时通常不希望出现击穿现象，因为电流迅速增大，使 PN 结温度升高，二极管被烧坏，这种击穿称为**热击穿**。如果从制造工艺上采取适当的措施，使得击穿后二极管接触面上各点的电流比较均匀，并在使用时通过加限流电阻等措施使反向电流限制在一定的数值内，就可以保证 PN 结的温度不超过允许的数值，而

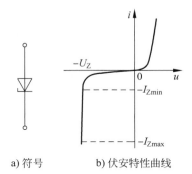

a) 符号　　b) 伏安特性曲线

图 1.4.1　稳压二极管及其特性曲线

不致损坏。这样就可以利用"击穿现象"达到"稳压"的目的。这种击穿称为**电击穿**。由于硅管在热稳定性上比锗管好，因此一般都用硅管作为稳压二极管，例如 2CW 型和 2DW 型都是硅稳压二极管。

2. 稳压二极管的参数

（1）稳定电压 U_Z

U_Z 是指击穿后在电流为规定值时管子两端的电压值。这个数值随工作电流和温度的不同而略有改变，即使同一型号的稳压二极管，稳定电压值也有一定的分散性，例如 2CW14 硅稳压二极管的稳定电压为 6 ~ 7.5V。使用时可通过测量确定其准确值。

（2）耗散功耗 P_Z

反向电流流过稳压二极管的 PN 结时，要产生一定的功率耗散，PN 结的温度也将升高。根据允许的 PN 结工作温度决定稳压二极管的耗散功率。通常，小功率管为几百毫瓦至几瓦。

（3）稳定电流 I_Z、最大稳定电流 I_{Zmax} 和最小稳定电流 I_{Zmin}

I_Z 是稳压二极管正常工作时的参考电流。稳定电流不能超过 I_{Zmax}，否则会烧坏管子；稳定电流不能小于 I_{Zmin}，否则会失去稳压作用。

（4）动态电阻（也称为交流电阻）r_Z

r_Z 是稳压二极管在击穿状态下，两端电压变化量 ΔU_Z 与其电流变化量 ΔI_Z 的比值，即 $r_Z = \dfrac{\Delta U_Z}{\Delta I_Z}$，反映在特性曲线上，是工作点处切线斜率的倒数。$r_Z$ 的数值一般为几欧姆到几十欧姆。r_Z 越小，稳压特性越好。

（5）温度系数 α

稳压二极管的稳定电压随温度而有所变化，通常用温度系数 α 表示稳压二极管的温度稳定性，α 为单位温度变化引起稳定电压的相对变化量，如 2CW14 的温度系数为 0.06% / ℃。通常，$U_Z < 5V$ 时，稳压二极管具有负温度系数（因齐纳击穿具有负温度系数）；$U_Z > 7V$ 时，具有正温度系数（因雪崩击穿具有正温度系数）；而 U_Z 在 5V 到 7V 之间时，温度系数最小。

3. 稳压二极管稳压电路

由稳压二极管构成的稳压电路如图 1.4.2 所示。图中 u_I 为有波动的输入电压，并满足 $u_I > U_Z$，R 为限流电阻，R_L 为负载。所谓稳压是指当 u_I、R_L 变化时，输出电压 u_o 要保持恒定。该电路的稳压原理如下：当 u_I 升高、R_L 不变时，u_o 有增大的趋势，但 $u_o(U_Z)$ 的略微增加会引起 I_Z 的大幅度增大，以此维持负载电流 I_L 基本不变，使 u_o 稳定；当 R_L 减小、u_I 不变时，I_Z 下降，使流向 R_L 的电流增大，由于 I_Z 减小时 U_Z 的下降量很小，所以 u_o 基本恒定。

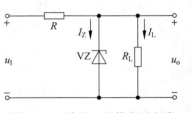

图 1.4.2　稳压二极管稳压电路

稳压电路中，电阻 R 的作用是保证稳压管的工作电流始终在稳压区，若 R 值选择不当，则会影响电路正常工作。下面就来讨论 R 的选择方法。设图 1.4.2 电路中 u_I 的变化范围为 $[U_{imin}, U_{imax}]$，R_L 的变化范围为 $[R_{Lmin}, R_{Lmax}]$。当 U_i、R_L 变化时，I_Z 应始终满足 $I_{Zmin} < I_Z < I_{Zmax}$。

根据电路，当 $u_I = U_{imax}$，$R_L = R_{Lmax}$ 时，I_Z 达到最大，此时应该保证 I_Z 不超过 I_{Zmax}，即

$$I_Z = \frac{U_{imax} - U_Z}{R} - \frac{U_Z}{R_{Lmax}} < I_{Zmax}$$

得

$$R > \frac{U_{imax} - U_Z}{R_{Lmax} \cdot I_{Zmax} + U_Z} \cdot R_{Lmax} = R_{min}$$

当 $u_I = U_{imin}$，$R_L = R_{Lmin}$ 时，I_Z 最小，应保证 I_Z 不小于 I_{Zmin}，即

$$I_Z = \frac{U_{imin} - U_Z}{R} - \frac{U_Z}{R_{Lmin}} > I_{Zmin}$$

得

$$R < \frac{U_{imin} - U_Z}{R_{Lmin} \cdot I_{Zmin} + U_Z} \cdot R_{Lmin} = R_{max}$$

所以限流电阻 R 的选择范围为

$$R_{min} < R < R_{max}$$

1.4.2　变容二极管

如前所述，PN 结加反向电压时，结上呈现势垒电容，该电容随反向电压的增大而减小，利用这一特性制作的二极管，称为**变容二极管**。它的电路符号如图 1.4.3 所示。变容二极管的结电容与外加反向电压的关系由式(1.2.5)决定，其主要参数有变容指数、结电容的压控范围及允许的最大反向电压等。

变容二极管在高频电子线路中有广泛的应用，主要用于电压–频率变换，如电子调谐、频率调制等。

1.4.3　发光二极管

发光二极管是一种将电能转换为光能的半导体器件，它由一个 PN 结构成，其电路符号如图 1.4.4 所示。当发光二极管正偏，注入 N 区和 P 区的载流子复合时，会发出可见光和不可见光。根据使用的材料不同，可见光的颜色有红、黄、绿、蓝、紫等。而发光的亮度与正向工作电流成比例，即工作电流越大亮度越强，工作电流一般在几毫安至几十毫安之间。

发光二极管因具有驱动电压低、功耗小、寿命长和可靠性高等优点，被广泛应用于显示电路中。

1.4.4 光电二极管

光电二极管是一种将光能转换为电能的半导体器件，其结构与普通二极管相似，只是管壳上留有一个能入射光线的窗口。图 1.4.5 示出了光电二极管的电路符号，其中，照光的电极称为前极，不照光的电极称为后极。

光电二极管工作在反偏状态，当无光照时，电路中只有很小的反向饱和漏电流，一般为 $1 \times 10^{-8} \sim 1 \times 10^{-9} A$（称为暗电流），此时相当于光电二极管截止；当有光照射时，PN 结附近受光子的轰击，半导体共价键内被束缚的价电子吸收光子能量而被激发产生电子 – 空穴对，这些载流子的数目对于多数载流子影响不大，但对 P 区和 N 区的少数载流子来说，则会使少数载流子的浓度大大提高。在反向电压作用下，反向饱和漏电流大大增加，形成光电流，并且该光电流强度只与入射光的强度有关而与反偏电压的大小无关。

根据光电二极管的工作原理，一个延伸的思考是：在一个反偏的 PN 结中，如果以某种手段人为地改变某一侧杂质半导体中的少子浓度，是否可以对少子漂移电流的大小起到人为的控制作用呢？实际上，答案是肯定的：双极型晶体管正是基于这样的思路而产生的。关于双极型晶体管的内容，将在第 3 章进行详细的介绍。

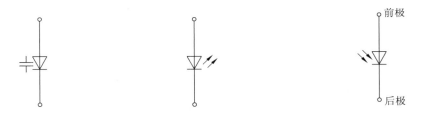

图 1.4.3 变容二极管   图 1.4.4 发光二极管   图 1.4.5 光电二极管

思考题

1. 空穴是一种载流子吗？空穴导电时自由电子是否运动？

2. 杂质半导体有几种？它们当中的多子和少子分别是什么？它们的浓度分别由什么决定？

3. 半导体电流包括哪两种类型，它们的导电机理是什么？

4. 什么是 PN 结？它的基本物理特征是什么？

5. PN 结上所加端电压和电流符合欧姆定律吗？它的等效电阻有什么特点？

6. 晶体二极管的伏安特性是怎样的？和 PN 结完全一样吗？为什么？

7. 稳压二极管工作在怎样的状态下？在这种状态下工作需要加什么保护措施？

习题

1.1 已知本征硅室温时热平衡载流子浓度值 $n_i = 1.5 \times 10^{10} \text{cm}^{-3}$，在本征硅中掺入施主杂质，其浓度为 $N_D = 2 \times 10^{14} \text{cm}^{-3}$。

（1）求室温（300K）时自由电子和空穴的热平衡浓度值，并说明半导体为 P 型还是 N 型。

（2）若再掺入受主杂质，其浓度为 $N_A = 3 \times 10^{14} \mathrm{cm}^{-3}$，重复（1）。

（3）若 $N_D = N_A = 10^{15} \mathrm{cm}^{-3}$，重复（1）。

（4）若 $N_D = 10^{16} \mathrm{cm}^{-3}$，$N_A = 10^{14} \mathrm{cm}^{-3}$，重复（1）。

1.2 当 $T = 300\mathrm{K}$ 时，锗和硅二极管的反向饱和电流 I_s 分别为 $1\mu A$ 和 $0.5\mathrm{pA}$。如果将这两个二极管串联连接，有 $1\mathrm{mA}$ 的正向电流流过，它们的结电压各为多少？

1.3 二极管电路如题 1.3 图所示。已知直流电源电压为 6V，二极管直流管压降为 0.7V。

（1）试求流过二极管的直流电流。

（2）二极管的直流电阻 R_D 和交流电阻 r_D 各为多少？

1.4 二极管电路如题 1.4 图所示。

（1）设二极管为理想二极管，流过负载 R_L 的电流为多少？

（2）设二极管可看作恒压降模型，并设二极管的导通电压为 $U_{D(on)} = 0.7\mathrm{V}$，流过负载 R_L 的电流是多少？

（3）设二极管可看作折线模型，并设二极管的门限电压为 $U_{D(on)} = 0.7\mathrm{V}$，$r_{D(on)} = 20\Omega$，流过负载的电流是多少？

（4）将电源电压反接时，流过负载电阻的电流是多少？

（5）增加电源电压 E，其他参数不变，二极管的交流电阻怎样变化？

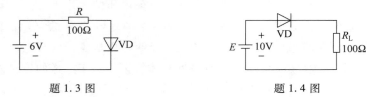

题 1.3 图　　　　　　　　　　　题 1.4 图

1.5 二极管电路如题 1.5 图所示。设二极管的导通电压为 0.7V，$R_1 = 990\Omega$，$R_2 = 10\Omega$，$E = 1.7\mathrm{V}$，$u_i = 10\sin\omega t$（mV），C_1 和 C_2 容量足够大，对 u_i 信号可视作短路。

（1）求流过二极管的直流电流 I_D。

（2）求输出电压 u_o 的值。

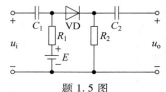

题 1.5 图

1.6 在题 1.6 图所示各电路中，设二极管均为理想二极管。试判断各二极管是否导通，并求 U_o 的值。

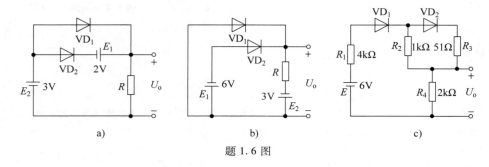

a)　　　　　　　　　b)　　　　　　　　　c)

题 1.6 图

1.7 二极管限幅电路如题 1.7 图 a、b 所示。将二极管等效为恒压降模型，且 $U_{D(on)} = 0.7\mathrm{V}$。若 $u_i = 5\sin(\omega t)$（V），试画出 u_o 的波形。

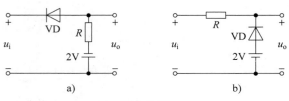

a)　　　　　　　　　　　b)

题 1.7 图

1.8 二极管电路如题 1.8 图 a 所示，设 VD_1 和 VD_2 均为理想二极管。

(1) 试画出电路的传输特性(u_i 与 u_o 特性曲线)。

(2) 假定输入电压如题 1.8 图 b 所示，试画出相应的 u_o 波形。

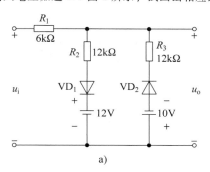 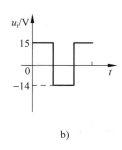

题 1.8 图

1.9 在题 1.9 图 a 所示电路中，二极管等效为恒压降模型。已知输入电压 u_1、u_2 的波形如题 1.9 图 b 所示，试画出 u_o 的波形。

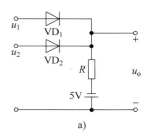 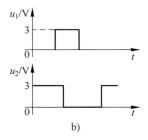

题 1.9 图

1.10 在题 1.10 图所示电路中，设稳压管的 $U_Z = 5V$，正向导通压降为 0.7V。若 $u_i = 10\sin(\omega t)$ （V），试画出 u_o 的波形。

1.11 稳压管电路如题 1.11 图所示。

(1) 设 $U_i = 20 \times (1 \pm 10\%)$ V，稳压管 VZ 的稳定电压 $U_Z = 10V$，允许最大稳定电流 $I_{Zmax} = 30mA$，$I_{Zmin} = 5mA$，$R_{Lmin} = 800\Omega$，$R_{Lmax} = \infty$。试选择限流电阻 R 的值。

(2) 稳压管的参数如(1)中所示，$R = 100\Omega$，$R_L = 250\Omega$，试求 U_i 允许的变化范围。

(3) 稳压管的参数如(1)中所示，当 $U_i = 20V$，$R_L = \infty$ 时，$U_Z = 10V$，其工作电流 $I_Z = 20mA$，$r_Z = 12\Omega$。若 $U_i = 20V$ 不变，试求 R_L 从无穷大到 1kΩ 时输出电压变化的值 ΔU_o。

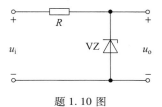 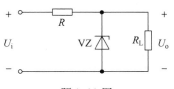

题 1.10 图 　　　　　　　　　　题 1.11 图

第 2 章

场效应晶体管及其放大电路

2.1 场效应晶体管

PN 结被认为是电子技术发展的重要基础，因为基于 PN 结的某些性质可以方便地实现电信号的放大。所谓信号的放大，并非是信号本身的直接扩展，而是以小信号改变特定器件（或电路）的状态，从而达到等比例控制另一大信号的目的。遵循这一理念，最先诞生的思路是通过改变外加电场（即外部小信号）调节半导体的导电性，即所谓的场效应，从而实现对大信号的等比例控制。根据这一思路而产生的器件就是场效应晶体管，尽管其因为半导体制造工艺的原因，实际器件的诞生要晚于双极型晶体管。

场效应晶体管具有以下优点：输入偏流为 $10^{-12} \sim 10^{-10}$ A，且与工作电流大小无关，所以输入电阻高达 10^{10} Ω 以上；制造工艺简单，集成密度高，特别适用于大规模集成；热稳定性好，抗辐射能力强等。因此，场效应晶体管已经成为集成电路的主流器件。

2.1.1 场效应晶体管的分类和结构

根据调节半导体导电区（沟道）方法的不同，场效应晶体管分为**结型场效应晶体管**和**绝缘栅场效应晶体管**两大类。其中，结型场效应晶体管是通过外加电场调节 PN 结的宽度来改变沟道宽度从而改变半导体器件的导电性；而绝缘栅场效应晶体管则是通过使用外加电场改变被绝缘材料（比如二氧化硅）覆盖的半导体内部电场（沟道电场）从而改变半导体器件的导电性。

根据器件未使用时是否存在导电沟道，可以将场效应晶体管分为**增强型场效应晶体管**和**耗尽型场效应晶体管**两大类。其中，增强型场效应晶体管是指场效应晶体管在未使用时，不存在导电沟道，需要通过外加电场的**增强**才能够产生并调节导电沟道；而耗尽型场效应晶体管则是指场效应晶体管在未使用时，已经存在导电沟道，可以通过外加电场来调节甚至消除（**耗尽**）导电沟道。需要注意的是，结型场效应晶体管由于使用 PN 结来改变沟道宽度，未使用时沟道就存在，而且最宽，因此结型场效应晶体管都是耗尽型的。

根据制造场效应晶体管时沟道的掺杂类型，可以将场效应晶体管分为 **P 沟道场效应晶体管**和 **N 沟道场效应晶体管**两大类。

因此，场效应晶体管有 6 种类型，分别为 P 沟道结型场效应晶体管、N 沟道结型场效应晶体管、P 沟道增强型绝缘栅场效应晶体管、N 沟道增强型绝缘栅场效应晶体管、P 沟道耗尽型绝缘栅场效应晶体管和 N 沟道耗尽型绝缘栅场效应晶体管。下面将对它们的结构分别进行介绍。

1. 结型场效应晶体管

结型场效应晶体管（Junction Field Effect Transistor，JFET）有 N 沟道 JFET 和 P 沟道 JFET

之分。由于结型场效应晶体管的基本结构是 PN 结，因此而得名。图 2.1.1 给出了 JFET 的结构示意图。下面以 N 沟道结型场效应晶体管为例进行说明。

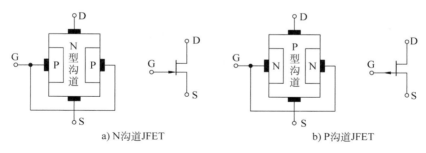

a) N沟道JFET   b) P沟道JFET

图 2.1.1   结型场效应晶体管的结构示意图

N 沟道结型场效应晶体管的中间是均匀掺杂的 N 型半导体，在它的两边对称地做了两个重掺杂的 P^+ 型半导体，则 P^+ 区域与 N 型沟道之间形成两个 PN 结。将两个 P^+ 区接在一起引出一个电极，称为**栅极 G**（Gate），在两个 PN 结之间的 N 型半导体构成导电沟道。如果在 N 型半导体两端引出两个电极，并加上一定的电压，便在沟道上形成电场，在此电场的作用下形成由多数载流子——自由电子产生的漂移电流。我们将电子发源端称为**源极 S**（Source），接收端称为**漏极 D**（Drain）。在 JFET 中，源极和漏极是可以互换的。

2. 绝缘栅场效应晶体管

绝缘栅场效应晶体管（Insulated-Gate Field Effect Transistor，IGFET）的栅极与沟道之间隔了一层很薄的绝缘体（SiO_2），比起 JFET 的反偏 PN 结，其输入阻抗更大（一般大于 $10^{12} \Omega$），而且功耗更低，集成度更高，在大规模集成电路中得到广泛应用。最常见的绝缘栅场效应晶体管是由金属、绝缘层及半导体构成的，称为**金属 – 氧化物 – 半导体场效应晶体管**（Metal Oxide Semiconductor Field Effect Transistor），简称 MOSFET。

MOSFET 按其沟道的导电类型分为 N 沟型和 P 沟型；按其栅极偏压为零时有无沟道存在分为耗尽型和增强型。因此 MOSFET 可以分为四种：N 沟增强型 MOSFET、N 沟耗尽型 MOSFET、P 沟增强型 MOSFET 和 P 沟耗尽型 MOSFET。

N 沟增强型 MOSFET 的结构示意图如图 2.1.2a 所示。在一块 P 型硅半导体基片上（称为衬底）形成两个 N^+ 区，分别称为漏区和源区，对应的电极是漏极和源极，分别用 D 和 S 表示。在源区和漏区之间的衬底表面上覆盖一层很薄的绝缘层 SiO_2，并附一层金属铝作栅极，用 G 表示。在 MOSFET 的结构中存在两个 PN 结（以 N 沟道为例），分别由 N 型漏极与 P 型衬底、N 型源极与 P 型衬底形成。如图 2.1.2a 所示，MOSFET 有三个基本的几何参数，分别是栅长 L、栅宽 W 和绝缘层厚度 t_{ox}。所能制造的最小栅长 L_{min} 称为工艺的特征尺寸。N 沟增强型 MOSFET 的剖面图如图 2.1.2b 所示。图 2.1.3 所示为 90nm 工艺的 MOSFET 结构示意图，其最小栅长为 90nm。

2.1.2   场效应晶体管的工作原理及其大信号分析

本节首先介绍各种场效应晶体管的工作原理。类似于二极管正向偏置时导通，而反向偏置时截止，场效应晶体管也是非线性器件，其输入、输出信号在不同的区间内具有明显不同的关系。使输入信号在较大范围内变化，并观察输出信号随之产生的变化，从而研究场效应晶体管的传递特性，这种分析称为大信号分析。本节将讨论场效应晶体管的大信号特性。

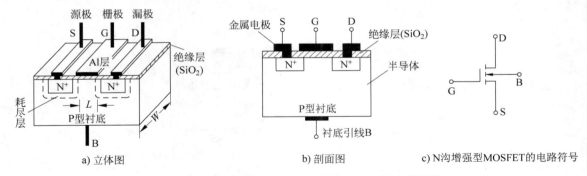

a) 立体图　　　　　　　　　　　b) 剖面图　　　　c) N沟增强型MOSFET的电路符号

图 2.1.2　N 沟增强型 MOSFET 结构示意图及电路符号

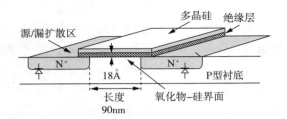

图 2.1.3　90nm 工艺 MOSFET 结构示意图

1. 结型场效应晶体管

（1）工作原理

N 沟道结型场效应晶体管工作时，需在栅极和源极之间加上负电压 U_{GS}，在漏极和源极之间加上正电压 U_{DS}。下面我们讨论这两个电压对场效应晶体管的影响。

首先讨论 U_{GS} 的影响。当 U_{DS} 和 U_{GS} 都为 0 时，两个 PN 结的宽度是自然形成的，如图 2.1.4a 所示。当 U_{GS} 加上负电压时，两个 PN 结反偏，耗尽层变宽，且耗尽区的宽度主要向轻掺杂的 N 区扩展。如图 2.1.4b 所示，当增大负偏压 U_{GS} 的大小时，导电沟道的宽度变窄，增大了沟道电阻。如图 2.1.4c 所示，当 U_{GS} 负向增大到一定程度时，沟道全部夹断，我们称此时的栅源电压 U_{GS} 为**夹断电压**，记作 U_{GSoff}。由此可见，JFET 沟道电阻的大小受其栅源电压的控制，可以看成是一个电压控制的可变电阻器。注意，由于两个 PN 结反偏，所以栅极电流 $I_G \approx 0$。

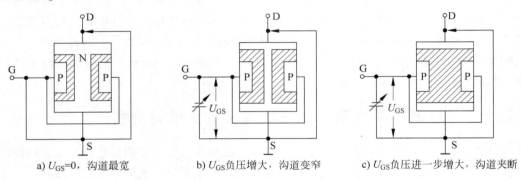

a) $U_{GS}=0$，沟道最宽　　　b) U_{GS} 负压增大，沟道变窄　　　c) U_{GS} 负压进一步增大，沟道夹断

图 2.1.4　栅源电压 U_{GS} 对沟道及 I_D 的控制作用示意图

其次讨论 U_{DS} 的影响。如图 2.1.5a 所示，令 U_{GS} 为定值，且该电压值使漏源之间的导电沟道没有夹断。此时，在漏源之间加上正电压 U_{DS}，就会产生漏极电流 I_D。当 U_{DS} 从零开始增大时，漏极电流 I_D 从零开始增大。同时，由于漏极电位逐渐升高，漏极与栅极之间的反偏电压不断增大，因此靠近漏极的耗尽层逐渐变宽，而源极与栅极之间的电压 U_{GS} 始终不变，则靠近源极的耗尽层宽度不变，致使导电沟道上窄下宽。当 U_{DS} 增大到使栅极与漏极间电压 U_{GD} 等于夹断电压 U_{GSoff} 时，沟道在靠近漏极一端被夹断，如图 2.1.5b，这里把沟道的夹断区与未夹断区之间的分界点称为夹断点，用 A 表示。此时，电场强度较大，仍然能将电子拉过夹断区形成 I_D，这种夹断称为**预夹断**。

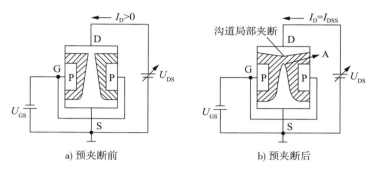

a) 预夹断前　　　　　　　　　　b) 预夹断后

图 2.1.5　U_{DS} 对导电沟道的影响

预夹断后，随着 U_{DS} 的增加，夹断点 A 向源极方向移动，夹断区略有扩大，沟道略有缩小，由于夹断点 A 与源端之间的压降不变，使 I_D 几乎不变，表现出 I_D 的恒流特性。

图 2.1.6 为结型场效应晶体管的电路符号，栅极引线的位置偏向源极，栅极引线上的箭头向内表示 N 沟道。

在 JFET 工作时，通常将 U_{GS} 和 I_G 作为输入电压和电流，而 U_{DS} 和 I_D 看作输出电压和电流。

特性曲线是描述场效应晶体管各极电流与极间电压关系的曲线，它对于了解场效应晶体管的导电特性非常有用。因为场效应晶体管在电路中可构成输入和输出两个回路，所以场效应晶体管特性曲线可以包括输入和输出两组特性曲线。但考虑到栅极输入电流 I_G 近似为零，因此，一般不讨论输入电压和输入电流的关系。我们重点讨论输出电流 i_D 与输出电压 u_{DS} 的关系——输出特性曲线 $i_D = f(u_{DS})|_{u_{GS}=C}$，以及输出电流 i_D 与输入电压 u_{GS} 的关系——转移特性曲线 $i_D = f(u_{GS})|_{u_{DS}=C}$。这两组曲线可以在场效应晶体管特性图示仪的屏幕上直接显示出来，也可以用图 2.1.7 电路逐点测出。

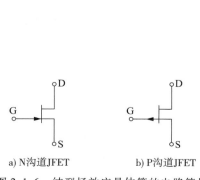

a) N沟道JFET　　　　b) P沟道JFET

图 2.1.6　结型场效应晶体管的电路符号

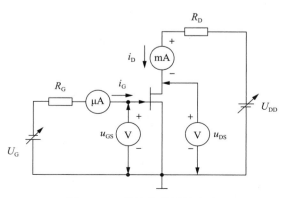

图 2.1.7　特性曲线测量电路

（2）大信号分析

①输出特性曲线

输出特性曲线如图 2.1.8a 所示，特性曲线可分为四个区间：可变电阻区、恒流区、击穿区和截止区。

1）可变电阻区。图 2.1.8a 中虚线为预夹断轨迹，它是各条曲线上使 $u_{GD} = U_{GSoff}$ 的点连接而成的。预夹断轨迹的左边区域称为**可变电阻区**。此区间满足 $u_{GS} > U_{GSoff}$ 且 $u_{GD} > U_{GSoff}$，场效应晶体管的导电沟道未被夹断。如果栅源电压 u_{GS} 不变，漏极电流 i_D 大体上随着漏源电压 u_{DS} 而线性变化，沟道等效为一个线性电阻。如果栅源电压 u_{GS} 发生变化，i_D 的斜率将不同，沟道等效电阻值也不同，也就是说，沟道可以看作一个受栅源电压 u_{GS} 控制的可变电阻，"可变电阻区"由此而得名。

2）恒流区。图 2.1.8a 中预夹断轨迹的右边区域称为**恒流区**，满足 $u_{GS} > U_{GSoff}$ 且 $u_{GD} < U_{GSoff}$，此时靠近漏极处的沟道已经被夹断，i_D 几乎不随 u_{DS} 的改变而改变，因此称为恒流区。恒流区的 i_D 只受输入电压 u_{GS} 控制，因此结型场效应晶体管是一个电压控制器件。

3）击穿区。进入恒流区后，如果 u_{DS} 继续增大，使 u_{GD} 不断减小（反偏电压增大），最终使两个 PN 结在靠近漏极处发生雪崩击穿，i_D 突然增大，进入**击穿区**。将开始击穿时的 u_{DS} 称为击穿电压，用 $U_{(BR)DS}$ 表示。由于 $u_{GD} = u_{GS} - u_{DS}$，因此 u_{GS} 越小（越负），发生击穿时的 u_{DS} 就越小。

4）截止区。当 $u_{GS} < U_{GSoff}$ 时，沟道被全部夹断，漏极电流 $i_D \approx 0$，这个区域称为**截止区**。

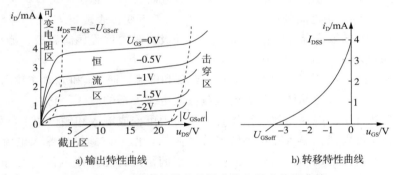

a) 输出特性曲线   b) 转移特性曲线

图 2.1.8   JFET 的输出特性曲线和转移特性曲线

②转移特性曲线

根据输出特性曲线可以直接绘出转移特性曲线 $i_D = f(u_{GS})\big|_{u_{DS}=C}$，图 2.1.8b 是根据图 2.1.8a 在 $u_{DS} = 20V$ 时绘出的转移特性曲线。可以看出，漏极电流 i_D 随着 u_{GS} 的负向增大而减小，直到 $u_{GS} = U_{GSoff}$ 时，沟道被完全夹断，$i_D = 0$。通过实验测试表明，在恒流区，i_D 与 u_{GS} 符合平方律关系，即

$$i_D = I_{DSS}\left(1 - \frac{u_{GS}}{U_{GSoff}}\right)^2 \tag{2.1.1}$$

式中，I_{DSS} 为饱和电流，表示 $u_{GS} = 0$ 时的 i_D 值；U_{GSoff} 为夹断电压，表示 $u_{GS} = U_{GSoff}$ 时 i_D 为零。

对于 P 沟道结型场效应晶体管可以做类似的分析，只是沟道是 P 型的，两个结应做成 PN$^+$ 结。P 沟道结型场效应晶体管工作时，u_{GS} 加正压，u_{DS} 应加负压，i_D 的方向由源极流向漏极。还需指出，结型场效应晶体管在正常工作时，应保证让 PN 结处于反偏状态，即对于 N 沟道结型场效应晶体管，u_{GS} 不能为正，对于 P 沟道结型场效应晶体管，u_{GS} 不能为负。

2. 增强型 MOSFET

(1) 工作原理

我们通过改变 MOSFET 的栅源电压和源漏电压来研究 MOSFET 的大信号特性(以 N 沟增强型 MOSFET 为例)。N 沟增强型 MOSFET 在工作时,一般在栅极和源极间加正电压 U_{GS},在漏极与源极之间加正电压 U_{DS}。

如图 2.1.9 所示,给栅极施加正电压,保持源极、漏极接地。随着电压逐渐增大,栅极绝缘体下方的空穴被正的栅电压电场推开,留下不能移动的负离子形成耗尽区,如图 2.1.9a 所示;当栅极电压超过一定值(称为**阈值电压**或**开启电压**,用 U_{GSth} 表示),绝缘层和衬底的接触面之间吸引了足够多的电子,形成**反型层**,连接源漏两端的 N 型沟道就形成了,如图 2.1.9b 所示。

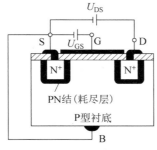 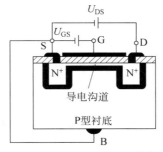

a) $u_{GS} < U_{GSth}$,导电沟道未形成   b) $u_{GS} > U_{GSth}$,导电沟道已形成

图 2.1.9 N 沟增强型 MOSFET 沟道形成过程

此时,所感应的单位长度沟道电荷与栅电压和阈值电压的差值成正比,如式(2.1.2)所示。

$$Q = WC_{ox}(u_{GS} - U_{GSth}) \tag{2.1.2}$$

式中,$u_{GS} - U_{GSth}$ 为栅极有效控制电压,通常称为**过驱动电压**,C_{ox} 为栅极-绝缘层-沟道形成的单位面积氧化层电容。

如图 2.1.10 所示,MOS 管反型层构成的沟道,可以看成一个受控电阻。由于沟道内的电荷密度受栅电压控制,故该电阻受栅电压控制。栅压减小,沟道电阻增大。

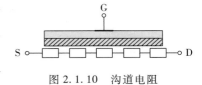

图 2.1.10 沟道电阻

不难看出,这类器件是利用改变垂直于导电沟道的电场来控制导电沟道的导电能力。在一定的漏极正电压下,只有栅极电压大于开启电压 U_{GSth} 后,才会有漏极电流流过,并且随 u_{GS} 的增加而增大,所以这类器件称为增强型 MOSFET。

增强型 MOSFET 的电路符号如图 2.1.11 所示。漏、源极之间的虚线段表示,没有外加电压时沟道不存在,加上一定外加电压后才能形成沟道。P 沟增强型 MOSFET 的电路符号与 N 沟增强型 MOSFET 的相似,只是箭头方向相反。需要说明的是,在不考虑衬底的影响时,也可以用图 2.1.12 所示的电路符号表示增强型 MOSFET。

如图 2.1.13a 所示,沟道形成后,如果让 u_{DS} 加上正电压,源极的自由电子将沿着沟道到达漏极,形成漏极电流 i_D。当 u_{GS} 继续增大,导电沟道将进一步加深,i_D 增大,得到场效应晶体管的转移特性曲线,如图 2.1.13b 所示。

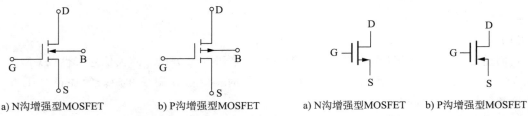

a) N沟增强型MOSFET   b) P沟增强型MOSFET   a) N沟增强型MOSFET   b) P沟增强型MOSFET

图 2.1.11 增强型 MOSFET 电路符号   图 2.1.12 其他常用增强型 MOSFET 电路符号

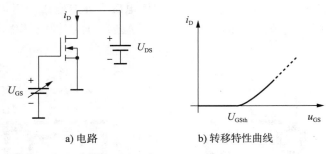

a) 电路   b) 转移特性曲线

图 2.1.13 N 沟增强型 MOSFET 的转移特性曲线

如图 2.1.14a 所示，让栅极加上一个大于 U_{GSth} 的电压，在两个 N^+ 区域之间形成沟道。当 u_{DS} 从零开始增大时，漏极电流 i_D 从零开始增大。由于 i_D 通过沟道形成电位差，导致栅极与沟道之间的电位差在源端最大，在漏端最小。沟道的深度在源端最深，越靠近漏端，沟道越浅，如图 2.1.14b 所示。

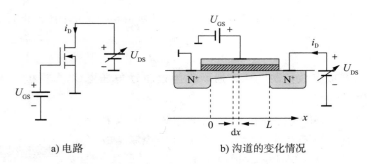

a) 电路   b) 沟道的变化情况

图 2.1.14 u_{DS} 增大，沟道的变化情况

当 u_{DS} 继续增大，栅极与漏极之间的电压 u_{GD} 恰好等于开启电压 U_{GSth} 时，靠近漏端的沟道将消失，意味着漏端的沟道开始夹断，处于"预夹断"状态，进入预夹断状态之前的工作区间同 JFET 一样，为可变电阻区。如图 2.1.15a 所示，预夹断后，当 u_{DS} 继续增大，夹断点 A 向源极靠近，夹断区略有扩大，沟道略有缩小。如图 2.1.15b 所示，由于夹断点 A 与源端之间的电压不变，i_D 也就几乎不变。此时，MOSFET 进入恒流区。

（2）大信号分析

下面对 MOSFET 的电流电压关系进行定量分析。当导电沟道形成以后，单位长度沟道内的电荷为

$$Q(x) = WC_{ox}[u_{GS} - u(x) - U_{GSth}] \tag{2.1.3}$$

其中，W 为沟道宽度。

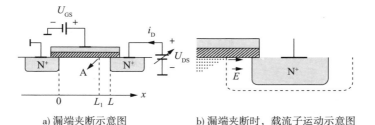

a) 漏端夹断示意图　　　　　b) 漏端夹断时, 载流子运动示意图

图 2.1.15　u_{DS} 增大, 沟道被局部夹断的情况

已知电子迁移率(单位电场作用下电子的平均速度)为 μ_n, 则电子迁移平均速度 $v = \mu_n \dfrac{du(x)}{dx}$。可得 $i_D = Q \cdot v$, 即

$$i_D = W C_{ox} [u_{GS} - u(x) - U_{GSth}] \mu_n \frac{du(x)}{dx} \tag{2.1.4}$$

在可变电阻区, 式(2.1.4)两边对 x 从 0 到 L 积分, 得

$$i_D = \frac{1}{2} \mu_n C_{ox} \frac{W}{L} [2 (u_{GS} - U_{GSth}) u_{DS} - u_{DS}^2] \tag{2.1.5}$$

其中, L 为沟道长度。式(2.1.5)表明, 在 u_{GS} 固定时, i_D 与 u_{DS} 呈抛物线关系, 如图2.1.16a 所示。

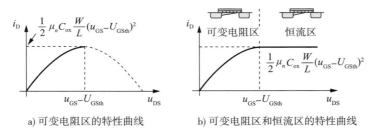

a) 可变电阻区的特性曲线　　　　b) 可变电阻区和恒流区的特性曲线

图 2.1.16　MOSFET 可变电阻区和恒流区的特性曲线

当 $u_{DS} = u_{GS} - U_{GSth}$ 时, $\dfrac{di_D}{du_{DS}} = 0$, 此时漏电流有最大值, 如式(2.1.6)所示。

$$i_D = \frac{1}{2} \mu_n C_{ox} \frac{W}{L} (u_{GS} - U_{GSth})^2 \tag{2.1.6}$$

事实上, 当 $u_{DS} = u_{GS} - U_{GSth}$ 时, 漏端的过驱动电压为零, 故靠近漏端的沟道出现预夹断, 进一步增大 u_{DS}, 电流不会再增大, 即为饱和电流, 如图2.1.16b 所示。

因此, 总的来说, N沟增强型 MOSFET 的输出特性曲线可分为四个区域: 可变电阻区、恒流区、击穿区和截止区。其特点总结如下。

1)可变电阻区。当 $u_{GS} > U_{GSth}$ 且 $u_{GD} > U_{GSth}$ 时, MOSFET 进入可变电阻区。在这一区域中, u_{DS} 很小, 但随着 u_{DS} 的增加, i_D 基本按线性上升, 呈现电阻特性; 栅压越大, 曲线越陡, 意味着电阻越小。电阻的阻值可变, 受电压 u_{GS} 控制, 因此该区域称为可变电阻区。

在可变电阻区, 漏极电流 i_D 和 u_{GS}、u_{DS} 有如下关系:

$$i_D = \frac{1}{2} \mu_n C_{ox} \frac{W}{L} [2 (u_{GS} - U_{GSth}) u_{DS} - u_{DS}^2]$$

2）恒流区。当 $u_{GS} > U_{GSth}$ 且 $u_{GD} < U_{GSth}$ 时，靠近漏极处的沟道已经夹断，MOSFET 工作在恒流区。在这一区域中，i_D 几乎不随 u_{DS} 的改变而改变，因此称为恒流区。此时，i_D 只受输入电压 u_{GS} 的控制。在恒流区，漏极电流 i_D 与 u_{GS} 有如下关系：

$$i_D = \frac{1}{2}\mu_n C_{ox} \frac{W}{L}(u_{GS} - U_{GSth})^2$$

3）击穿区。当 u_{DS} 增加到一定值时，i_D 突然增加。这是因为漏区 - 衬底之间的 PN$^+$ 结雪崩击穿造成的，MOSFET 进入击穿区。此时，MOSFET 的功耗大大增加，甚至可能损坏MOSFET。

4）截止区。当 $u_{GS} < U_{GSth}$ 时，沟道还没有形成，$i_D \approx 0$，此工作区间为截止区。

3. 耗尽型 MOSFET

（1）工作原理

N 沟耗尽型 MOSFET 的结构与 N 沟增强型 MOSFET 的结构相似，所不同的是，在制造器件时已在源区和漏区之间做成了 N 型沟道。例如，在栅极下面的绝缘层中掺入了大量碱金属正离子（如 Na$^+$ 或 K$^+$），使 $u_{GS} = 0$，由于正离子的存在，仍能产生垂直电场，形成导电沟道。此时，只要加上正的漏源电压 u_{DS}，就有漏极电流 i_D。如 u_{GS} 为正，沟道加深，i_D 增大；如 u_{GS} 为负，沟道变浅，i_D 减小。当这个负电压值等于 U_{GSoff} 时，沟道彻底夹断，沟道消失，i_D 为零。这个临界的负电压 U_{GSoff} 称为夹断电压。

耗尽型 MOSFET 的电路符号如图 2.1.17 所示。漏、源极之间的直线段表示，没有外加电压时沟道已经存在。

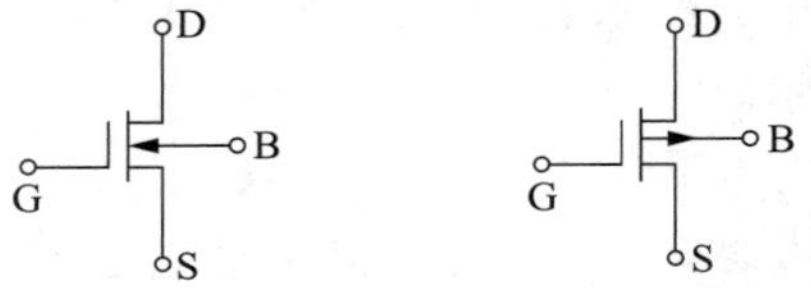

a) N沟耗尽型MOSFET   b) P沟耗尽型MOSFET

图 2.1.17　耗尽型 MOSFET 电路符号

P 沟耗尽型 MOSFET 的电路符号与 N 沟耗尽型 MOSFET 的相似，只是箭头方向相反。

（2）大信号分析

N 沟耗尽型 MOSFET 的转移特性和输出特性如图 2.1.18 所示。

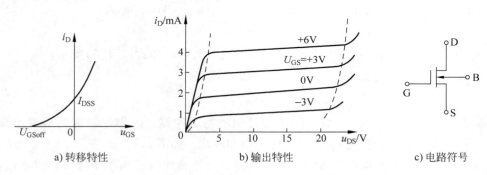

a) 转移特性   b) 输出特性   c) 电路符号

图 2.1.18　N 沟耗尽型 MOSFET 的特性

在恒流区（$u_{GS} > U_{GSoff}$，$u_{GD} < U_{GSoff}$），i_D 和 u_{GS} 也满足式（2.1.6）的关系，即

$$i_D = k\frac{W}{L}(u_{GS} - U_{GSoff})^2 \tag{2.1.7}$$

式中，已用 U_{GSoff} 代替了 U_{GSth}，其中 $k = \frac{1}{2}\mu_n C_{ox}$。当 $u_{GS} = 0$ 时，耗尽型 MOSFET 有一定的漏极电流，这时的漏极电流称为**饱和漏电流**，记作 I_{DSS}。令式（2.1.7）中的 $u_{GS} = 0$，可得到饱

和漏电流为

$$I_{\mathrm{DSS}} = k\frac{W}{L}U_{\mathrm{GSoff}}^2 \tag{2.1.8}$$

把式(2.1.8)代入式(2.1.7)，可得耗尽型 MOSFET 处于恒流区的转移特性方程

$$i_{\mathrm{D}} = I_{\mathrm{DSS}}\left(1 - \frac{u_{\mathrm{GS}}}{U_{\mathrm{GSoff}}}\right)^2 \tag{2.1.9}$$

　　至此，我们介绍了结型场效应晶体管和增强型、耗尽型绝缘栅场效应晶体管的工作原理，并进行了大信号分析，得到了定量的关系。我们看到，场效应晶体管在工作时只有一种载流子（多子）起着运载电流的作用，所以场效应晶体管又叫作单极性晶体管。通过大信号分析，可以了解场效应晶体管在整个输入范围内的不同工作状态。当然，进行大信号分析时，通过定量计算还可以研究场效应晶体管所构成电路的输出摆幅、非线性失真等问题。

4. 场效应晶体管的非理想效应

　　当前的 MOS 工艺正向着亚微米甚至深亚微米的方向发展，前文对场效应晶体管的分析不足以精准地描述器件，因此有必要考虑其他对器件性能产生影响的效应。

　　(1) 体效应

　　在前面的分析中，假设源极和衬底都连接在一起并接地，认为 u_{GS} 是加在栅极与衬底之间的。实际上，在许多场合，源极与衬底并不连接在一起，源极也未必接地，源极不接地对阈值电压 U_{GSth} 的影响称为**体效应**(body effect)，也称背栅效应或衬底调制效应。

　　(2) 沟道长度调制效应

　　在简化的理论中，认为 MOSFET 的饱和电流保持不变，而实际上 MOSFET 存在着沟道长度调制效应——当 u_{GS} 一定，u_{DS} 增加时，i_{D} 略有增加。这是因为漏端夹断区宽度增加，造成实际沟道长度减小，而沟道两端的电压不变，使得电流增大。如图 2.1.19 所示，如果将输出特性的每根曲线延长，那么会与横轴相交于同一点，将该点值记作 $-1/\lambda$，也称作厄尔利电压(U_{A})，λ 与沟道长度 L 近似成反比。若考虑沟道长度调制效应，则式(2.1.6)应修改为

$$i_{\mathrm{D}} = k = \frac{1}{2}\mu_n C_{\mathrm{ox}}\frac{W}{L}(u_{\mathrm{GS}} - U_{\mathrm{GSth}})^2(1 + \lambda u_{\mathrm{DS}}) \tag{2.1.10}$$

当沟道长度为 $8\mu\mathrm{m}$ 时，MOSFET 厄尔利电压的典型值 $|U_{\mathrm{A}}|$ 在 $30 \sim 50\mathrm{V}$。对于 N 沟 MOSFET，λ 是正值；对于 P 沟 MOSFET，λ 是负值。

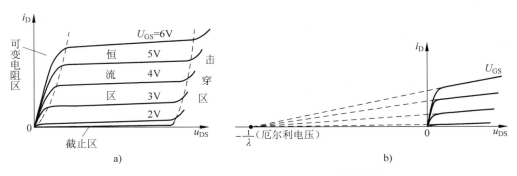

图 2.1.19　N 沟耗尽型 MOSFET 的输出特性曲线

（3）亚阈值导通效应

实际情况中，当 $u_{GS} \leq U_{GSth}$ 时，就已经形成电流了。此时，沟道处于"弱反型"（weak inversion），这个电流称为**亚阈值电流**或**弱反型电流**，这种现象称为**亚阈值导通效应**。MOSFET 处于弱反型状态时，其漏电流、跨导等值与通常在恒流区时的状态不同。

2.1.3　场效应晶体管的小信号分析

在大信号分析的基础上，我们进一步研究漏电流与栅极电压、衬底电压和漏极电压的微变量之间的关系，即小信号分析。大信号和小信号是相对而言的，当输入信号的变化对偏置点的影响较小，或者说输入信号的变化不足以改变场效应晶体管的工作区间时，输入信号就可以看作小信号。小信号分析建立在大信号分析的基础上。下面以 N 沟增强型 MOSFET 为例进行小信号分析。

根据大信号分析的结论，恒流区的漏电流满足关系

$$i_D = \frac{1}{2}\mu_n C_{ox}\frac{W}{L}(u_{GS} - U_{GSth})^2(1 + \lambda u_{DS})$$

考察漏电流与栅源电压、漏源电压间的微变关系，两端求导，得

$$i_d = \left.\frac{\partial i_D}{\partial u_{GS}}\right|_Q u_{gs} + \left.\frac{\partial i_D}{\partial u_{DS}}\right|_Q u_{ds} = g_m u_{gs} + g_{ds} u_{ds} \tag{2.1.11}$$

其中，

$$g_m = \left.\frac{\partial i_D}{\partial u_{GS}}\right|_{u_{DS}=C} = \mu_n C_{ox}\frac{W}{L}(u_{GS} - U_{GSth})(1 + \lambda u_{DS}) \tag{2.1.12}$$

$$g_{ds} = \frac{\partial i_D}{\partial u_{DS}} = \lambda I_{DQ} = \frac{I_{DQ}}{|U_A|} \tag{2.1.13}$$

以上参数反映了在小信号作用下，漏电流与栅源电压、漏源电压之间的关系。这一部分的分析从数学的角度考察了场效应晶体管的小信号特性。从物理本质上看，式（2.1.11）反映了当场效应晶体管工作于恒流区时，沟道中电流的变化量 i_d 由栅源电压变化量 u_{gs} 和漏源电压变化量 u_{ds} 决定；两个跨导量 g_m、g_{ds} 反映了 u_{gs} 和 u_{ds} 对 i_d 控制程度的大小，其数值与当前的大信号有关。可见，正如前文所述，小信号分析建立在大信号分析之上，也就是说，场效应晶体管的大信号特性，即场效应晶体管的工作区间确定了，才能确定小信号特性。换句话说，当输入低频交流小信号时，工作点只在 Q 点附近的小范围内移动，此时对交流小信号而言，场效应晶体管的伏安特性可以近似为如式（2.1.11）所描述的线性关系。

JFET 栅极与沟道之间通常是反偏的 PN 结，而 MOSFET 栅极与沟道之间存在绝缘层，故两种情况下，均可认为输入电阻 $r_{gs} = \infty$，即输入回路栅极和源极开路。由此可得场效应晶体管的低频小信号模型，如图 2.1.20 所示。

图 2.1.20 中电阻 r_{ds} 对应于式（2.1.11）中的电导 g_{ds}。值得注意的是，当 MOSFET 处于线性可变电阻区时，其沟道电阻（此时沟道未夹断，故也称导通电阻）为

$$r_{on} = \frac{L}{\mu_n C_{ox}W(u_{GS} - U_{GSth})} \tag{2.1.14}$$

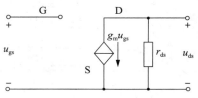

图 2.1.20　MOSFET 低频小信号模型

2.1.4 场效应晶体管的参数

在前面的内容中已经介绍了场效应晶体管的一些参数。本节将对此进行总结，并再介绍几个常用的参数。

1. 栅极直流输入电阻 R_{GS}

场效应晶体管的输入电阻 R_{GS} 很高。JFET 的输入电阻受反偏 PN 结反向饱和电流的限制，输入电阻一般可在 $10^7\Omega$ 以上。MOS 管的栅极和衬底之间有绝缘层隔离，输入电阻比 JFET 更高，可达 $10^9\Omega$ 以上。

2. 交流参数

（1）跨导 g_m

g_m 是 FET 重要的交流参数，它反映输入电压 u_{GS} 对输出电流 i_D 的控制作用，其定义为在某一工作点 Q，漏极电流微变量与栅源电压微变量的比值，即

$$g_m = \frac{di_D}{du_{GS}}\bigg|_{u_{DS}=C} \tag{2.1.15}$$

g_m 的表达式可以通过对电流方程求导得到。由于 JFET 和耗尽型 MOS 管的电流方程相同，均为

$$i_D = I_{DSS}\left(1 - \frac{u_{GS}}{U_{GSoff}}\right)^2$$

则对应工作点 Q 的 g_m 均为

$$g_m = \frac{di_D}{du_{GS}}\bigg|_Q = \frac{-2I_{DSS}}{U_{GSoff}}\left(1 - \frac{u_{GSQ}}{U_{GSoff}}\right) = -\frac{2}{U_{GSoff}}\sqrt{I_{DQ}I_{DSS}} \tag{2.1.16}$$

式中，I_{DQ} 为直流工作点电流。可见，工作点电流增大，跨导也将增大。

对于增强型 MOSFET，其电流方程为

$$i_D = k\frac{W}{L}(u_{GS} - U_{GSth})^2$$

那么，对应工作点 Q 的 g_m 为

$$g_m = \frac{di_D}{du_{GS}}\bigg|_Q = 2\sqrt{k\frac{W}{L}I_{DQ}} \tag{2.1.17}$$

式（2.1.17）表明，增大场效应晶体管的宽长比 $\frac{W}{L}$ 和工作电流 I_{DQ}，可以提高 g_m。

（2）输出电阻 r_{ds}

实际的场效应晶体管的输出特性，当 u_{GS} 为定值时，随着 u_{DS} 的增加，i_D 并不是保持一个定值，而是略有增加，即曲线上翘，表明场效应晶体管的输出电阻 r_{ds} 为有限值。根据图 2.1.19 可求得

$$r_{ds} = \frac{1}{|\lambda|I_{DQ}} = \frac{|U_A|}{I_{DQ}} \tag{2.1.18}$$

r_{ds} 通常为几万欧到几十万欧。式中，$|U_A| = \frac{1}{|\lambda|}$。

3. 极限参数

（1）漏源击穿电压 $U_{(BR)DS}$

$U_{(BR)DS}$ 是输出特性曲线进入击穿区、漏电流开始急剧上升的漏源电压。通常 $U_{(BR)DS}$ 约为 20～50V。

（2）栅源击穿电压 $U_{(BR)GS}$

对于 JFET，u_{GS} 过高，PN 结将反向击穿。对于 MOSFET，u_{GS} 太大，会引起绝缘层击穿，造成不可恢复的损坏。

（3）最大功耗 P_{DM}

因为 $P_{DM} = i_D \cdot u_{DS}$，这种耗散的功率使场效应晶体管的温度上升。为限制温升，必须限制功耗。

2.2 场效应晶体管放大电路基础

本节将以典型的场效应晶体管放大电路为例来说明一般放大电路的概念、指标、放大原理和组成原则。

场效应晶体管放大电路的基本概念

一种典型的 MOS 管放大电路如图 2.2.1 所示。它由 MOS 管和若干电阻组成，其中 MOS 管是起放大作用的核心器件。需要放大的信号为输入电压 u_i，u_i 通常为交流小信号，在此设 u_i 为正弦波。图 2.2.1 所示电路的输入回路与输出回路以源极为公共端，并将公共端接"地"。

当 u_i 为 0 时，放大电路各节点电压、支路电流恒定，称电路处于静止状态，简称**静态**。在输入回路中，电源 U_{DD} 在栅极的分压，使 MOS 管的栅源电压 U_{GS} 大于开启电压 U_{th}，MOS 管导通，产生漏电流 I_D；从电源 U_{DD} 开始，经漏极电阻 R_D、MOS 管和源极电阻 R_S 构成输出回路。偏置电阻取适当的值，使 MOS 管处于饱和状态，从而可确定漏电流 I_D 的值，进而确定 MOS 管的漏源电压。

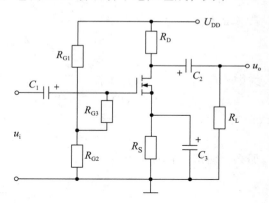

图 2.2.1　MOS 管放大电路

当 u_i 不为 0 时，放大电路各节点电压、支路电流将会在静态值基础上产生变化。在输入回路中，MOS 管的栅源电压在静态值的基础上产生一个动态的值 u_{gs}；在输出回路则得到动态电流 i_d；漏极电阻 R_D 将该动态电流转化成漏源间电压的变化，该压降的变化量就是输出动态电压 u_o。若电路参数选择得当，u_o 的幅度将比 u_i 大得多，且波形形状相同，从而达到放大的目的。放大的能量来自直流电源 U_{DD}。

由以上分析可知，在放大电路中，当输入信号 $u_i = 0$ 时，只存在直流量；当加入 u_i 时，交流量与直流量共存。在以下的分析中，为了规范这些物理量的表达，以场效应晶体管栅源电压、漏源电压和漏电流为例，做如下规定：

- 直流量：字母大写，下标大写，如 U_{GS}、U_{DS}、I_D；

- 交流量：字母小写，下标小写，如 u_{gs}、u_{ds}、i_d；
- 交流量的有效值：字母大写，下标小写，如 U_{gs}、U_{ds}、I_d；
- 瞬时值（直流量与交流量的叠加量）：字母小写，下标大写，如 u_{GS}、u_{DS}、i_D。

1. 直流通路和交流通路

一般情况下，在放大电路中，直流量和交流量是共存的。但是由于电容、电感等电抗元件的存在，直流量所流经的通路与交流量所流经的通路是不完全相同的。因此，为了研究问题方便起见，常把直流电源对电路的作用和输入信号对电路的作用区分开来，分成直流通路和交流通路。

直流通路是在直流电源作用下直流电流流经的通路，也就是静态电流流经的通路。对于直流通路：电容视为开路；电感线圈视为短路（即忽略线圈电阻）；信号源视为短路，但应保留其内阻。交流通路是输入信号作用下交流信号流经的通路。对于交流通路：容量大的电容（如耦合电容）视为短路；无内阻的直流电源（如 U_{DD}）视为短路。

根据上述原则，可将图 2.2.1 所示放大电路的直流通路和交流通路画成如图 2.2.2 所示电路。

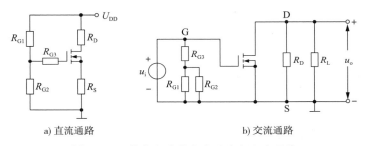

a) 直流通路   b) 交流通路

图 2.2.2   放大电路的直流通路和交流通路

在分析放大电路时，应遵循"先静态，后动态"的原则，求解静态工作点时应利用直流通路，求解动态参数时应利用交流通路，两种通路切不可混淆。静态工作点设置合适，动态分析才有意义。

2. 直流偏置和静态工作点

图 2.2.1 中的放大电路处于静态，MOS 管的栅源电压 U_{GS}、漏源电压 U_{DS}、漏电流 I_D 称为该放大电路的**静态工作点 Q**，并将这些物理量记作 U_{GSQ}、U_{DSQ} 和 I_{DQ}。既然放大电路要放大的对象是动态信号，那么为什么要设置静态工作点呢？为了说明这一问题，不妨将电源 U_{DD} 去掉，如图 2.2.3 所示。静态时，将输入端 u_i 短路，致使输入回路 $U_{GS}=0$，因此管子处于截止状态，得出 $I_D=0$，$U_{DS}=0$ 的结论。当加入输入电压 u_i 时，$u_{GS}=u_i$，由于输入信号为交流小信号，通常其峰值小于沟道开启的阈值电压 U_{GSth}，无法使导电沟道形成，则在信号的整个周期内 MOS 管始终工作在截止状态，因而输出电压毫无变化。即使 u_i 的幅值足够大，管子也只能在信号正半周大于 U_{GSth} 的时间间隔内导通，所以输出电压必然严重失真。可见，设置静态工作点是保证

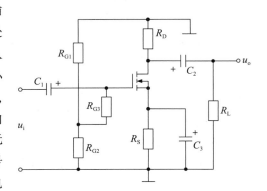

图 2.2.3   没有设置合适的静态工作点

放大电路正常工作的基础。

3. 放大原理

在图 2.2.1 所示的基本放大电路中，静态时的 U_{GSQ}、U_{DSQ} 和 I_{DQ} 如图 2.2.4 中虚线所标注。

当有输入电压时，栅源电压是在原来直流分量 U_{GSQ} 的基础上叠加一个交流分量 u_i，因而栅源电压 $u_{GS} = U_{GSQ} + u_i$。根据场效应晶体管栅源电压对漏电流的控制作用，漏电流也会在直流分量 I_{DQ} 的基础上叠加一个交流分量 i_d，而且 $i_d = g_m u_i$，漏端总电流 $i_D = I_{DQ} + i_d$。不难理解，漏电流交流分量 i_d 必将在漏极电阻 R_D 上产生一个与 i_d 波形相同的交流电压。由于 R_D 上的电压增大时管压降 u_{DS} 必然减小，R_D 上的电压减小时 u_{DS} 必然增大，所以管压降是在直流分量 U_{DSQ} 的基础上叠加一个与 i_d 波形变化方向相反的交流量 u_{ds}，管压降总量 $u_{DS} = U_{DSQ} + u_{ds}$。若输出端串联一个隔直电容，就得到一个与输入电压 u_i 相位相反且放大了的交流电压 u_o。上述波形如图 2.2.4 实线所示。

从以上分析可知，对于放大电路，只有设置合适的静态工作点，让交流信号承载在直流分量之上，以保证 MOS 管在输入信号的整个周期内始终工作在恒流状态，输出电压波形才不会产生非线性失真。放大电路的电压放大作用是利用 MOS 管的电流放大作用，并依靠 R_D 将电流的变化转化成电压的变化来实现的。

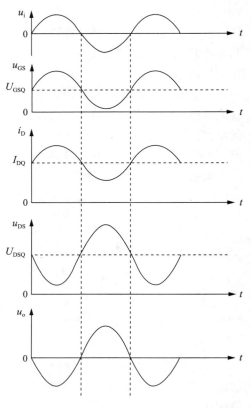

图 2.2.4　基本放大电路的电压、电流波形

4. 基本放大电路的组成原则

通过对基本放大电路的简单分析可以总结出，在组成放大电路时必须遵循以下几个原则：

1）必须根据所用场效应晶体管的类型，提供合适的直流电源作为输出的能源，同时配以合适的电阻，以便设置静态工作点。

2）输入信号必须能够作用于场效应晶体管的栅源回路，产生 u_{gs}，这样才能改变场效应晶体管输出回路的电流，从而放大输入信号。

3）必须设置合理的信号通路。当加入信号源和负载时，一方面不能破坏已设置好的直流工作点，另一方面应尽可能减小信号通路中的损耗。

如图 2.2.1 所示，电路中电容 C_1 用于连接信号源与放大电路，电容 C_2 用于连接放大电路与负载。由于电容对直流量可认为是开路，所以信号源与放大电路、放大电路与负载之间没有直流量通过。耦合电容的容量应足够大，使其在输入信号频率范围内的容抗很小，可视为短路，所以输入信号几乎无损失地加在放大管的栅极与源极之间，可见，耦合电容的作用是"隔离直流，通过交流"。

2.3 场效应晶体管放大电路的静态分析

  静态工作点的设置对放大电路的性能至关重要。场效应晶体管放大电路静态分析的重点，在于能正确判断场效应晶体管的工作状态。分析方法有两种：**解析法**和**图解法**。本节先介绍场效应晶体管的偏置电路，然后介绍场效应晶体管放大电路的解析法静态分析和图解法静态分析。

2.3.1 场效应晶体管的直流偏置电路

  由于场效应晶体管的放大作用是通过使用小信号输入来控制大信号的等比例输出，因此使用场效应晶体管构成放大电路，必须设置合适的外部电路环境（偏置电路）才能使场效应晶体管电路实现放大功能。

  场效应晶体管通过三个电极（G、S、D 极）形成两条回路（输入、输出回路）来实现信号的放大，首先必须给三个电极接入各自相应的外部电压（设置相应的电位）。如果将其中一个电极接"地"（即设置为"0"电位点），其他两个电极分别作为输入端和输出端，那么可以极大地方便电路的分析与设计。根据所选接地电极的不同，产生了场效应晶体管放大电路的三种不同组态，即共源放大电路、共漏放大电路和共栅放大电路。本节仅以共源放大电路的直流偏置为例进行说明，其他两种组态将在 2.5 节说明。

  在共源放大电路中，源极接地，如果直接对剩下的 G 极和 D 极接入外部电压（如图 2.3.1 所示），由于直流电压源 U_{GG}、U_{DD} 对交流信号而言短路，输入电压 u_i 无法加入栅极，输出电压 u_o 为 0，显然是没有实际使用价值的。因此，要形成合适的直流偏置电路，还必须在输入、输出回路添加适当的电阻。

1. 固定偏置电路

  在图 2.3.1 的基础上，添加两个限流电阻，将场效应晶体管的栅、漏电极直接设置在合适的电位上，就得到了最原始的固定偏置电路，如图 2.3.2 所示。根据 2.1.2 节中的分析可知，漏极电位应设置为正，栅极电位应设置为负。

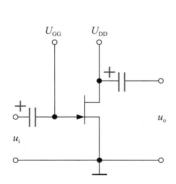

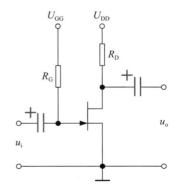

图 2.3.1 共源放大电路的电极电位设置示意图   图 2.3.2 固定偏置电路

  这种电路结构简单，只要使用两个电阻就可以将场效应晶体管的 Q 点安排在放大区。但缺点是显而易见的：当外界情况变化时，电路工作点的稳定性变得较差。比如，当外界温度变化或更换场效应晶体管时，会造成 Q 点产生较大漂移，甚至使电路偏离放大状态。

2. 直流电流负反馈偏置电路

直流电流负反馈偏置电路是在固定偏置电路的基础上增加了一个源极电阻形成的偏置电路，这种电路引入了负反馈机制来克服外界情况变化导致的 Q 点大幅度漂移，如图 2.3.3 所示。

所谓反馈，在图 2.3.3 所示的直流电流负反馈偏置电路中，是通过增加的源极电阻，将一部分输出回路的信号反馈到输入回路中，使得不稳定因素相互抵消的过程。

下面我们来分析这样的电路为何能够克服 Q 点的漂移。当环境温度 T 增加时，电路的自我调节过程如下：

$$T\uparrow \rightarrow I_D\uparrow(I_S\uparrow)\rightarrow U_S\uparrow（因为 U_G 基本不变）\rightarrow U_{GS}\downarrow$$
$$I_D\downarrow(I_S\downarrow)\longleftarrow$$

结果 I_D 基本不变，U_{DS} 也将基本不变，从而克服了 Q 点的漂移。当温度降低时，各物理量向相反方向变化，请读者自行分析。

不难看出，在稳定 Q 点的过程中，R_S 扮演着重要的角色：当场效应晶体管的输出回路电流 I_D 变化时，通过源极电阻 R_S 上产生电压的变化来影响栅–源间电压，从而使 U_{GS} 向相反方向变化，带动 I_D 向相反方向变化，稳定了 Q 点。

3. 自给式直流电流负反馈偏置电路

实际应用中，图 2.3.3 中的栅极电阻 R_G 上端可以不接电压源 U_{GG}，而是接地。由于场效应晶体管的输入电阻很大，只需要使用一个较大阻值的电阻，将栅极电位设置为 0 的同时，获得较大的放大器输入电阻。由此得到自给式直流电流负反馈偏置电路，如图 2.3.4 所示。

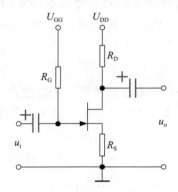
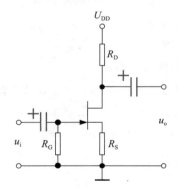

图 2.3.3　直流电流负反馈偏置电路　　　　图 2.3.4　自给式直流电流负反馈偏置电路

图 2.3.4 中栅极没有提供电源，且栅极电流近似为零，因此栅极电位 $U_G = 0$，漏极电流 I_D 在源极电阻 R_S 上形成压降，使得源极电位 $U_S = I_D \times R_S$，由此可得栅源之间电压为

$$U_{GS} = U_G - U_S = -I_D R_S \tag{2.3.1}$$

可见，电路是靠源极电阻上的电压为栅源之间提供负偏压，故称为**自给偏置**。由于式（2.3.1）中 U_{GS} 和 I_D 都是未知量，因此需要联立管子在恒流区的电流方程，方可解得 U_{GS} 和 I_D。

$$\begin{cases} I_D = I_{DSS}\left(1 - \dfrac{U_{GS}}{U_{GSoff}}\right)^2 \\ U_{GS} = -I_D R_S \end{cases} \tag{2.3.2}$$

解 I_D 的二次方程，有两个根，舍去不合理的根，留下合理的根便是电路的漏极静态电流 I_{DQ}。然后，根据输出回路方程得到 U_{DSQ}

$$U_{DSQ} = U_{DD} - I_{DQ}(R_D + R_S)\qquad(2.3.3)$$

在自给偏置电路中，U_{GS} 的取值无法使增强型 MOS 管处于导通状态，因此这种偏置电路对增强型 MOS 管不适用，只适用于结型场效应晶体管和耗尽型 MOS 管。

4. 分压式偏置电路

在直流电流负反馈偏置电路的基础上再增加一个栅极电阻 R_{G2}，同时在栅极再串入一个大电阻 R_{G3} 以提高放大器的输入电阻，就得到分压式偏置电路，如图 2.3.5 所示。

由于栅极电流为零，因此电阻 R_{G3} 上的电流为 0，栅极电位和源极电位分别为

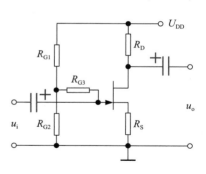

图 2.3.5　分压式偏置电路

$$U_G = U_{DD} \cdot \frac{R_{G2}}{R_{G1} + R_{G2}}\qquad(2.3.4)$$

$$U_S = I_D R_S\qquad(2.3.5)$$

因此，U_{GS} 和 I_D 的两个联立方程为

$$\begin{cases} U_{GS} = U_{DD}\dfrac{R_{G2}}{R_{G1} + R_{G2}} - I_D R_S \\[2mm] I_D = I_{DSS}\left(1 - \dfrac{U_{GS}}{U_{GSoff}}\right)^2 \end{cases}\qquad(2.3.6)$$

再利用式（2.3.3）解得管压降 U_{DSQ}。

利用式（2.3.2）和式（2.3.6）确定静态工作点的方法称为解析法，它利用输入回路方程、输出回路方程和漏极电流方程联立求解。

2.3.2　场效应晶体管工作状态分析

前面介绍了场效应晶体管的偏置电路，接下来介绍场效应晶体管工作状态的解析法分析。我们知道，如果偏置电路设置不合适，可能导致场效应晶体管不能置于恒流区，进而放大电路不能正常工作。因此，我们必须了解场效应晶体管在一定的偏置条件下是否处于恒流区，或者换句话说，必须学会分析场效应晶体管的工作状态。

无论是结型场效应晶体管还是绝缘栅场效应晶体管，只要导电沟道被完全夹断，则管子工作在截止区。根据管子所加外部电压的方向和大小可知，只要靠近源极处的沟道被夹断，则靠近漏极处的沟道一定也被夹断，即进入完全夹断状态。因此，判断管子是否工作在截止区，只要分析电路中 U_{GS} 是否使沟道夹断即可。根据图 2.3.6 所示的各种场效应晶体管的转移特性，可以得出工作在截止区的 U_{GS} 取值范围，如表 2.3.1 所示。

如果靠近源极处的沟道没有被夹断，则管子可能工作在恒流区或可变电阻区（在这里我们不讨论击穿区）。恒流区和可变电阻区的区别在于靠近漏极处的沟道是否被夹断，如果没有夹断，则工作在可变电阻区，反之，则为恒流区，因此，判断方法是源极和漏极所加电压 U_{GD}（$= U_{GS} - U_{DS}$）是否使靠近漏极处的沟道夹断。由于管子源极和漏极在结构上是对称的，所以电压 U_{GD} 使漏极处沟道夹断的情况与 U_{GS} 使源极处沟道夹断的情况的判断方法相同，因此可以得到表 2.3.1 中所示的判断方法。可见，只有熟悉各种管型的转移特性，才能顺利地判断场效应晶体管的工作状态。

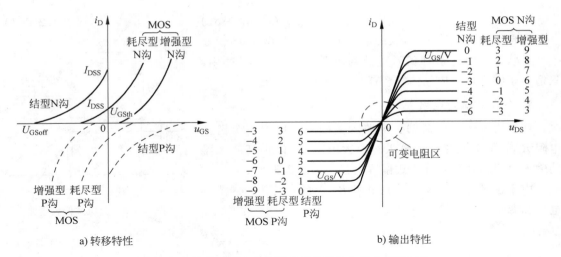

a) 转移特性   b) 输出特性

图 2.3.6   各种场效应晶体管的转移特性和输出特性对比

表 2.3.1   场效应晶体管工作区间与极间电压的关系

管　型	截止区	恒流区	可变电阻区
N 沟道 JFET	$U_{GS} < U_{GSoff}$	$U_{GSoff} < U_{GS} < 0$ $U_{GD} < U_{GSoff}$	$U_{GSoff} < U_{GS} < 0$ $U_{GSoff} < U_{GD} < 0$
P 沟道 JFET	$U_{GS} > U_{GSoff}$	$0 < U_{GS} < U_{GSoff}$ $U_{GD} > U_{GSoff}$	$0 < U_{GS} < U_{GSoff}$ $0 < U_{GD} < U_{GSoff}$
N 沟道增强型 MOSFET	$U_{GS} < U_{GSth}$	$U_{GS} > U_{GSth}$ $U_{GD} < U_{GSth}$	$U_{GS} > U_{GSth}$ $U_{GD} > U_{GSth}$
N 沟道耗尽型 MOSFET	$U_{GS} < U_{GSoff}$	$U_{GS} > U_{GSoff}$ $U_{GD} < U_{GSoff}$	$U_{GS} > U_{GSoff}$ $U_{GD} > U_{GSoff}$
P 沟道增强型 MOSFET	$U_{GS} > U_{GSth}$	$U_{GS} < U_{GSth}$ $U_{GD} > U_{GSth}$	$U_{GS} < U_{GSth}$ $U_{GD} < U_{GSth}$
P 沟道耗尽型 MOSFET	$U_{GS} > U_{GSoff}$	$U_{GS} < U_{GSoff}$ $U_{GD} > U_{GSoff}$	$U_{GS} < U_{GSoff}$ $U_{GD} < U_{GSoff}$

　　将图 2.2.2a 所示电路重画于图 2.3.7 中，举例说明如何判断电路中场效应晶体管的工作状态。我们知道，对于增强型场效应晶体管：若 $U_{GS} < U_{GSth}$，则场效应晶体管截止；若 $U_{GS} > U_{GSth}$，则场效应晶体管的沟道形成，场效应晶体管可能处于恒流区或者可变电阻区。因此，首先判断场效应晶体管是否截止。我们假设场效应晶体管截止，则此时 $I_{DQ} = 0$，$U_{DSQ} = U_{DD}$，$U_{GSQ} = U_G - U_S = U_{DD} \dfrac{R_{G2}}{R_{G1} + R_{G2}} - 0$。若计算所得的 $U_{GSQ} < U_{GSth}$，则说明假设场效应晶体管处于截止区是正确的。若计算结果为 $U_{GSQ} > U_{GSth}$，则说明假设不成立，场效应晶体管没有截止，而是处于可变电阻区或者恒流区。

　　接下来，我们假设场效应晶体管处于恒流区，根据式（2.3.6），可求出 U_{GSQ} 和 I_{DQ} 的值，将 U_{GSQ} 和 I_{DQ} 的值代入式（2.3.3），求出 U_{DSQ} 的值，进而求出 U_{GD}。若 $U_{GD} < U_{GSth}$，说明管子的漏端确实夹断，与假设管子处于恒流区的假设相符合，以上计算成立；若 $U_{GD} > U_{GSth}$，说明管子的漏端没有夹断，与恒流区的假设不符，则管子处于恒流区的假设不成立，判断出管子处于可变电阻区。此时，计算该状态下的静态工作点，需要利用管子在可变电阻区的电流－电压约束方程。

　　例 2.3.1　对于图 2.3.8 所示的场效应晶体管电路，已知管子的 $I_{DSS} = 3\text{mA}$，$U_{GSoff} =$

−5V,判断管子工作在什么区间。

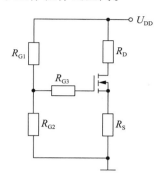

图 2.3.7 直流分析示例电路

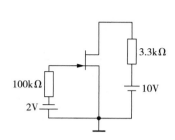

图 2.3.8 场效应晶体管电路

解：图 2.3.8 中管子为 N 沟道结型场效应晶体管。首先判断是否工作在截止区，图中 $U_{GSQ} = -2V > U_{GSoff} = -5V$，靠近源极处的沟道没有夹断，因此管子没有工作在截止区。下面我们采用假设法来判断管子工作在恒流区还是可变电阻区。首先假设管子工作在恒流区，根据结型场效应晶体管恒流区 i_D 和 U_{GS} 的关系式可以求出电流 i_D：

$$i_D = I_{DSS}\left(1 - \frac{U_{GS}}{U_{GSoff}}\right)^2 = 3 \times \left[1 - \left(\frac{-2}{-5}\right)\right]^2 \text{mA} = 1.08\text{mA}$$

根据输出回路方程可以求出 U_{DS}：

$$U_{DS} = (10 - 3.3 \times 1.08)\text{V} = 6.436\text{V}$$

因此，可得

$$U_{GD} = U_{GSQ} - U_{DSQ} = (-2 - 6.436)\text{V} = -8.436\text{V}$$

在假设条件下得出的结论是 $U_{GD} < U_{Gsoff}$，说明靠近漏极处的沟道被夹断，管子进入恒流区。分析结果与假设相符，可以得出结论：管子工作在恒流区。

2.3.3 静态工作点的图解法分析

图解法是一种在器件的特性曲线上通过作图来分析放大电路特性的方法，其优点是比较直观。图解法是解析法的图形化，即将方程用曲线表示，然后求曲线的交点。

下面根据图 2.3.4 和图 2.3.5 所示电路介绍静态工作点的图解分析过程。

首先绘出管子的转移特性曲线，如图 2.3.9a 中曲线①所示。然后根据输入回路，作**输入直流负载线** $u_{GS} = -i_D \times R_s$，两条线的交点就是电路的静态工作点，如图 2.3.9a 中的 Q_1 点。从图 2.3.9a 中也可以看出，直流负载线与结型场效应晶体管、耗尽型 MOS 管的转移特性曲线有交点，与增强型 MOS 管无交点，同样可以说明自给偏置电路不适用于增强型 MOS 管。

对图 2.3.5b 所示的分压式偏置电路，图解法分析如图 2.3.9b 所示，三种不同类型的场效应晶体管的静态工作点分别为 Q_1'、Q_2' 和 Q_3'，需注意，对于结型场效应晶体管，R_{G2} 过大，或 R_s 过小，都会导致静态工作点不合适，如图 2.3.9b 中虚线所示。

在放大电路的输出回路中，静态工作点 (U_{DSQ}, I_{DQ}) 既应在晶体管的输出特性曲线上，又应满足外电路的回路方程

$$u_{DS} = U_{DD} - i_D(R_D + R_s) \tag{2.3.7}$$

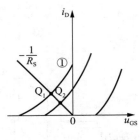

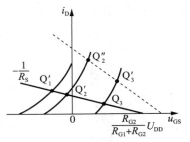

a) 自给偏置电路   b) 分压式偏置电路

图 2.3.9   图解法求静态工作点

因此，图解法的步骤如下：在输出特性坐标系中，首先画出式（2.3.7）所确定的直线，如图 2.3.10 所示，该直线称为**输出直流负载线**，它与横轴的交点为（U_{DD}，0），与纵轴的交点为（0，$U_{DD}/(R_D + R_S)$），输出直流负载线的斜率为 $-1/(R_D + R_S)$；然后找到 $u_{GS} = U_{GSQ}$ 的那条输出特性曲线，该曲线与上述直线的交点就是静态工作点 Q；最后量得 Q 点的纵坐标为 I_{DQ}，横坐标则为 U_{DSQ}。应当指出，如果输出特性曲线中没有 $u_{GS} = U_{GSQ}$ 的那条输出特性曲线，则应当补测该曲线。

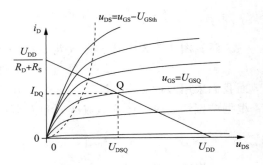

图 2.3.10   放大器的直流图解分析

2.4   场效应晶体管放大电路的动态分析

场效应晶体管放大电路的小信号分析

场效应晶体管放大电路的小信号分析通常是在得到交流通路的基础上，在直流工作点处，利用场效应晶体管的交流小信号模型来线性化原来的非线性电路，以获得放大电路的有关特性或者性能指标。小信号低频等效电路分析法的步骤如下：第一步，根据直流通路估算静态工作点；第二步，确定放大电路的交流通路，用场效应晶体管的交流小信号模型替代场效应晶体管，得到放大电路的小信号等效电路；第三步，运用线性网络理论，计算放大电路的各项交流指标，如放大倍数，输入、输出电阻等。下面将以共源放大电路为例，着重讨论放大电路交流性能的求解方法。

将图 2.2.1 的电路及其交流通路重画于图 2.4.1。用 MOS 管的低频交流小信号模型取代 MOS 管，得到放大电路的交流等效电路，如图 2.4.2 所示。该电路为线性电路，利用电路分析的知识可以进行小信号分析，求解性能参数。

1. 电压放大倍数

如图 2.4.3 所示，电压放大倍数是反映放大电路电压放大能力的指标，一般定义为电路输出电压与输入电压的比值，如式（2.4.1）所示。

$$A_u = \frac{U_o}{U_i}$$

（2.4.1）

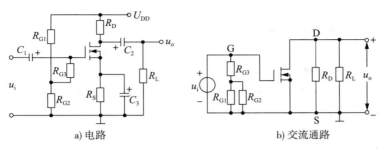

a) 电路　　　　　　　　　　　　　　　b) 交流通路

图 2.4.1　MOS 管放大电路及其交流通路

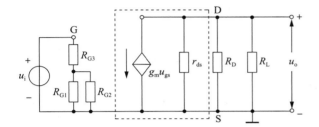

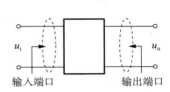

图 2.4.2　MOS 管放大电路交流等效电路　　　图 2.4.3　计算放大电路放大倍数的原理电路

2. 输入、输出电阻

如图 2.4.4 所示，计算某节点的输入阻抗时，在输入端口接测试源；计算某节点的输出阻抗时，通常将输入端口短接，输出端口接测试源。输入、输出电阻的定义分别如式 (2.4.2) 和式 (2.4.3) 所示。

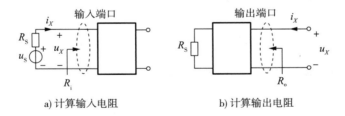

a) 计算输入电阻　　　　　　　　　　b) 计算输出电阻

图 2.4.4　计算放大电路输入、输出电阻的原理电路

输入电阻：

$$R_i = \frac{U_X}{I_X} \tag{2.4.2}$$

输出电阻：

$$R_o = \frac{U_X}{I_X}\bigg|_{u_S = 0} \tag{2.4.3}$$

2.5　场效应晶体管放大电路

场效应晶体管放大电路有共源、共漏、共栅等三种基本组态电路。在分析放大电路时，需要用到前面所述的场效应晶体管低频小信号模型知识。

2.5.1　共源放大电路

1. 共源放大电路的基本结构

共源放大电路的输入、输出回路中都包含 MOS 管源极，其输入信号从栅极输入，输出信号从漏极输出。典型的基本共源放大电路如图 2.5.1a 所示。

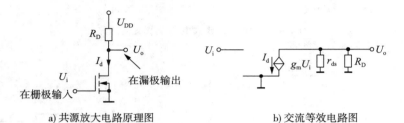

a) 共源放大电路原理图　　　　　　　　　b) 交流等效电路图

图 2.5.1　共源放大电路及其低频小信号等效电路

为保持管子工作在恒流区，MOS 管的漏端应当夹断。由此，

$$R_D I_d < U_{DD} - (u_{GS} - U_{GSth}) \tag{2.5.1}$$

式(2.5.1)确保管子工作在恒流区。根据图 2.5.1b 及图 2.5.2，我们可以进行交流小信号分析。

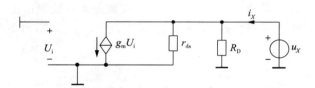

图 2.5.2　用于输出电阻分析的等效电路

其电压放大倍数、输出电阻可以用下式表示：

$$A_u = - g_m (R_D \mathbin{/\mkern-4mu/} r_{ds}) \tag{2.5.2}$$

$$R_o = R_D \mathbin{/\mkern-4mu/} r_{ds} \tag{2.5.3}$$

对于共源放大电路，低频交流信号从栅极输入时输入阻抗很大，所以在分析时可不考虑输入阻抗的影响。

例 2.5.1　共源放大电路如图 2.5.3a 所示，场效应晶体管的 $g_m = 5\mathrm{mA/V}$，分析该电路的交流性能指标 A_u、R_i 和 R_o。

解： 该电路采用分压式偏置电路，静态工作点的求解在此不再赘述。下面分析交流指标，其低频小信号等效电路如图 2.5.3b 所示。放大电路交流输出电压 U_o 为

$$U_o = - g_m U_{gs} (r_{ds} \mathbin{/\mkern-4mu/} R_D \mathbin{/\mkern-4mu/} R_L) \tag{2.5.4}$$

式中，$R_D \mathbin{/\mkern-4mu/} R_L \ll r_{ds}$，

$$U_i = U_{gs}$$

所以，共源放大电路的放大倍数 A_u 为

$$A_u = \frac{U_o}{U_i} \approx - g_m (R_D \mathbin{/\mkern-4mu/} R_L) = - 50 \tag{2.5.5}$$

输入电阻为

$$R_i = R_{G3} + R_{G1} \mathbin{/\!/} R_{G2} = 1.04\mathrm{M}\Omega \tag{2.5.6}$$

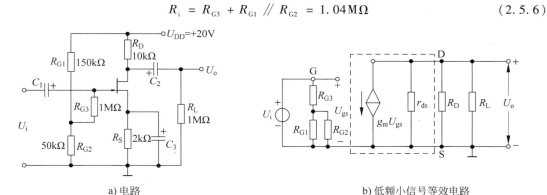

a) 电路　　　　　　　　　　　　　　　　b) 低频小信号等效电路

图 2.5.3　共源放大电路及其低频小信号等效电路

输出电阻为

$$R_o = R_D \mathbin{/\!/} r_{ds} = R_D = 10\mathrm{k}\Omega \tag{2.5.7}$$

共源放大电路具有一定的电压放大能力，且输出电压与输入电压反相，具有较大的输入阻抗。我们希望 R_D 满足：交流电阻大，直流电阻小。而理想电流源正好有无穷大的交流电阻，理论上就有最大增益。

2. 带源极电阻的共源放大电路

如图 2.5.4 所示为带源极电阻的共源放大电路，图中串联的源极电阻可用来改变放大电路的线性度。

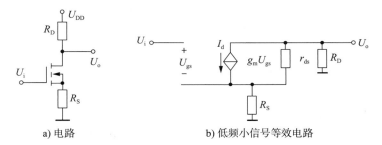

a) 电路　　　　　　　　　　　　b) 低频小信号等效电路

图 2.5.4　带源极电阻的共源放大电路

随着 U_i 增加，i_D 也增加，同样在 R_S 上的压降也会增加，因此输入电压 U_i 的一部分出现在 R_S 上，i_D 随 U_i 的变化变得平滑。根据等效电路，可计算交流指标。为简化分析，这里不考虑沟道调制效应（即 $\lambda = 0$，$r_{ds} = \infty$）。

首先计算放大倍数，由图 2.5.4b 所示可知

$$\begin{cases} U_i = U_{gs} + (g_m U_{gs})R_S \\ U_o = -(g_m U_{gs})R_D \end{cases} \tag{2.5.8}$$

解方程组，可得

$$A_u = -\frac{R_D}{\dfrac{1}{g_m} + R_S} \quad (\lambda = 0) \tag{2.5.9}$$

其次输出电阻

$$R_O \approx R_D \tag{2.5.10}$$

例 2.5.2　含有源极电阻的共源放大电路如图 2.5.5a 所示，已知工作点的 $g_m = 5\mathrm{mA/V}$，试画出低频小信号等效电路，并计算放大倍数 A_u。

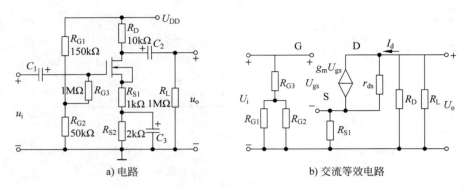

a) 电路　　　　　　　　　　b) 交流等效电路

图 2.5.5　含有源极电阻的共源放大电路及其等效电路

解： 该电路的交流小信号等效电路如图 2.5.5b 所示。

如果忽略 r_{ds} 的影响，则输出电压 U_o 为

$$U_o = -I_d(R_D \mathbin{/\!/} R_L) \approx -g_m U_{gs}(R_D \mathbin{/\!/} R_L)$$

输入电压为

$$U_i = U_{gs} + g_m U_{gs} R_{S1}$$

可得放大倍数 A_u 为

$$A_u = \frac{U_o}{U_i} = \frac{-g_m U_{gs}(R_D \mathbin{/\!/} R_L)}{U_{gs} + g_m U_{gs} R_{S1}} = -\frac{g_m}{1 + g_m R_{S1}}(R_D \mathbin{/\!/} R_L) = -8.3$$

可见，源极电阻 R_{S1} 的存在，使得放大倍数 A_u 相应减小，这是 R_{S1} 的电流负反馈作用所造成的。

2.5.2　共漏放大电路

共漏放大电路的基本结构

共漏放大电路如图 2.5.6 所示，信号从栅极输入，从源极输出。输入阻抗无穷大（低频情况下），输出阻抗相对较低，该电路是良好的缓冲电路，因此也称为**源极跟随器**。

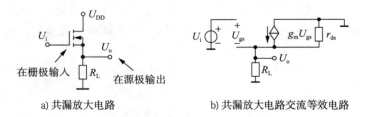

a) 共漏放大电路　　　　　　　b) 共漏放大电路交流等效电路

图 2.5.6　共漏放大电路及其低频小信号等效电路

共漏放大电路的电压放大倍数、输出电阻分别为

$$A_u = \frac{R_L}{\dfrac{1}{g_m} + R_L} \tag{2.5.11}$$

$$R_{\text{o}} = \frac{1}{g_{\text{m}}} \qquad (2.5.12)$$

共漏放大电路也可以作为电平移动电路使用。

共漏放大电路的电路如图 2.5.7a 所示，相应的等效电路如图 2.5.7b 所示。该电路的主要参数求解如下。

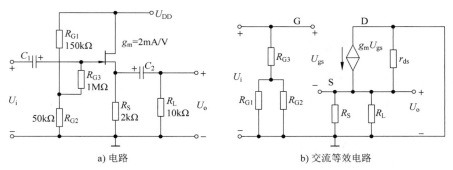

a) 电路　　　　　　　　　　　　b) 交流等效电路

图 2.5.7　共漏放大电路及其等效电路

（1）电压放大倍数 A_u

输出电压 U_{o} 为

$$U_{\text{o}} = g_{\text{m}} U_{\text{gs}} (R_{\text{S}} \mathbin{/\!/} R_{\text{L}} \mathbin{/\!/} r_{\text{ds}}) \approx g_{\text{m}} U_{\text{gs}} (R_{\text{S}} \mathbin{/\!/} R_{\text{L}})$$

输入电压 U_{i} 为

$$U_{\text{i}} = U_{\text{gs}} + g_{\text{m}} U_{\text{gs}} (R_{\text{S}} \mathbin{/\!/} R_{\text{L}})$$

所以

$$A_u = \frac{g_{\text{m}} U_{\text{gs}} (R_{\text{S}} \mathbin{/\!/} R_{\text{L}})}{U_{\text{gs}} + g_{\text{m}} U_{\text{gs}} (R_{\text{S}} \mathbin{/\!/} R_{\text{L}})} = \frac{g_{\text{m}} R_{\text{L}}'}{1 + g_{\text{m}} R_{\text{L}}'} = 0.76$$

电压放大倍数小于 1。

（2）输入电阻 R_{i}

$$R_{\text{i}} = R_{\text{G3}} + R_{\text{G1}} \mathbin{/\!/} R_{\text{G2}} = 1.0375 \text{M}\Omega$$

（3）输出电阻 R_{o}

计算输出电阻 R_{o} 的等效电路如图 2.5.8 所示。首先将 R_{L} 开路，U_{i} 短路，在输出端加电压 U_{o}，得到如图 2.5.8a 所示的等效电路，可以看出 $U_{\text{o}} = -U_{\text{gs}}$。其次将该电路简化得到图 2.5.8b。

由图 2.5.8b 可见

$$R_{\text{o}} = R_{\text{S}} \mathbin{/\!/} R_{\text{o}}'$$

式中，R_{o}' 为不计 R_{S} 的输出电阻

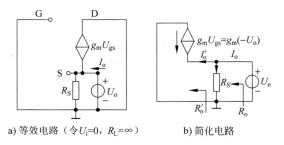

a) 等效电路（令 $U_{\text{i}}=0$，$R_{\text{L}}=\infty$）　　b) 简化电路

图 2.5.8　计算共漏电路输出电阻的等效电路

$$R'_\mathrm{o} = \frac{U_\mathrm{o}}{I'_\mathrm{o}} = \frac{U_\mathrm{o}}{-g_\mathrm{m}U_\mathrm{gs}} = \frac{U_\mathrm{o}}{-g_\mathrm{m}(-U_\mathrm{o})} = \frac{1}{g_\mathrm{m}}$$

所以，输出电阻为

$$R_\mathrm{o} = \frac{U_\mathrm{o}}{I_\mathrm{o}} = R_\mathrm{S} \mathbin{/\mkern-5mu/} \frac{1}{g_\mathrm{m}} = 2 \times 10^3 \mathbin{/\mkern-5mu/} \frac{1}{2 \times 10^{-3}}\Omega = 400\Omega$$

2.5.3　共栅放大电路

1. 共栅放大电路的基本结构

在共栅放大电路中，输入信号从源极输入，输出信号从漏极获取，其一般结构如图 2.5.9 所示。

为保证管子工作在恒流区，输出端 U_o 的信号摆幅不能低于 $U_\mathrm{G} - U_\mathrm{GSth}$。

共栅放大电路的电压放大倍数、输入电阻和输出电阻分别为

$$A_u = g_\mathrm{m}R_\mathrm{D} \tag{2.5.13}$$

$$R_\mathrm{i} = \frac{U_\mathrm{i}}{I_\mathrm{i}} = \frac{r_\mathrm{ds} + R_\mathrm{D}}{1 + g_\mathrm{m}r_\mathrm{ds}} \approx \frac{1}{g_\mathrm{m}} \tag{2.5.14}$$

$$R_\mathrm{o} \approx R_\mathrm{D} \tag{2.5.15}$$

2. 带源极电阻的共栅放大电路

值得注意的是，有时会有源极电阻 R_S 的存在，如图 2.5.10 所示。其电压放大倍数为

$$A_u = \frac{R_\mathrm{D}}{\dfrac{1}{g_\mathrm{m}} + R_\mathrm{S}} \tag{2.5.16}$$

输出阻抗为

$$R_\mathrm{o} \approx R_\mathrm{D} \tag{2.5.17}$$

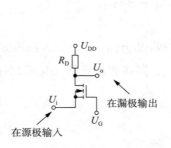

图 2.5.9　共栅放大电路

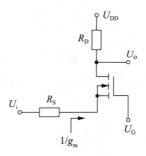

图 2.5.10　带源极电阻的共栅放大电路

共栅放大电路的电压放大倍数与共源放大电路相当，但为同相放大；其电流放大倍数为 1，可作为电流缓冲器；共栅放大电路的输入阻抗低，因为一般 R_S 和 $1/g_\mathrm{m}$ 都是小电阻，由它们并联而得到的输入电阻更低；输出阻抗高；频带比共源放大电路宽。

2.5.4　三种组态放大电路性能比较

场效应晶体管最突出的优点是可以组成高输入电阻的放大电路。此外，由于它还有噪声

低、温度稳定性好、抗辐射能力强等优于晶体管的特点，而且便于集成化，可以构成低功耗电路，所以广泛应用于各种电子电路中。

共源、共漏和共栅三种放大电路的结构有所不同，但也有共同点，即输入信号改变栅源电压，使得漏极或源极电流发生与之成比例的变化。这个电流直接作为输出信号，或者通过输出端的电阻转化为电压信号输出。

场效应晶体管的三种组态放大电路的性能比较见表2.5.1。

表2.5.1 场效应晶体管三种组态放大电路性能比较

	共源放大电路	共漏放大电路	共栅放大电路
电路			
电压放大倍数	$A_u \approx -g_m(R_D /\!/ R_L) = -g_m R_L'$	$A_u = \dfrac{g_m R_L'}{1 + g_m R_L'} < 1$	$A_u = g_m R_L'$
输入电阻	$R_i = R_G$	$R_i = R_G$	$R_i = R_S /\!/ \dfrac{1}{g_m}$
输出电阻	$R_o = R_D$	$R_o = R_S /\!/ \dfrac{1}{g_m}$	$R_o \approx R_D$

思考题

1. 场效应晶体管有哪些类型，它们在结构和特性上各有什么异同点？

2. 场效应晶体管的输入电阻为什么都很大，不同类型的场效应晶体管造成输入电阻大的原因各是什么？

3. 夹断与预夹断有什么区别？在预夹断情况下，为什么漏极电流 i_D 比较大？

4. 场效应晶体管跨导 g_m 的实际物理意义是什么？

5. 场效应晶体管放大电路的偏置方式有哪些，不同类型的场效应晶体管偏置方式有什么不同？

6. 场效应晶体管可变电阻区的输出电阻 r_{ds} 受什么电压控制？

习题

2.1 已知场效应晶体管的输出特性或转移特性如题2.1图所示。试判别其类型，并说明各管子在 $|U_{DS}| = 10$V 时的饱和漏电流 I_{DSS}、夹断电压 U_{GSoff}（或开启电压 U_{GSth}）各为多少。

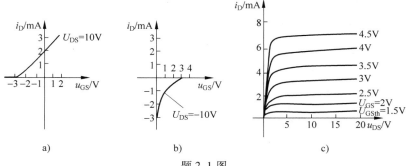

题 2.1 图

2.2 已知某 JFET 的 $I_{DSS} = 10\text{mA}$，$U_{GSoff} = -4\text{V}$，试定性画出它的转移特性曲线，并用平方律电流方程求出 $u_{GS} = -2\text{V}$ 时的跨导 g_m。

2.3 已知各场效应晶体管的各极电压如题 2.3 图所示，并设各管的 $|U_{GSth}| = 2\text{V}$ 或 $|U_{GSoff}| = 2\text{V}$。试分别判别其工作状态（可变电阻区、恒流区、截止区或不能正常工作）。

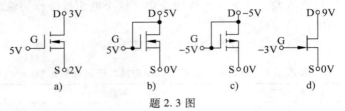

题 2.3 图

2.4 电路如题 2.4 图所示。设场效应晶体管的参数为：$I_{DSS} = 3\text{mA}$，$U_{GSoff} = -3\text{V}$。当 R_D 分别取下列两个数值时，判断场效应晶体管是处在恒流区还是可变电阻区，并求恒流区中的电流 I_D。
（1）$R_D = 3.9\text{k}\Omega$；（2）$R_D = 10\text{k}\Omega$。

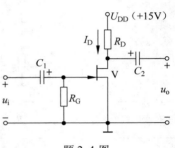

题 2.4 图

2.5 在题 2.5 图 a、b 所示电路中，
（1）已知 JFET 的 $I_{DSS} = 5\text{mA}$，$U_{GSoff} = -5\text{V}$，试求 I_{DQ}、U_{GSQ} 和 U_{DSQ} 的值。
（2）已知 MOSFET 的 $\dfrac{\mu_n C_{ox} W}{2L} = 100\mu\text{A}/\text{V}^2$，$U_{GSth} = 2.5\text{V}$，试求 I_{DQ}、U_{GSQ} 和 U_{DSQ} 的值。

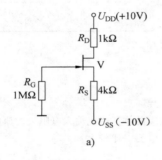
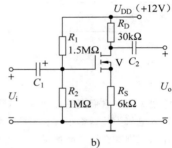

题 2.5 图

2.6 已知场效应晶体管电路如题 2.6 图所示。设 MOSFET 的 $\mu_n C_{ox} W/(2L) = 80\mu\text{A}/\text{V}^2$，$U_{GSth} = 1.5\text{V}$，忽略沟道长度调制效应。
（1）试求漏极电流 I_{DQ}、场效应晶体管的 U_{GSQ} 和 U_{DSQ}。
（2）画出电路的低频微变等效电路，并求参数 g_m 的值。

2.7 场效应晶体管电路如题 2.7 图所示。设 MOSFET 的 $\dfrac{\mu_n C_{ox} W}{2L} = 500\mu\text{A}/\text{V}^2$，$U_{GSth} = 3\text{V}$。试求 R_S 分别为 $2\text{k}\Omega$ 和 $10\text{k}\Omega$ 时 U_o 的值。

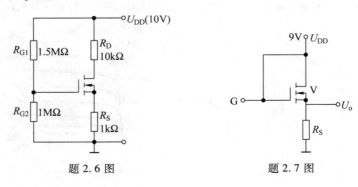

题 2.6 图　　　　　题 2.7 图

2. 8 场效应晶体管放大电路如题 2.8 图所示。图中器件相同，U_{DD} 和相同符号的电阻相等，各电容对交流信号可视为短路。

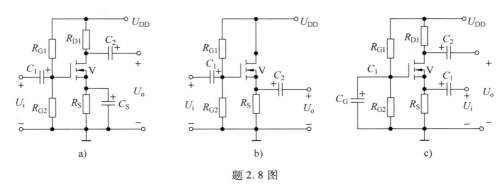

题 2.8 图

（1）说明各电路的电路组态。

（2）画出各电路的低频微变等效电路。

（3）写出三个电路中最小放大倍数 A_u、最小输入电阻 R_i 和最小输出电阻 R_o 的表达式。

2. 9 画出题 2.9 图所示电路的直流通路和交流通路。

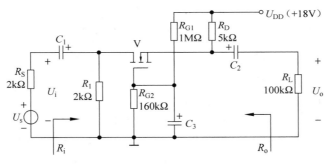

题 2.9 图

2. 10 放大电路如题 2.10 图所示。已知 $|U_{GSoff}| = 2V$，$I_{DSS} = 2mA$，$g_m = 1.2mS$，$\left|\dfrac{1}{\lambda}\right| = 80V$。

（1）试求该电路的静态漏极电流 I_{DQ} 和栅源电压 U_{GSQ}。

（2）为保证 JFET 工作在恒流区，电源电压 U_{DD} 应取何值？

（3）画出低频微变等效电路。

（4）试求器件的 r_{ds} 值，以及电路的 A_u、R_i 和 R_o。

2. 11 放大电路如题 2.11 图所示，已知场效应晶体管的参数：$g_m = 5mS$，$r_{ds} = 100k\Omega$。电容对交流信号可视为短路。

（1）画出该电路的交流通路。

（2）当 $u_i = 20\sin\omega t\ (mV)$ 时，计算输出电压 u_o。

2. 12 题 2.12 图所示电路中 JFET 共源放大电路的元器件参数如下：

在工作点上的管子跨导 $g_m = 1mS$，$r_{ds} = 200k\Omega$，$R_1 = 300k\Omega$，$R_2 = 100k\Omega$，$R_3 = 1M\Omega$，$R_4 = 10k\Omega$，$R_5 = 2k\Omega$，$R_6 = 2k\Omega$。试估算放大电路的电压放大倍数、输入电阻和输出电阻。

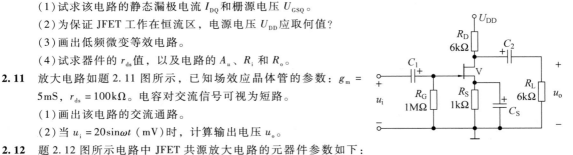

题 2.10 图

2. 13 两级 MOSFET 阻容耦合放大电路如题 2.13 图所示。已知 V_1 和 V_2 的跨导 $g_m = 0.7mS$，并设 $r_{ds} \to \infty$，电容 $C_1 \sim C_4$ 对交流信号可视作短路。

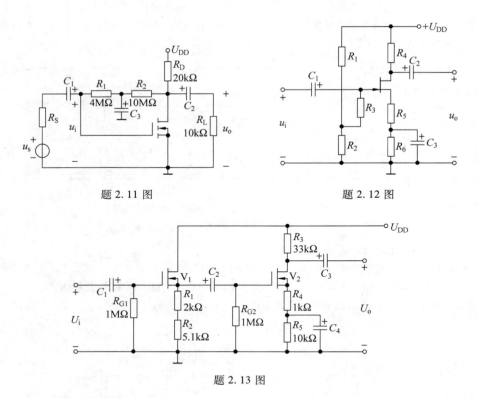

题 2.11 图 题 2.12 图

题 2.13 图

（1）试画出电路的低频小信号等效电路。

（2）计算电路的电压放大倍数 A_u 和输入电阻 R_i。

（3）如将 R_{G1} 的接地端改接到 R_1 和 R_2 的连接点，输入电阻 R_i 为多少？

2.14 试利用小信号分析计算题 2.14 图中电路的输出电阻。图中 U_B 为偏置电压，并假设 V_1、V_2 两管均处于恒流区，且 $g_{m1} = g_{m2} = g_m$，$r_{ds1} = r_{ds2} = r_{ds}$，$g_m r_{ds} \gg 1$。忽略其他效应。

2.15 题 2.15 图中的 V_1 管处于可变电阻区，而 V_2 管处于恒流区，两管构成复合结构。试分析当两管满足 $(W/L)_1 = K(W/L)_2$ 时，U_X 和 U_G 的关系。

2.16 分别计算题 2.16 图中电路在考虑和不考虑沟道调制效应时的小信号增益。

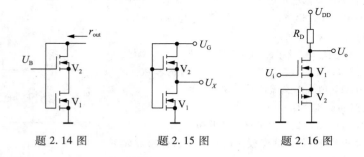

题 2.14 图 题 2.15 图 题 2.16 图

第 3 章

双极型晶体管及其放大电路

双极型晶体管又叫晶体三极管或半导体三极管(简称晶体管或三极管)。与第 2 章中介绍的场效应晶体管利用输入信号控制 PN 结构成的导电沟道完成放大功能的思路不同，晶体管的放大功能是通过改变反偏 PN 结一侧的少子浓度，从而实现对反向漂移电流的控制。

根据这个思路，1947 年，贝尔实验室的三位科学家——肖克利、巴丁和布拉顿，通过使用一个正偏单向结来人为地控制另一个靠得很近的反偏单向结中的少子浓度，成功实现了输入信号的放大，制造出了世界上第一只晶体三极管，其器件结构如图 3.0.1a 所示。但由于这只晶体管的结构并非是基于 PN 结的，因而在稳定性和量产上都存在很大的问题。随后，肖克利使用先进的掺杂半导体工艺改进了原先的成果，制造出了通用的结型晶体管，其结构如图 3.0.1b 所示。

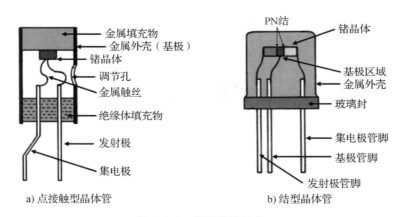

a) 点接触型晶体管   b) 结型晶体管

图 3.0.1　晶体管的结构

晶体管的用途很广，可用于放大、振荡、调制和开关等电路中。本章主要介绍晶体管的工作原理、特性曲线、参数、模型及其构成的放大电路。

3.1　双极型晶体管

3.1.1　双极型晶体管的分类和结构

现代一般使用的晶体管由两个背靠背的 PN 结组成，两个 PN 结之间由很薄的中间区隔开。根据排列方式的不同，晶体管有 NPN 和 PNP 两种类型，如图 3.1.1 所示。

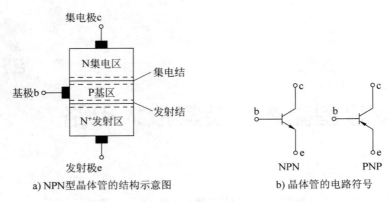

a) NPN型晶体管的结构示意图　　　　b) 晶体管的电路符号

图 3.1.1　晶体管的结构与符号

以 NPN 管为例，晶体管中间区域为 P 型半导体，称为**基区**。其两侧的异型区（N^+、N）分别称为**发射区**和**集电区**。三个区各引出一个电极，分别为基极（b）、发射极（e）和集电极（c）。基区和发射区之间形成的 PN 结，称为**发射结**（简称 e 结）；基区和集电区之间形成的 PN 结，称为**集电结**（简称 c 结）。图 3.1.1b 示出了 NPN 管和 PNP 管在电路中的符号，其中发射极的箭头方向表示发射结正向偏置时的实际电流方向。

晶体管的制造方法很多，目前普遍采用平面工艺，主要包括氧化、光刻、扩散等工序。采用平面工艺制作的单个平面管结构剖面图如图 3.1.2 所示，衬底若用硅材料，则为硅管；若用锗材料，则为锗管。要使晶体管具有放大作用，不论采用哪种制造方法，都应保证管内结构具有如下特点：发射区相对基区重掺杂（即 e 结为 PN^+ 结）；基区很薄（零点几到数微米）；集电结面积尽量大。

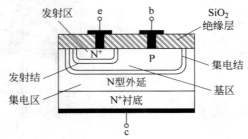

图 3.1.2　晶体管平面结构剖面图

下面均以 NPN 管为例讨论晶体管的工作原理、特性曲线和电路模型，所得结论对 PNP 管同样适用。

3.1.2　双极型晶体管的工作原理及其大信号分析

1. 工作原理

（1）放大状态下晶体管中载流子的运动

当晶体管用于信号放大时，发射结要加正向电压，集电结要加反向电压。管内载流子的运动情况可用图 3.1.3 说明。

我们按传输顺序分以下几个过程进行描述。

①发射区向基区注入电子

由于发射结正偏，因而多子的扩散运动占优势，且发射区是重掺杂，因此发射区大量自由电子源源不断地越过发射结注入基区，形成电子注入电流 I_{EN}。与此同时，基区空穴也向发射区注入，形成空穴注入电流 I_{EP}。显然发射极电流 I_E 为

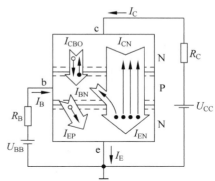

$$I_E = I_{EN} + I_{EP} \qquad (3.1.1)$$

因为发射区相对基区是重掺杂，基区空穴浓度远低于发射区的电子浓度，所以 $I_{EP} \ll I_{EN}$，也就是说 $I_E \approx I_{EN}$，在后面的分析中 I_{EP} 都将被忽略。

②电子在基区中边扩散边复合

发射区中的电子注入基区后，便从发射结一侧向集电结方向扩散，在扩散的过程中又可能与基区中空穴复合。但由于基区很薄且空穴浓度又低，所以从发射区注入基区的电子只有少部分与空穴复合形成电流 I_{BN}，绝大部分电子到达了集电结。

图 3.1.3 晶体管内载流子的运动和各极电流

③集电区收集电子

由于集电结反偏，在反向电压作用下，在基区中扩散到集电结边缘的电子做漂移运动，穿过集电结，被集电区收集，形成电流 I_{CN}。由于该区能够收集电子，集电区由此而得名。集电区和基区本身的少子在集电结反向电压作用下，向对方漂移形成反向饱和电流 I_{CBO}，I_{CBO} 的大小取决于少子的浓度，受温度影响很大。从图中可以看出，集电极电流 I_C 和基极电流 I_B 分别为

$$I_C = I_{CN} + I_{CBO} \qquad (3.1.2)$$

$$I_B = I_{BN} - I_{CBO} \qquad (3.1.3)$$

可以看出，当发射结开路（即 $I_E = 0$）时，没有电子从发射区注入基区，此时流过集电结的电流就是 I_{CBO}。因此 I_{CBO} 是发射结开路时集电结的反向饱和电流。

由上述载流子的运动情况可以看出，集电极电流中的 I_{CN} 是发射极电子注入电流 I_{EN} 通过注入、扩散和复合以及集电区的收集转化而来的，它是晶体管内部的正向控制电流。在外电路上它体现了输入电流对输出电流的控制作用。这种控制作用的强弱决定于注入基区的载流子被复合和收集的比例关系，晶体管的放大原理正是基于这两种电流的分配比例。除 I_{EN}、I_{CN} 和 I_{BN} 以外，其他电流都是不受控制的无用电流（包括 I_{EP} 和 I_{CBO}），越小越好，制造晶体管时已得到充分考虑。

需要注意的是，在上面的分析中，需要强调以下三点。

1）晶体管工作在放大状态时，反偏的集电结仍有较大的集电结电流 I_{CN} 通过，这一现象并不意味着集电结的单向导电性被破坏，更不意味着此时的集电结被反向电击穿。

PN 结的单向导电性是指一个独立的 PN 结在不受其他外界干预时，在不同的外部偏置条件下表现出的特性。在第 1 章中分析 PN 结的反偏状态时提到：PN 结反向偏置时，两侧的少子可以通过漂移运动"渡过"PN 结，形成反向漂移电流。由于少子浓度低，形成的反向漂移电流很小。

实际上，集电极电流 I_{CN} 的本质正是反向漂移电流，发射区的多子在发射结正偏电压的"帮助"下，越过发射结变成了基区中的少子（浓度很高），并最终被反偏的集电结"收集"，

形成较大的反向少子漂移电流(其中很少的一部分在基区中被复合形成基极电流 I_{BN})。这也正是双极型晶体管名称的由来——因为晶体管在放大状态下的导电过程是由两种载流子(多子和少子)共同参与的。

2)晶体管工作在放大状态时,集电结电流 I_{CN} 的大小与基极电流 I_{BN} 的大小有关,而与集电结反偏电压的大小近似无关。

根据第 1 章 PN 结反偏状态的分析可以知道,在反向偏置的 PN 结中,少子形成的反向漂移电流只需要 PN 结反偏即可存在,其大小与两侧的少子浓度相关,而与反偏电压值近似无关。这一点正是理解晶体管工作于放大状态时集电极电流 I_{CN} 的关键。

以 NPN 型晶体管为例,晶体管工作在放大状态时,正是因为重掺杂的发射区通过正偏的发射结向基区注入了大量的电子,提升了反偏的集电结 P 侧(基区)的少子浓度,导致"渡过"集电结的反向漂移电流增大,才形成了较大的集电极电流 I_{CN}。基区的少子浓度又是由发射区通过正偏的发射结注入基区的电子数量(I_{EN} 的成因)和其中被基区空穴复合掉的电子数量(I_{BN} 的成因)共同决定的。I_{EN} 增大(I_{BN} 对应增大),基区的少子浓度升高。故集电结电流 I_{CN} 的大小与基极电流 I_{BN} 的大小有关,而与集电结反偏电压的大小近似无关。同时,I_{CN} 和 I_{BN} 两者存在比例关系,下面的电流分配关系将会说明。

3)为了让晶体管具有放大功能,制造晶体管时,发射区必须是重掺杂,同时基区必须做得很薄。

同样以 NPN 管为例,发射区注入的电子越多,同时在基区中被复合的电子越少,则集电区收集的电子就越多,晶体管的放大能力就越强。因此,只有发射区做成重掺杂才能保证由发射区进入基区的电子足够多,而很薄的基区才能保证被复合掉的电子足够少。因此,简单地把两个二极管背靠背(或头碰头)连接在一起是无法像晶体管一样实现放大功能的。

(2)电流分配关系

为了说明电流 I_{EN} 转化成受控电流 I_{CN} 的能力,定义**共基直流电流放大系数** $\bar{\alpha}$ 为

$$\bar{\alpha} = \frac{I_{CN}}{I_{EN}} \tag{3.1.4}$$

根据式(3.1.1)和式(3.1.2)可得

$$\bar{\alpha} = \frac{I_{CN}}{I_{EN}} \approx \frac{I_C - I_{CBO}}{I_E} \tag{3.1.5}$$

显然 $\bar{\alpha} < 1$,一般为 0.97 ~ 0.99。对于硅管,I_{CBO} 很小,则

$$\bar{\alpha} = \frac{I_C}{I_E} \tag{3.1.6}$$

即共基直流电流放大系数 $\bar{\alpha}$ 近似等于集电极电流 I_C 与发射极电流 I_E 之比。

在实际应用中,常定义另一个参数——**共射直流电流放大系数** $\bar{\beta}$,表示受控电流 I_{CN} 和基区复合电流 I_{BN} 之比,即

$$\bar{\beta} = \frac{I_{CN}}{I_{BN}} = \frac{I_C - I_{CBO}}{I_B + I_{CBO}}$$

整理可得

$$I_C = \bar{\beta} I_B + (1 + \bar{\beta}) I_{CBO} \tag{3.1.7}$$

若 $I_B = 0$,则有

$$I_C = I_{CEO} = (1 + \bar{\beta})I_{CBO} \qquad (3.1.8)$$

该电流称为**穿透电流**，表示基极开路($I_B = 0$)时，从集电极流向发射极的直通电流。若忽略 I_{CEO} 的影响，则式(3.1.7)可写成

$$\bar{\beta} = \frac{I_C}{I_B} \qquad (3.1.9)$$

即 $\bar{\beta}$ 近似等于集电极电流 I_C 与基极电流 I_B 之比，它反映了基极电流对集电极电流的控制作用。通常 $\bar{\beta}$ 的值远大于1，一般为几十到几百。

如果将晶体管看作一个节点，则 I_B、I_C 和 I_E 三者应满足下面的关系式

$$I_E = I_C + I_B \qquad (3.1.10)$$

由于 $\bar{\beta}$、$\bar{\alpha}$ 都是反映晶体管基区扩散与复合的比例关系，只是选取的参考量不同，所以两者之间必有内在联系。由式(3.1.5)、式(3.1.7)和式(3.1.10)可得

$$\bar{\beta} = \frac{\bar{\alpha}}{1 - \bar{\alpha}}, \quad \bar{\alpha} = \frac{\bar{\beta}}{1 + \bar{\beta}} \qquad (3.1.11)$$

2. 大信号分析：晶体管的特性曲线

晶体管有3个电极，是三端子器件，通常用其中两个分别作输入、输出端，第三个作公共端，这样可以构成输入和输出两个回路。实际中有图3.1.4所示的三种基本接法，分别称为共发射极接法、共集电极接法和共基极接法，通常叫三种**组态**。在三种组态中，以共射组态应用最为广泛，下面的讨论以共射组态为主。

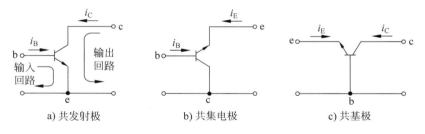

a) 共发射极　　　　　b) 共集电极　　　　　c) 共基极

图 3.1.4　晶体管的三种基本接法

类似于第2章场效应晶体管中特性曲线的分析，晶体管特性曲线也包括输入和输出两组特性曲线。以 i_B 为参变量，输出电流 i_C 与输出电压 u_{CE} 之间的关系 $i_C = f(u_{CE})\big|_{i_B = 常数}$ 称为共射组态晶体管的输出特性。以 u_{CE} 为参变量，输入电流 i_B 与输入电压 u_{BE} 之间的关系 $i_B = f(u_{BE})\big|_{u_{CE} = 常数}$ 称为共射组态晶体管的输入特性。这两组曲线可以在晶体管特性图示仪的屏幕上直接显示出来，也可以用如图3.1.5所示的电路逐点测出。

（1）共射极输出特性曲线

共射电路的输出特性曲线如图3.1.6所示，输出特性曲线可分为4个区域：放大区、饱和区、截止区和击穿区。

①放大区

当调节 U_{BB} 和 U_{CC} 的大小，使发射结正偏、集电结反偏时，晶体管工作在放大区，如图 3.1.3 中所示。在放大区载流子的运动情况和电流关系已经在3.1.2节进行了分析，其特点是：i_C 仅仅取决于 i_B，几乎与 u_{CE} 无关。下面进行详细的说明。

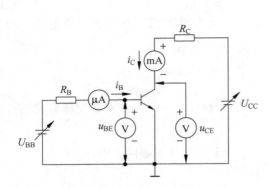

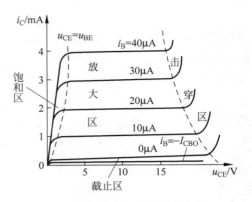

图 3.1.5　共射组态晶体管的特性曲线测量电路　　　图 3.1.6　共射极输出特性曲线

1）基极电流 i_B 对集电极电流 i_C 有很强的控制作用。

在放大区，i_B 和 i_C 基本符合关系式（3.1.9），即

$$i_C = \bar{\beta} i_B$$

同时，基极电流 i_B 有一个微小变量 Δi_B，也会引起集电极电流 i_C 产生较大的变化量 Δi_C，为此，我们用**共射交流电流放大系数 β** 来表示这种变化电流的控制能力，即

$$\beta = \frac{\Delta i_C}{\Delta i_B} \tag{3.1.12}$$

值得注意的是，β 和 $\bar{\beta}$ 是两个不同的参数，物理意义不同，但在一定的集电极电流变化范围内，数值 $\beta \approx \bar{\beta}$，因此在以后的分析中，两者不再加以区分。

2）u_{CE} 的变化对 i_C 的影响很小。

当 i_B 不变时，i_C 几乎与 u_{CE} 无关，只是随 u_{CE} 的增加而略有增大，如图 3.1.6 所示，特性曲线略有上翘，我们把这种略微上翘的特性称为**基区宽度调制效应**或**厄尔利（Early）效应**。产生这种效应的原因是：当 u_{CE} 增加时，集电结反向电压增大，使得 PN 结变厚，基区变薄，这样基区中电子与空穴复合的机会减小，i_B 要减小，若要保持 i_B 不变，则 i_C 略微增加。

如将图 3.1.7 中的所有曲线在转弯部分反向延长，就会与横轴相交于同一点，该点对应的电压 U_A 称为**厄尔利电压**。为便于说明，将图 3.1.6 重画，如图 3.1.7 所示，U_A 的大小反映了厄尔利效应的大小。特性越平坦，厄尔利效应越小，$|U_A|$ 越大；反之，$|U_A|$ 越小。在集成电路中，NPN 管的 $|U_A|$ 为 $50 \sim 100\mathrm{V}$。输出特性曲线的倾斜意味着晶体

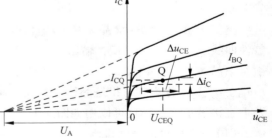

图 3.1.7　考虑厄尔利效应的输出特性

管在放大区的交流输出电阻 r_{ce} 是个有限值，由图 3.1.7 可求得某一固定工作点时 r_{ce} 的值，如图中 Q 点处的输出电阻 r_{ce}，可以由下式得到

$$r_{ce} = \frac{|U_A| + U_{CEQ}}{I_{CQ}} \approx \frac{|U_A|}{I_{CQ}} \tag{3.1.13}$$

由于厄尔利效应很弱，因此，当 i_B 一定，u_{CE} 在很大范围内变化时，工程上近似认为 i_C

不变，即集电极电流具有恒流特性。

②饱和区

当 U_{BB} 和 U_{CC} 的取值使晶体管的发射结正偏、集电结也正偏（即 $u_{CE} < u_{BE}$）时，晶体管工作在饱和区。集电结零偏（$u_{CE} = u_{BE}$）时对应点的连线为**临界饱和线**。饱和区的特点是：i_C 几乎不受 i_B 的控制，随着 u_{CE} 的减小，i_C 迅速减小。下面来分析原因。

在放大区时，i_C 是 I_{CN} 和 I_{CBO} 之和，如图 3.1.3 所示。而在饱和区，集电结正偏，反向饱和电流 I_{CBO} 不复存在，代之以方向相反的多子扩散电流 I_{C1}，如图 3.1.8 所示，造成总的 i_C 下降。同样的 u_{BE} 下，u_{CE} 越小，集电结正偏电压越大，I_{C1} 越大，i_C 减小得越迅速，直至为零。另外，当 u_{CE} 一定而 i_B 增大时，i_C 几乎不变，因此称之为饱和区。读者可以根据载流子的运动自行分析原因。

晶体管饱和时，集电极和发射极之间的电压称为**饱和压降**，用 $U_{CE(sat)}$ 表示，其值较小，工程上常取 0.3V。在饱和区，两个 PN 结均正偏，因正向电阻都很小，故晶体管呈现低阻状态，三个电极之间近似短路。

③截止区

截止区是两个 PN 结均为反偏时的工作区间。在图 3.1.6 中，$i_B = -I_{CBO}$ 时，$i_E = 0$，$i_B \leqslant -I_{CBO}$ 的区域称为截止区。由于 I_{CBO} 较小，工程上将 $i_B = 0$ 曲线以下的区域称为截止区。在截止区，各极电流都很小，三个电极之间近似开路。

④击穿区

当 u_{CE} 足够大时，与二极管一样，晶体管也会发生反向击穿，i_C 迅速增大。从图 3.1.6 可以看出，i_B 越小，出现反向击穿的电压越大；当 $i_B = 0$ 时，反向击穿电压最大，此时的击穿电压记作 $U_{(BR)CEO}$。

（2）共射极输入特性曲线

如图 3.1.9 所示，共射极输入特性曲线类似于 PN 结的伏安特性。

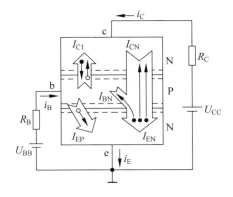

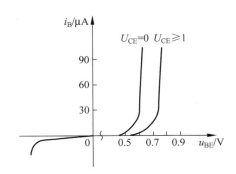

图 3.1.8　饱和区载流子运动情况　　　　图 3.1.9　共射极输入特性曲线

当 $u_{CE} = 0V$ 时，晶体管相当于两个二极管并联，正向电压 u_{BE} 和 i_B 的关系与二极管相似。

当 $0 < u_{CE} < 0.3V$ 时，输入特性曲线随着 u_{CE} 增大向右移动。也就是说，当 u_{BE} 相同时，u_{CE} 越大，i_B 越小。这是由于随着 u_{CE} 增大，集电结的正向偏置逐渐减弱，收集电子的能力逐渐增强，从发射区注入基区的电子更多地被集电结收集，流向基极的电流逐渐减小，从而随 u_{CE} 增大特性曲线向右移动。

当 $u_{CE} > 0.3V$ 时，输入特性曲线随着 u_{CE} 增大仅稍稍右移。这是因为晶体管由饱和区逐渐向放大区过渡，u_{CE}的增大对i_C的影响很小，只是由于厄尔利效应，i_C略有上翘，使i_B略有下降，因此随u_{CE}增大曲线稍向右移。

需要指出，除了上述两种特性曲线外，在某些应用场合，还需要其他形式的特性曲线。例如，以u_{BE}为参变量，i_C随u_{CE}变化的输出特性曲线；以u_{CE}为参变量，i_C随u_{BE}变化的转移特性曲线等。不过这些特性曲线都可以从上述输入、输出特性曲线转换得到。

3.1.3　温度对晶体管特性的影响

温度对晶体管的u_{BE}、I_{CBO}和β有不容忽视的影响。其中，u_{BE}、I_{CBO}随温度变化的规律与PN结相同，即温度每升高$1℃$，u_{BE}减小$2 \sim 2.5\text{mV}$；温度每升高$10℃$，I_{CBO}增大一倍。温度对β的影响表现为，β随温度的升高而增大，变化规律是：温度每升高$1℃$，β值增大$0.5\% \sim 1\%$（即$\Delta\beta/\beta \approx (0.5 \sim 1)\%/℃$）。

温度对u_{BE}、I_{CBO}和β的影响，集中反映在i_C随温度的升高而增大。在输出特性曲线上表现为，温度升高，曲线上移且间隔增大。

3.1.4　晶体管的主要参数

1. 电流放大系数

晶体管的电流放大系数（或称放大倍数）是表征管子放大作用的参数。综合前面的讨论，有以下几个参数。

（1）共射直流电流放大系数$\overline{\beta}$

$\overline{\beta}$体现集电极电流和基极电流的直流量之比，若忽略I_{CEO}的影响，$\overline{\beta} = \dfrac{I_C}{I_B}$。

（2）共射交流电流放大系数β

β体现共发射极接法时集电极电流和基极电流的变化量之比，即$\beta = \dfrac{\Delta i_C}{\Delta i_B}$。

（3）共基直流电流放大系数$\overline{\alpha}$

$\overline{\alpha}$体现集电极电流和发射极电流的直流量之比，若忽略I_{CBO}的影响，$\overline{\alpha} = \dfrac{I_C}{I_E}$。

（4）共基交流电流放大系数α

α体现共基极接法时集电极电流和发射极电流的变化量之比，即$\alpha = \dfrac{\Delta i_C}{\Delta i_E}$。

2. 反向饱和电流

（1）I_{CBO}

I_{CBO}表示发射极e开路时集电极c和基极b之间的反向电流。I_{CBO}的下标O表示open，代表第三个电极e开路。一般小功率锗管的I_{CBO}约为几微安到几十微安，硅管的I_{CBO}要小得多，有的可以达到纳安数量级。

（2）I_{CEO}

穿透电流I_{CEO}表示基极b开路时集电极c和发射极e之间的电流。由式（3.1.8）可知，上述两个反向电流之间存在以下关系

$$I_{\text{CEO}} = (1 + \overline{\beta})I_{\text{CBO}}$$

因此，晶体管的 β 越大，该管的 I_{CEO} 越大。

因为 I_{CBO} 和 I_{CEO} 都是由少数载流子的运动形成的，所以对温度非常敏感。当温度升高时，I_{CBO} 和 I_{CEO} 将急剧增大。实际工作中在选择晶体管时，要求 I_{CBO} 和 I_{CEO} 尽可能小，这两个反向电流越小，表明管子的质量越好。

（3）I_{EBO}

I_{EBO} 表示集电极 c 开路时发射极 e 和基极 b 之间的反向电流。

3. 极限参数

（1）反向击穿电压

前面已经提到的 $U_{\text{(BR)CEO}}$ 指基极开路（$I_{\text{B}} = 0$）时集电极与发射极间的反向击穿电压。同理可以定义 $U_{\text{(BR)CBO}}$ 为发射极开路时集电极与基极间的反向击穿电压。$U_{\text{(BR)CBO}}$ 比 $U_{\text{(BR)CEO}}$ 大得多，一般为几十伏，有的大功率管可达千伏以上。$U_{\text{(BR)BEO}}$ 指集电极开路时基极与发射极间的反向击穿电压。普通晶体管该电压值比较小，只有几伏。

（2）最大允许集电极电流 I_{CM}

β 与 I_{C} 的大小有关，随着 I_{C} 的增大，β 值会减小。一般 I_{CM} 指 β 下降到正常值的 2/3 时所对应的集电极电流。当 $I_{\text{C}} > I_{\text{CM}}$ 时，虽然管子不至于损坏，但 β 值已经明显变小。因此，晶体管线性运用时，I_{C} 不应超过 I_{CM}。

（3）最大允许集电极功耗 P_{CM}

晶体管工作在放大状态时，集电结承受着较高的反向电压，同时流过较大的电流。因此，在集电结上要消耗一定的功率，从而导致集电结发热，结温升高。当结温过高时，管子的性能下降，甚至会烧坏管子，因此需要规定一个功耗限额。P_{CM} 就是集电结因受热而引起管子参数变化不超过规定值时所允许耗散的最大功率。P_{CM} 与管芯的材料、大小、散热条件及环境温度等因素有关。若管子的 P_{CM} 已确定，则由 $P_{\text{CM}} = I_{\text{C}} \cdot U_{\text{CE}}$ 可知，P_{CM} 在输出特性上为一条双曲线，称为 P_{CM} 功耗线，如图 3.1.10 所示。

晶体管的 P_{CM}、I_{CM} 和 $U_{\text{(BR)CEO}}$ 三个极限参数，规定了晶体管的允许运行范围，称为晶体管的**安全工作区**，如图 3.1.10 所示。为了确保管子正常、安全地工作，使用时不应超出这个区域。

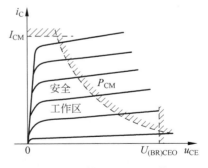

图 3.1.10　晶体管的安全工作区

3.2　双极型晶体管放大电路的静态分析

3.2.1　晶体管的直流模型及静态工作点的估算

在直流信号作用下，晶体管电路分析的复杂性在于晶体管特性的非线性化，如果能在一定条件下将晶体管的特性线性化，就可以像第 1 章分析二极管一样，应用线性电路的分析方法来分析晶体管电路了。下面就简单介绍晶体管在放大状态下，分析静态工作点时所用的直流模型。

在直流工作时，可将晶体管输入、输出特性曲线（见图 3.1.9 和图 3.1.6）分段线性化，得到如图 3.2.1 所示的折线近似。其中图 3.2.1a 为输入特性曲线的线性化，当 $U_{BE} > U_{BE(on)}$ 时，发射结导通，输入端等效为 $U_{BE(on)}$ 恒压源，通常硅管 $U_{BE(on)} = 0.7V$，锗管 $U_{BE(on)} = 0.25V$；当 $U_{BE} < U_{BE(on)}$ 时，输入端等效为开路。图 3.2.1b 为输出特性曲线的线性化，放大区的输出特性曲线近似为与水平轴平行的等间隔直线，相当于集电极和发射极之间接有一个受 I_B 控制的受控电流源 $I_C = \beta I_B$。图 3.2.1c 为晶体管工作在放大区时的直流模型。下面就利用该模型进行静态工作点的求解。

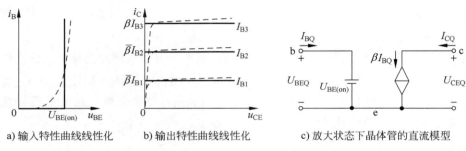

a) 输入特性曲线线性化   b) 输出特性曲线线性化   c) 放大状态下晶体管的直流模型

图 3.2.1   晶体管在放大状态下的直流模型

例 3.2.1   晶体管电路如图 3.2.2a 所示。已知静态时晶体管工作在放大状态，试估算晶体管的 I_{BQ}、I_{CQ} 和 U_{CEQ}。

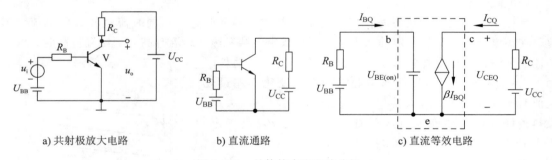

a) 共射极放大电路   b) 直流通路   c) 直流等效电路

图 3.2.2   晶体管直流电路分析

解：静态时放大电路直流通路如图 3.2.2b 所示，由于晶体管工作在放大状态，则将图中的晶体管用图 3.2.1c 所示放大状态模型代替，便得到图 3.2.2c 所示的直流等效电路。由图可知

$$I_{BQ} = \frac{U_{BB} - U_{BE(on)}}{R_B} \tag{3.2.1}$$

$$I_{CQ} = \beta I_{BQ} \tag{3.2.2}$$

$$U_{CEQ} = U_{CC} - I_{CQ}R_C \tag{3.2.3}$$

3.2.2   静态工作点的图解法分析

本节将以电路图 3.2.3a 为例，说明如何通过图解法分析确定放大电路的静态工作点。

原则上说，I_{BQ} 和 U_{BEQ} 可以在输入特性曲线上作图求出，但是输入特性不易准确测得，所以输入回路的静态工作点一般不用图解法求得，而用 3.2.1 节提到的近似估算方法求得。

图 3.2.3a 所示电路的直流通路如图 3.2.3b 所示，其静态基极电流为

$$I_{BQ} = \frac{U_{CC} - U_{BE(on)}}{R_B} \qquad (3.2.4)$$

下面讨论输出回路的图解分析过程。

在晶体管的输出回路中，静态工作点 (U_{CEQ}, I_{CQ}) 既应在晶体管的输出特性曲线上，又应满足外电路的回路方程：

$$u_{CE} = U_{CC} - i_C R_C \quad (3.2.5)$$

因此，图解法的步骤如下：在输出特性坐标系中，首先画出式 (3.2.5) 所确定的直线，如图 3.2.4a

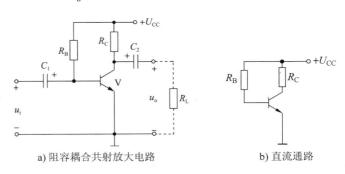

a) 阻容耦合共射放大电路　　　　b) 直流通路

图 3.2.3　阻容耦合共射放大电路及其直流通路

所示，该直线称为**直流负载线**。它与横轴的交点为 (U_{CC}, 0)，对应图中 N 点；与纵轴的交点为 (0, U_{CC}/R_C)，对应图中 M 点。直流负载线斜率为 $-1/R_C$。其次找到 $I_B = I_{BQ}$ 的那条输出特性曲线，该曲线与上述直线的交点就是静态工作点 Q。量得 Q 点的纵坐标为 I_{CQ}，横坐标则为 U_{CEQ}。应当指出，如果输出特性曲线中没有 $I_B = I_{BQ}$ 的那条输出特性曲线，则应当补测该曲线。

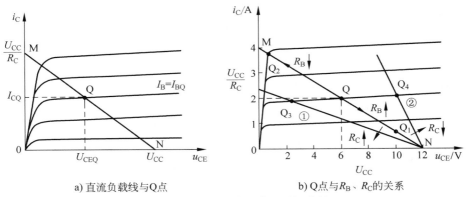

a) 直流负载线与Q点　　　　b) Q点与R_B、R_C的关系

图 3.2.4　放大电路的直流图解分析

图 3.2.4b 示出了 R_B 和 R_C 分别改变时 Q 点的变化规律。当 R_B 改变时，由于输出回路的 U_{CC} 和 R_C 没有改变，因此 Q 点将沿着直流负载线移动。若 R_B 增大，则 I_{BQ} 减小，Q 点下移，靠向截止区，见 Q_1 点；反之，若 R_B 减小，则 I_{BQ} 增大，Q 点上移，当 I_{BQ} 大到某一值时，管子将进入饱和，见 Q_2 点。当 R_C 改变时，由于 I_{BQ} 没有改变，则 Q 点将沿着 I_{BQ} 对应的输出特性曲线移动。当 R_C 增大时，U_{CC}/R_C 减小，直流负载线的 M 点下移，则交点 Q 沿 $I_B = I_{BQ}$ 的特性曲线左移，靠向饱和区，见图中负载线①及 Q_3 点；反之，R_C 减小，负载线向上转动，Q 点则沿特性曲线右移，见负载线②及 Q_4 点。当 U_{CC} 改变时，Q 点将如何移动？读者可以进行相应的思考。

上述静态工作点的求解方法建立在已知晶体管工作在放大区的基础上。对一个给定的电路，该如何判断晶体管的工作区？该如何分析工作点设置是否合理？下面介绍晶体管工作状态的判断方法。

3.2.3　晶体管工作状态的判断方法

下面以电路图 3.2.5a 为例说明如何判断晶体管的工作状态。我们知道，当发射结和集电结都反偏时，晶体管处于截止状态，因此可以判断，当 $U_{BB} < U_{BE(on)}$ 且 $U_{BB} < U_{CC}$ 时，晶体管截止，此时 $I_{BQ} = I_{CQ} \approx 0$，$U_{BEQ} = U_{BB}$，$U_{CEQ} = U_{CC}$。

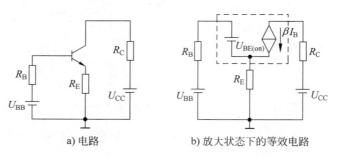

a) 电路　　　　　　b) 放大状态下的等效电路

图 3.2.5　晶体管直流分析的一般性电路

若 $U_{BB} \geqslant U_{BE(on)}$，则发射结正偏，此时只要判断出集电结是正偏还是反偏就可以知道晶体管是处于饱和还是放大状态。我们可以通过假设法来判断晶体管的工作状态。首先假设晶体管工作在放大状态，然后根据放大状态下的直流等效电路（如图 3.2.1c 所示），求解 I_{BQ}、I_{CQ} 和 U_{CEQ}。

$$I_{BQ} = \frac{U_{BB} - U_{BE(on)}}{R_B + (1 + \beta) R_E} \tag{3.2.6}$$

$$I_{CQ} = \beta I_{BQ} \approx I_{EQ} \tag{3.2.7}$$

$$U_{CEQ} = U_{CC} - I_{CQ}(R_C + R_E) \tag{3.2.8}$$

若求出的 $U_{CEQ} \geqslant U_{BE(on)}$，说明集电结反偏，与放大状态的假设相符，则管子处于放大状态的假设成立；若 $U_{CEQ} < U_{BE(on)}$，说明集电结正偏，结果与假设不符，则说明管子已经进入饱和状态。

如果判断出管子工作在放大状态，则式（3.2.6）、式（3.2.7）和式（3.2.8）的计算结果有效。如果判断出晶体管处于饱和状态，那么计算饱和状态下的静态工作点比较烦琐，因此我们做如下近似：由于饱和状态下 c-e 结的饱和压降较小，且变化不大，因此取 U_{CEQ} 为饱和区压降平均值，一般硅管为 0.3V，锗管为 0.1V，同时 I_{CQ} 用临界饱和值 $I_{C(sat)临界}$ 代替：

$$I_{CQ} \approx I_{C(sat)临界} = \frac{U_{CC} - U_{CE(sat)临界}}{R_C + R_E} = \frac{U_{CC} - U_{BE(on)}}{R_C + R_E} \tag{3.2.9}$$

由于在临界饱和状态，集电结零偏，因此式（3.2.9）中 $U_{CE(sat)临界} = U_{BE(on)}$。

例 3.2.2　电路如图 3.2.6 所示。已知 $\beta = 50$，三极管为硅管，求 u_i 分别为 0V 和 3V 时的输出电压 u_o。

解：1) 当 $u_i = 0$V 时，$U_{BE} = 0$，晶体管截止，则 $I_{CQ} = 0$，$u_o = U_{CEQ} = U_{CC} = 5$V。

2) 当 $u_i = 3$V 时，晶体管导通，则

$$I_{BQ} = \frac{u_i - U_{BE(on)}}{R_B} = \frac{3 - 0.7}{39} \text{mA} = 0.06 \text{mA}$$

假设管子工作在放大区，则

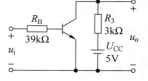

图 3.2.6　例 3.2.2 电路

$$I_{CQ} = \beta I_{BQ} = 50 \times 0.06 \mathrm{mA} = 3\mathrm{mA}$$

$$U_{CEQ} = U_{CC} - I_{CQ} \times R_3 = (5 - 3 \times 3)\mathrm{V} = -4\mathrm{V} < 0.7\mathrm{V}$$

得出的结论与假设不符，因此管子进入饱和状态，则

$$I_{CQ} \approx I_{C(\mathrm{sat})临界} = \frac{U_{CC} - U_{BE(\mathrm{on})}}{R_C} = \frac{5 - 0.7}{3}\mathrm{mA} = 1.4\mathrm{mA}$$

此时，$u_o = U_{CEQ} \approx 0.3\mathrm{V}$。

3.2.4　放大状态下的直流偏置电路

类似于第2章，晶体管要构成放大电路，也必须有合理的偏置电路。下面我们将介绍两种常用的直流偏置电路。

1. 固定偏流电路

固定偏流电路的产生源于一种思想：在外界条件稳定的情况下，只要稳定输入基极的电流，就可以稳定集电极电流，稳定晶体管的集电极与发射极间的压降，从而稳定了晶体管的 Q 点。电路图如图 3.2.7 所示，图 3.2.3a就是采用了这种偏置电路。

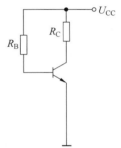

由图可知，U_{CC}通过 R_B 使 e 结正偏，通过 R_C 使 c 结反偏。同时 R_B 向基极引入了固定偏流 I_{BQ}，R_C 将集电极电流 I_{CQ} 转化为电压，故只要合理地选择 R_B 和 R_C 的阻值，晶体管就会处于良好的放大状态。由基本电路理论，不难求出固定偏流电路的 Q 点。

$$\begin{cases} I_{BQ} = (U_{CC} - U_{BE(\mathrm{on})})/R_B \\ I_{CQ} = \beta I_{BQ} \\ U_{CEQ} = U_{CC} - I_{CQ}R_C \end{cases} \qquad (3.2.10)$$

图 3.2.7　固定偏流电路

这种电路结构简单，只要使用两只电阻就可以将晶体管的 Q 点安排在放大区。但缺点也是显而易见的：由于设计思想中没有考虑外界情况的变化，故而在外界情况变化时，电路工作点的稳定性就变得较差。当外界温度变化或更换晶体管时，会引起晶体管的 β、I_{CBO} 变化（同一型号晶体管的 β 离散度较大），而固定偏流电路的 Q 点表达式明确表示 I_{CQ} 和 U_{CEQ} 都与晶体管的 β 有关，从而造成 Q 点产生较大漂移，甚至使晶体管进入饱和或者截止状态。

2. 分压式直流电流负反馈偏置电路

（1）分压式电流负反馈偏置电路的分析

分压式电流负反馈偏置电路可以看成是固定偏流电路做了以下两点改进：一是在给基极输入一个稳定偏流的同时，进一步稳定基极的电位，使基极的静态电流、电压更加稳定；二是在电路中引入负反馈机制来克服外界情况变化导致的 Q 点大幅度漂移。电路形成过程如图 3.2.8 所示。

图 3.2.8a 是固定偏流电路。图 3.2.8b 是在图 3.2.8a 的基础上，在基极和地之间并联上了一只电阻 R_{B2}，形成了（U_{CC}—R_{B1}—R_{B2}—地）分压回路。在 $I_{BQ} \ll I_1$、I_2 时，$I_1 \approx I_2$，基极电位便近似等于分压回路中 R_{B2} 上的压降，基极电压得到稳定。由此我们可以看出，R_{B1} 不仅向基极引入了一个稳定的电流，还和 R_{B2} 一起组成分压电路（R_{B1} 称为上偏压电阻，R_{B2} 称为下偏压电阻），稳定了基极电位。

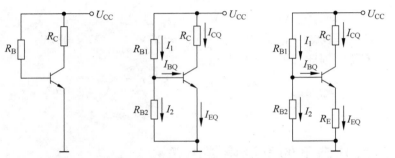

a) 固定偏流电路　　　b) 分压式偏置电路　　　c) 分压式直流电流负反馈偏置电路

图 3.2.8　分压式直流电流负反馈偏置电路

但由上面的分析知道，这样的电路仍然只能稳定基极的输入电流和电位，对于外界情况变化引起的 Q 点漂移，同样无能为力，于是在电路中引入负反馈机制来克服 Q 点的漂移现象，这就产生了如图 3.2.8c 所示电路，在晶体管的发射极串入一个电阻 R_E。

下面我们来分析这样的电路为何能够克服 Q 点的漂移。当环境温度增加时，电路的自我调节过程如下：

$$T\uparrow \rightarrow \beta\uparrow \rightarrow I_C\uparrow (I_E\uparrow) \rightarrow U_E\uparrow (因为 U_{BQ} 基本不变) \rightarrow U_{BE}\downarrow \rightarrow \quad I_B\downarrow$$
$$I_c\downarrow \longleftarrow$$

结果 I_C 基本不变，U_{CE} 也将基本不变，从而克服了 Q 点的漂移。当温度降低时，各物理量向相反方向变化，请读者自行分析。不难看出，在稳定 Q 点的过程中，R_E 扮演着极为重要的角色：当晶体管的输出回路电流 I_C 变化时，通过发射极电阻 R_E 上产生电压的变化来影响 b-e 间电压，从而使 I_B 向相反方向变化，带动 I_C 向相反方向变化，稳定了 Q 点。

下面我们来分析计算分压式电流负反馈偏置电路的 Q 点。

在 $I_{BQ}\ll I_1$、I_2 的情况下，基极电位为

$$U_{BQ} \approx \frac{R_{B2}}{R_{B1}+R_{B2}} \cdot U_{CC} \tag{3.2.11}$$

则发射极电流为

$$I_{EQ} = \frac{U_{BQ} - U_{BE(on)}}{R_E} \tag{3.2.12}$$

根据 $I_{CQ}\approx I_{EQ}$ 可得到集电极电流 I_{CQ}，则

$$U_{CEQ} \approx U_{CC} - I_{CQ}(R_C + R_E) \tag{3.2.13}$$

基极电流

$$I_{BQ} = \frac{I_{EQ}}{1+\beta} \tag{3.2.14}$$

式（3.2.12）、式（3.2.13）和式（3.2.14）即为分压式直流电流负反馈偏置电路的 Q 点计算公式。

例 3.2.3　图 3.2.8c 所示电路的参数为 $U_{CC}=28\text{V}$，$R_C=6.8\text{k}\Omega$，$R_E=1.2\text{k}\Omega$，$R_{B1}=90\text{k}\Omega$，$R_{B2}=10\text{k}\Omega$。计算 $\beta=60$ 和 $\beta=150$ 的 Q 点。

解：1）$\beta=60$ 的 Q 点：

$$U_{BQ} = U_{CC}\frac{R_{B2}}{R_{B1}+R_{B2}} = 28\times\frac{10}{90+10}\text{V} = 2.8\text{V}$$

$$I_{EQ} = \frac{U_{BQ} - U_{BEQ}}{R_E} = \frac{2.8-0.7}{1.2}\text{mA} = 1.75\text{mA}$$

$$I_{CQ} = \frac{\beta}{1+\beta}I_{EQ} = \frac{60}{61} \times 1.75\,mA \approx 1.72\,mA$$

$$I_{BQ} = \frac{I_{CQ}}{\beta} = \frac{1.72}{60}\,mA \approx 0.029\,mA$$

$$U_{CEQ} \approx U_{CC} - I_{CQ}(R_C + R_E) = [28 - 1.72 \times (6.8 + 1.2)]\,V = 14.24\,V$$

2）$\beta = 150$ 的 Q 点：

$$I_{CQ} = \frac{\beta}{1+\beta}I_{EQ} = \frac{150}{151} \times 1.75\,mA \approx 1.738\,mA$$

$$I_{BQ} = \frac{I_{CQ}}{\beta} = \frac{1.738}{150}\,mA \approx 0.012\,mA$$

$$U_{CEQ} \approx U_{CC} - I_{CQ}(R_C + R_E) = [28 - 1.738 \times (6.8 + 1.2)]\,V = 14.15\,V$$

从上述计算可以看出：β 由 60 变到 150，变化了 150%，I_{CQ} 由 1.72mA 变化到 1.738mA，变化了 1%，表明了电路对 Q 点稳定的有效性。

（2）分压式电流负反馈偏置电路的设计

如上所述，为保持分压式电流负反馈偏置放大电路工作点的稳定，电路采取了两点措施，要保证这两条措施实现，电路设计时需注意：

1）要使 U_B 基本与晶体管参数无关而近似恒定，应满足流过 R_{B1} 和 R_{B2} 的电流 $I_1 \gg I_{BQ}$，这就要求 R_{B1} 和 R_{B2} 选取适当小的数值。

2）若用 R_E 引入足够大的电流负反馈来牵制 I_{CQ} 的变化，则要求 R_E 选用足够大的数值。

不过，R_{B1}、R_{B2} 和 R_E 的选取还要受到其他方面的限制。如 R_{B1} 和 R_{B2} 选得过小，会增加电源的功耗；R_E 选得过大，会造成放大电路输出信号动态范围的减小（将在后面章节中叙述）。因此，考虑稳定工作点的同时，还要照顾到放大电路其他方面的要求，通常可按下面经验公式选取：

$$I_1 = (5 \sim 10)I_{BQ} \tag{3.2.15}$$

$$I_{CQ}R_E \approx (2 \sim 5)\,V \tag{3.2.16}$$

例 3.2.4 设计图 3.2.8c 中分压式直流电流负反馈偏置电路的 R_{B1}、R_{B2} 和 R_E 的元件值。设 $U_{CC} = 15\,V$，晶体管的 $\beta = 200$，根据电路所选晶体管的频率特性，要求 I_{CQ} 取 1mA。

解： 根据式（3.2.16）取 $I_{CQ}R_E = 2\,V$，根据已知条件 $I_{CQ} = 1\,mA$，可得 $R_E = 2\,k\Omega$。

如果 $U_{BEQ} = 0.7\,V$，则 $U_{BQ} = U_{EQ} + 0.7\,V = 2.7\,V$。

由于基极电位是 R_{B1} 和 R_{B2} 对 U_{CC} 进行分压之后的电位，所以，如果取 R_{B2} 上的压降为 2.7V，则 R_{B1} 上的压降为（15V − 2.7V）= 12.3V。

另外，流过晶体管的基极电流 $I_{BQ} = I_{CQ}/\beta = 1\,mA/200 = 0.005\,mA$。

根据式（3.2.15），取 $I_1 = 10I_{BQ} = 0.05\,mA$，则

$$R_{B1} = \frac{12.3\,V}{0.05\,mA} = 246\,k\Omega, \quad R_{B2} = \frac{2.7\,V}{0.05\,mA} = 54\,k\Omega$$

但是这个 R_{B1} 和 R_{B2} 在一般系列（如 E24 系列）的电阻中是没有的，所以不改变 R_{B1} 和 R_{B2} 的比值（比值一改变，U_B 的值就变了），可以选取 $R_{B1} = 200\,k\Omega$，$R_{B2} = 43\,k\Omega$。

3.3 共射放大电路的动态分析和设计

放大电路的分析计算有两方面的内容：一是静态工作点的计算，在前面已经进行了详细

的讲述；二是动态计算，主要是计算放大电路的放大倍数、输入电阻、输出电阻等。前面我们讲到静态工作点的求解方法有两种：等效模型法和图解分析法。放大电路的动态分析同样也可以采用这两种方法。由于图解法比较清楚、直观，下面首先介绍放大电路的交流图解分析法。

3.3.1　交流图解分析法

下面仍然以图 3.2.3a 所示电路为例进行分析。画出电路的交流通路如图 3.3.1a 所示，图中 $R'_L = R_C /\!/ R_L$，称为晶体管的**交流负载**，图中的电压、电流均为交流分量，由电路输出回路可得

$$i_c = -\frac{u_{ce}}{R'_L} \tag{3.3.1}$$

由于交流信号是叠加在静态工作点上，即

$$i_C = I_{CQ} + i_c \tag{3.3.2}$$

$$u_{CE} = U_{CEQ} + u_{ce} \tag{3.3.3}$$

因此，式（3.3.1）又可写成

$$i_C - I_{CQ} = -\frac{1}{R'_L}(u_{CE} - U_{CEQ}) \tag{3.3.4}$$

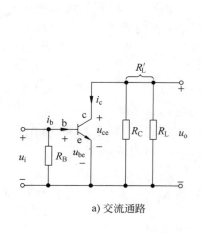

a) 交流通路

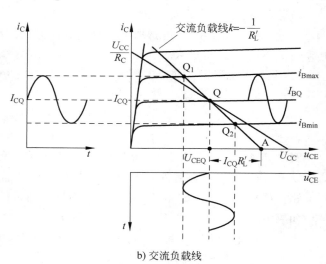

b) 交流负载线

图 3.3.1　交流图解分析法

式（3.3.4）是放大电路在动态时 i_C 和 u_{CE} 关系的方程式，它表示了瞬时工作点移动的轨迹，即**交流负载线**。交流负载线有两个特点：1) 它通过静态工作点 Q，因为当 $u_i = 0$ 时，$i_C = I_{CQ}$，$u_{CE} = U_{CEQ}$；2) 它的斜率为 $-1/R'_L$。根据这两点就可画出交流负载线：过 Q 且斜率为 $-1/R'_L$ 的直线。根据斜率作图较烦琐，可以按照以下方法作图：在横坐标上从 U_{CEQ} 点处向右取一段数值为 $I_{CQ}R'_L$ 的电压，得到 A 点，连接 AQ 的直线即为交流负载线。如果放大电路不接交流负载电阻（$R_L = \infty$）或 $R_L \gg R_C$，则这时晶体管的集电极电流将全部流过 R_C，放大电路的交流负载线与直流负载线重合。

画出交流负载线之后，根据电流 i_B 的变化规律，可画出对应的 i_C 和 u_{CE} 的波形。在

图 3.3.1b 中，当输入正弦电压使 i_B 按图示的正弦规律变化时，在一个周期内 Q 点沿交流负载线在 Q_1 到 Q_2 之间上下移动，从而引起 i_C 和 u_{CE} 分别围绕 I_{CQ} 和 U_{CEQ} 做相应的正弦变化。由图可以看出，两者的变化正好相反：i_C 增大，u_{CE} 减小；反之，i_C 减小，u_{CE} 增大。

3.3.2 放大电路的动态范围和非线性失真

当一个电路对较大信号进行放大时，除了应有一定的放大倍数外，还要求输出信号无明显的失真。输出信号波形失真与工作点的安排有关。设输入为正弦信号，如果工作点偏低，如图 3.3.2a 所示，由于输入电压使 u_{BE} 波形负半周进入截止区，使得 i_B 波形在负半周削底，同时 i_C 和 u_{CE} 的波形也由于进入截止区而出现失真。由图 3.3.2a 可知，输出电压 u_{CE} 的正半周而出现失真，波形呈现"上胖下瘦"的现象。由于这种失真是因为电路进入截止区引起的，因此称为**截止失真**。如果工作点偏高，当 i_B 较大时，使晶体管进入饱和区，i_C 不随 i_B 的增大而增大，i_C 出现失真，输出 u_{CE} 波形会在负半周出现削底，出现"上瘦下胖"的现象，称为**饱和失真**，如图 3.3.2b 所示。还需注意，对于 PNP 型管组成的放大电路，当输入正弦信号时，工作点偏低易出现饱和失真，输出波形是正半周失真；反之，工作点偏高，产生截止失真，输出波形是负半周失真。

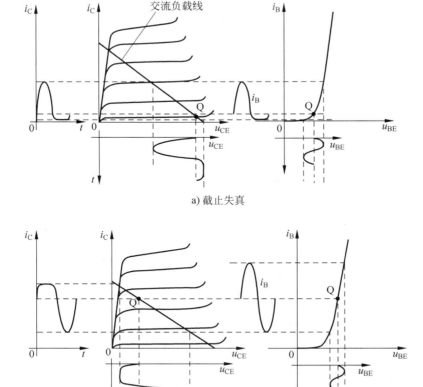

图 3.3.2 Q 点不合适产生的非线性失真

通过以上分析可知，由于受晶体管截止失真和饱和失真的限制，放大器的不失真输出电压有一个范围，其最大值称为放大器**输出动态范围**。由图 3.3.1 可知，因受截止失真限制，其最大不失真输出电压的幅度为

$$U_{om} = I_{CQ}R'_L \tag{3.3.5}$$

而因饱和失真的限制，最大不失真输出电压的幅度则为

$$U_{om} = U_{CEQ} - U_{ces临界} \tag{3.3.6}$$

式中，$U_{ces临界}$ 表示晶体管的临界饱和压降，硅管一般取 0.7V。比较以上二式所确定的数值，其中较小的即为放大器最大不失真输出电压的幅度。显然，一个放大电路若对较大的信号放大时，在负载已定的情况下，为获得最大的输出电压，应把工作点选在交流负载线的中点，而输出动态范围 U_{opp} 则为该幅度的两倍，即

$$U_{opp} = 2U_{om}$$

除饱和、截止失真外，由于晶体管特性不理想，如输入特性弯曲、输出特性不均匀等，当信号较大时，也会引起波形失真。这些失真均是由器件的非线性特性产生的，所以称为**非线性失真**。非线性失真的实质是输出波形中包含输入信号所没有的频率成分。

例 3.3.1 放大电路如图 3.2.3a 所示。设 $U_{CC} = 12V$，$R_C = 2k\Omega$，$R_L = \infty$，$R_B = 280k\Omega$，$\beta = 100$，忽略晶体管的饱和压降。

1）该电路的 $U_{opp} = ?$

2）调节 R_B，使 $I_{CQ} = 2mA$，这时 $U_{opp} = ?$

3）调节 R_B，使 $I_{CQ} = 3mA$，这时 $U_{opp} = ?$

解： 1）为确定该电路的 U_{opp}，先要计算工作点

$$I_{BQ} = \frac{U_{CC} - U_{BE(on)}}{R_B} = \frac{12 - 0.7}{280}mA = 0.04mA = 40\mu A$$

$$I_{CQ} = \beta I_{BQ} = 100 \times 40 \times 10^{-6}mA = 4mA$$

$$U_{CEQ} = U_{CC} - I_{CQ}R_C = (12 - 4 \times 2)V = 4V$$

而 $$I_{CQ}R'_L = I_{CQ}R_C = (4 \times 2)V = 8V$$

比较 U_{CEQ} 和 $I_{CQ}R'_L$ 得到

$$U_{opp} = 2 \times U_{CEQ} = 2 \times 4V = 8V$$

2）如果调节 R_B，使 $I_{CQ} = 2mA$，可求得 $U_{CEQ} = 8V$，$I_{CQ}R'_L = 4V$，则

$$U_{opp} = 2 \times I_{CQ}R'_L = 2 \times 4V = 8V$$

3）如果调节 R_B，使 $I_{CQ} = 3mA$，可求得 $U_{CEQ} = 6V$，$I_{CQ}R'_L = 6V$，则

$$U_{opp} = 2 \times U_{CEQ} = 2 \times 6V = 12V$$

可见，题中所给工作点 $I_{CQ} = 3mA$ 时可得到最大的 U_{opp}。

3.3.3 晶体管的交流小信号模型

针对应用场合的不同和所分析问题的不同，晶体管有不同的等效模型。在直流大信号情况下，晶体管的直流模型可以用于电路的静态分析。当输入低频交流小信号时，工作点只在 Q 点附近的小范围内移动，此时对交流小信号而言，晶体管的伏安特性可以近似为线性的，即输入 u_{be} 和 i_b 之间呈线性关系，若 β 值恒定，则输出 i_c、u_{ce} 也与输入呈线性关系。也就是说晶体管可看作线性有源器件，并用相应的线性元件来等效，由此可得

到 Q 点处的交流小信号模型。这样对放大器的交流分析就转化为对其线性等效电路的分析。

1. 共射极混合 π 型模型

设如图 3.3.3 所示的晶体管在偏置作用下已经工作在放大状态（偏置电路未画出），下面根据放大状态的工作特点，推导交流小信号作用下晶体管的共射极混合 π 型模型。

首先分析输入端的等效电路。根据输入特性曲线图，当输入电压 u_{be} 足够小时，u_{be} 与 i_b 呈线性关系，因此 u_{be} 对 i_b 的控制可以用一个交流电阻 r_{be} 来等效，其大小为静态工作点 Q 处 u_{BE} 对 i_B 的偏导，见图 3.3.4，即

$$r_{be} = \frac{\partial u_{BE}}{\partial i_B}\bigg|_Q \approx \frac{u_{be}}{i_b}\bigg|_Q = \frac{i_e}{i_b} \cdot \frac{u_{be}}{i_e}\bigg|_Q = (1 + \beta)r_e \tag{3.3.7}$$

式中 $r_e = \dfrac{u_{be}}{i_e}\bigg|_Q$。由于 u_{be} 和 i_e 是 Q 点下发射结的微变电压和微变电流，因此 r_e 为发射结等效的交流电阻。根据第 1 章对二极管交流电阻的推导可知：

$$r_e = \frac{U_T}{I_{EQ}} \tag{3.3.8}$$

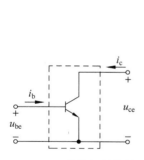

3.3.3　共射极晶体管

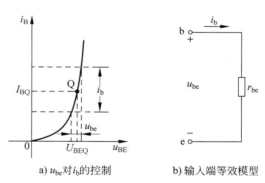

a) u_{be} 对 i_b 的控制　　b) 输入端等效模型

图 3.3.4　输入端等效电路分析

可见，r_e 与温度有关，并与晶体管直流工作电流 I_{EQ} 成反比。室温下，$U_T = 26\text{mV}$，所以 $r_e = 26\text{mV}/I_{EQ}$。

其次分析输出端的等效电路，根据输出特性曲线（图 3.1.6）可知，在放大区，交变电流 i_b 对 i_c 有很强的控制作用，且 $i_c = \beta i_b$，因此可用接在集电极和发射极间的一个受控电流源来等效，如图 3.3.5 所示。由于 i_b 与 u_{be} 呈线性关系，因此，受控电流源也可以认为是输入电压 u_{be} 线性控制的电流源。显然，$g_m = \dfrac{i_c}{u_{be}}\bigg|_Q$ 表示输入电压 u_{be} 对输出电流 i_c 的控制作用，g_m 称为晶体管的跨导，它和发射结电阻有如下关系：

$$g_m = \frac{i_c}{u_{be}} = \frac{i_c}{i_e r_e} = \frac{\alpha}{r_e} \approx \frac{1}{r_e} \tag{3.3.9}$$

另外，考虑到晶体管存在基区宽度调制效应，u_{ce} 的增加会使 i_c 略微增加，同时引起 i_b 略微下降。为了反映这一特性，图 3.3.5 的等效模型增加了厄尔利电阻 r_{ce} 和反向传输电阻 r_{bc}。其中 $r_{ce} = \dfrac{U_A}{I_{CQ}}$，反映了输出特性略微上倾的特点。$r_{bc}$ 反映了 u_{ce} 对 i_b 的反馈作用，当 u_{be} 不

变、u_{ce}增加时，由于 r_{bc} 的存在使得 i_b 略有下降。注意，r_{bc} 不是集电结的反向电阻，仅是特性的模拟。由于 r_{bc} 很大，可达几兆欧，在等效电路中通常做开路处理。

现在进一步讨论考虑晶体管固有寄生效应时的电路模型。寄生效应主要指晶体管结构中三个区的体电阻，图 3.3.6 中的 $r_{bb'}$、$r_{cc'}$ 和 $r_{ee'}$ 分别表示基区、集电区和发射区的体电阻。由于基区宽度极窄，所以 $r_{bb'}$ 的阻值较大，在 $40 \sim 400\Omega$，相比之下，发射区和集电区的体电阻较小，可以忽略不计。图 3.3.7a 是考虑了基区体电阻的晶体管模型，称为低频混合 π 型模型。注意其中的 $r_{b'e} = (1+\beta)r_e$，而此时的 $r_{be} = r_{bb'} + r_{b'e}$。若忽略 $r_{b'c}$ 的影响，又可以得到如图 3.3.7b 所示的简化的低频混合 π 型模型。如果再进一步简化，可以认为 r_{ce} 开路。低频混合 π 型模型中，参数的物理概念明确，容易理解，所以常被采用。

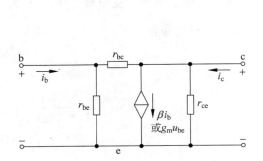

图 3.3.5 忽略体电阻的晶体管小信号等效模型

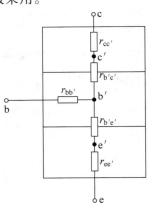

图 3.3.6 晶体管体电阻示意图

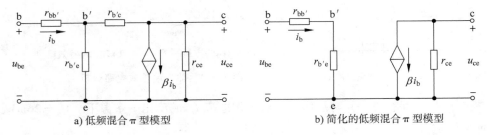

a) 低频混合 π 型模型   b) 简化的低频混合 π 型模型

图 3.3.7 共射低频混合 π 型模型

2. 低频 H 参数电路模型

晶体管是个双端口网络，有输入电压、输入电流、输出电压和输出电流 4 个参数。从网络观点看，其中两个作自变量，另外两个作因变量，有 6 种取法，可得出 6 种等效电路。其中，以输入电流 i_b 和输出电压 u_{ce} 作为自变量得到的 H 参数等效电路，因其参数容易测量，在分立电路中常被采用。

令 i_b 和 u_{ce} 作自变量，u_{be} 和 i_c 作因变量时，可得如下的网络方程：

$$u_{be} = h_{ie}i_b + h_{re}u_{ce} \qquad (3.3.10)$$

$$i_c = h_{fe}i_b + h_{oe}u_{ce} \qquad (3.3.11)$$

其中，h_{ie}、h_{re}、h_{fe} 和 h_{oe} 4 个参数，统称为 H 参数。这些参数的下标中均有"e"，表示它们是晶体管按共射极接法连接时的参数，需注意的是，这 4 个参数的量纲各不相同。下面讨论这些参数的物理意义。

根据式(3.3.10)和式(3.3.11)得出的电路模型如图3.3.8所示。可以看出，对于输入回路，u_{be}由两部分组成：电阻h_{ie}上的压降和受控电压源$h_{re}u_{ce}$的压降。由此可以得出h_{ie}和h_{re}的物理意义及名称：

$$h_{ie} = \left. \frac{u_{be}}{i_b} \right|_{u_{ce}=0} \quad \text{称为输出交流短路时的输入电阻}$$

$$h_{re} = \left. \frac{u_{be}}{u_{ce}} \right|_{i_b=0} \quad \text{称为输入交流开路时的电压反馈系数}$$

从输出回路可知，i_c由两部分组成：受控电流源$h_{fe}i_b$的电流和电阻$1/h_{oe}$上的电流。这样可以得到h_{fe}和h_{oe}的物理意义及名称：

$$h_{fe} = \left. \frac{i_c}{i_b} \right|_{u_{ce}=0} \quad \text{称为输出交流短路时的电流放大系数}$$

$$h_{oe} = \left. \frac{i_c}{u_{ce}} \right|_{i_b=0} \quad \text{称为输入交流开路时的输出电导}$$

由于晶体管的内部反馈作用很小，可以忽略，即$h_{re}=0$，则可得出H参数简化模型如图3.3.9所示。

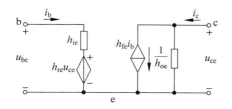

图3.3.8　晶体管的H参数模型

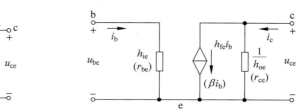

图3.3.9　晶体管的H参数简化模型

在相同温度、相同工作点的情况下，低频时的混合π型模型和H参数模型是等价的。这样，对照图3.3.7b和图3.3.9可以得出：

$$h_{ie} \approx r_{bb'} + r_{b'e} = r_{bb'} + (1+\beta)r_e = r_{be} \tag{3.3.12}$$

$$h_{fe} \approx g_m r_{b'e} = \beta \tag{3.3.13}$$

$$h_{oe} \approx \frac{1}{r_{ce}} \tag{3.3.14}$$

例3.3.2　设某双极型晶体管的静态工作点$U_{CEQ}=5V$，$I_{CQ}=0.2mV$，$\beta=100$，厄尔利电压$|U_A|=100V$，$r_{bb'}=100\Omega$。试设计其简化低频混合π型和H参数等效电路的参数。

解：混合π型等效电路的参数：

$$r_{b'e} = (1+\beta)r_e = (1+\beta)\frac{U_T}{I_{EQ}} = \beta\frac{U_T}{I_{CQ}} = 100 \times \frac{26}{0.2}\Omega = 13k\Omega$$

$$g_m = \frac{1}{r_e} = \frac{I_{EQ}}{U_T} \approx \frac{0.2}{26}mS = 77mS$$

$$r_{ce} = \frac{|U_A|}{I_{CQ}} = \frac{100}{0.2}k\Omega = 500k\Omega$$

H参数等效电路的参数：

$$h_{fe} = \beta = 100$$

$$h_{ie} = r_{bb'} + r_{b'e} = (0.1 + 13)\,k\Omega = 13.1\,k\Omega$$

$$h_{oe} = \frac{1}{r_{ce}} \approx 2 \times 10^{-6}\,S$$

晶体管的 PN 结还存在电容效应（叫结电容），在高频运用时，这些电容效应不能略去，此时可采用晶体管的高频混合模型，将在第 4 章介绍。

3.3.4 等效电路法分析共射放大电路

小信号低频等效电路法分析的步骤如下：第一步，根据直流通路估算静态工作点；第二步，确定放大电路的交流通路，用晶体管简化混合 π 型模型或 H 参数模型替代晶体管，得到放大电路的小信号等效电路；第三步，运用线性网络理论，计算放大电路的各项交流指标，如放大倍数，输入、输出电阻等。下面将以共射放大电路为例，着重讨论放大电路交流性能的求解方法。

共射放大电路如图 3.3.10a 所示。图中采用分压式电流负反馈偏置电路，使晶体管有一个合适的工作点（I_{BQ}、I_{CQ}、U_{CEQ}）。由于旁通电容 C_E 将 R_E 交流短路，因而射极交流接地。由放大器交流通路可以画出如图 3.3.10b 所示的交流等效电路。图中虚线方框部分就是被替换的晶体管交流模型。根据该等效电路，共射放大电路的交流指标分析如下。

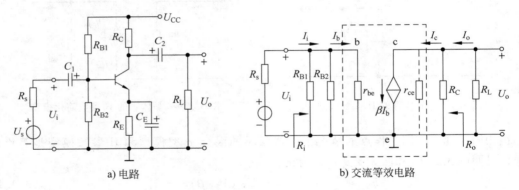

a) 电路　　　　　　　　　　　　b) 交流等效电路

图 3.3.10　共射放大电路及其交流等效电路

1. 电压放大倍数（电压增益）$A_u = U_o / U_i$

A_u 表示交流电压放大倍数，A 为增益，下标 u 表示电压。由于交流信号 u_i 和 u_o 时刻改变，为了有效地衡量 A_u 的大小，我们将 A_u 定义为输出交流电压有效值 U_o 与输入交流电压有效值 U_i 之比。从图 3.3.10b 看出，输入交流电压 $U_i = U_{be} = I_b r_{be}$，输出交流电压 $U_o = -\beta I_b (r_{ce} /\!/ R_C /\!/ R_L) \approx -\beta I_b (R_C /\!/ R_L)$，则电压放大倍数为

$$A_u = \frac{U_o}{U_i} = -\frac{\beta (R_C /\!/ R_L)}{r_{be}} = -\frac{\beta R'_L}{r_{be}} \tag{3.3.15}$$

式中，

$$r_{be} = r_{bb'} + r_{b'e} = r_{bb'} + (1+\beta) r_e = r_{bb'} + \frac{(1+\beta) U_T}{I_{EQ}} = r_{bb'} + \beta \frac{26\,mV}{I_{CQ}} (\Omega)$$

$$R'_L = R_C /\!/ R_L$$

式（3.3.15）中的负号表明共射放大电路的输出电压与输入电压反相，这与图解分析的结果一致。由于 $r_{bb'}$ 很小，当忽略其影响时，A_u 可近似为

$$A_u = -\frac{\beta R_L'}{r_{be}} \approx -\frac{\beta R_L'}{r_{b'e}} = -\frac{\beta R_L'}{(1+\beta)r_e} = -\frac{\alpha R_L'}{r_e} = -g_m R_L' \tag{3.3.16}$$

由于 $I_c = \beta I_b$，使得电路具有较大的电流放大倍数 $A_i = I_o/I_i$，因此共射放大电路有较大的功率增益。

2. 输入电阻 R_i

放大电路的输入电阻 R_i 是从放大电路输入端看进去的交流等效电阻，定义为输入电压 U_i 与输入电流 I_i 之比。对于图 3.3.10b 所示电路，R_i 为

$$R_i = \frac{U_i}{I_i} = R_{B1} \mathbin{/\mkern-5mu/} R_{B2} \mathbin{/\mkern-5mu/} r_{be} \tag{3.3.17}$$

若 $R_{B1} \mathbin{/\mkern-5mu/} R_{B2} \gg r_{be}$，则

$$R_i \approx r_{be} \tag{3.3.18}$$

当输入信号为电压源激励时，R_i 越大，表明放大电路从信号源所获取的信号电压越大，放大电路输入端所得到的电压 U_i 越接近信号源电压。而对于电流源激励，R_i 越小，表明放大电路从信号源所获取的电流越大。

3. 输出电阻 R_o

放大电路的输出电阻 R_o 是从放大电路输出端看进去的交流等效电阻。对负载来说，放大电路相当于它的信号源，而 R_o 正是信号源的内阻。根据戴维南定理，令独立电压源 U_s 短路或独立电流源 I_s 开路，负载 R_L 开路，在输出端外加测试电压，求出该测试电压所产生的电流，两者之比即为输出电阻。对于图 3.3.10b 所示电路，当 $U_s = 0$ 时，因 $I_b = 0$，则受控源 $\beta I_b = 0$，从输出端看进去的电阻为

$$R_o = \left.\frac{U_o}{I_o}\right|_{\substack{U_S=0 \\ R_L=\infty}} = r_{ce} \mathbin{/\mkern-5mu/} R_C \approx R_C \tag{3.3.19}$$

输出电阻 R_o 的大小反映了放大电路带负载的能力。当输出信号取电压时，R_o 越小，带负载的能力就越强，即负载变化时，放大电路输出给负载的电压基本不变。当输出信号取电流时，R_o 越大，带负载的能力就越强，即负载变化时，放大电路输出给负载的电流基本不变。

4. 源电压放大倍数 $A_{us} = U_o/U_s$

实际中，常需要计算输出电压与信号源电压的比值，即

$$A_{us} = \frac{U_o}{U_s} = \frac{U_i}{U_s} \cdot \frac{U_o}{U_i} = \frac{R_i}{R_s + R_i} A_u \tag{3.3.20}$$

可见，$|A_{us}| \leqslant |A_u|$，若 $R_i \gg R_s$，则 $A_{us} \approx A_u$。

5. 带有发射极电阻 R_E 时的交流指标

为了稳定电路的电压增益或改善其性能，通常将图 3.3.10a 所示电路的旁路电容 C_E 开路，此时的交流等效电路如图 3.3.11 所示。由图可知

$$U_i = I_b r_{be} + I_e R_E = I_b r_{be} + (1+\beta) I_b R_E$$

$$U_o = -\beta I_b R_L'$$

则电压放大倍数为

$$A_u = \frac{U_o}{U_i} = \frac{-\beta I_b R'_L}{I_b r_{be} + (1+\beta) I_b R_E} = -\frac{\beta R'_L}{r_{be} + (1+\beta) R_E} \approx -\frac{g_m R'_L}{1 + g_m R_E} \tag{3.3.21}$$

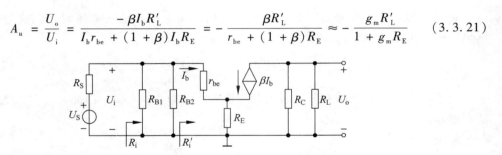

图 3.3.11 带有发射极电阻时的交流等效电路

显然，电压增益大大下降，其原因是放大电路中接有发射极电阻 R_E，引入了交流负反馈，使得输入受输出的抑制，从而导致 A_u 下降，如果满足 $(1+\beta) R_E \gg r_{be}$，则

$$A_u \approx -\frac{R'_L}{R_E} \tag{3.3.22}$$

说明电压增益与晶体管参数无关，增益将很稳定，其原因也是引入了交流负反馈，具体分析将在第 6 章中讲述。

设 R'_i 为不计 $R_B (R_{B1} /\!/ R_{B2})$ 时的输入电阻，即

$$R'_i = \frac{U_i}{I_b} = r_{be} + (1+\beta) R_E \tag{3.3.23}$$

其中 $(1+\beta) R_E$ 表明：R_E 是发射极电阻，折算到输入端时需要乘以 $(1+\beta)$。这是因为发射极电流是基极电流的 $(1+\beta)$ 倍，当 R_E 折算到基极时，由于电流减小了 $(1+\beta)$ 倍，若获得同样的电压，则等效的电阻应增大到 $(1+\beta)$ 倍。

放大电路的总输入电阻为

$$R_i = R_{B1} /\!/ R_{B2} /\!/ R'_i \tag{3.3.24}$$

与式 (3.3.17) 相比，输入电阻明显增大了。从图 3.3.11 中可以看出输出电阻仍然为 R_C，即 $R_o = R_C$。

例 3.3.3 在图 3.3.10 所示电路中，若 $R_{B1} = 75 \text{k}\Omega$，$R_{B2} = 25 \text{k}\Omega$，$R_C = R_L = 2 \text{k}\Omega$，$R_E = 1 \text{k}\Omega$，$U_{CC} = 12 \text{V}$，晶体管的 $\beta = 80$，$r_{bb'} = 100 \Omega$，信号源内阻 $R_S = 0.6 \text{k}\Omega$。求 I_{CQ}、U_{CEQ}，以及 A_u、A_{us}、R_i、R_o。

解： 首先求解静态工作点：

$$U_B = \frac{R_{B2}}{R_{B1} + R_{B2}} U_{CC} = \frac{25}{75 + 25} \times 12 \text{V} = 3 \text{V}$$

$$I_{CQ} \approx I_{EQ} = \frac{U_B - U_{BEQ}}{R_E} = \frac{3 - 0.7}{1} \text{mA} = 2.3 \text{mA}$$

$$U_{CEQ} = U_{CC} - I_{CQ}(R_C + R_E) = [12 - 2.3 \times (2 + 1)] \text{V} = 5.1 \text{V}$$

其次计算交流指标：

$$A_u = \frac{U_o}{U_i} = -\frac{\beta R'_L}{r_{be}} = -\frac{\beta (R_C /\!/ R_L)}{r_{bb'} + \beta \frac{26}{I_{CQ}}} = -\frac{80 \times (2 /\!/ 2)}{100 + 80 \times \frac{26}{2.3}} = -80$$

$$A_{us} = \frac{U_o}{U_S} = \frac{R_i}{R_S + R_i} A_u = \frac{1}{0.6 + 1} \times (-80) = -50$$

$$R_i = R_{B1} /\!/ R_{B2} /\!/ r_{be} = 75 /\!/ 15 /\!/ 1k\Omega \approx 1k\Omega$$

$$R_o = R_C = 2k\Omega$$

例 3.3.4 在上例中，将 R_E 变为两个电阻 R_{E1} 和 R_{E2} 串联，且 $R_{E1} = 100\Omega$，$R_{E2} = 900\Omega$，而旁通电容 C_E 接在 R_{E2} 两端，其他条件不变，试求此时的交流指标。

解： 由于 $R_E = R_{E1} + R_{E2} = 1k\Omega$，所以工作点没有改变。对于交流通路，$R_{E2}$ 被旁路电容 C_E 短路，发射极电阻 $R_E = R_{E1} = 100\Omega$。此时各项指标为

$$A_u = \frac{U_o}{U_i} = -\frac{\beta R_L'}{r_{be} + (1+\beta)R_{E1}} = -\frac{80 \times 1}{1 + 81 \times 0.1} = -8.8$$

$$A_{us} = \frac{U_o}{U_S} = \frac{R_i}{R_S + R_i}A_u = \frac{6}{0.6 + 6} \times (-8.8) = -8$$

$$R_i = R_{B1} /\!/ R_{B2} /\!/ [r_{be} + (1+\beta)R_{E1}] = 75 /\!/ 25 /\!/ (1 + 81 \times 0.1)k\Omega = 6k\Omega$$

$$R_o = R_C = 2k\Omega$$

可以看出，有发射极电阻 R_E 时，电压放大倍数大大下降，输入电阻增加，输出电阻基本不变，源电压增益与电压增益的差异明显减小了。

3.3.5 共射放大电路的设计实例

在各项电子设备中，放大电路是必不可少的组成部分，对传输信号起到放大作用。而共射放大电路由于既具有电压增益又具有电流增益，往往作为电路的主放大级，故而其性能往往决定了系统的放大能力。下面以一个实例来说明单级共射放大电路的设计过程。

试设计一个共射放大电路，要求电路的 $A_u = 50$，$R_L = 1k\Omega$，$R_i > 1k\Omega$，$R_o = 2k\Omega$，$U_{opp} = 5V$。

为了能够稳定静态工作点，本设计采用分压式负反馈偏置电路，电路如图 3.3.12 所示。

下面根据待设计电路的性能指标来确定电路的各项参数。

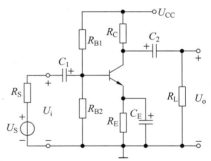

图 3.3.12 设计电路

1. 确定电源电压 U_{CC}

首先要确定电源电压的取值。在放大电路中，以下几项指标决定电源电压的取值范围：第一，输出电压峰峰值的大小，本例要求 U_{opp} 为 5V；第二，晶体管放大电路的饱和压降 U_{CES}，一般 U_{CES} 在 $0.7 \sim 1V$ 之间；第三，为了使工作点稳定，发射极电阻 R_E 上的直流压降必须在 1V 以上，这是因为 U_{BEQ} 约为 0.7V，它具有约 $-2.5mV/℃$ 的温度特性，随着 U_{BEQ} 的变动，发射极电位也变动，集电极电流也会发生变化。综合考虑，电源电压应不低于上述三者之和，本例为 7V，因此我们可以采用常用的电压 15V。

2. 选择晶体管型号

选择 NPN 型和 PNP 型晶体管均可实现此放大电路，考虑到两者电流方向相反，为了使偏置电路的极性相反，只要将电源与地进行对调即可。在此，我们选择市场上较多的 NPN 型晶体管。接下来考虑晶体管的额定值，因为电源电压为 15V，所以集电极和基极间、集电极和发射极间有可能加上最大 15V 的电压，为此选择晶体管时，应考虑其 $U_{(BR)CBO}$ 和

$U_{(BR)CEO}$的最大额定值必须在 15V 以上。另外，由于负载 R_L 的阻抗为 $1k\Omega$，则 5V 的峰峰值在负载上获得的功率约为 $\dfrac{(5/2)^2}{2} \approx 3mW$。在线性放大电路中，晶体管上消耗的功率往往比负载上消耗的功率大得多，因此选择晶体管的 P_{CM} 至少大于 30mW（负载功率的 10 倍左右）。由于电路对频率特性、噪声特性等没有特殊要求，因此，只要选择满足上述最大额定值的晶体管即可。本例选择晶体管 3DG6C，其中数字 3 表示三极管，字母 D 表示 NPN 型硅材料，字母 G 表示高频小功率管，数字 6 表示序号，字母 C 表示规格号。3DG6C 的主要参数为：$U_{(BR)CBO} = U_{(BR)CEO} = 45V$，$P_{CM} = 100mW$，$\beta = 120$，其他特性参数可以通过查阅相关资料得到。

3. 确定 R_C、U_{CEQ}、I_{CQ} 和 R_E 的值

（1）R_C 的确定

在不考虑负反馈的情况下，通常共射放大器的输出阻抗近似等于集电极电阻，所以本例的 $R_C = R_o = 2k\Omega$。

（2）U_{CEQ} 的确定

U_{CEQ} 的最大值通常取电源电压的一半，由于本例中电源电压选取 15V，故 U_{CEQ} 的最大值约为 7.5V。U_{CEQ} 的最小值要能确保 U_{opp} 达到设计要求。由共射放大器的输出特性曲线可知：为得到最大 U_{opp} 值，直流工作点 U_{CEQ} 必须设置在交流负载线的中点，如图 3.3.13 所示，因此，U_{CEQ} 的最小值应该满足如下关系式：

$$U_{CEQ} = 0.5U_{opp} + U_{CES} \tag{3.3.25}$$

式中，U_{CES} 依经验值取 1V。所以 U_{CEQ} 的最小值为 3.5V，U_{CEQ} 实际的取值应在最大值和最小值之间，以留有一定的余量，因此本例设置 U_{CEQ} 为 5.5V。

（3）I_{CQ} 的确定

根据图 3.3.13，可以看出

$$\frac{1}{2}U_{opp} = I_{CQ}R'_L \tag{3.3.26}$$

故

$$I_{CQ} = \frac{\frac{1}{2}U_{opp}}{R'_L} \tag{3.3.27}$$

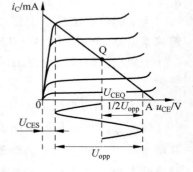

图 3.3.13　共射放大器的输出特性曲线

式中，$R'_L = R_C /\!/ R_L$，计算可得本例的 $I_{CQ} = 3.8mA$，设计时可以根据输出动态范围的大小对 I_{CQ} 进行适当的调整。

（4）R_E 的确定

因为

$$U_{CC} = I_{CQ}R_C + U_{CEQ} + I_{EQ}R_E \approx I_{CQ}(R_C + R_E) + U_{CEQ} \tag{3.3.28}$$

所以

$$R_E = \frac{U_{CC} - U_{CEQ}}{I_{CQ}} - R_C \tag{3.3.29}$$

计算可得本例的 R_E 为 $0.5k\Omega$，可以选取标称值为 510Ω 的电阻。

4. 确定分压式负反馈偏置电路的 R_{B1} 和 R_{B2}

由前面对分压式偏置电路的直流稳定性分析可知，流过 R_{B1} 和 R_{B2} 的电流 $I_1 = (5 \sim 10)$

I_{BQ}，本例选 $I_1 = 10I_{BQ}$。如果忽略 I_{BQ} 的影响，则 R_{B1} 和 R_{B2} 由以下三式决定：

$$I_{BQ} = \frac{I_{CQ}}{\beta} \tag{3.3.30}$$

$$I_1 = \frac{U_{CC}}{R_{B1} + R_{B2}} \tag{3.3.31}$$

$$U_{BQ} = U_{EQ} + U_{BEQ} \approx I_{CQ}R_E + 0.7V \tag{3.3.32}$$

计算可得：$I_{BQ} = 30\mu A$，$I_1 = 300\mu A$，$U_{BQ} = 2.6V$。根据 $U_{BQ} \approx I_1 \times R_{B2}$，可以求出 $R_{B2} = 8.7k\Omega$，选取标称值电阻 $8.2k\Omega$。根据式（3.3.32）得到 $R_{B1} = 41.3k\Omega$，选取标称值电阻 $39k\Omega$。

5. 验证放大电路的 R_i 和 A_u

通常 r_{be} 在 $1.5 \sim 2k\Omega$ 之间，若取较小值 $1.5k\Omega$，根据 $R_i = R_{B1} /\!/ R_{B2} /\!/ r_{be}$，将计算得到的 R_{B1} 和 R_{B2} 代入可得 $R_i = 1.2k\Omega$，满足设计指标对输入电阻的要求。

根据共射电路的电压放大倍数表达式 $A_u = \dfrac{U_o}{U_i} = -\dfrac{\beta R'_L}{r_{be}}$，计算得到 A_u 近似为 53，也满足设计指标。

6. 确定耦合电容 C_1、C_2 和发射极旁路电容 C_E 的值

如图 3.3.12 所示，耦合电容 C_1 与输入阻抗、耦合电容 C_2 与负载电阻分别形成高通滤波器，通常 C_1、C_2 取值为 $10\mu F$ 或 $22\mu F$，本例中取 $10\mu F$。C_E 是发射极旁路电容，一般取值比 C_1、C_2 大，本例选取 $47\mu F$。在完成频率响应的学习后，读者可以知道此处更准确的计算方法。以上三个电容在工程中一般采用铝电解电容或钽电解电容，在接入电路时须注意正负极性。

7. 确定电源去耦电容 C_3 和 C_4

由于电源 U_{CC} 对地存在交流阻抗，当交流阻抗较大时，电路会产生振荡，因此需增加旁路电容来降低交流阻抗。我们知道大电容的容抗较小，且随着频率的增加，阻抗变小。但实际上，因受电容器引线感抗等因素的影响，从某个频率开始，阻抗反而变高，如图 3.3.14 所示。这一点在电解电容的特性上尤为明显。因此，为了改善电路的频率特性，在电源上并联如图 3.3.15 所示大容量电容器 C_4 的基础上，再并联一个小容量电容器 C_3，这样就可以在很宽的频率范围内降低电源对地的阻抗。

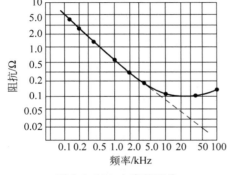

图 3.3.14　电容的阻抗

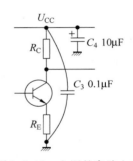

图 3.3.15　电源的旁路电容

小容量的电容器是在高频情况下降低阻抗用的，如果不配置在电源附近，则电容器的引线增长，而由于引线本身的阻抗，电源的阻抗不能降低。通常小容量电容器是 $0.01 \sim 0.1\mu F$ 的陶瓷电容器，大容量电容器是 $1 \sim 100\mu F$ 的电解电容器。在此，采用 $C_3 = 0.1\mu F$ 的叠层陶瓷电容器，$C_4 = 10\mu F$ 的电解电容器。

值得注意的是，电源是电路工作的基础，其旁路电容可以滤除稳压电源中的纹波噪声，稳定电源电压，从而使电路工作得更加可靠。在电路图中，即使没有画旁路电容，在实际装配电路时往往也应该加入旁路电容。

8. 电路参数的实际验证

以上的设计均是理论值，具体工程实现时要达到指标要求，还要进行实际调测。例如，按理论值组成的放大器失真较大，可以调节上偏电阻 R_{B1}、调整工作点的位置以减小失真。若仍达不到要求，还可以在发射极串入一个交流负反馈小电阻，在增益达到要求的前提下减小波形的失真。

3.4 其他组态的放大电路

3.4.1 共集放大电路(射极输出器)

另一种常用的放大电路是共集放大电路，如图 3.4.1a 所示，它因输出电压由发射极电阻两端取出而常被称为射极输出器。从这种放大电路的交流通路图可以看出：它的输入回路和输出回路的公用端是集电极，因此，射极输出器是一种共集组态的放大电路。为计算共集放大电路的交流参数，先画出它的交流等效电路，如图 3.4.1b 所示。下面分析该放大电路的交流指标。

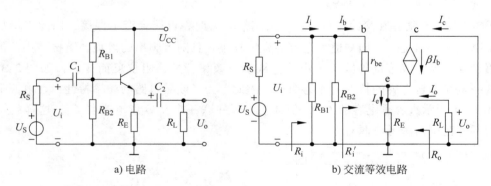

a) 电路　　　　　　　　　　b) 交流等效电路

图 3.4.1　共集放大电路及交流等效电路

1. 电压放大倍数 A_u

从图 3.4.1b 可以看出

$$A_u = \frac{U_o}{U_i} = \frac{(1+\beta)I_b(R_E /\!/ R_L)}{I_b r_{be} + I_b(1+\beta)R'_L} = \frac{(1+\beta)R'_L}{r_{be} + (1+\beta)R'_L} \qquad (3.4.1)$$

式中，$R'_L = R_E /\!/ R_L$。

这就是说，共集放大电路的电压放大倍数 A_u 小于 1，但接近于 1，并且输出电压与输入电压是同相位的，这是共集电路的一个特点。因此，可以说共集电路的输出电压能很好地

"跟随"输入电压，故又称它为"射极跟随器"，简称"射随器"。虽然共集放大电路没有电压放大能力，但由于 I_c 对 I_b 的放大作用，它仍有电流放大能力，因此有功率放大能力。

2. 输入电阻 R_i

由图 3.4.1b 可知，不计 R_B 的输入电阻 R'_i 为

$$R'_i = r_{be} + (1 + \beta) R'_L \tag{3.4.2}$$

所以

$$R_i = R_{B1} /\!/ R_{B2} /\!/ R'_i = R_B /\!/ R'_i$$

式中，$(1 + \beta) R'_L$ 是发射极电阻折算到基极时的等效电阻。由于 R'_L 较大，多为几千欧或者更大些，因此射随器的输入电阻高达几万欧至几十万欧，比共射放大电路（一般为几千欧）要大几十至上百倍，高输入电阻是共集电路的另一个特点。

3. 输出电阻 R_o

为了计算输出电阻 R_o，可以采用输出端加压求流法，如图 3.4.2 所示。U_o 为所加的测试电压，得到的输出电流为 I_o。R_S 是将信号 U_S 短路后而保留的信号源内阻。首先定义 R'_o 为不计 R_E 的输出电阻，根据图 3.4.2，可知 R'_o 为

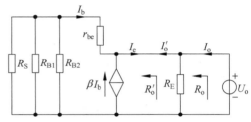

图 3.4.2　求 R_o 的等效电路

$$
\begin{aligned}
R'_o &= \frac{U_o}{I'_o} = \frac{U_o}{-(I_b + \beta I_b)} \\
&= \frac{-I_b(R_S /\!/ R_{B1} /\!/ R_{B2} + r_{be})}{-(I_b + \beta I_b)} \\
&= \frac{R'_S + r_{be}}{1 + \beta}
\end{aligned}
\tag{3.4.3}
$$

式中，$R'_S = R_S /\!/ R_{B1} /\!/ R_{B2}$。

因此，输出电阻 R_o 为

$$R_o = \frac{U_o}{I_o}\bigg|_{U_S = 0} = R_E /\!/ R'_o = R_E /\!/ \frac{R'_S + r_{be}}{1 + \beta} \tag{3.4.4}$$

式中，$\dfrac{R'_S + r_{be}}{1 + \beta}$ 表示基极电阻 $(R'_S + r_{be})$ 折算到发射极时要除以 $(1 + \beta)$。正是由于这种折合关系，共集放大器才具有输出电阻小的特点。由于共集放大电路的输出电阻很小，因此，对于负载的变动，它的输出电压波动很小，近似为一个恒压源，所以它带负载的能力很强。

从以上分析可知，共集放大电路的特点是：输入电阻很高；输出电阻很低；有一定的电流放大倍数；电压放大倍数约为1；输出电压与输入电压的相位和波形都相同。所以，共集放大电路常用作多级放大电路的输入级和输出级，或用作高、低阻抗网络之间的缓冲级。

例 3.4.1 电路如图 3.4.1 所示，$I_{CQ} = 1\text{mA}$，$R_E = 5.1\text{k}\Omega$，负载 $R_L = 5.1\text{k}\Omega$，信号源内阻 $R_S = 10\text{k}\Omega$，晶体管 $r_{bb'} = 100\Omega$，$\beta = 50$。试分别计算 A_u、A_{us}、R_i 和 R_o 的值。

解：

$$r_{be} = r_{bb'} + (1 + \beta) r_e = r_{bb'} + (1 + \beta)\frac{U_T}{I_{EQ}} = 1.42\text{k}\Omega$$

$$R'_L = R_E /\!/ R_L = 2.55\text{k}\Omega$$

$$R'_i = r_{be} + (1 + \beta) R'_L = 131.47\text{k}\Omega$$

$$A_u = \frac{U_o}{U_i} = \frac{(1 + \beta) R'_L}{r_{be} + (1 + \beta) R'_L} = 0.99$$

$$A_{us} = \frac{U_o}{U_s} = \frac{R_i}{R_S + R_i} A_u = 0.89$$

$$R_i = R_{B1} \ /\!/ \ R_{B2} \ /\!/ \ R_i' \approx R_i'$$

$$R_o = R_E \ /\!/ \ R_o' = R_E \ /\!/ \ \frac{R_S' + r_{be}}{1 + \beta} = 0.21\,\text{k}\Omega$$

3.4.2　共基放大电路

图 3.4.3a 给出了共基放大电路，图中 R_{B1}、R_{B2}、R_E 和 R_C 构成分压式电流负反馈偏置电路，为晶体管设置合适而稳定的工作点。信号从发射极输入，由集电极输出，而基极通过旁路电容 C_B 交流接地，作为输入、输出的公共端。按交流通路画出该放大器的交流等效电路如图 3.4.3b 所示，注意图中标注的箭头方向是输入交流电压为正时的各极交流电流方向，而交流和直流的叠加电流方向与直流电流方向相同，即发射结电流流出晶体管，集电结电流流入晶体管，基极电流流入晶体管。

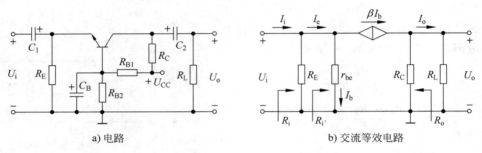

a) 电路　　　　　　　　　　　　　　b) 交流等效电路

图 3.4.3　共基放大电路及交流等效电路

1. 电压放大倍数 A_u

由图 3.4.3b 可知

$$A_u = \frac{U_o}{U_i} = \frac{I_b \beta (R_C \ /\!/ \ R_L)}{I_b r_{be}} = \frac{\beta R_L'}{r_{be}} \tag{3.4.5}$$

式中，$R_L' = R_C \ /\!/ \ R_L$。

可见，共基放大电路的电压放大倍数与共射放大电路相同，但为正值，即输出电压与输入电压同相。应该指出，共基放大电路没有电流放大能力。

2. 输入电阻 R_i

按基极支路和发射极支路的折合关系，不计发射极电阻 R_E 的输入电阻 R_i' 为

$$R_i' = \frac{U_i}{I_e} = \frac{r_{be}}{1 + \beta}$$

故有

$$R_i = R_E \ /\!/ \ R_i' = R_E \ /\!/ \ \frac{r_{be}}{1 + \beta} \tag{3.4.6}$$

上式说明输入电阻很小。

3. 输出电阻 R_o

由图 3.4.3b 可知，若 $U_i = 0$，则 $I_b = 0$，$\beta I_b = 0$，显然有

$$R_o = R_C \tag{3.4.7}$$

例 3.4.2 电路如图 3.4.3a 所示，参数 $r_e = 13\Omega$，$r_{bb'} = 0\Omega$，$r_{ce} = 50k\Omega$，$\beta = 100$，$R_C = R_L = 2k\Omega$，$R_E = 3k\Omega$。试计算 A_u、R_i 和 R_o。

解：由已知条件得

$$A_u = \frac{U_o}{U_i} = \frac{\beta R'_L}{r_{be}} = \frac{\beta R'_L}{r_{bb'} + (1+\beta)r_e} \approx \frac{R'_L}{r_e} = \frac{2 /\!/ 2}{0.013} = 77$$

$$R_i = R_E /\!/ R'_i = R_E /\!/ \frac{r_{be}}{1+\beta} = R_E /\!/ r_e = (3 /\!/ 0.013)k\Omega \approx 13\Omega$$

$$R_o = R_C = 2k\Omega$$

综上所述，共基放大电路的缺点是：电流放大倍数小于 1，电压放大倍数与共射放大电路差不多，而功率放大倍数要小得多；输入电阻很小，一般只有几欧至几十欧；晶体管的输出电阻很大，可达几万欧。在负载电阻和输入电阻一定的情况下，多级共基放大电路的电压和功率放大倍数与单级的几乎一样。

共基放大电路也具有一些优点：晶体管反向击穿电压大于共射电路时晶体管的击穿电压，因而共基放大电路可以运用在更高的电源电压下；高频特性优越。由于这些优点，功率放大和高频放大常采用共基电路，或用共基与其他组态组成双管放大电路。

需要指出的是，双极型晶体管的三种组态放大电路是指双极型晶体管的三种交流连接方式，其交流特性有所不同，它们的 BJT 都工作在放大状态，都使用稳定的直流偏置电路给予保证，无论用固定偏流或用分压式偏置电路，它们的直流通路是类似的。表 3.4.1 列出了这三种放大电路的基本特性，以便于比较。

表 3.4.1　晶体管三种组态放大电路基本特性比较

性能	共射	共基	共集
A_u	$-\dfrac{\beta R'_L}{r_{be}}$ 大（几十到几百），U_i 与 U_o 反相	$\dfrac{\beta R'_L}{r_{be}}$ 大（几十到几百），U_i 与 U_o 同相	$\dfrac{(1+\beta)R'_L}{r_{be}+(1+\beta)R'_L}$ 小（≈ 1），U_i 与 U_o 同相
A_i	约为 β（大）	约为 α（$\leqslant 1$）	约为 $(1+\beta)$（大）
G_p	大（几千）	中（几十到几百）	小（几十）
R_i	r_{be} 中（几百欧到几千欧）	$\dfrac{r_{be}}{1+\beta}$ 低（几欧到几十欧）	$r_{be}+(1+\beta)R'_L$ 大（几万欧）
R_o	高（$\approx R_C$）	高（$\approx R_C$）	低 $\left(\dfrac{R'_o + r_{be}}{1+\beta}\right)$
高频特性	差	好	好
用途	单级放大或多级放大电路的中间级	宽带放大、高频电路	多级放大电路的输入、输出级和中间级

3.5　多级放大电路

在实际的应用中，常对放大电路提出多方面的要求，例如要求一个放大电路有较高的放大倍数（如大于 2000）、较大的输入电阻（如大于 $2M\Omega$）、较小的输出电阻（如小于 100Ω），而单级放大器不可能同时满足上述要求。因此，需要将多个基本放大电路级联起来，构成多级放大电路。由于三种基本放大器的性能不同，因此在构成多级放大电路时，应充分利用它们的特点，合理组合，用尽可能少的级数来满足放大倍数和输入、输出电阻的要求。本节首先简要说明多级放大电路级间耦合方式及其性能指标的计算方法，而后介绍实际中常用的几种组合放大器。

3.5.1 级间耦合方式

多级放大电路各级之间连接的方式称为**耦合方式**。级间耦合时，一方面要确保各级放大电路有合适的直流工作点，另一方面应使前级输出信号尽可能不衰减地加到后级输入。常用的耦合方式有三种，即阻容耦合、变压器耦合和直接耦合。

1. 阻容耦合

阻容耦合是将放大电路的前级输出端通过电容接到后级输入端。图 3.5.1 所示为两级阻容耦合放大电路。第一级和第二级都为共射电路。由于电容器隔直流、通交流，所以各级的直流工作点相互独立，这样就给设计、调试和分析带来很大方便。而且，只要输入信号频率较高，耦合电容选得足够大，前一级的输出信号就可以几乎没有衰减地加到后级，因此，在分立元件中阻容耦合方式得到非常广泛的应用。

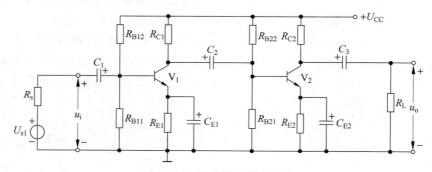

图 3.5.1　阻容耦合放大电路

阻容耦合放大电路的缺点是低频特性差，不能放大变化缓慢的信号。这是因为电容对低频信号呈现出很大的容抗，信号的一部分甚至全部都衰落在耦合电容上而根本不能向后级传递。此外，在集成电路中制造大容量电容很困难，甚至不可能，所以这种耦合方式不便于集成。

2. 变压器耦合

变压器耦合是将前级的输出信号通过变压器接到后级的输入端或负载电阻上。图 3.5.2 为变压器耦合两级共射电路，第一级的输出信号通过变压器 T_{r1} 的二次绕组加到第二级，第二级的输出信号通过变压器 T_{r2} 传输到负载 R_L。

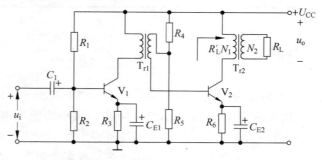

图 3.5.2　变压器耦合放大电路

由于变压器耦合电路的前后级靠磁路耦合，与阻容耦合相同，它的各级放大电路的静态工作点也是相互独立的，便于分析、设计和调试。另外，变压器耦合的最大特点是可以实现阻抗变换。在实际系统中，负载电阻的数值往往很小，如扬声器的阻值一般为几欧至几十欧。如果把它们直接接到任何一种放大电路的输出端，那么将使电压放大倍数大幅度下降，从而使负载上不能获得足够的功率。采用变压器耦合，若一次侧和二次侧的匝数比 $n = N_1/N_2$，则从一次侧看进去的为 $R'_L = n^2 R_L$。这样根据所需的电压放大倍数，可以选择合适的匝数比，使负载电阻上获得足够大的电压，并且当匹配得当时，负载可以获得足够的功率。

与阻容耦合相同，变压器耦合电路也具有低频特性差的缺点。这是因为频率越低，电感上呈现的感抗越小，被传递的交流信号越小，因此它也不能放大变化缓慢的信号。另外，变压器比较笨重，不利于集成，通常只有在输出特大功率或实现高频功率放大时，才考虑用分立元件构成变压器耦合放大电路。

3. 直接耦合

直接耦合是将前后级直接相连。图 3.5.3a 所示为一种直接耦合的两级共射放大电路。与上述两种耦合方式相比，直接耦合电路的突出优点是它没有电容和变压器，具有良好的频率特性，可以放大变化缓慢的信号，并且易于将全部电路集成在一个硅片上，构成集成放大电路。由于电子工业的飞速发展，集成放大电路的性能越来越好，种类越来越多，所以凡是能用集成电路的场合，均不再使用分立元件电路。但是，直接耦合电路也存在两个缺陷。

1）直接耦合电路各级之间的直流通路相连，静态工作点相互影响，严重时电路无法正常工作，因此必须考虑各级直流电位的配置问题，以使每一级都有合适的工作点。

我们考虑两级共射电路（不含发射极电阻）直接耦合的情况，即将图 3.5.3a 中 V₂ 的发射

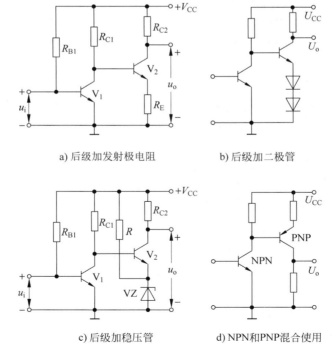

a) 后级加发射极电阻　　　　b) 后级加二极管

c) 后级加稳压管　　　　d) NPN和PNP混合使用

图 3.5.3　直接耦合放大电路静态工作点的设置

极电阻 R_E 去掉。不难看出，静态时，V_1 管 c-e 间的电压 U_{CEQ1} 等于 V_2 管 b-e 间的电压 U_{BEQ2}。通常情况下，若 V_2 为硅管，U_{BEQ2} 约为 0.7V，则 V_1 管的静态工作点将靠近饱和区，加入交流信号时，容易产生饱和失真。为了使第一级有合适的静态工作点，必须抬高 V_2 管的基极电位，图 3.5.3a 就是在 V_2 管的发射极加上了电阻 R_E。然而，增加 R_E 又会使第二级的电压放大倍数大大下降，从而影响整个电路的放大能力。图 3.5.3b、c 较好地解决了这个问题，二极管和稳压管对直流信号可以抬高电位，对交流信号呈现一个小电阻，这样，既可以设置合适的静态工作点，又对放大电路的放大能力影响不大。当然，对于这种抬高电位的方法，当级数较多时，集电极电位会逐级升高，以至于接近电源电压，势必使后级的静态工作点不合适。图 3.5.3d 所示电路采用 NPN 管和 PNP 管交替连接的方式可以解决上述问题。由于 PNP 管的集电极电位比基极电位低，因此，在多级耦合时，不会造成集电极电位逐级升高。这种连接方式无论在分立元件或者集成的直接耦合电路中都广泛采用。

2）在直接耦合放大器中，另一个突出问题是零点漂移。如果将直接耦合放大电路的输入对地短接，从理论上来讲，输出电压应一直保持不变，但实际上输出电压会发生缓慢的、不规则的变化，这种现象称为**零点漂移**。

产生零点漂移的主要原因是放大电路中器件的参数随温度变化而变化，导致放大器的静态工作点不稳定，这种不稳定可看作缓慢变化的干扰信号，由放大电路逐级传递并放大。一般来说，放大电路中的第一级对整个放大电路的零点漂移影响最大，放大电路的级数越多，零点漂移问题越严重。为了抑制零点漂移，最有效的措施是采用差动放大电路，使输出端的零点漂移相互抵消，这种方法的工作原理将在第 5 章重点介绍。

3.5.2　多级放大电路的性能指标计算

多级放大电路的方框图如图 3.5.4 所示。一般通过计算每一单级的性能指标来分析多级放大电路的性能指标。在多级放大电路中，前级输出电压就是后级的输入电压，即 $U_{o1} = U_{i2}$、$U_{o2} = U_{i3}$、$\cdots$、$U_{o(n-1)} = U_{in}$，所以，一个 n 级放大器的总电压放大倍数 A_u 可表示为

$$A_u = \frac{U_o}{U_i} = \frac{U_{o1}}{U_i} \times \frac{U_{o2}}{U_{o1}} \times \cdots \times \frac{U_{on}}{U_{o(n-1)}} = A_{u1} \times A_{u2} \times \cdots \times A_{un} \qquad (3.5.1)$$

可见，A_u 为各级放大电路放大倍数的乘积。值得注意的是，在多级放大电路中，后级电路的输入电阻相当于前级的负载，如图 3.5.5a 所示；前级的输出电阻作为后级的信号源内阻，如图 3.5.5b 所示。

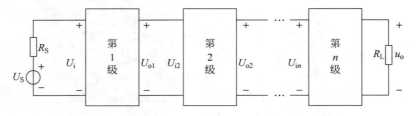

图 3.5.4　多级放大电路方框图

级联放大电路的输入电阻就是第一级的输入电阻 R_{i1}，但应将后级的输入电阻 R_{i2} 作为其负载，即

$$R_i = R_{i1} \Big|_{R_{L1} = R_{i2}} \qquad (3.5.2)$$

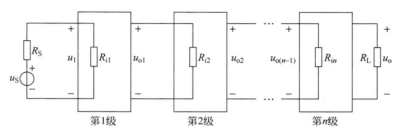

a) 后级电路的输入电阻相当于前级的负载

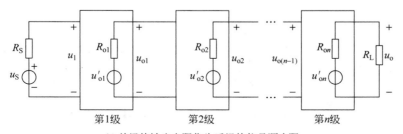

b) 前级的输出电阻作为后级的信号源内阻

图 3.5.5　多级放大电路的两种考虑

级联放大电路的输出电阻就是最后一级的输出电阻 R_{on}，但应将前级的输出电阻 $R_{o(n-1)}$ 作为其信号源内阻，即

$$R_o = R_{on} \Big|_{R_{Sn} = R_{o(n-1)}} \qquad (3.5.3)$$

例 3.5.1　图 3.5.6a 给出了一个分别由 NPN 和 PNP 管构成的两级直接耦合的共射放大电路，其交流通路如图 3.5.6b 所示，试计算该电路的交流指标。

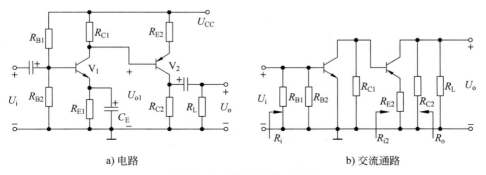

a) 电路　　　　　　　　　　　　　　b) 交流通路

图 3.5.6　两级共射放大电路

解：1）电压放大倍数 A_u：

$$A_u = \frac{U_o}{U_i} = A_{u1} \cdot A_{u2}$$

其中

$$A_{u1} = \frac{U_{o1}}{U_i} = -\frac{\beta(R_{C1} /\!/ R_{i2})}{r_{be1}}$$

$$R_{i2} = r_{be2} + (1 + \beta_2)R_{E2}$$

$$A_{u2} = \frac{u_o}{u_{i2}} = \frac{u_o}{u_{o1}} = -\frac{\beta(R_{c2} /\!/ R_L)}{r_{be2} + (1 + \beta_2)R_{E2}}$$

需说明的是，V_2 虽为 PNP 管，但其交流指标的求解与 NPN 管相同。

2）输入电阻 R_i：

$$R_i = R_{i1} \mid_{R_{L1} = R_{i2}} = R_{B1} /\!/ R_{B2} /\!/ r_{be1}$$

3）输出电阻 R_o：

$$R_o = R_{o2} \mid_{R_{S2} = R_{C1}} = R_{C2}$$

例 3.5.2　图 3.5.7a 给出了一个分别由 JFET 和 PNP 管构成的直接耦合的两级放大电路，试计算该电路的交流指标。

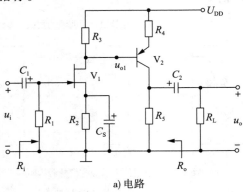

a) 电路

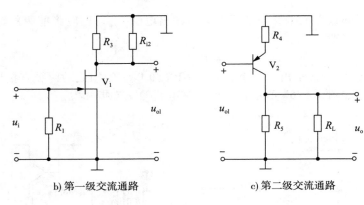

b) 第一级交流通路　　　　　c) 第二级交流通路

图 3.5.7　两级放大电路

解：下面在直流分析的基础上进行交流分析。

1）电压放大倍数 A_u：

$$A_u = \frac{U_o}{U_i} = \frac{U_{o1}}{U_i} \cdot \frac{U_o}{U_{o1}} = A_{u1} \cdot A_{u2}$$

其中

$$A_{u1} = \frac{U_{o1}}{U_i} = - g_{m1}(R_3 /\!/ R_{i2})$$

$$R_{i2} = r_{be2} + (1 + \beta_2)R_4$$

$$A_{u2} = \frac{U_o}{U_{i2}} = \frac{U_o}{U_{o1}} = - \frac{\beta_2(R_5 /\!/ R_L)}{r_{be2} + (1 + \beta_2)R_4}$$

2）输入电阻 R_i：

$$R_i = R_{i1} \mid_{R_{L1} = R_{i2}} = R_1$$

3）输出电阻 R_o：

$$R_o = R_{o2} \mid_{R_{S2} = R_3} = R_5$$

3.5.3 常见的组合放大电路

实际应用的放大电路，除了要达到需要的放大倍数外，往往还要考虑输入电阻、输出电阻等多方面的要求。根据三种基本放大电路的特点，将它们适当地组合，取长补短，可以获得多种各具特色的组合放大电路。

在工程实践中，制作小信号放大电路时经常需要考虑的是两类问题：一是如何提高现有能量的利用率（包括如何从信号源获取更多的能量，以及如何在产生的信号一定的情况下驱动更大的负载）；二是在现有放大能力不变的情况下，展宽放大电路的频率上限。基于这些实际问题，我们介绍几种常见的组合放大电路。

1. 共集－共射（CC-CE）组合放大器

我们知道共集电路的特点是输入电阻大，输出电阻小，无电压增益，有较大的电流增益。而共射电路的特点是输入电阻不够大，输出电阻不够小，有较大的电压增益和电流增益。

为了从信号源获取更多的能量，我们将共集电路接在共射电路的前级，此时的组合放大器具有很高的输入电阻，可以将源电压几乎全部送到共射电路的输入端，并且已经将输入电流进行了一定程度的放大。因此，这种组合放大器的源电压增益近似为后级共射电路的电压增益，其交流通路如图 3.5.8 所示。

2. 共射－共集（CE-CC）组合放大器

为了在产生的信号一定的情况下驱动更大的负载，我们将共射电路接在共集电路的前级，此时的组合放大器具有低输出阻抗，可以驱动较大的负载，并且又将共射电路的输出电流进行了一定程度的放大。因此，这种组合放大器的效果相当于将负载与前级共射电路隔离开来，其电压放大倍数近似为共射电路负载开路时的电压增益，其交流通路如图 3.5.9 所示。

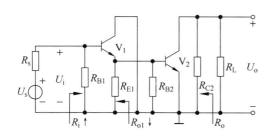

图 3.5.8 CC-CE 电路的交流通路

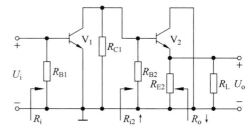

图 3.5.9 CE-CC 电路的交流通路

例 3.5.3 放大电路如图 3.5.10 所示。已知晶体管 $\beta = 100$，$r_{be1} = 3\text{k}\Omega$，$r_{be2} = 2\text{k}\Omega$，$r_{be3} = 1.5\text{k}\Omega$，试求放大器的输入电阻、输出电阻及源电压放大倍数。

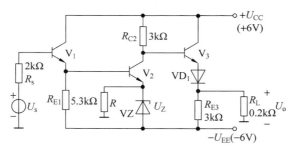

图 3.5.10 例 3.5.3 电路

解： 该电路为共集、共射和共集三级直接耦合放大器，即 CC-CE-CC 组合放大器。为了保证输入和输出端的直流电位为零，电路采用了正、负电源，并且用稳压管 V_z 和二极管 VD_1 分别垫高 V_2、V_3 管的发射极电位。而在交流分析时，因其动态电阻很小，可视为短路。

1）输入电阻 R_i：

$$R_{i2} = r_{be2} = 2k\Omega$$

$$R_i = R_{i1} \mid_{R_{L1} = R_{i2}} = r_{be1} + (1 + \beta)(R_{E1} \mathbin{/\mkern-5mu/} R_{i2})$$

$$= 3k\Omega + (1 + 100) \times (5.3 \mathbin{/\mkern-5mu/} 2)k\Omega \approx 150k\Omega$$

2）输出电阻 R_o：

$$R_{o2} = R_{C2} = 3k\Omega$$

$$R_o = R_{o3} \mid_{R_{S3} = R_{o2}} = R_{E3} \mathbin{/\mkern-5mu/} \frac{R_{C2} + r_{be3}}{1 + \beta} = \left(3 \mathbin{/\mkern-5mu/} \frac{3 + 1.5}{1 + 100}\right)k\Omega \approx 45\Omega$$

3）源电压放大倍数 A_{us}：

$$A_{u1} = \frac{U_{o1}}{U_i} = \frac{(1 + \beta)(R_{E1} \mathbin{/\mkern-5mu/} R_{i2})}{r_{be1} + (1 + \beta)(R_{E1} \mathbin{/\mkern-5mu/} R_{i2})} = \frac{101 \times (5.3 \mathbin{/\mkern-5mu/} 2)}{3 + 101 \times (5.3 \mathbin{/\mkern-5mu/} 2)} \approx 0.98$$

$$R_{i3} = r_{be3} + (1 + \beta)(R_{E3} \mathbin{/\mkern-5mu/} R_L) = [1.5 + 101 \times (3 \mathbin{/\mkern-5mu/} 0.2)]k\Omega \approx 20k\Omega$$

$$A_{u2} = \frac{U_{o2}}{U_{i2}} = -\frac{\beta(R_{C2} \mathbin{/\mkern-5mu/} R_{i3})}{r_{be2}} = -\frac{100 \times (3 \mathbin{/\mkern-5mu/} 20)}{2} \approx -130$$

$$A_{u3} = \frac{U_o}{U_{i3}} = \frac{(1 + \beta)(R_{E3} \mathbin{/\mkern-5mu/} R_L)}{r_{be1} + (1 + \beta)(R_{E3} \mathbin{/\mkern-5mu/} R_L)} = \frac{101 \times (3 \mathbin{/\mkern-5mu/} 0.2)}{1.5 + 101 \times (3 \mathbin{/\mkern-5mu/} 0.2)} \approx 0.95$$

$$A_{us} = \frac{U_o}{U_S} = \frac{R_i}{R_S + R_i} \cdot A_{u1} \cdot A_{u2} \cdot A_{u3} = \frac{150}{2 + 150} \times 0.98 \times (-130) \times 0.95 \approx -120$$

3. 共射 – 共基（CE-CB）组合放大器

CE-CB 组合放大器的交流通路如图 3.5.11 所示。由于共基放大器的输入电阻很小，将它作为负载接在共射电路之后，致使共射放大器只有电流增益而没有电压增益，而共基电路只是将共射电路的输出电流接续到输出负载上。因此，这种组合放大器的增益相当于负载为 $R_L'(= R_C \mathbin{/\mkern-5mu/} R_L)$ 的一级共射放大器的增益，即

$$A_u = \frac{U_o}{U_i} = -\frac{\beta_1 I_{b1} \alpha_2 R_L'}{r_{be1} I_{b1}} = -\frac{\beta_1 \alpha_2 R_L'}{r_{be1}} \approx -\frac{\beta R_L'}{r_{be1}}$$

$$A_i = \frac{I_o}{I_i} \approx \frac{I_{c2}}{I_{b1}} = \frac{I_{c1}}{I_{b1}} \cdot \frac{I_{c2}}{I_{e2}} = \beta_1 \alpha_2 \approx \beta_1$$

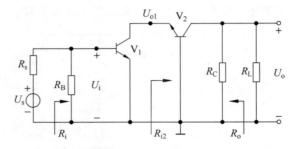

图 3.5.11　CE-CB 电路的交流通路

接入低阻共基电路使得共射放大器电压增益减小的同时，也大大减弱了共射放大器内部的反向传输效应，其结果是一方面提高了电路高频工作时的稳定性，另一方面明显改善了放大器的频率特性。正是这一特点，使得 CE-CB 组合放大器在高频电路中获得广泛应用。

3.6 晶体管放大电路和场效应晶体管放大电路的比较

对比第 2 章场效应晶体管放大电路的分析和设计，可以看出它与晶体管放大电路的分析和设计之间既有相似又有区别。现从器件选择、电路结构、电路性能、电路设计和应用范围等方面，对二者进行比较。

1. 器件选择角度

在满足同样设计指标时，由于晶体管诞生较早，积累的产品型号和设计经验丰富，单位器件成本较低，因而器件选择面比场效应晶体管宽，这是晶体管最突出的优点之一。

2. 电路结构角度

场效应晶体管由于分类较多（PJFET、NJFET、增强 PMOSFET、增强 NMOSFET、耗尽 PMOSFET 和耗尽 NMOSFET 六种），形成的不同放大电路结构在应用中具有很宽的选择面。尤其是在一些特殊的情况下，使用耗尽型 FET 制作的不带电流反馈的自给偏置电路，只需要两个外加电阻就可以完成放大功能，这是非常方便且实用的。晶体管则由于分类较少（NPN 和 PNP 两种），加之其放大过程需要两种载流子参与，导致稳定性较弱，因而在实际设计中往往只有分压式偏置电路一种可供使用，这是晶体管的缺点所在。

3. 电路性能角度

由于场效应晶体管本身的输入阻抗极高，不易受到外部环境变动的影响，因此非常适合构建输入信号耦合器或者后级负载驱动器。由于晶体管在制造时很容易通过控制掺杂浓度来获得较大的电流放大倍数，因此非常适合构建放大器的主放大级电路，同时获得较大的电流和电压放大倍数。

4. 电路设计角度

晶体管处于放大状态时，正偏发射结上的压降总是一个 PN 结的导通电压，因此结合指定的集电极电流，几乎只需根据闭合电路的欧姆定律就可以计算出电路中剩余的元器件参数。场效应晶体管是压控器件，需要通过指定的漏极电流结合输入平方率特性，再根据闭合电路的欧姆定律，才能够确定电路中剩余的元器件参数，这是其电路设计中不方便的地方。

5. 应用范围角度

由于晶体管单个分立器件成本低，由其构成的放大电路容易同时获得较大的电压和电流增益，因此广泛运用在各种信号放大、功率放大、振荡、混频等电子线路中。由于场效应晶体管器件性能相对稳定、输入电阻极大、开关响应好、集成度高等优点，因此往往用于电路的输入输出级和大规模数字集成电路中。

总而言之，实际的电路往往是受技术指标和成本控制双重约束的产物。因此，进行电路设计时，不仅需要考虑电路的技术指标是否先进，还需考虑元器件采购难易程度和成品系统的造价等市场因素。作为一名合格的电子电路设计人员，一定要注意全方位考察电路设计的各种外部条件，再选取合适的元器件和电路形式，才能设计出相应的系统。

思考题

1. 晶体管最常用的功能是什么？常见晶体管有几种类型？分别是什么？
2. 晶体管有几个电极？分别叫什么？
3. 为了使晶体管具有放大功能，必须保证晶体管的内部结构具有什么特点？在放大状态下内部载流子的运动情况是怎样的？什么是厄尔利效应？
4. 为什么要稳定放大电路的静态工作点？常见晶体管的偏置电路有几种？它们的优缺点分别是什么？
5. 图解法分析中直流负载线和交流负载线分别是怎样画出的？两者的作用分别是什么？为了减少非线性失真，工作点应该如何设置？
6. 基本放大电路的三种组态分别是什么？各有什么特点？
7. 实践中为什么要使用组合放大器？请说出几种常用的组合放大器，以及它们的特点。

习题

3.1 已知晶体管工作在线性放大区，并测得各电极对地电位如题 3.1 图所示。试画出各晶体管的电路符号，确定每管的 b、e、c 极，并说明是锗管还是硅管。

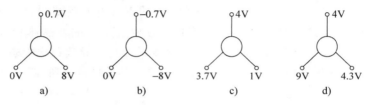

题 3.1 图

3.2 某晶体管的 $\beta = 25$，当它接到电路中时，测得两个电极上的电流分别为 50mA 和 2mA，能否确定第三个电极上的电流数值？

3.3 已测得晶体管各电极对地电位如题 3.3 图所示，试判别各晶体管的工作状态(放大、饱和、截止或损坏)。

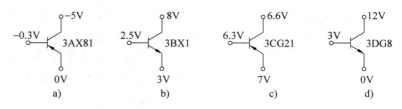

题 3.3 图

3.4 N^+PN 型晶体管基区的少数载流子的浓度分布曲线如题 3.4 图所示。

(1)说明每种浓度分布曲线所对应的发射结和集电结的偏置状态。

(2)说明每种浓度分布曲线所对应的晶体管的工作状态。

3.5 某晶体管在室温 25℃ 时的 $\beta = 80V$，$U_{BE(on)} = 0.65V$，$I_{CBO} = 10pA$。试求 70℃ 时的 β、$U_{BE(on)}$ 和 I_{CBO} 的数值。

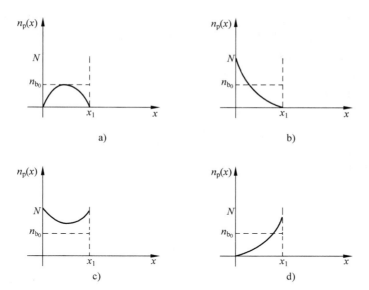

题 3.4 图

3.6 某晶体管的共射输出特性曲线如题 3.6 图所示。

（1）求 $I_{BQ} = 0.3\text{mA}$ 时，Q_1、Q_2 点的 β 值。

（2）确定该管的 $U_{(BR)CEO}$ 和 P_{CM}。

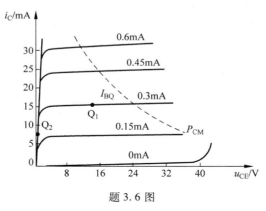

题 3.6 图

3.7 硅晶体管电路如题 3.7 图所示。设晶体管的 $U_{BE(on)} = 0.7\text{V}$，$\beta = 100$。判别电路的工作状态。

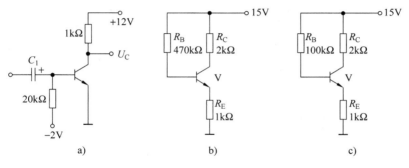

题 3.7 图

3.8 题 3.8 图 a、b 所示分别为固定偏置和分压式电流负反馈偏置放大电路。两个电路中的晶体管相同，$U_{BE(on)} = 0.6V$。在 20℃时晶体管的 $\beta = 50$，55℃时 $\beta = 70$。试分别求两种电路在 20℃时的静态工作点，以及温度升高到 55℃时由于 β 的变化引起 I_{CQ} 的改变程度。

3.9 晶体管电路如题 3.9 图所示。已知 $\beta = 100$，$U_{BE} = -0.3V$。

（1）估算直流工作点 I_{CQ}、U_{CEQ}。

（2）若偏置电阻 R_{B1}、R_{B2} 分别开路，试分别估算集电极电位 U_C 的值，并说明各自的工作状态。

（3）若 R_{B2} 开路时要求 $I_{CQ} = 2mA$，试确定 R_{B1} 应取多大值。

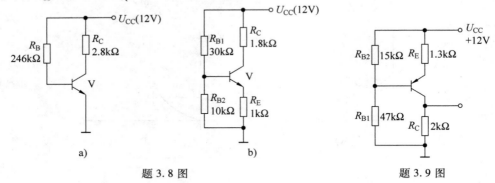

题 3.8 图   题 3.9 图

3.10 设计一个分压式电流负反馈偏置放大电路。技术要求是：温度在 $-55 \sim 125℃$ 范围内变化时，要求 $1mA \leq I_C \leq 1.15mA$ 和 $5V \leq U_{CE} \leq 6V$，$R_C = 1.5k\Omega$，$U_{CC} = 12V$。BJT 的参数是：$T = -55℃$ 时，$\beta = 60$，$U_{BE} = 0.88V$；$T = 125℃$ 时，$\beta = 150$，$U_{BE} = 0.48V$。

3.11 电压负反馈型偏置电路如题 3.11 图所示。若晶体管的 β、U_{BE} 已知：

（1）试导出计算工作点的表达式。

（2）简述稳定工作点的原理。

3.12 电路如题 3.12 图所示。已知晶体管的 $\beta = 50$，$U_{BE} = -0.2V$，试求：

（1）$U_{BQ} = 0$ 时，R_B 的值。

（2）R_E 短路时，I_{CQ}、U_{CEQ} 的值。

（3）R_E 开路，$U_{BQ} = 0$ 时，I_{CQ}、U_{CEQ} 的值。

3.13 电路如题 3.13 图所示。设 u_i 是正弦信号，晶体管工作在放大区，各电容对信号可视作短路。

（1）试画出与 u_i 相对应的 u_{BE}、i_B、i_C 和 u_{CE} 的波形。

（2）将图中的晶体管改成 PNP 管，U_{CC} 改成负电源，重复（1）。

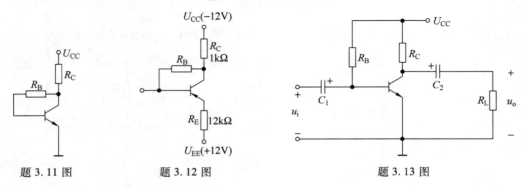

题 3.11 图   题 3.12 图   题 3.13 图

3.14 试判别题 3.14 图所示各电路能否对正弦信号进行电压放大。为什么？电路中各电容对电信号可视作短路。

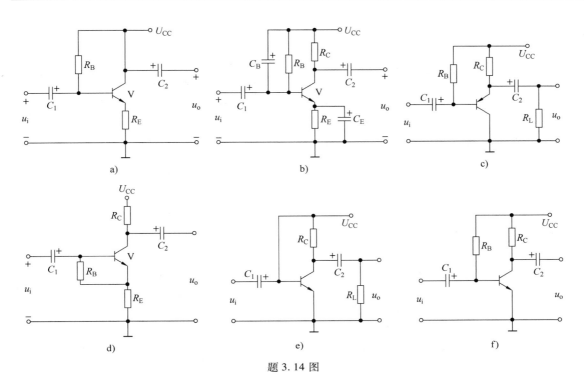

题 3. 14 图

3. 15 试画出题 3. 15 图所示电路的直流通路和交流通路。

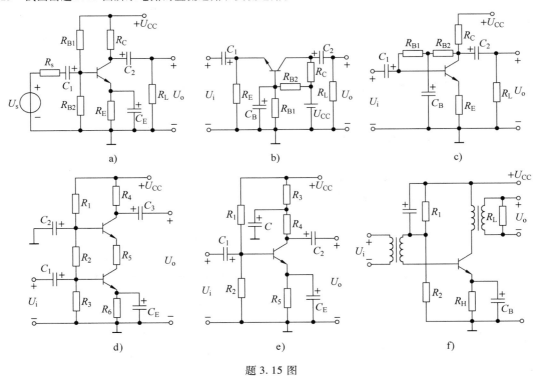

题 3. 15 图

3. 16 在题 3. 16 图 a 所示放大电路中, 设输出特性曲线分别如图 b 所示。$U_{CC} = 12V$, $R_B = 300k\Omega$, $R_C = 3k\Omega$。试用图解法确定该电路的静态工作点。

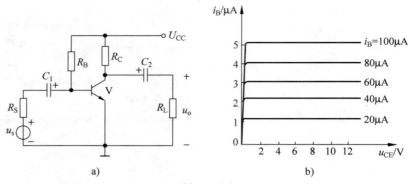

题 3.16 图

3.17 放大电路如题 3.17 图 a 所示，正常工作时静态工作点为 Q。

(1) 如工作点变为图 b 中的 Q′ 和 Q″，试分析是由电路中哪一元件参数改变而引起的。

(2) 如工作点变为图 c 中的 Q′ 和 Q″，又是电路中哪一元件参数改变而引起的？

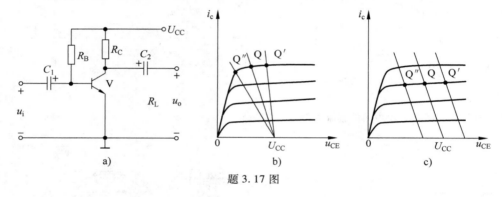

题 3.17 图

3.18 放大电路及晶体管三极管的输出特性如题 3.18 图 a、b 所示。设 $U_{BE(on)} = 0$，$U_{CC} = 12V$，各电容对信号视作短路。

(1) 晶体管的 β 和 r_{ce} 各为多少？

(2) 在图 b 上画出直流负载线和交流负载线。

(3) 在图 a 电路中加接 $R_L = 2k\Omega$ 的负载，重复 (2)。

(4) 当 $R'_L = R_C \parallel R_L = 2k\Omega \parallel 2k\Omega$ 时，为得到最大的输出电压振幅值 U_{om}，工作点应如何选取 (调节 R_B)？此时，U_{om}、R_B 的值应为多少？

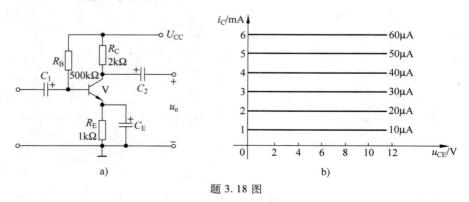

题 3.18 图

3.19 在题 3.19 图 a 所示的放大电路中，设晶体管的输出特性曲线如图 b 所示。$U_{CC} = 12V$，$R_B = 300k\Omega$，

$R_C = 3k\Omega$，直流负载线如图 b 中粗实线所示。Q 点参数为 $I_{CQ} = 2mA$，$U_{CEQ} = 6V$。

（1）如电路中 $R_L = 3k\Omega$，试画出该电路的交流负载线。

（2）如基极正弦波电流 i_b 的峰值为 $40\mu A$（即在 $0 \sim 80\mu A$ 范围内变动），试画出相应的 i_C 与 u_o 的变化波形，并标出该放大电路中不失真的最大输出电压的峰峰值 U_{opp}。

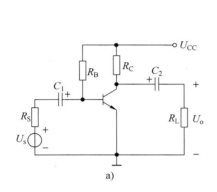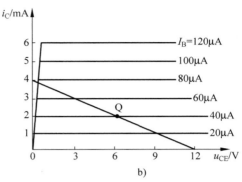

题 3.19 图

3.20 放大电路如题 3.20 图 a 所示，已知 $\beta = 50$，$U_{BE} = 0.7V$，$U_{CES} = 0$，$R_C = 2k\Omega$，$R_L = 20k\Omega$，$U_{CC} = 12V$。

（1）若要求放大电路具有最大的输出动态范围，R_B 应调到多大？

（2）若已知该电路的交、直流负载线如题 3.20 图 b 所示，试求：U_{CC}、R_C、U_{CEQ}、I_{CQ}、R_L、R_B 及输出动态范围 U_{opp} 的值。

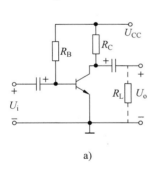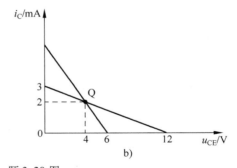

题 3.20 图

3.21 放大电路如题 3.21 图所示，已知晶体管的 $\beta = 50$，$U_{BE(on)} = 0.7V$，各电容对信号可视为短路。

（1）计算工作点 Q 的 I_{CQ} 和 U_{CEQ} 值。

（2）当输入信号幅度增加时，输出电压 u_o 将首先出现何种类型的失真？该电路最大不失真输出电压幅度 U_{om} 为何值？

（3）若要提高最大输出电压幅度 U_{om}，应改变哪个元件值？如何改变？

3.22 假设 NPN 管固定偏流共射放大器的输出电压波形分别如题 3.22 图 a、b 所示。

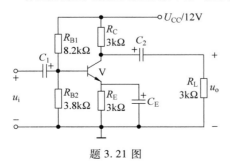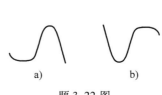

题 3.21 图   题 3.22 图

（1）电路产生了何种非线性失真？

（2）偏置电阻 R_B 应如何调节才能消除失真？

3.23 试计算题 3.23 图所示共射放大电路的静态工作点 U_{CEQ}、源电压放大倍数 $A_{us} = \dfrac{U_o}{U_s}$、输入电阻 R_i 和输出电阻 R_o。设基极静态电流 $I_{BQ} = 20\mu A$，$R_C = 2k\Omega$，$R_L = 2k\Omega$，$U_{CC} = 9V$，$R_S = 150\Omega$，$r_{bb'} = 0$，厄尔利电压 $|U_A| = 100V$，$\beta = 100$，C 为隔直、耦合电容。

3.24 放大电路如题 3.24 图所示。设晶体管的 $\beta = 20$，$r_{bb'} = 0$，VZ 为理想稳压管，$U_Z = 6V$，此时晶体管的 $I_{CQ} = 5.5mA$。

（1）将 VZ 反接，电路的工作状态有何变化？I_{CQ} 又为多少？

（2）定性分析 VZ 反接对放大电路电压增益、输入电阻的影响。

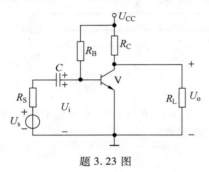

题 3.23 图　　　　　　　　题 3.24 图

3.25 测得放大电路中某晶体管三个电极上的电流分别为 2mA、2.02mA 和 0.02mA。已知该管的厄尔利电压 $|U_A| = 120V$，$C_{b'e} = 60pF$，$C_{b'c} = 5pF$，$r_{b'b} = 200\Omega$。

（1）试画出该晶体管的 H 参数交流等效电路，并确定等效电路中各参数值。

（2）试画出高频混合 π 型交流等效电路，并确定等效电路中各参数值。

3.26 电路如题 3.26 图所示，其中所有电容对交流信号可视为短路；$r_{ce} = \infty$，$R_C = R_E = R_L = R$，S 为开关。试回答以下问题：

（1）S 接 B 点，u_{o1}、u_{o2} 和 u_i 三者在相位、幅值上是什么关系？

（2）S 接 A 点，u_{o1}、u_{o2} 的幅值有何变化，为什么？

（3）S 接 C 点，u_{o1}、u_{o2} 的幅值有何变化，为什么？

3.27 电路如题 3.27 图所示，半导体三极管的 $\beta = 100$，$r_{bb'} = 0$，$U_T = 26mA$，基极静态电流由电流源 I_B 提供，设 $I_B = 20\mu A$，$R_S = 0.15k\Omega$，$R_E = R_L = 2k\Omega$。试计算 $A_u = \dfrac{U_o}{U_i}$、R_i 和 R_o。电容 C 对交流信号可视为短路。

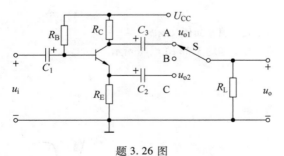　　　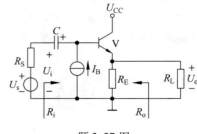

题 3.26 图　　　　　　　　题 3.27 图

3.28 在题 3.28 图所示的共集放大电路（基极自举电路）中，已知晶体管的 $r_{bb'} = 300\Omega$，$r_{b'e} = 1k\Omega$，$r_{ce} = \infty$，$g_m = 100mS$；$R_{B1} = R_{B2} = 20k\Omega$，$R_{B3} = 100k\Omega$，$R_E = R_L = 1k\Omega$，电容 C_1、C_2、C_3 对于交流信号可视为

短路。试画出该电路的交流通路，并求输入电阻 R_i 和输出电阻 R_o 的值。

3.29 共基放大电路如题 3.29 图所示。已知晶体管的 $r_{bb'} = 0$，$r_{b'e} = 1.3\text{k}\Omega$，$r_{ce} = 50\text{k}\Omega$，$\beta = 100$；$R_S = 150\Omega$，$R_C = R_L = 2\text{k}\Omega$，$R_E = 1\text{k}\Omega$，各电容对于交流信号可视为短路。试计算源电压增益 $A_{us} = \dfrac{U_o}{U_S}$、输入电阻 R_i 和输出电阻 R_o。

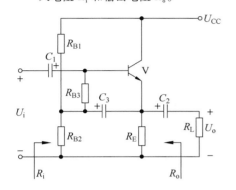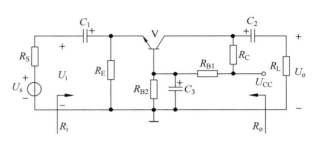

题 3.28 图　　　　　　　　　题 3.29 图

3.30 在题 3.30 图所示的共基放大电路中，晶体管的 $\beta = 50$，$r_{bb'} = 50\Omega$，$R_{B1} = 30\text{k}\Omega$，$U_{CC} = 12\text{V}$，$R_C = 3\text{k}\Omega$，$R_{B2} = 15\text{k}\Omega$，$R_E = 2\text{k}\Omega$，$R_L = 3\text{k}\Omega$。

(1)计算放大器的直流工作点。

(2)求放大器的 A_u、R_i 和 R_o。

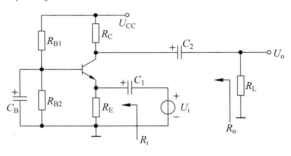

题 3.30 图

3.31 单管放大电路有 3 种组态形式，试问：

(1)若设计带负载能力强的单管放大电路，宜选用哪种组态电路？

(2)若设计具有电流接续器作用的，应选用哪种组态电路？

(3)在电路中具有隔离作用的是哪种组态电路？

3.32 试判断题 3.32 图所示各电路属于何种组态放大器，并说明输出信号相对输入信号的相位关系。

3.33 共集-共基组合电路如题 3.33 图所示。已知两个晶体管的参数相同：$r_{bb'} = 0$，$r_{b'e} = 1\text{k}\Omega$，$\beta = 100$，$r_{ce} = \infty$。各电容对交流信号可视为短路。

(1)计算输入电阻 R_i 和输出电阻 R_o。

(2)计算电压增益 $A_u = \dfrac{U_o}{U_i}$。

3.34 组合放大电路如题 3.34 图所示。已知两个晶体管的参数相同：$r_{bb'} = 0$，$r_{b'e} = 1\text{k}\Omega$，$\beta = 50$，$r_{ce} = \infty$；$R_C = R_L = 5\text{k}\Omega$，$R_E = 1\text{k}\Omega$，$R_B = 150\text{k}\Omega$。

(1)画出该电路的交流通路。

（2）求该电路的输入电阻 R_i、电压增益 $A_u = \dfrac{U_o}{U_i}$ 和输出电阻 R_o。

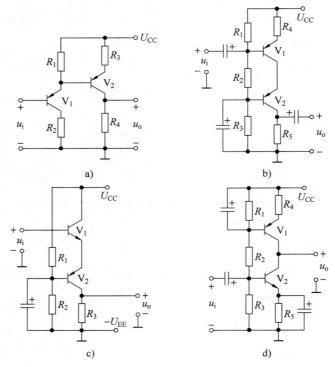

题 3.32 图

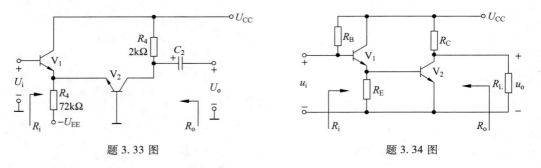

题 3.33 图   题 3.34 图

3.35 三级放大电路如题 3.35 图所示。设晶体管 $V_1 \sim V_3$ 的 $\beta = 49$，$U_{BE(on)} = 0.7V$，$r_{ce} = \infty$，$r_{bb'} = 0$，VD_1 和 VD_2 的直流压降为 0.7V。已知静态 $I_{EQ3} = 3mA$。各电容对交流信号可视作短路。

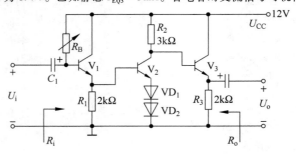

题 3.35 图

（1）试求各管的静态集电极电流 I_{CQ}。

（2）计算电压放大倍数 $A_u = \dfrac{U_o}{U_i}$、输入电阻 R_i 和输出电阻 R_o。

3.36 两级放大电路如题 3.36 图所示，各电容对交流信号可视作短路。

（1）试画出电路的交流通路和直流通路。

（2）说明各级的电路组态和耦合方式。

（3）R_1 和 R_2 的作用是什么？R_1 短路对电路有何影响？

（4）R_{E1} 开路对电路有何影响？

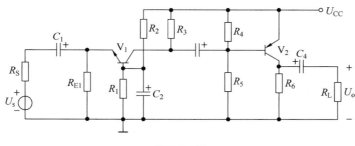

题 3.36 图

第 4 章

放大电路的频率响应和噪声

在前 3 章的讨论中，我们把放大电路的放大倍数看作与频率无关的参量。实际上，待放大的信号都是有一定频率范围的。如通信设备中的音频放大电路，要求放大 300~3400Hz 频率范围的信号；电视接收机中放大图像信号的视频放大器，要求放大 25Hz~6MHz 频率范围的信号。实际的放大器中耦合电容、旁路电容和晶体管极间电容的影响，使放大电路的放大倍数与频率有关，不同频率的输入信号的放大倍数不同，延迟不同，就会产生失真，影响放大电路的工作质量。所以，研究放大电路的放大倍数与频率的关系，掌握它的分析计算方法，对正确设计和使用放大电路有重要意义。

4.1　放大电路的频率响应和频率失真

理想放大电路的输出信号与输入信号应完全相似。也就是说，除放大一个常数外，输出信号应是输入信号的真实再现。但实际的放大电路，在输入信号的幅度不变而改变其频率时，输出信号的幅度和相位都会随着频率改变，由此产生的失真称为频率失真。

图 4.1.1a 表示某待放大的信号由基波（f_1）和三次谐波（$3f_1$）组成，由于电抗元件的存在，放大器对三次谐波的放大倍数小于对基波的放大倍数，因此放大后各频率分量的大小比例将不同于输入信号。这种由于放大倍数随频率变化而引起的失真称为**幅频失真**（如图 4.1.1b 所示）。如果放大器对各频率分量信号的放大倍数虽然相同，但延迟时间不同（如图 4.1.1c 所示，分别为 t_{d1} 和 t_{d2}），那么放大后的合成信号也将产生失真。由于相位偏移是延迟时间的函数，$\Delta\varphi = \omega t_d$，$\Delta\varphi$ 与 ω 不成正比。人们称这种失真为**相频失真**。

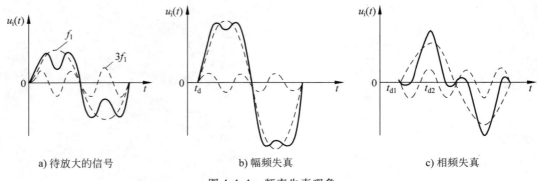

a) 待放大的信号　　　　　　　　b) 幅频失真　　　　　　　　c) 相频失真

图 4.1.1　频率失真现象

需指出，频率失真不同于晶体管的饱和失真和截止失真，尽管它们都使输出信号的波形产生畸变，但频率失真由放大电路中的线性电抗元件引起，其输出信号不会产生输入信号所没有的频率成分，所以频率失真属于线性失真；而后两种失真是由晶体管的非线性特性造成的，其输出信号含有新的频率成分，所以属于非线性失真。

为了研究频率失真，我们引入放大电路**频率响应**的概念。由放大电路放大倍数的幅度与频率的关系画成的曲线，称为放大电路的**幅频特性**。由放大电路放大倍数的相位与频率的关系画成的曲线，称为放大电路的**相频特性**。幅频特性和相频特性统称为放大电路的**频率响应**，简称**频响**。

4.1.1　放大电路的幅频响应和幅频失真

如果一个放大电路没有频率失真，那么其幅频特性应该是一条理想的与横轴平行的直线，也就是在放大电路的工作频带范围内，放大倍数的幅值与频率无关，是一个常数，如图 4.1.2a所示。实际上，一般的直接耦合放大电路的幅频特性如图 4.1.2b 所示，在频率的高端，放大倍数下降；阻容耦合放大电路的幅频特性如图 4.1.2c 所示，在频率的低端和高端，放大倍数均下降。

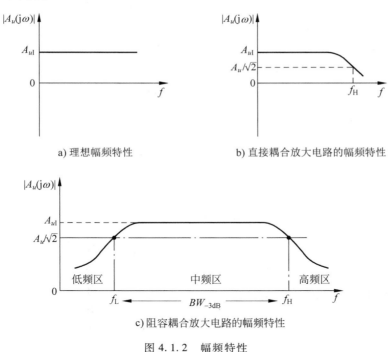

a) 理想幅频特性　　　　　　　b) 直接耦合放大电路的幅频特性

c)阻容耦合放大电路的幅频特性

图 4.1.2　幅频特性

由图 4.1.2c 可以看出，$|A_u(j\omega)|$ 只在中间一段频率范围内基本不变，其中 A_{uI} 称为**中频电压放大倍数**或**中频电压增益**。信号频率下降到一定程度时，放大倍数明显下降，放大倍数下降到 A_{uI} 的 $1/\sqrt{2}$ 时所对应的频率，称为**下限频率** f_L；信号频率上升到一定程度时，放大倍数也将下降，放大倍数下降到 A_{uI} 的 $1/\sqrt{2}$ 时所对应的频率，称为**上限频率** f_H。即

$$|A_u(jf_H)| = |A_u(jf_L)| = \frac{1}{\sqrt{2}}|A_{uI}| \approx 0.707|A_{uI}| \tag{4.1.1}$$

上式也可以用对数形式表示：

$$20\lg|A_u(jf_H)| = 20\lg|A_u(jf_L)| = 20\lg|A_{uI}| - 3\text{dB} \tag{4.1.2}$$

上式表明，在上、下限频率处，放大倍数比 A_{uI} 时下降了 3dB，所以上、下限频率也称为 −3dB 频率。

我们把频率小于 f_L 的部分称为低频区。由图 4.1.2c 可知，在低频区，随着频率的减小，放大倍数下降，产生幅频失真。这是由于阻容耦合电路中，耦合电容的存在对信号构成了高通电路，即对于频率足够高的信号，电容相当于短路，信号几乎毫无损失地通过；而当信号频率低到一定程度时，电容的容抗不可忽略，信号将在其上产生压降，从而导致放大倍数的数值减小且产生相移。也就是说，在低频区，耦合电容在交流等效电路中不能按短路处理。

频率大于 f_H 的部分称为高频区，在高频区，随着频率的增加，放大倍数也会下降。这是由于晶体管极间电容的存在对信号构成了低通电路，即对频率足够低的信号相当于开路，对电路不产生影响；而当信号频率高到一定程度时，容抗减小，其分流作用不能忽略，从而导致放大倍数的数值减小且产生相移。因此，在高频区，晶体管极间电容不能按照开路处理。

定义 f_L 与 f_H 之间形成的频带为中频区，中频区的频带宽度称为放大电路的**通频带**，即

$$BW = f_H - f_L \tag{4.1.3}$$

BW 也称为 −3dB 带宽。很明显，对于图 4.1.2b 所示的特性，$BW = f_H$；对于图 4.1.2a 所示的理想放大器，$BW = \infty$。

中频增益 A_{uI} 与通频带 BW 是放大器的两个重要指标，但两者往往又是一对矛盾的指标，所以人们又引进增益频带积来表征放大器的性能。增益频带积为

$$G \cdot BW = |A_{uI} \cdot BW| \tag{4.1.4}$$

通常希望放大电路具有尽可能大的增益频带积。但对于通频带的选择，并不是越宽越好，对给定信号而言，通频带过宽不仅没有必要，而且还会窜入更多的干扰和噪声，需根据信号的频谱而定。例如，心电图的最高频率分量约为 100Hz，那么通频带设计为 0～100Hz 即可。

4.1.2　放大电路的相频响应和相频失真

放大电路没有相频失真的条件是它产生的相移与信号角频率成正比关系，即

$$\varphi(\mathrm{j}\omega) = \omega t_d \tag{4.1.5}$$

式中，t_d 为延迟时间。换句话说，在理想情况下，放大电路的延迟时间 t_d 是与频率无关的常数。如图 4.1.3a 所示，理想相频特性是一条斜率为常数的直线。一般集成运算放大器为直接耦合放大电路，其相频特性如图 4.1.3b 所示，阻容耦合放大电路的相频特性如图 4.1.3c 所示，在频率的低频区和高频区，斜率不再是常数，输出波形产生相频失真。

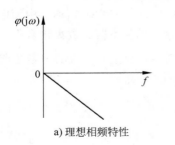

a) 理想相频特性

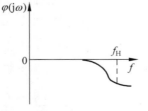
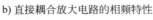

b) 直接耦合放大电路的相频特性

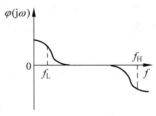

c) 阻容耦合放大电路的相频特性

图 4.1.3　相频特性

注意，考虑频率失真的放大电路，电路参数都以复数形式出现，因此，从本章开始，相关参数也改用复数形式表示，如 A_u 用 $\dot{A}_u$ 表示，U_o 用 $\dot{U}_o$ 表示。

4.1.3 伯德图

在研究放大电路的频率响应时，输入信号（即加在放大电路输入端的测试信号）的频率范围常常设置在几赫到上百兆赫，甚至更宽；而放大电路的放大倍数可从几倍到上百万倍。为了在同一坐标系中表示如此宽的变化范围，在画频率特性曲线时常采用对数坐标，这样不但开阔了视野，而且将放大倍数的乘除运算转换成加减运算。**伯德图**就是一种频率、幅度采用对数刻度，相位采用线性刻度的频率特性曲线。

伯德图由对数幅频特性和对数相频特性两部分组成，它们的横轴采用对数刻度 $\lg f$，幅频特性的纵轴用 $20\lg|\dot{A}_u|$ 表示，单位是分贝（dB），相频特性的纵轴仍用 φ 表示。下面以图 4.1.4a 所示高通电路为例，说明伯德图的画法。

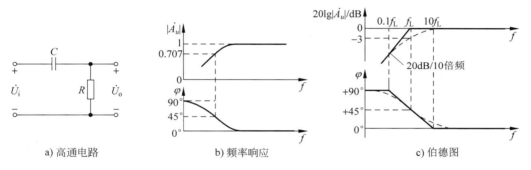

a) 高通电路　　　　　b) 频率响应　　　　　c) 伯德图

图 4.1.4　高通电路的频率响应及伯德图

图 4.1.4a 所示高通电路中，设输出电压 $\dot{U}_o$ 与输入电压 $\dot{U}_i$ 之比为 $\dot{A}_u$，则

$$\dot{A}_u = \frac{\dot{U}_o}{\dot{U}_i} = \frac{R}{\frac{1}{\mathrm{j}\omega C} + R} = \frac{1}{1 + \frac{1}{\mathrm{j}\omega RC}} = \frac{1}{1 - \mathrm{j}\frac{1}{\omega RC}} \qquad (4.1.6)$$

式中，ω 为输入信号角频率。RC 回路的时间常数为 τ，根据下限频率的定义，可求出下限角频率：

$$\omega_L = \frac{1}{RC} = \frac{1}{\tau} \qquad (4.1.7)$$

则

$$\dot{A}_u = \frac{1}{1 - \mathrm{j}\dfrac{\omega_L}{\omega}} = \frac{1}{1 - \mathrm{j}\dfrac{f_L}{f}} \qquad (4.1.8)$$

式中，f 为输入信号频率。将 $\dot{A}_u$ 用模和相角表示，得出：

$$\dot{A}_u = |\dot{A}_u| \angle \varphi = \frac{1}{\sqrt{1 + \left(\dfrac{f_L}{f}\right)^2}} \angle \arctan\frac{f_L}{f} \qquad (4.1.9)$$

绘出频率响应，如图 4.1.4b 所示。将式（4.1.9）中的 $|\dot{A}_u|$ 用对数表示为

$$20\lg\mid\dot{A}_u\mid = -20\lg\sqrt{1+\left(\frac{f_L}{f}\right)^2} \tag{4.1.10}$$

根据式（4.1.9）和式（4.1.10），当 $f \gg f_L$ 时，$20\lg\mid\dot{A}_u\mid \approx 0\text{dB}$，$\varphi \approx 0$，没有相移；当 $f = f_L$ 时，$20\lg\mid\dot{A}_u\mid \approx -20\lg\sqrt{2} \approx -3\text{dB}$，$\varphi = 45°$，即相频特性超前 $45°$，并具有 $-45°/10$ 倍频的斜率；当 $f \ll f_L$ 时，$20\lg\mid\dot{A}_u\mid \approx -20\lg\frac{f_L}{f} = -20(\lg f_L - \lg f)$，表明 f 每下降 10 倍，增益下降 20dB，即对数幅频特性在此区间可等效成斜率为 20dB/10 倍频的直线。

在电路的近似分析中，为简单起见，常将伯德图的曲线折线化，称为**近似的伯德图**。在对数幅频特性中，以下限频率 f_L（或 f_H）为拐点，由两段直线近似曲线。对于高通电路，当 $f > f_L$ 时，以 $20\lg\mid\dot{A}_u\mid \approx 0\text{dB}$ 的直线近似；当 $f < f_L$ 时，以斜率为 20dB/10 倍频的直线近似。在对数相频特性中，用三段直线取代曲线。以 $10f_L$ 和 $0.1f_L$ 为两个拐点，当 $f > 10f_L$ 时，用 $\varphi = 0°$ 的直线近似，即认为 $f = 10f_L$ 时 $\dot{A}_u$ 不产生相移（误差为 $+5.71°$）；当 $f < 0.1f_L$ 时，用 $\varphi = 90°$ 的直线近似，即认为 $f = 0.1f_L$ 时已产生 $+90°$ 相移（误差为 $-5.71°$）；当 $0.1f_L < f < 10f_L$ 时，φ 随 f 线性下降，因此当 $f = f_L$ 时 $\varphi = +45°$。高通电路的伯德图如图 4.1.4c 所示。

根据图 4.1.5a 所示低通电路，同理可得电压增益的频率特性表达式为

$$\dot{A}_u = \frac{1}{1 + j\dfrac{\omega}{\omega_H}} = \frac{1}{1 + j\dfrac{f}{f_H}} \tag{4.1.11}$$

式中，

$$f_H = \frac{1}{2\pi RC} \tag{4.1.12}$$

根据式（4.1.11）画出频率响应和伯德图，分别如图 4.1.5b、c 所示。

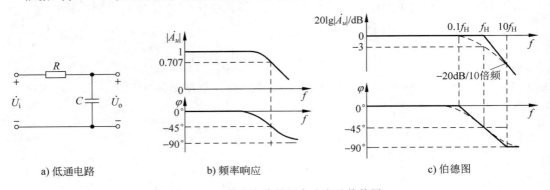

a) 低通电路   b) 频率响应   c) 伯德图

图 4.1.5 低通电路的频率响应及伯德图

在上面的分析中，具有普遍意义的结论是：

1）电路的截止频率取决于电容所在回路的时间常数。

2）当信号频率等于下限频率 f_L 或上限频率 f_H 时，放大电路的增益下降 3dB，且产生 $+45°$ 或 $-45°$ 相移。

3）近似分析中，可以用折线化的近似伯德图表示放大电路的频率特性。

4.1.4 奈奎斯特图

由于放大电路的输入信号是需要同时关注其幅度和相位变化的复变量，我们还可以采用极坐标系统，利用奈奎斯特准则，在复平面上根据输入信号的变化特点对环路增益进行分析和判断。因此，研究放大电路的频率响应的另一种工具是奈奎斯特（Nyquist）图。

与伯德图具有对数幅频特性和对数相频特性两部分的形式不同，奈奎斯特图由于是在复平面上对放大系统进行分析，因此只用一张图进行表示，这是比伯德图要简单明了的地方。

以图4.1.5所示的一阶 RC 低通电路为例，其电压增益（系统传递函数）的频率特性表达式为

$$\dot{A}_u(j\omega) = \frac{\dfrac{1}{j\omega C}}{R + \dfrac{1}{j\omega C}} = \frac{1}{j\omega RC + 1} = \frac{j\omega RC - 1}{-\omega^2 R^2 C^2 - 1} = \frac{1}{1 + \omega^2 R^2 C^2} + j\frac{-1}{\dfrac{1}{\omega RC} + \omega RC}$$

$$(4.1.13)$$

根据不同的 ω，将 $(\mathrm{Re}\dot{A}_u(j\omega), j\mathrm{Im}\dot{A}_u(j\omega))$ 绘制于复坐标系中（只画出正频率部分），就得到了该电路的奈奎斯特图，如图4.1.6所示。

在奈奎斯特图中，曲线上的每个复数点的模和相位都对应一个频率的幅频响应和相频响应，形成曲线的所有点就反映了系统对所有不同输入频率的响应。因此，在奈奎斯特图中，只需要一条曲线就可以表示整个电路的频率特性。其中，频率的变化从0一直到 $+\infty$，箭头用于指示频率增加的方向。

对于图4.1.6所示的一阶 RC 低通电路的奈奎斯特图，其系统频率特性曲线从右侧的 $\omega = 0$ 处开始（在实轴上的值为1），并且在原点处结束，其对应于 $\omega = \infty$。

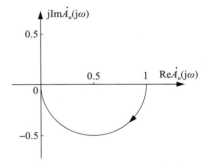

图4.1.6 一阶低通电路的奈奎斯特图

在曲线的起始点处（$\omega = 0$），电路的幅频特性值（模）为1，相频特性值（相位）为0，表示一阶 RC 低通电路对直流信号的增益为1，相移为0。随着频率的增加，曲线上各点的模值（幅频特性）逐渐减小，相位值（相频特性）逐渐增加，表示信号频率越高，一阶 RC 低通电路增益越小，相移越大。在曲线的结束点处（$\omega = \infty$），电路的幅频特性值（模）为0，相频特性值（相位）趋向于 $-90°$，表示一阶 RC 低通电路对于频率为无穷大的信号，最终将产生 $-90°$ 的相移。

从上面的描述中，可以得到以下结论：

1）对于同一个电路，奈奎斯特图反映的信息与伯德图反映的信息完全一致。

2）对于同一个电路，奈奎斯特图仅需要一条曲线就可以反映全部的频率响应特征，这是比伯德图方便的地方。

3）在奈奎斯特图中，系统的 $-3\mathrm{dB}$ 截止点不如伯德图中表示得那么清晰。

实际上，奈奎斯特图的真正便捷之处在于应用到反馈系统，结合奈奎斯特准则，可以一目了然地判定系统的稳定性。相关的内容将在第6章中进行介绍。

4.2 晶体管的高频小信号模型和高频参数

晶体管极间电容的影响是放大电路高频失真的原因，并且晶体管的电流放大系数 $\beta(j\omega)$ 也是频率的函数。所以研究放大电路的高频响应时，晶体管的低频小信号模型不再适用，而要采用高频小信号模型。

4.2.1 晶体管的高频小信号模型

在第 3 章中，我们曾经提到过晶体管的势垒电容和扩散电容。因为发射结正向偏置，基区存储了许多非平衡载流子，所以扩散电容成分较大，记为 $C_{b'e}$；而集电结为反向偏置，势垒电容起主要作用，记为 $C_{b'c}$。在高频区，这些电容呈现的阻抗减小，其对电流的分流作用不可忽略。考虑这些极间电容影响的高频混合小信号 π 模型如图 4.2.1 所示。

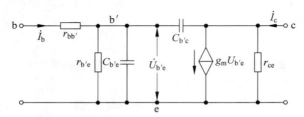

图 4.2.1　晶体管的高频混合小信号 π 模型

4.2.2 晶体管的高频参数

1. 共射电流放大系数 $\dot{\beta}$ 及其上限频率 f_β

由图 4.2.1 可知，由于 $C_{b'e}$ 与 $C_{b'c}$ 的存在，$\dot{I}_c$ 和 $\dot{I}_b$ 的大小、相角均与频率有关，所以 $\dot{\beta}$ 也是频率的函数。下面我们来分析 $\dot{\beta}$ 的频响特性。

根据 $\dot{\beta}$ 的定义，

$$\beta(j\omega) = \left.\frac{\dot{I}_c}{\dot{I}_b}\right|_Q = \left.\frac{\dot{I}_c}{\dot{I}_b}\right|_{c,e短路} \tag{4.2.1}$$

将图 4.2.1 的 c-e 极短路，则 r_{ce} 被短路，得到图 4.2.2。此时，电流 $\dot{I}_c = g_m \dot{U}_{b'e}$，而 $g_m = \frac{\beta_0}{r_{b'e}}$，其中 β_0 为共射直流电流放大系数。因为 $C_{b'c}$ 很小，忽略它对 $\dot{I}_b$ 的分流作用，则

$$\dot{\beta} = \frac{\dot{I}_c}{\dot{I}_{r_{b'e}} + \dot{I}_{C_{b'e}}} = \frac{g_m \dot{U}_{b'e}}{\dfrac{\dot{U}_{b'e}}{r_{b'e}} + \dfrac{\dot{U}_{b'e}}{1/j\omega C_{b'e}}} = \frac{\beta_0}{1 + j\omega r_{b'e} C_{b'e}} \tag{4.2.2}$$

说明 $\dot{\beta}$ 的频率响应与低通电路相似。定义 f_β 为 $\dot{\beta}$ 的上限频率，则

$$f_\beta = \frac{\omega_\beta}{2\pi} = \frac{1}{2\pi r_{b'e} C_{b'e}} \tag{4.2.3}$$

将其引入式(4.2.2)，得出

$$\beta(j\omega) = \frac{\beta_0}{1 + j\dfrac{\omega}{\omega_\beta}} = \frac{\beta_0}{1 + j\dfrac{f}{f_\beta}}$$

$$= |\beta(jf)| \angle \varphi_\beta(jf) = \frac{\beta_0}{\sqrt{1 + \left(\dfrac{f}{f_\beta}\right)^2}} \angle \left(-\arctan\frac{f}{f_\beta}\right) \qquad (4.2.4)$$

可以画出 $\dot{\beta}$ 的伯德图，如图 4.2.3 所示。

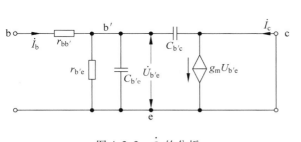

图 4.2.2　$\dot{\beta}$ 的分析

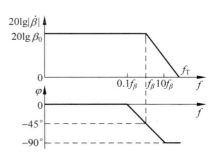

图 4.2.3　$\dot{\beta}$ 的伯德图

2. 特征频率 f_T

特征频率 f_T 定义为使 $|\dot{\beta}|$ 下降到 1（即 0dB）时的频率，即

$$|\beta(jf_T)| = \frac{\beta_0}{\sqrt{1 + \left(\dfrac{f_T}{f_\beta}\right)^2}} \approx \frac{\beta_0}{\dfrac{f_T}{f_\beta}} = 1$$

所以

$$f_T \approx \beta_0 f_\beta \qquad (4.2.5)$$

将式(4.2.3)代入式(4.2.5)，得到

$$f_T = \frac{\beta_0}{2\pi r_{b'e} C_{b'e}} = \frac{\beta_0}{2\pi(1 + \beta_0) r_e C_{b'e}} \approx \frac{1}{2\pi r_e C_{b'e}} \qquad (4.2.6)$$

实际上，当 $f = f_T$ 时，晶体管已失去电流放大作用。为了保证实际电路在较高工作频率时仍有较大的电流放大系数，选择管子的 $f_T > 3f_{max}$（3 倍的信号最高频率），以防止出现较大的失真。f_T 是一个非常有用的频率参数，一般晶体管器件手册中都会给出 f_T 的数据，可据此并由式(4.2.6)换算出 $C_{b'e}$ 的值。

3. 共基电流放大系数 $\dot{\alpha}$ 及其上限频率 f_α

利用 $\dot{\beta}$ 的表达式，可以求出 $\dot{\alpha}$ 的表达式和上限频率 f_α。

$$\alpha(jf) = \frac{\beta(jf)}{1 + \beta(jf)} = \frac{\dfrac{\beta_0}{1 + j\dfrac{f}{f_\beta}}}{1 + \dfrac{\beta_0}{1 + j\dfrac{f}{f_\beta}}} = \frac{\beta_0}{\beta_0 + 1 + j\dfrac{f}{f_\beta}} = \frac{\dfrac{\beta_0}{1 + \beta_0}}{1 + j\dfrac{f}{f_\beta(1 + \beta_0)}} = \frac{\alpha_0}{1 + j\dfrac{f}{f_\alpha}} \qquad (4.2.7)$$

式中，$f_\alpha = (1 + \beta_0)f_\beta = \dfrac{1 + \beta_0}{2\pi r_{b'e}C_{b'e}} = \dfrac{1}{2\pi r_e C_{b'e}}$，$\alpha_0 = \dfrac{\beta_0}{1 + \beta_0}$。可见，共基电路的上限频率远高于共射电路的上限频率，因此共基放大电路可作为宽频带放大电路。

比较 3 个参数 $f_\alpha = \dfrac{\omega_\alpha}{2\pi} = \dfrac{1}{2\pi r_e C_{b'e}}$、$f_\beta = \dfrac{\omega_\beta}{2\pi} = \dfrac{1}{2\pi r_{b'e}C_{b'e}}$ 和 $f_\mathrm{T} \approx \dfrac{1}{2\pi r_e C_{b'e}}$，得出 $f_\alpha \approx f_\mathrm{T} \gg f_\beta$。

例 4.2.1　由手册查得某晶体管在工作点 $I_{CQ} = 5\mathrm{mA}$、$U_{CEQ} = 6\mathrm{V}$ 时的参数为 $\beta_0 = 150$，$r_{be} = 1\mathrm{k\Omega}$，$U_A = 250\mathrm{V}$，$f_\mathrm{T} = 350\mathrm{MHz}$，$C_{b'c} = 4\mathrm{pF}$，画出该晶体管的高频混合 π 模型，并标出参数值。

解： 根据静态工作电流 I_{CQ}，可以求出 r_e：

$$r_e = \frac{U_T}{I_{EQ}} \approx \frac{U_T}{I_{CQ}} = \frac{26\mathrm{mV}}{5\mathrm{mA}} = 5.2\Omega$$

所以　　　　　　　$r_{b'e} = (1 + \beta_0)r_e \approx 0.79\mathrm{k\Omega}$

由此可得　　　　　$g_m = \dfrac{\beta_0}{r_{b'e}} = \dfrac{150}{0.79 \times 10^3}\mathrm{S} \approx 0.19\mathrm{S}$

又因为　　　　　　$r_{be} = r_{bb'} + (1 + \beta_0)r_e$

所以　　　　　　　$r_{bb'} = r_{be} - (1 + \beta_0)r_e \approx (1 - 0.79)\mathrm{k\Omega} = 0.21\mathrm{k\Omega}$

$$r_{ce} = \frac{U_A}{I_{CQ}} = \frac{250}{5}\mathrm{k\Omega} = 50\mathrm{k\Omega}$$

根据式（4.2.6）可得

$$C_{b'e} \approx \frac{1}{2\pi f_\mathrm{T} r_e} = \frac{1}{2\pi \times 350\mathrm{MHz} \times 5.2\Omega} \approx 87.5\mathrm{pF}$$

得到高频混合 π 模型，如图 4.2.4 所示。

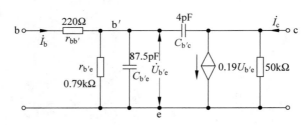

图 4.2.4　例 4.2.1 的高频混合 π 模型

4.3　晶体管放大电路的频率响应

利用晶体管的高频等效模型，可以分析放大电路的频率响应。本节将通过单管共射放大电路来讲述频率响应的一般分析方法。

在 4.1.1 节中，我们知道一般将输入信号的频率范围分为低频区、中频区和高频区。在中频区，极间电容因容抗很大而视为开路，耦合电容（或旁路电容）因容抗很小而视为短路，故不考虑它们的影响；在高频区，主要考虑极间电容的影响，此时耦合电容（或旁路电容）仍视为短路；在低频区，主要考虑耦合电容（或旁路电容）的影响，此时极间电容仍视为开路。根据上述原则，便可得到放大电路在各频区的等效电路，从而得到各频区的放大倍数。

中频区交流指标的求解在第 3 章中已经详细讲述，在此不再赘述。下面主要讲述高频区和低频区的频率响应。

4.3.1　共射放大电路的频率响应

1. 共射放大电路的高频响应

（1）高频小信号等效电路及其简化模型

图 4.3.1a 所示的共射放大电路，设 $R_{B1} /\!/ R_{B2} \gg r_{b'e}$，则高频小信号等效电路如图 4.3.1b 所示。该电路中由于 $C_{b'c}$ 的存在，使输入回路和输出回路之间互相影响，即双向传输，使高频响应的估算变得复杂。为简单起见，可以将 $C_{b'c}$ 等效到输入回路和输出回路，这种等效称为**密勒等效**。设 $C_{b'c}$ 折合到 b'-e 间的电容为 C_M，折合到 c-e 间的电容为 C_M'。密勒等效的单向化模型如图 4.3.2a 所示。下面讨论 C_M、C_M' 与 $C_{b'c}$ 的关系。

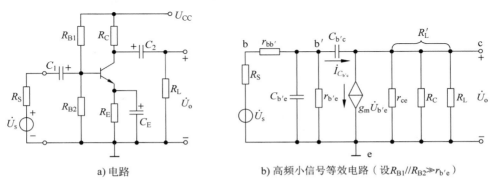

a) 电路　　　　　　　　b) 高频小信号等效电路（设 $R_{B1} /\!/ R_{B2} \gg r_{b'e}$）

图 4.3.1　共射放大电路及其高频小信号等效电路

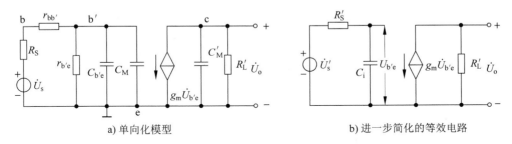

a) 单向化模型　　　　　　　　b) 进一步简化的等效电路

图 4.3.2　密勒等效后的单向化等效电路

在图 4.3.1b 所示电路中，从 b' 点看进去流过 $C_{b'c}$ 的电流为

$$\dot{I}_{C_{b'c}} = \frac{\dot{U}_{b'e} - \dot{U}_{ce}}{\dfrac{1}{j\omega C_{b'c}}} = \frac{\dot{U}_{b'e}(1 - \dot{A}_u')}{\dfrac{1}{j\omega C_{b'c}}} \tag{4.3.1}$$

其中，$\dot{A}_u' = \dfrac{\dot{U}_{ce}}{\dot{U}_{b'e}}$。为了保证变换的等效性，要求单向化模型中流过 C_M 的电流仍为 $\dot{I}_{C_{b'c}}$，由于 C_M 的端电压为 $\dot{U}_{b'e}$，因此，可得 C_M 的容抗为

$$\frac{1}{j\omega C_M} = \frac{\dot{U}_{b'e}}{\dot{I}_{C_{b'c}}} = \frac{1}{j\omega C_{b'c}(1 - \dot{A}_u')} \tag{4.3.2}$$

式中，$\dot{A}_u'$ 可近似为

$$\dot{A}_u' = \frac{\dot{U}_o}{\dot{U}_{b'e}} \approx -g_m R_L' \qquad (4.3.3)$$

所以

$$C_M = C_{b'c}(1 - \dot{A}_u') \approx C_{b'c}(1 + g_m R_L') \gg C_{b'c}$$

用同样的分析方法，可以得出

$$C_M' = \left(\frac{A_u' - 1}{A_u'}\right)C_{b'c} \approx C_{b'c}$$

可见，等效到输入端的密勒等效电容 C_M 比 $C_{b'c}$ 增大了许多倍，我们称之为**密勒倍增效应**。而输出的密勒电容 C_M' 近似等于 $C_{b'c}$，故很小。

由于 C_M 很大，其影响不可忽略，而 C_M' 很小，可以忽略，因此等效电路可进一步简化为图 4.3.2b，图中 $\dot{U}_s'$ 和 R_s' 是经过戴维南等效后的信号源和内阻。图中参数分别为：

$$C_i = C_{b'e} + C_M = C_{b'e} + (1 + g_m R_L')C_{b'c} \qquad (4.3.4)$$

$$\dot{U}_s' = \frac{r_{b'e}}{R_S + r_{bb'} + r_{b'e}}\dot{U}_s = \frac{r_{b'e}}{R_S + r_{be}}\dot{U}_s \qquad (4.3.5)$$

$$R_s' = r_{b'e} \,/\!/\, (R_S + r_{bb'}) \qquad (4.3.6)$$

利用图 4.3.2b 的单向化简化模型，我们可以估算出电路的频率响应和上限频率。

（2）高频电压放大倍数及上限频率

由图 4.3.2b 所示等效电路可得

$$A_{us}(j\omega) = \frac{\dot{U}_o}{\dot{U}_s} = \frac{\dot{U}_o}{\dot{U}_s'}\frac{\dot{U}_s'}{\dot{U}_s} = -g_m R_L' \frac{\dfrac{1}{j\omega C_i}}{R_s' + \dfrac{1}{j\omega C_i}} \frac{r_{b'e}}{R_S + r_{be}}$$

$$= -\left(g_m R_L' \frac{r_{b'e}}{R_S + r_{be}}\right)\frac{1}{1 + j\omega R_s' C_i} = \frac{A_{uIs}}{1 + j\dfrac{\omega}{\omega_H}} \qquad (4.3.7)$$

式中，

$$A_{uIs} = -g_m R_L' \frac{r_{b'e}}{R_S + r_{be}} = -\frac{\beta_0 R_L'}{R_S + r_{be}} \qquad (4.3.8)$$

为高频区电压放大倍数，

$$\omega_H = 2\pi f_H = \frac{1}{R_s' C_i} \qquad (4.3.9)$$

为上限角频率。

幅频特性和相频特性分别为

$$|A_{us}(jf)| = \frac{|A_{uIs}|}{\sqrt{1 + \left(\dfrac{f}{f_H}\right)^2}} \qquad (4.3.10)$$

$$\varphi(jf) = -180° - \arctan\left(\frac{f}{f_H}\right) \qquad (4.3.11)$$

根据式（4.3.10）和式（4.3.11）画出单级共射放大电路的频率响应和伯德图如图 4.3.3

所示。

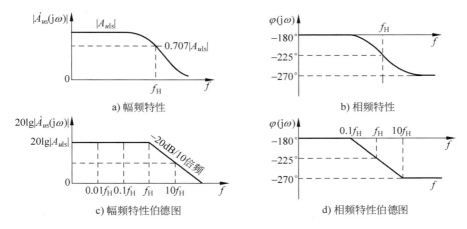

a) 幅频特性   b) 相频特性

c) 幅频特性伯德图   d) 相频特性伯德图

图 4.3.3 共射放大电路的高频响应和伯德图

2. 共射放大电路的低频响应

如果放大器中没有耦合电容和旁路电容，那么其中频区的幅频特性可水平延伸到零频率，即 $f_L = 0$，因而不必进行低频响应分析。但考虑到在分立元件电路中或集成电路的外围电路中常用阻容耦合方式，所以有必要对放大电路的低频响应加以讨论。

（1）共射放大器的低频等效电路

共射放大器电路如图 4.3.4a 所示。在低频区，随着频率的下降，电容 C_1、C_2 和 C_E 呈现的阻抗增大，其分压作用不可忽视，故画出低频等效电路如图 4.3.4b 所示。为了分析方便，将图中 $R_E /\!/ (1/\mathrm{j}\omega C_E)$ 等效到基极回路，其阻抗应乘以系数 $(1+\beta)$，即为 $(1+\beta)R_E$ 与 $C_E/(1+\beta)$ 并联，如图 4.3.4c 所示。图 4.3.4c 中，将 $g_m\dot{U}_{b'e}$ 直接接地，对输出电压和增益的计算不会有影响。

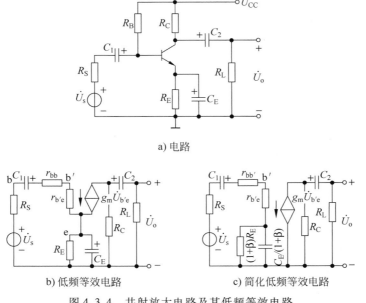

a) 电路

b) 低频等效电路   c) 简化低频等效电路

图 4.3.4 共射放大电路及其低频等效电路

由图 4.3.4c 可见，因为有 $g_m \dot{U}_{b'e}$ 的隔离作用，C_2 对频率特性的影响与输入回路无关，可以单独计算。这样，在讨论 C_1、C_E 对低频特性的影响时，可视 C_2 短路；反之，在讨论 C_2 对低频特性的影响时，可视 C_1、C_E 短路。

（2）C_1、C_E 对低频特性的影响

如图 4.3.4b 所示，$\dot{U}_{b'e}$ 将随频率的下降而下降。一般电路能满足条件

$$(1+\beta)R_E \gg \frac{1+\beta}{j\omega C_E}$$

那么

$$\dot{U}_{b'e} = \frac{r_{b'e}}{R_S + r_{be} + \dfrac{1}{j\omega C}} \dot{U}_s \tag{4.3.12}$$

式中，C 为 C_1 与 $C_E/(1+\beta)$ 串联，即

$$C = \frac{C_1 C_E}{(1+\beta)C_1 + C_E} \tag{4.3.13}$$

输出电压为

$$\dot{U}_o = -g_m \dot{U}_{b'e} \cdot R'_L \tag{4.3.14}$$

故低频区增益为

$$A_{us}(j\omega) = \frac{\dot{U}_o}{\dot{U}_s} = -g_m R'_L \frac{r_{b'e}}{R_S + r_{be}} \frac{1}{1 + \dfrac{1}{j\omega(R_S + r_{be})C}} \tag{4.3.15}$$

$$= \frac{A_{uIs}}{1 - j\dfrac{\omega_{L1}}{\omega}} = \frac{|A_{uIs}|}{\sqrt{1 + \left(\dfrac{\omega_{L1}}{\omega}\right)^2}} \angle \varphi(j\omega)$$

式中

$$A_{uIs} = -g_m R'_L \frac{r_{b'e}}{R_S + r_{be}} \text{（中频区源增益）} \tag{4.3.16}$$

$$|A_{uIs}(j\omega)| = \frac{|A_{uIs}|}{\sqrt{1 + \left(\dfrac{\omega_{L1}}{\omega}\right)^2}} \text{（低频增益模值）} \tag{4.3.17}$$

$$\omega_{L1} = \frac{1}{(R_S + r_{be})C} \text{（下限角频率）} \tag{4.3.18}$$

$$\varphi(j\omega) = -180° + \arctan \frac{\omega_{L1}}{\omega} \text{（低频增益相角）} \tag{4.3.19}$$

定性画出低频增益的幅频特性和相频特性如图 4.3.5 所示。可见，C_1、C_E 的作用使放大器的低频响应下降，其下限角频率 ω_{L1} 反比于时常数 $(R_S + r_{be})C$。当 $\omega = \omega_{L1}$ 时，相移为 $-135°$，其最大相移为 $-180°$。

（3）C_2 对低频特性的影响

如前所述，在考虑 C_2 的影响时，忽略 C_1、C_E 对低频特性的作用。为分析方便起见，将低频等效电路改画为如图 4.3.6 所示，可见

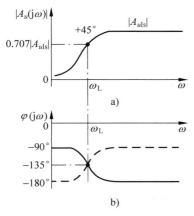

图 4.3.5 C_1、C_E 引入的低频响应

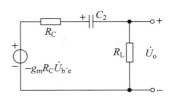

图 4.3.6 C_2 对低频响应的等效电路

$$\dot{U}_{\rm o} = - g_{\rm m} \dot{U}_{\rm b'e} R_{\rm C} \frac{R_{\rm L}}{(R_{\rm C} + R_{\rm L}) + \dfrac{1}{{\rm j}\omega C_2}}$$

$$= - g_{\rm m} R'_{\rm L} \dot{U}_{\rm b'e} \frac{1}{1 + \dfrac{1}{{\rm j}\omega C_2 (R_{\rm C} + R_{\rm L})}} \tag{4.3.20}$$

$$= - g_{\rm m} R'_{\rm L} \frac{r_{\rm b'e}}{R_{\rm S} + r_{\rm be}} \frac{1}{1 + \dfrac{1}{{\rm j}\omega C_2 (R_{\rm C} + R_{\rm L})}} \dot{U}_{\rm s}$$

令

$$A_{us}({\rm j}\omega) = \frac{\dot{U}_{\rm o}}{\dot{U}_{\rm s}} = \frac{A_{u{\rm Is}}}{1 - {\rm j}\dfrac{\omega_{\rm L2}}{\omega}} \tag{4.3.21}$$

式中

$$A_{u{\rm Is}} = - g_{\rm m} R'_{\rm L} \frac{r_{\rm b'e}}{R_{\rm S} + r_{\rm be}}$$

$$\omega_{\rm L2} = \frac{1}{C_2 (R_{\rm C} + R_{\rm L})} \tag{4.3.22}$$

同时计入 C_1、C_E 和 C_2 影响的低频增益为

$$A_{u{\rm Is}}({\rm j}\omega) \approx \frac{A_{u{\rm Is}}}{\left(1 - {\rm j}\dfrac{\omega_{\rm L1}}{\omega}\right)\left(1 - {\rm j}\dfrac{\omega_{\rm L2}}{\omega}\right)}$$

令

$$|A_{u{\rm Is}}({\rm j}\omega)| = \frac{|A_{u{\rm Is}}|}{\sqrt{1 + \left(\dfrac{\omega_{\rm L1}}{\omega}\right)^2}\sqrt{1 + \left(\dfrac{\omega_{\rm L2}}{\omega}\right)^2}} = \frac{|A_{u{\rm Is}}|}{\sqrt{2}} \tag{4.3.23}$$

则总的下限频率

$$f_{\rm L} \approx \sqrt{f_{\rm L1}^2 + f_{\rm L2}^2} = \sqrt{\left(\frac{1}{2\pi(R_{\rm S} + r_{\rm be})C}\right)^2 + \left(\frac{1}{2\pi(R_{\rm C} + R_{\rm L})C_2}\right)^2} \tag{4.3.24}$$

共射放大电路的频率响应可以总结以下几点：

1）C_1、C_E 和 C_2 越大，下限频率越低，低频失真越小，附加相移也将会减小。

2）因为 C_E 等效到基极回路时要除以 $(1+\beta)$，所以若要求 C_E 对 ω_{L1} 的影响与 C_1 相同，需要求取 $C_E = (1+\beta)C_1$，所以射极旁路电容的取值往往比 C_1 要大得多。

3）工作点越低，输入阻抗越大，对改善低频响应越有好处。

4）R_C、R_L 越大，对低频响应越有好处。

5）C_1、C_E 和 C_2 的影响使放大器具有高通特性，在下限频率点处，附加相移为正值，说明输出电压超前输入电压。

6）同时考虑低频和高频响应时，完整的频率响应伯德图如图 4.3.7 所示。

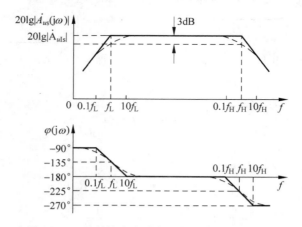

图 4.3.7　共射放大电路完整的频率响应伯德图

4.3.2　共基、共集放大电路的频率响应

4.3.1 节详细地讨论了共射放大电路的频率特性，对共基、共集放大电路的频率特性也可以通过类似的方法进行分析。为节省篇幅，这里仅从结论上对共基、共集放大电路的频率特性进行说明。

共基放大电路中没有共射放大电路中的密勒倍增效应，而且共基放大电路为理想的电流接续器，能够在很宽的频率范围内 $(f < f_\alpha)$ 将输入电流接续到输出端，因此，共基放大电路的上限频率远远高于共射放大电路的上限频率。

同样，在共集放大电路中也没有共射放大电路中的密勒倍增效应，而且共集放大电路为理想的电压跟随器，也就是反馈系数是百分之百的电压串联负反馈放大器（第 6 章将详细讨论），因此，共集放大电路的上限频率也远远高于共射放大电路的上限频率。

4.4　场效应晶体管放大电路的频率响应

场效应晶体管放大电路的频率响应与双极型晶体管放大电路的分析方法相似，其结果也相似。

4.4.1　场效应晶体管的高频小信号等效电路

无论是 MOS 管还是结型场效应晶体管，其高频小信号等效电路都可以用如图 4.4.1 所示的模型表示。

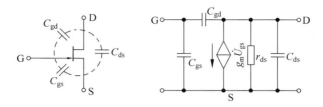

图 4.4.1　场效应晶体管的高频等效电路

　　图中，C_{gs} 表示栅、源间的极间电容，C_{gd} 表示栅、漏间的极间电容，C_{ds} 表示漏、源间的极间电容。在 MOS 管中，衬底与源极相连，所以栅极与衬底间的电容可以归纳到 C_{gs} 中，漏极与衬底间的电容也可归纳到 C_{ds} 中。这三个极间电容对场效应晶体管放大电路的高频响应将产生不良影响。

4.4.2　共源放大电路的频率响应

1. 共源放大电路的高频响应

　　典型的场效应晶体管共源放大电路如图 4.4.2a 所示，其高频小信号等效电路如图 4.4.2b 所示。由图 4.4.2b 可见，C_{gd} 是跨接在放大器输入端和输出端之间的电容。应用密勒定理做单向化处理，可将 C_{gd} 分别等效到输入端（用 C_M 表示）和输出端（用 C'_M 表示），如图 4.4.3 所示，其中

$$C_M = C_{gd}(1 + g_m R'_L) \tag{4.4.1}$$

$$C'_M \approx C_{gd} \tag{4.4.2}$$

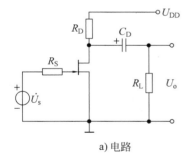

a) 电路

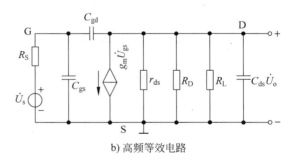

b) 高频等效电路

图 4.4.2　共源放大电路及其高频等效电路

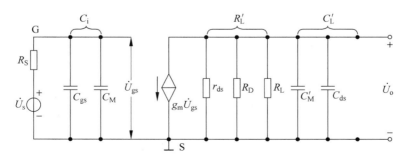

图 4.4.3　共源放大电路单向化电路

由于输出回路电容 C'_L 远小于输入回路电容 C_i，故分析频率特性时可忽略 C'_L 的影响，因此可得简化电路如图 4.4.4 所示。根据简化电路得到电压放大倍数的高频表达式为

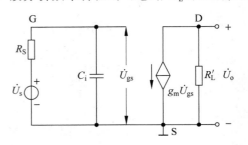

$$A_u(j\omega) = \frac{\dot{U}_o}{\dot{U}_s} = \frac{-g_m R'_L}{1 + j\omega R_S C_i} = \frac{A_{uIs}}{\left(1 + j\dfrac{\omega}{\omega_H}\right)} \quad (4.4.3)$$

式中，
$$A_{uIs} = -g_m R'_L（中频增益） \quad (4.4.4)$$

$$\omega_H = \frac{1}{R_S C_i}（上限角频率） \quad (4.4.5)$$

图 4.4.4 场效应晶体管共源放大电路单向化简化电路

则上限频率为
$$f_H = \frac{\omega_H}{2\pi} = \frac{1}{2\pi R_S C_i} \quad (4.4.6)$$

2. 共源放大电路的低频响应

对于图 4.4.2a 电路，在低频区，C_{gs}、C_{gd} 和 C_{ds} 开路，考虑耦合电容 C_D，得到低频等效电路如图 4.4.5 所示。图中 C_D 对场效应晶体管放大电路低频特性的影响与 4.3.1 节中 C_2 的影响相似，因此可得

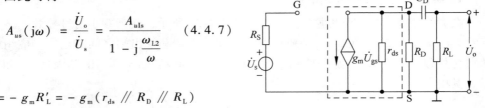

$$A_{us}(j\omega) = \frac{\dot{U}_o}{\dot{U}_s} = \frac{A_{uIs}}{1 - j\dfrac{\omega_{L2}}{\omega}} \quad (4.4.7)$$

其中，
$$A_{uIs} = -g_m R'_L = -g_m(r_{ds} // R_D // R_L)$$

$$\omega_{L2} = \frac{1}{C_D(r_{ds} // R_D + R_L)} \quad (4.4.8)$$

图 4.4.5 共源放大电路低频等效电路

4.5 多级放大电路的频率响应

在多级放大电路中含有多个放大管，因而在高频等效电路中就含有多个低通电路。在阻容耦合放大电路中，如有多个耦合电容或旁路电容，则在低频等效电路中就含有多个高通电路。对于含有多个电容回路的电路，如何求解上、下限频率呢？电路的上、下限频率与每个电容回路的时间常数有什么关系呢？这是本节所要讨论的问题。

如果放大电路由多级级联而成，那么总增益为

$$A_u(j\omega) = A_{u1}(j\omega) A_{u2}(j\omega) \cdots A_{un}(j\omega) = \prod_{k=1}^{n} A_{uk}(j\omega) \quad (4.5.1)$$

取对数，幅频特性为

$$20\lg|A_u(j\omega)| = 20\lg|A_{u1}(j\omega)| + 20\lg|A_{u2}(j\omega)| + \cdots + 20\lg|A_{un}(j\omega)|$$

$$= \sum_{k=1}^{n} 20\lg|A_{uk}(j\omega)| \quad (4.5.2)$$

相频特性为

$$\varphi(j\omega) = \varphi_1(j\omega) + \varphi_2(j\omega) + \cdots + \varphi_n = \sum_{k=1}^{n} \varphi_k(j\omega) \quad (4.5.3)$$

4.5.1　多级放大电路的上限频率

设单级放大电路的高频增益为

$$A_{uk}(\mathrm{j}\omega) = \frac{A_{uIk}}{1 + \mathrm{j}\dfrac{\omega}{\omega_{Hk}}} \tag{4.5.4}$$

则多级放大电路的高频增益为

$$A_u(\mathrm{j}\omega) = \frac{A_{uI1}}{1 + \mathrm{j}\dfrac{\omega}{\omega_{H1}}} \times \frac{A_{uI2}}{1 + \mathrm{j}\dfrac{\omega}{\omega_{H2}}} \times \cdots \times \frac{A_{uIn}}{1 + \mathrm{j}\dfrac{\omega}{\omega_{Hn}}} \tag{4.5.5}$$

取模值为

$$|A_u(\mathrm{j}\omega)| = \frac{|A_{uI}|}{\sqrt{\left[1 + \left(\dfrac{\omega}{\omega_{H1}}\right)^2\right]\left[1 + \left(\dfrac{\omega}{\omega_{H2}}\right)^2\right]\cdots\left[1 + \left(\dfrac{\omega}{\omega_{Hn}}\right)^2\right]}} \tag{4.5.6}$$

相角为

$$\Delta\varphi(\mathrm{j}\omega) = -\arctan\left(\frac{\omega}{\omega_{H1}}\right) - \arctan\left(\frac{\omega}{\omega_{H2}}\right) - \cdots - \arctan\left(\frac{\omega}{\omega_{Hn}}\right) \tag{4.5.7}$$

式中，$|A_{uI}| = |A_{uI1}||A_{uI2}|\cdots|A_{uIn}|$ 为多级放大电路的中频增益。令

$$|A_u(\mathrm{j}\omega_H)| = \frac{|A_{uI}|}{\sqrt{2}} \tag{4.5.8}$$

则

$$\left[1 + \left(\frac{\omega_H}{\omega_{H1}}\right)^2\right]\left[1 + \left(\frac{\omega_H}{\omega_{H2}}\right)^2\right]\cdots\left[1 + \left(\frac{\omega_H}{\omega_{Hn}}\right)^2\right] = 2 \tag{4.5.9}$$

解该方程，忽略高次项，可得多级放大电路的上限角频率的近似表达式为

$$\omega_H \approx \frac{1}{\sqrt{\dfrac{1}{\omega_{H1}^2} + \dfrac{1}{\omega_{H2}^2} + \cdots + \dfrac{1}{\omega_{Hn}^2}}} \tag{4.5.10}$$

若各级上限角频率相等，即 $\omega_{H1} = \omega_{H2} = \cdots = \omega_{Hn}$，则根据式(4.5.9)得

$$\omega_H \approx \sqrt{2^{\frac{1}{n}} - 1}\, \omega_{H1} \tag{4.5.11}$$

4.5.2　多级放大电路的下限频率

设单级放大电路的低频增益为

$$A_{uk}(\mathrm{j}\omega) = \frac{A_{uIk}}{1 - \mathrm{j}\dfrac{\omega_{Lk}}{\omega}} \tag{4.5.12}$$

则多级放大电路的低频增益为

$$A_u(\mathrm{j}\omega) = \frac{A_{uI1}}{1 - \mathrm{j}\dfrac{\omega_{L1}}{\omega}} \times \frac{A_{uI2}}{1 - \mathrm{j}\dfrac{\omega_{L2}}{\omega}} \times \cdots \times \frac{A_{uIn}}{1 - \mathrm{j}\dfrac{\omega_{Ln}}{\omega}} \tag{4.5.13}$$

那么

$$|A_u(j\omega)| = \frac{A_{u11}A_{u12}\cdots A_{u1n}}{\sqrt{\left[1 + \left(\dfrac{\omega_{L1}}{\omega}\right)^2\right]\left[1 + \left(\dfrac{\omega_{L2}}{\omega}\right)^2\right]\cdots\left[1 + \left(\dfrac{\omega_{Ln}}{\omega}\right)^2\right]}} \tag{4.5.14}$$

$$\Delta\varphi(j\omega) = \arctan\frac{\omega_{L1}}{\omega} + \arctan\frac{\omega_{L2}}{\omega} + \cdots + \arctan\frac{\omega_{Ln}}{\omega} \tag{4.5.15}$$

解得多级放大电路的下限角频率近似式为

$$\omega_L \approx \sqrt{\omega_{L1}^2 + \omega_{L2}^2 + \cdots + \omega_{Ln}^2} \tag{4.5.16}$$

若各级下限角频率相等, 即 $\omega_{L1} = \omega_{L2} = \cdots = \omega_{Ln}$, 则

$$\left[1 + \left(\frac{\omega_{L1}}{\omega_L}\right)^2\right]^n = 2$$

得

$$\omega_L = \frac{\omega_{L1}}{\sqrt{2^{\frac{1}{n}} - 1}} \tag{4.5.17}$$

设有两级放大电路的两个单管放大电路具有相同的频率响应, 即 $A_{u1}(j\omega) = A_{u2}(j\omega)$, $\omega_{L1} = \omega_{L2}$, $\omega_{H1} = \omega_{H2}$, 根据上述结论, 得到两级放大电路的伯德图如图 4.5.1 所示。可以看出, 两级放大电路的中频增益比单级时增大。当 $f = f_{L1}$ 时, 单级放大倍数下降 3dB, 产生 +45° 的附加相移。构成两级放大电路时, 放大倍数下降了 6dB, 产生了 +90° 的附加相移。根据同样的分析, 当 $f = f_{H1}$ 时, 两级放大电路的放大倍数也下降了 6dB, 且产生了 −90° 的附加相移。

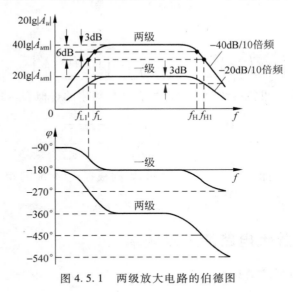

图 4.5.1 两级放大电路的伯德图

通过以上分析可以得出下述结论:

1) 多级放大电路总的上限频率 f_H 比其中任何一级的上限频率 f_{Hk} 都要低, 而下限频率 f_L 比其中任何一级的下限频率 f_{Lk} 都要高。也就是说, 多级放大电路总的放大倍数增大了, 但总的通频带 $(f_H - f_L)$ 变窄了。

2) 在设计多级放大电路时, 必须保证每一级的通频带都比总的通频带宽。例如, 一个四级放大电路的总通频带要求为 300Hz ~ 3.4kHz(电话传输所需带宽), 若每级通频带都相同, 则每级放大电路的上限频率为 $3.4\text{kHz} / \sqrt{2^{\frac{1}{4}} - 1} = 7.8\text{kHz}$, 而下限频率为

$300\mathrm{Hz} / \sqrt{2^{\frac{1}{4}} - 1} = 689.69\mathrm{Hz}$。

3）如果各级通频带不同，则总的上限频率基本上取决于最低的一级，而总的下限频率取决于最高的一级。所以要增大总的上限频率 f_H，尤其要注意提高上限频率最低的那一级的 $f_{\mathrm{H}k}$，因为它对总 f_H 起了主导作用。

例 4.5.1 已知一个多级放大电路的电压增益函数为

$$A_u(s) = \frac{10^{17} \times \mathrm{j}\omega(\mathrm{j}\omega + 10)}{(\mathrm{j}\omega + 10^3)(\mathrm{j}\omega + 10^2)(\mathrm{j}\omega + 10^6)(\mathrm{j}\omega + 10^7)}$$

1）试画出其渐近伯德图。

2）求中频增益和近似的上限频率和下限频率。

解：1）从函数表达式可看出，该放大电路在高频段有两个极点——$P_1 = -10^6\mathrm{rad/s}$ 和 $P_2 = -10^7\mathrm{rad/s}$；在低频段有两个极点——$P_3 = -10^3\mathrm{rad/s}$ 和 $P_4 = -10^2\mathrm{rad/s}$，两个零点——其中一个在 $z_1 = 0$ 处，另一个在 $z_1 = -10\mathrm{rad/s}$ 处。为方便画出渐近伯德图，将高频段的函数转化成低通的基本形式，将低频段转化成高通的基本形式，即

$$A_u(s) = \frac{10^{17} \times \mathrm{j}\omega \times \mathrm{j}\omega\left(1 + \dfrac{10}{\mathrm{j}\omega}\right)}{\mathrm{j}\omega \times \mathrm{j}\omega\left(1 + \dfrac{10^3}{\mathrm{j}\omega}\right)\left(1 + \dfrac{10^2}{\mathrm{j}\omega}\right) \times 10^6 \times 10^7\left(1 + \dfrac{\mathrm{j}\omega}{10^6}\right)\left(1 + \dfrac{\mathrm{j}\omega}{10^7}\right)}$$

$$= \frac{10^4\left(1 + \dfrac{10}{\mathrm{j}\omega}\right)}{\left(1 + \dfrac{10^3}{\mathrm{j}\omega}\right)\left(1 + \dfrac{10^2}{\mathrm{j}\omega}\right)\left(1 + \dfrac{\mathrm{j}\omega}{10^6}\right)\left(1 + \dfrac{\mathrm{j}\omega}{10^7}\right)}$$

画出渐近伯德图如图 4.5.2a、b 所示。

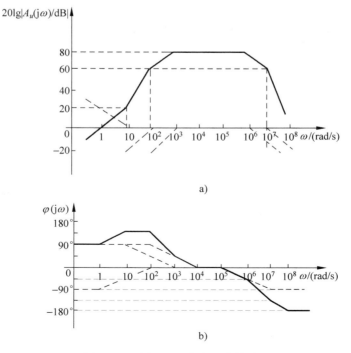

a)

b)

图 4.5.2 例 4.5.1 的渐近伯德图

2）中频增益为 80dB，上限频率 $\omega_{\mathrm{H}} = 10^6\,\mathrm{rad/s}$，下限频率 $\omega_{\mathrm{L}} = 10^3\,\mathrm{rad/s}$。

4.6　放大电路的噪声

噪声广泛地存在于电子线路中，是一种非有用信号的无规则电律动。在电子系统中，噪声往往混叠在有用信号上形成干扰。例如，收音机或扩音器中常常可以听到一种"沙沙"声，这种噪声在广播停顿的间隙更为明显；又如电视机中，常常可以看到"雪花"似的背景；雷达显示器的屏幕上，可以看到杂乱无章的所谓"茅草"，此起彼伏，有时甚至可以把目标的回波信号抵消掉，如此等等。在电子线路中，通常有用信号会比噪声大得多，这时噪声的有害影响很小，可以不予考虑。但在某些情况下，有用信号可能十分微弱，甚至会湮没在噪声中，这时就必须考虑噪声的影响了。本节将从噪声的产生、度量和抑制等方面进行简单的介绍。

4.6.1　电子元件的噪声

1. 电阻的热噪声

电阻是对电流有一定阻碍能力的导体，其内部存在着大量做杂乱无章运动的自由电子。自由电子的运动强度与电阻的温度有关，温度愈高，自由电子的运动就愈激烈。自由电子在运动中会发生碰撞，使得每个自由电子的运动方向和速度都随时间无规则地变化，这样就在电阻内部形成了无规则的电流。这样的电流随时间随机变化，忽大忽小，此起彼伏地作用于电阻本身，就在电阻的两端形成了随机起伏的电压，如图 4.6.1 所示。

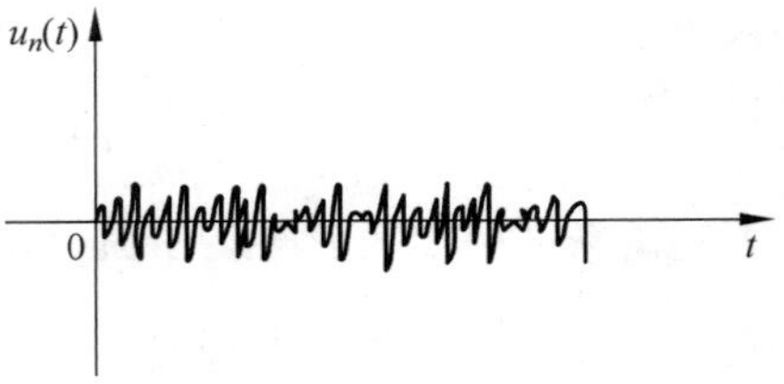

我们把这种因自由电子的热运动而产生的随机起伏的电压称为电阻的热噪声。由图可以看出，热噪声

图 4.6.1　电阻的热噪声

电压 $u_n(t)$ 是一个随机量，其幅度和极性是随时间无规则变化的，故不能用一个确定的时间函数来表示。但它遵循某种统计规律，可以用概率特性及其功率谱密度函数来充分描述。电阻热噪声主要有以下特性：

1）在一个较长的观测时间内，热噪声电压的平均值为零，即

$$\overline{u_n} = \lim_{T \to \infty} \frac{1}{T} \int_0^T u_n(t)\,\mathrm{d}t = 0 \tag{4.6.1}$$

2）电阻热噪声具有极宽的频谱，其包含的频率分量从零频开始，直到 $10^{13}\,\mathrm{Hz}$ 以上，可以认为是一种白噪声。虽然热噪声电压的振幅频谱无法确定，但功率频谱是完全确定的。理论和实践证明，在单位频带（1Hz）内，电阻 R 两端的热噪声电压方均值为

$$S(f) = 4kTR\,(\mathrm{V^2/Hz}) \tag{4.6.2}$$

3）尽管电阻热噪声的频谱很宽，但实际测试（接收）系统的通频带有限，当电阻接入系统时，将对电阻热噪声进行滤波，只有位于通频带内的那一部分噪声功率才能对系统产生影响。假设测试系统的通频带是宽度为 B_n，幅度为 1 的理想矩形，这时对系统而言，电阻热噪声电压的方均根值为

$$U_n = \sqrt{\overline{U_n^2}} = \sqrt{4kRB_n} \tag{4.6.3}$$

需要说明的是，由于外加电压对电阻内自由电子的热运动影响很小，因此电阻的热噪声及其基本特性基本不受外加电压的直接影响。

2. 晶体管的噪声

除电阻热噪声以外，有源电子器件的噪声也是电子线路中噪声的一个重要来源。一般情况下，晶体管噪声往往比电阻热噪声强得多。晶体管噪声产生的机理比较复杂，主要有 4 种：电阻热噪声、散弹噪声、闪烁噪声和分配噪声。

（1）电阻热噪声

在晶体管中，载流子的不规则热运动会产生热噪声，其主要来源是基区体电阻 $r_{bb'}$。相比之下，发射区和集电区的热噪声很小，一般可以忽略不计。

（2）散弹噪声

晶体管外加偏压时，由于载流子越过 PN 结的速度不同，使得单位时间内通过 PN 结的载流子数不同，从而引起 PN 结上的电流在某一平均值上有微小的起伏。这种电流随机起伏所产生的噪声称为**散弹噪声**。理论和实践证明，散弹噪声与流过 PN 结的直流电流成正比。晶体管的散弹噪声也是一种白噪声。

（3）闪烁噪声

闪烁噪声（flicker noise）又称 $1/f$ 噪声或低频噪声，其特点是它的功率谱密度与工作频率近似成反比关系，所以它不是白噪声。闪烁噪声产生的机理比较复杂，主要与半导体材料及其表面特性有关。由于闪烁噪声在低频（几千赫兹以下）时比较显著，因此它主要影响晶体管的低频工作区。

（4）分配噪声

在晶体管基区，由于非平衡少数载流子的复合具有随机性，时多时少，起伏不定，使得集电极电流与基极电流的分配比例随机变化，从而引起集电极电流有微小的波动。这种因分配比例随机变化而产生的噪声称为**分配噪声**。

理论研究表明，晶体管的分配噪声不是白噪声，其功率谱密度是频率的函数，频率愈高，分配噪声愈大。

3. 场效应晶体管的噪声

场效应晶体管的噪声主要有两种：热噪声和闪烁噪声。

（1）热噪声

以 MOS 管为例，热噪声是由于导电沟道内电子的无规则热运动而引起的，经由沟道电阻而产生热噪声电压。与一般电阻器不同，沟道电阻由于受栅 – 源电压控制而不是一个恒定电阻，其上产生的热噪声与温度和场效应晶体管的跨导有关。工作在饱和区的长沟道 MOS 管的热噪声可以等效为跨接在漏 – 源两端的噪声电流源，其电流功率谱密度为

$$\overline{i_{nT,M}^{2}} = 4kT\gamma g_{m} \tag{4.6.4}$$

式中，γ 为与工艺有关的系数，约等于 $2/3$。

也可以将热噪声等效为栅极的电压源，其功率谱密度可表示为

$$\overline{v_{nT,M}^{2}} = \frac{4kT\gamma}{g_{m}} \tag{4.6.5}$$

（2）闪烁噪声

以 MOS 管为例，闪烁噪声来源于栅氧化层的缺陷所导致的载流子数目的波动，其功率

谱密度与频率的倒数成正比。该噪声可以等效为串联在栅端的电压源：

$$\overline{v_{nf,M}^2} = \frac{K}{C_{ox}WL}\frac{1}{f} \tag{4.6.6}$$

式中，K 为与工艺相关的系数，f 为频率值。

类似地，也可以等效为电流源：

$$\overline{i_{nf,M}^2} = \frac{K}{C_{ox}WL}\frac{1}{f}g_m^2 \tag{4.6.7}$$

4.6.2　噪声的度量

1. 信噪比

噪声的有害影响一般是相对于有用信号而言的，脱离了有用信号的大小而只谈论噪声的大小是没有意义的。例如，民用 220V/50Hz 的供电系统，假设存在输出噪声的功率为 1W，显然不会对用电者造成什么显而易见的干扰；可如果这样的输出噪声的功率存在于一部移动电话中，那将是一场通信的灾难。为此，常使用有用信号和噪声的功率比来衡量一个实际信号的质量优劣，即

$$SNR = \frac{P_s}{P_n} \tag{4.6.8}$$

用分贝（dB）表示信噪比时，有

$$SNR = 10\lg\frac{P_s}{P_n} \tag{4.6.9}$$

显然，信噪比越大，信号的质量越好。

2. 噪声系数

信噪比的实际物理意义是对一个实际信号的质量优劣的评价，显然，它只能衡量实际信号而不能评价网络对信号质量的影响。为此，定义**噪声系数**如下：

$$N_F = \frac{SNR_i}{SNR_o} = \frac{P_{si}/P_{ni}}{P_{so}/P_{no}} \tag{4.6.10}$$

噪声系数用输入端的信噪比和输出端的信噪比刻画了线性传输系统传输信号时的噪声性能。在通信工程中，噪声系数被称为**制度增益**或**信噪比增益**，并用符号 G 表示，可以刻画通信系统性能的好坏。例如，著名的杜比降噪电路的信噪比增益就远大于 1。

3. 噪声的抑制

（1）选用低噪声器件

选用低噪声器件可以降低器件本身的噪声，以获得最小的噪声系数。

晶体管由于存在体电阻、结电容、引线电感等，在高频工作时，本身就构成了一个十分复杂的电气传输网络。因而，通常晶体管本身就存在噪声系数这个物理量。在工程中，往往应该选用噪声系数较小的晶体管。例如，在有噪声要求的场合下，可用指标相近的低噪声晶体管（如 2SC9014）替代通用晶体管（如 2SC9011）来工作。

（2）合理确定设备的通频带

在前面的分析中，我们知道，晶体管工作在低频段时，主要噪声是闪烁噪声；而工作在高频段时，主要噪声是分散噪声。所以，实际工程中应结合通频带和噪声要求两个方面合理地确定设备的通频带，确保输出信号不失真的情况下，所含噪声尽量小。

（3）降低放大电路的工作温度

电子电路中，由于几乎所有的噪声都直接或者间接地和电子的无规则热运动有关，故而降低电子设备的工作温度自然就成了一种行之有效的降噪方法。特别是前端工作器件的温度需要尽量低。这一点尤其对灵敏度要求高的设备更为重要。例如卫星通信地面站接收机中的高放，在很多情况下，要冷却到 20～80K。

（4）选用场效应晶体管

在设计低噪声放大电路时，对于高内阻信号源的场合，选用场效应晶体管，效果往往比较好。因为场效应晶体管的工作原理是利用载流子的在场漂移，所以不存在分配噪声。故而在高频放大电路中，场效应晶体管产生的噪声要远小于晶体管，从而可以制作出噪声性能优越的高频放大电路。

（5）采用其他辅助措施

一些特殊的电子网络可以有效地降低信号上附着的噪声（如滤波器），甚至可以将湮没在噪声中的信号提取出来（如锁相环）。实际中，应视实际情况选用这些辅助电路来达到系统要求的信噪比。

思考题

1. 什么是频率失真？什么是放大电路的通频带？放大电路在高频信号作用时放大倍数下降的原因是什么？在低频信号作用时放大倍数下降的原因是什么？

2. BJT 基本放大电路三种组态的频响分别有何特点？请按它们的高频特性优劣程度由高到低排序。

3. 为什么 FET 的高频特性比 BJT 好？

4. 放大电路的通频带是越宽越好吗？为什么？

习题

4.1 已知某放大电路的幅频特性如题 4.1 图所示。

（1）试说明该放大电路的中频增益、上限频率 f_H、下限频率 f_L 和通频带 BW。

（2）当 $u_i = 10\sin(4\pi \times 10^6 t)(mV) + 20\sin(2\pi \times 10^4 t)(mV)$ 和 $u_i = 10\sin(2\pi \times 5t)(mV) + 20\sin(2\pi \times 10^4 t)(mV)$ 时，输出信号有无失真？是何种性质的失真？分别进行说明。

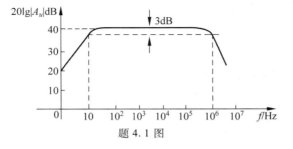

题 4.1 图

4.2 某放大电路电压增益的渐近伯德图如题 4.2 图所示。设中频相移为零。

（1）写出 $A_u(jf)$ 频率特性的表达式。

（2）求 $f = 10^7 Hz$ 处的相移值。

（3）求下限频率 f_L 的值。

（4）求 $f = 100Hz$ 处实际的 dB 值。

（5）求 $f=10\mathrm{Hz}$ 和 $f=10^5\mathrm{Hz}$ 的相移值。

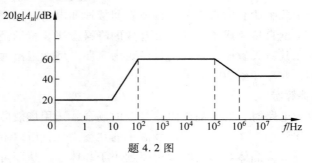

题 4.2 图

4.3 已知某晶体管电流放大倍数的频率特性伯德图如题 4.3 图所示，试写出 β 的频率特性表达式，分别指出该管的 ω_β、ω_T 各为多少，并画出其相频特性的近似伯德图。

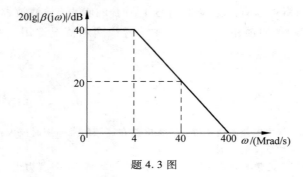

题 4.3 图

4.4 某放大器的中频增益 $A_{u\mathrm{I}}=40\mathrm{dB}$，上限频率 $f_\mathrm{H}=2\mathrm{MHz}$，下限频率 $f_\mathrm{L}=100\mathrm{Hz}$，输出不失真的动态范围 $U_{\mathrm{opp}}=10\mathrm{V}$。输入下列信号时会产生什么失真？

（1）$u_i(t)=0.1\sin(2\pi\times10^4t)(\mathrm{V})$

（2）$u_i(t)=10\sin(2\pi\times3\times10^6t)(\mathrm{mV})$

（3）$u_i(t)=10\sin(2\pi\times400t)+10\sin(2\pi\times10^6t)(\mathrm{mV})$

（4）$u_i(t)=10\sin(2\pi\times10t)+10\sin(2\pi\times5\times10^4t)(\mathrm{mV})$

（5）$u_i(t)=10\sin(2\pi\times10^3t)+10\sin(2\pi\times10^7t)(\mathrm{mV})$

4.5 已知某晶体管在 $I_{\mathrm{CQ}}=2\mathrm{mA}$，$U_{\mathrm{CEQ}}=5\mathrm{V}$ 时，$\beta=100$，$f_\mathrm{T}=250\mathrm{MHz}$，$C_{\mathrm{b'c}}=4\mathrm{pF}$，$r_{\mathrm{bb'}}=150\Omega$，$U_\mathrm{A}=-100\mathrm{V}$，试计算该管的高频混合 π 型参数，并画出高频混合 π 型模型。

4.6 电路如题 4.6 图所示，已知晶体管的 $r_e=10\Omega$，$r_{\mathrm{bb'}}=100\Omega$，$r_{ce}=\infty$，$\beta=100$，$C_{\mathrm{b'e}}=100\mathrm{pF}$，$C_{\mathrm{b'c}}=3\mathrm{pF}$。

（1）试画出电路的高频等效电路。

（2）利用密勒近似求上限频率 f_H。

4.7 单级共源电路的交流通路如题 4.7 图所示。

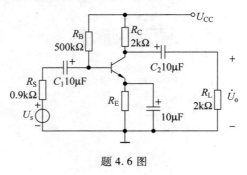

题 4.6 图

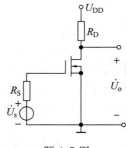

题 4.7 图

（1）画出该电路的高频等效电路。

（2）求电路的上限频率。

4.8 已知某电路的幅频特性如题 4.8 图所示，试问：

（1）该电路的耦合方式是什么？

（2）该电路由几级放大电路组成？

（3）当 $f = 10^4$ Hz 时，附加相移为多少？当 $f = 10^5$ 时，附加相移又约为多少？

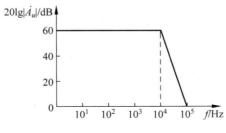

题 4.8 图

4.9 电路如题 4.9 图所示，已知 $C_{gs} = C_{gd} = 5$ pF，$g_m = 5$ mS，$C_1 = C_2 = C_s = 10 \mu$F。试求 f_H、f_L 的值，并写出 A_{us} 的表达式。

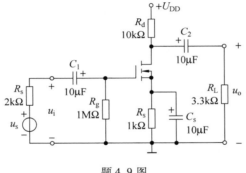

题 4.9 图

4.10 电路如题 4.10 图所示。试定性分析下列问题，并简述理由。

（1）哪一个电容决定电路的下限频率？

（2）若 V_1 和 V_2 静态时发射极电流相等，则哪一级的上限频率低？

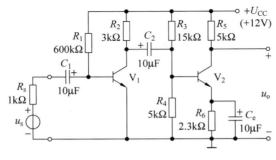

题 4.10 图

4.11 若两级放大电路各级的伯德图如题 4.11 图所示，试画出整个电路的伯德图。

4.12 已知一个两级放大电路各级电压放大倍数分别为

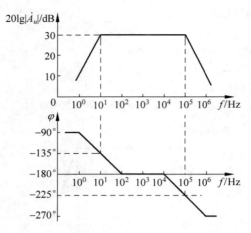

题 4.11 图

$$\dot{A}_{u1} = \frac{\dot{U}_{o1}}{\dot{U}_i} = \frac{-25\mathrm{j}\,f}{\left(1 + \mathrm{j}\dfrac{f}{4}\right)\left(1 + \mathrm{j}\dfrac{f}{10^5}\right)}$$

$$\dot{A}_{u2} = \frac{\dot{U}_o}{\dot{U}_{i2}} = \frac{-2\mathrm{j}\,f}{\left(1 + \mathrm{j}\dfrac{f}{50}\right)\left(1 + \mathrm{j}\dfrac{f}{10^5}\right)}$$

（1）写出该放大电路的表达式。

（2）求出该电路的 f_L 和 f_H 各约为多少。

（3）画出该电路的伯德图。

4.13　分析题 4.13 图中的电路，推导小信号频响关系式 $\left(\dfrac{i_{out}}{i_{in}}\right)(\omega)$，并分以下两种情况推导 3dB 带宽表达式：

（1）负载电容 C_L 很大。

（2）负载电容 C_L 为零。

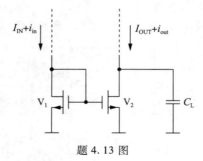

题 4.13 图

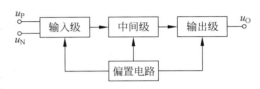

第 5 章

集成运算放大电路

5.1 集成运算放大电路的特点

集成运算放大电路(简称集成运放)是一种模拟集成电路,最初多用于各种模拟信号的运算(如比例、求和、求差、积分、微分等),并由此而得名,一直沿用至今。现在,集成运放广泛应用于模拟信号的处理和发生电路中,因其高性能、低价位,在大多数情况下,已经取代了分立元件放大电路。

集成运放是一种多级放大电路,性能理想的运算放大电路应该具有电压增益高、输入电阻大、输出电阻小、工作点漂移小等特点。与此同时,在电路的选择及构成形式上又要受到集成工艺条件的严格制约。因此,集成运放在电路设计上具有许多特点,主要有:

- 级间采用直接耦合方式。目前,采用集成电路工艺还不能制作大电容和电感。因此,集成运放电路中各级的耦合只能采用直接耦合方式。
- 尽可能用有源器件代替无源器件。集成电路中制作的电阻、电容,其数值和精度与它所占用的芯片面积成比例,数值越大,精度越高,占用芯片面积也就越大。相反,制作晶体管不仅方便(因为制造工序就是按制作最佳性能的 NPN 晶体管而设计的),而且占用芯片面积也小。所以在集成运放电路中,一方面应避免使用大电阻和电容,另一方面应尽可能用晶体管去代替电阻、电容。
- 利用对称结构改善电路性能。由集成工艺制造的元器件其参数误差较大,但同类元器件都经历相同的工艺流程,所以它们的参数一致性较好。另外,元器件都做在基本等温的同一芯片上,所以温度的匹配性也好。因此,在集成运放的电路设计中,应尽可能使电路性能取决于元器件参数的比值,而不依赖于元器件参数本身,以保证电路参数的准确及性能稳定。

集成运放电路形式多样,各具特色,但从电路的组成结构看,一般是由输入级、中间级、输出级和偏置电路四部分组成,如图 5.1.1 所示。它有两个输入端,一个输出端,图中所标 u_P、u_N、u_O 分别代表同相输入端、反相输入端和输出端,它们均以地为公共端。

图 5.1.1 集成运算放大电路方框图

1. 输入级

输入级又称前置级,它通常采用对称结构的高性能差动放大电路。一般要求其输入电阻高,差模放大倍数大,抑制共模信号的能力强,静态电流小。输入级的好坏直接影响集成运放的大多数性能参数,如输入电阻、共模抑制比等。因此,在产品的更新过程中,输入级的变化最大。

2. 中间级

中间级是整个放大电路的主放大电路,其作用是使集成运放具有较强的放大能力,多采用共射(或共源)放大电路。为了提高电压放大倍数,经常采用复合管作为放大管,以恒流源作为集电极负载。其电压放大倍数可达千倍以上。

3. 输出级

输出级应具有输出电压线性范围宽、输出电阻小(即带负载能力强)、非线性失真小等特点,因此集成运放多采用射随器或互补射随器作为输出级。

4. 偏置电路

偏置电路用于设置集成运放各级放大电路的静态工作点。与分立元件不同,集成运放采用电流源电路为各级提供合适的集电极(或发射极、漏极)静态工作电流,从而确定合适的静态工作点。

下面将分别介绍这些电路的基本形式,重点讨论电流源电路和差动放大电路。

5.2 电流源电路

所谓电流源电路是指电流恒定的电源,它可以为集成运放各级电路提供稳定的静态偏置电流。在前几章讨论的晶体管和场效应晶体管放大电路中,静态工作点一般是利用外接电阻来建立的。但在集成电路中,制造一个三端口有源器件比制造一个电阻所占用的面积小,也比较经济;同时,晶体管和场效应晶体管的输出特性在放大区内具有近似恒流的特性,其动态输出电阻值均很高,因而集成运算放大电路多采用晶体管或场效应晶体管制成电流源。本节将介绍常见的电流源电路以及电流源作有源负载的应用。

1. 镜像电流源

图 5.2.1a 所示为镜像电流源电路,它由两只特性完全相同的管子 V_1 和 V_2 构成,即 $\beta_1 = \beta_2 = \beta$,$I_{S1} = I_{S2} = I_S$,由于 V_1 的管压降 U_{CE1} 与其 b-e 间电压 U_{BE1} 相等,可知 V_1 工作在临界饱和状态,它的集电极电流满足 $I_{C1} = \beta I_{B1}$。电路中电阻 R_r 上的电流称为参考电流 I_r,其表达式为

$$I_r = \frac{U_{CC} - U_{BE}}{R_r} \approx \frac{U_{CC}}{R_r} \quad (5.2.1)$$

电路图中 V_1 和 V_2 的 b-e 间电压相等($U_{BE1} = U_{BE2}$),根据 $I_E \approx I_S e^{\frac{U_{BE}}{U_T}}$,所以它们的射极电流 $I_{E1} = I_{E2}$,从而 $I_{C1} = I_{C2} = I_C$。由于 $I_r = I_{C1} + 2I_{B1} = I_{C1} + 2\frac{I_{C1}}{\beta}$,因此集电极电流

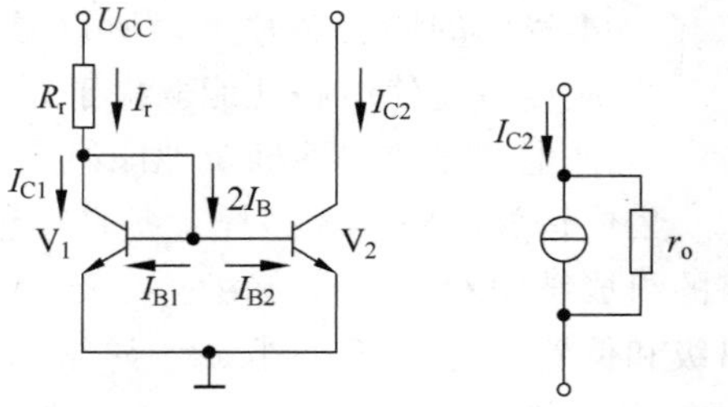

a) 电路　　b) 电流源电路符号

图 5.2.1　镜像电流源电路

$$I_{C2} = I_{C1} = \frac{\beta}{\beta + 2} I_r \quad (5.2.2)$$

当 $\beta \gg 2$ 时， $I_{C2} = I_r = \dfrac{U_{CC}}{R_r}$ 。可见，只要 U_{CC} 和 R_r 确定， I_r 就确定了， I_{C2} 也随之确定。常将 I_{C2} 看作 I_r 的镜像，所以称图 5.2.1a 为**镜像电流源**。

电流源电路的电路符号如图 5.2.1b 所示，其中 r_o 为交流输出电阻，镜像电流源的 $r_o = r_{ce2}$ ，由于 r_{ce} 很大，因此镜像电流源输出电流恒定。

将镜像电流源推广，可得多路镜像电流源，如图 5.2.2 所示。图中为三路电流源， V_5 是为了提高各路电流的精度而设置的，若将 V_5 的基极和发射极短路，则 $I_{C1} = I_r - 4I_{B1}$ ，加了 V_5 后， $I_{C1} = I_r - \dfrac{4I_{B1}}{(1 + \beta_5)}$ ，此时

$$I_{C2} = I_{C3} = I_{C4} = \frac{\beta_1 (1 + \beta_5) I_r}{\beta_1 (1 + \beta_5) + 4} \tag{5.2.3}$$

因 $\beta_1 (1 + \beta_5) \gg 4$ 容易满足，所以各路电流更接近 I_r ，并且 β 受温度的影响也小。

在集成电路中，多路镜像电流源是由**多集电极晶体管**实现的，图 5.2.3a 中的电路就是一个例子。它利用一个三集电极横向 PNP 管组成双路电流源，其等价电路如图 5.2.3b 所示。

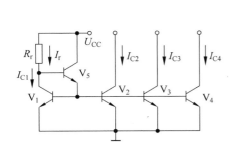

图 5.2.2　多路镜像电流源

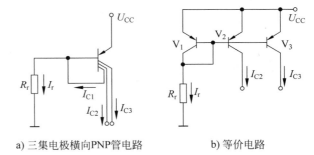

a) 三集电极横向PNP管电路　　　b) 等价电路

图 5.2.3　多集电极晶体管镜像电流源

2. 比例电流源

如果希望电流源的电流与参考电流呈某比例关系，则可以采用如图 5.2.4 所示的比例电流源电路。比例电流源是在镜像电流源的基础上增加了两个射极电阻 R_1 和 R_2 。从电路可知

$$U_{BE1} + I_{E1} R_1 = U_{BE2} + I_{E2} R_2 \tag{5.2.4}$$

根据晶体管发射结电压与发射极电流的近似关系可得

$$U_{BE} = U_T \ln \frac{I_E}{I_S}$$

由于 V_1 与 V_2 的特性相同，则 $I_{S1} = I_{S2}$ ，因此

$$U_{BE1} - U_{BE2} = U_T \ln \frac{I_{E1}}{I_{E2}} \tag{5.2.5}$$

代入式(5.2.4)，可得

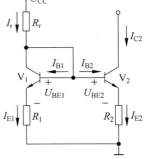

图 5.2.4　比例电流源

$$I_{E2} R_2 = I_{E1} R_1 + U_T \ln \frac{I_{E1}}{I_{E2}} \tag{5.2.6}$$

在一定范围内，式(5.2.6)中对数项足够小，可以忽略，则

$$I_{E1}R_1 \approx I_{E2}R_2 \qquad (5.2.7)$$

若 $\beta \gg 2$，则 $I_{E1} \approx I_{C1} \approx I_r$，$I_{E2} \approx I_{C2}$，由此可得

$$I_{C2} \approx \frac{R_1}{R_2}I_r \qquad (5.2.8)$$

可见，I_{C2} 与 I_r 呈比例关系，式中参考电流为

$$I_r = \frac{U_{CC} - U_{BE1}}{R_r + R_1} \approx \frac{U_{CC}}{R_r + R_1} \qquad (5.2.9)$$

与典型的静态工作点稳定电路一样，R_1 和 R_2 是电流负反馈电阻，因此，与镜像电流源比较，比例电流源的输出电流 I_{C2} 具有更高的温度稳定性。

3. 微电流源

在集成电路中，输入级放大管的集电极电流有时需要微安级的小电流。若采用镜像电流源，R_r 势必过大。为此将图 5.2.4 电路中的 R_1 缩减到零，得到如图 5.2.5 所示的微电流电流源电路。由式（5.2.4）和式（5.2.6）可知，当 $R_1 = 0$ 时

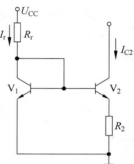

$$I_{E2} = \frac{U_{BE1} - U_{BE2}}{R_2} = \frac{U_T}{R_2}\ln\frac{I_{E1}}{I_{E2}} \qquad (5.2.10)$$

式中，$(U_{BE1} - U_{BE2})$ 只有几十毫伏，甚至更小，因此只要几千欧的 R_2 就可以得到几微安的 I_{E2}。若 $\beta \gg 2$，则 $I_{E1} \approx I_{C1} \approx I_r$，$I_{E2} \approx I_{C2}$，由式（5.2.10）可得

$$I_{C2} = \frac{U_T}{R_2}\ln\frac{I_r}{I_{C2}} \qquad (5.2.11)$$

图 5.2.5　微电流电流源电路

上式对 I_{C2} 而言是超越方程，可以通过图解法或累积法解出 I_{C2}，式中参考电流为

$$I_r = \frac{U_{CC} - U_{BE1}}{R_r} \approx \frac{U_{CC}}{R_r} \qquad (5.2.12)$$

实际上，在电路设计时，首先应该确定 I_r 和 I_{C1} 的数值，然后求出 R_r 和 R_2 的数值。例如，若已知 $I_r = 1\text{mA}$，要求 $I_{C2} = 10\mu\text{A}$，采用图 5.2.5 的微电流电流源，取 $U_{CC} = 15\text{V}$ 时，则根据式（5.2.11）得到 $R_2 = 12\text{k}\Omega$，根据式（5.2.12）得到 $R_r = 15\text{k}\Omega$。对于上述指标，如果采用镜像电流源，则 R_r 要大于 $1.5\text{M}\Omega$。

4. 威尔逊电流源

威尔逊电流源是镜像电流源的另一种改进形式，如图 5.2.6 所示，V_1 和 V_2 构成镜像电流源，接在 V_3 的基极和发射极之间，其作用类似于工作点稳定电路中 R_E 起电流负反馈的作用。负反馈过程简述如下：

当环境改变（如温度升高）$\rightarrow I_{C3} \uparrow \rightarrow I_{E3} \uparrow \rightarrow I_{C2} \uparrow \rightarrow I_{C1} \uparrow \rightarrow (I_r$ 固定$)I_{B3} \downarrow$

$$I_{C3} \downarrow \longleftarrow \qquad\qquad\qquad\qquad\qquad$$

由图 5.2.6 可知，参考电流为

$$I_r = \frac{U_{CC} - U_{BE3} - U_{BE2}}{R_r} = \frac{U_{CC} - 2U_{BE}}{R_r} \qquad (5.2.13)$$

设图中 3 个管子特性相同，则 $\beta_1 = \beta_2 = \beta_3 = \beta$，由镜像电流源可知 $I_{C1} = I_{C2} = I_C$，下面分析输

出电流 I_{C3} 与 I_r 的关系：

$$I_{C3} = \frac{\beta}{1+\beta}I_{E3} = \frac{\beta}{1+\beta}\left(I_{C2} + \frac{I_{C1}}{\beta_1} + \frac{I_{C2}}{\beta_2}\right) = \frac{\beta}{1+\beta}\left(I_C + 2\frac{I_C}{\beta}\right)$$

而 $I_r = I_{C1} + I_{B3} = I_C + \dfrac{I_{C3}}{\beta}$

整理可得

$$I_{C3} = \left(1 - \frac{2}{\beta^2 + 2\beta + 2}\right)I_r \approx I_r \qquad (5.2.14)$$

当 $\beta = 10$ 时，$I_{C3} \approx 0.984 I_r$，可见，在 β 很小时，也可认为 $I_{C3} \approx I_r$，威尔逊电流源受 β 的影响也大大减小。

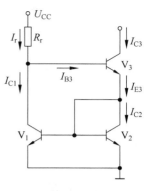

图 5.2.6 威尔逊电流源

5.3 以电流源为有源负载的放大电路

在共射（共源）放大电路中，为了提高电压放大倍数的数值，行之有效的方法是增大集电极电阻 R_C（或漏极电阻 R_D），但为了维持晶体管（场效应晶体管）的静态电流不变，在增大 R_C（或 R_D）的同时必须提高电源电压。当电源电压增大到一定程度时，电路的设计就变得不合理了。在集成运放中，常用电流源电路取代 R_C（或 R_D），这样在电源电压不变的情况下，既可获得合适的静态电流，对于交流信号，又可得到很大的等效 R_C（或 R_D）。由于晶体管和场效应晶体管是有源器件，而上述电路中又以它们作为负载，故称为**有源负载**。

图 5.3.1a 所示为有源负载共射放大电路。V_1 为放大管，V_2 与 V_3 构成的镜像电流源是 V_1 的有源负载，电流源用等效电路代替后如图 5.3.1b 所示，其交流输出电阻 $r_o = r_{ce3}$，有源负载为 V_1 提供了很大的集电极电阻。

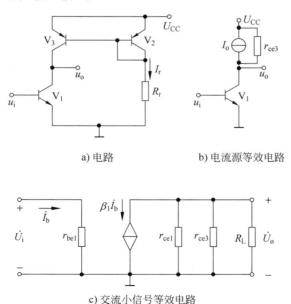

a) 电路   b) 电流源等效电路

c) 交流小信号等效电路

图 5.3.1 有源负载共射放大电路

当 $\beta \gg 2$ 时，$I_{CQ1} = I_{C3} = I_r$，可见，电路并不需要很高的电源电压，只要 U_{CC} 和 R_r 配合就

可设置合适的集电极电流 I_{CQ1}。当然，V_1 的基极偏置电路必须保证 $I_{BQ1} = I_{CQ1}/\beta$，而不应与镜像电流源提供的 I_{C3} 产生冲突。还应当注意的是，当输出端接上负载电阻 R_L 时，I_{C3} 将被分流一部分，使得 I_{CQ1} 发生改变。图 5.3.1a 所示电路的交流小信号等效电路如图 5.3.1c 所示，当电路接有负载 R_L 时，电路的电压放大倍数为

$$A_u = -\frac{\beta_1(r_{ce1} /\!/ r_{ce3} /\!/ R_L)}{r_{be1}} \tag{5.3.1}$$

可以看出，若实际负载 R_L 通过射随器隔离后接入，则该放大电路可获得极高的电压放大倍数。

5.4 差动放大电路

5.4.1 零点漂移现象

集成运放是一种直接耦合的多级放大电路。由第 3 章可知，在直接耦合放大电路中，即使将输入端短路（静态时），用灵敏的电压表测量输出端，也会有变化缓慢的输出电压。这种输入电压为零而输出电压产生缓慢变化的现象，称为**零点漂移现象**，简称**零漂**，如图 5.4.1 所示。在放大电路中，任何参数的变化，如电源电压的波动、元件的老化、半导体器件参数随温度变化而产生的变化等都将产生输出电压的漂移。若采用高质量的电源和经过老化实验的元器件就可以大大减小由此产生的漂移，此时温度就成为影响零点漂移的主要因素。

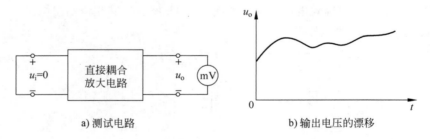

图 5.4.1 零点漂移现象

在阻容耦合放大电路中，这种缓慢变化的漂移电压都将降落在耦合电容之上，而不会传递到下一级电路进一步放大。但是，在直接耦合放大电路中，由于前后级直接相连，前一级的漂移电压会像信号一样，直接被送到后级进行逐级放大。级数越多，放大倍数越大，输出漂移也就越大。当漂移电压大到与输出有用信号相当时，输出端就很难区分什么是有用信号、什么是漂移电压。例如一个三级直接耦合的放大电路，设每一级的放大倍数为 10，由于温度变化使第一级工作点漂移了 0.1V，这样，即使在放大电路输入端短路时，第三级的输出端也会有 10V 的漂移电压。如果这个放大电路放大较小信号，比如 5mV 的信号电压，那么放大电路输出端得到的信号才 5V，信号电压竟被漂移电压所"淹没"了。因此，零漂是直接耦合放大电路的一个十分严重的问题。更甚者，漂移电压会使输出级放大电路进入截止区或饱和区，放大电路不能正常工作。因此，集成运放必须采取措施来抑制零点漂移现象。

目前，抑制零点漂移的方法有以下几种：①电路中引入直流负反馈，稳定静态工作点，减小零漂；②利用热敏元件对放大管进行温度补偿；③采用特性相同的管子，在相同的环境

下，两者的零点漂移情况相同，可以互相抵消，这就构成了"差动放大电路"。

5.4.2 差动放大电路的工作原理及性能分析

1. 电路形成原理

对于如图 5.4.2a 所示的共射放大电路，当 $u_i = 0$ 时，由于温度等环境的改变，使输出端 u_o 发生缓慢变化。虽然引入了射极电阻 R_E，起到了稳定工作点的作用，但不能彻底改善零点漂移现象。因为负反馈的调整完成后，由于温度改变，管子的特性曲线改变，输出电压 u_o 与先前值不可能完全相同，因此零点漂移现象仍然存在。

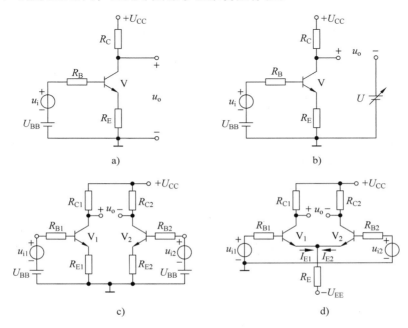

图 5.4.2 差动放大电路的形成

设想增加一个受温度控制的直流电源 U 作补偿电路，让输出电压 u_o 负相端取自 U 的正相端，如图 5.4.2b 所示。如果直流电源 U 能够随着 U_{CQ} 漂移电压的改变做相同的变化，那么输出电压 u_o 就只有输入电压 u_i 的作用了。可惜的是，这种方法实施起来比较困难，因为很难找到能够满足条件的直流电源 U，让它能够一直跟踪 U_{CQ} 的变化。但顺着这个思路，我们可以想到补偿电路最好的选择就是复制一个完全相同的放大电路，如图 5.4.2c 所示，这就是差动电路的雏形。

在图 5.4.2c 中，两边电路参数完全相同，管子特性完全相同，那么两只管子的集电极静态电位在温度、电源变化时，也将时时相等，电路以两只管子集电极电位差为输出，就克服了零漂现象。

为了增强对有用信号的放大能力，将 R_{E1} 和 R_{E2} 合二为一，成为一个电阻 R_E（原因将在后续内容介绍）；同时，为了让电源能够与信号源"共地"，差动放大电路改成双向电源，如图 5.4.2d 所示。由于图 5.4.2d 电路拖了一个长尾巴，因此称为**长尾式差动电路**。可见，差动放大电路是由典型的工作点稳定电路一步一步演变而来的。

2. 差动放大电路的静态分析

长尾式差动放大电路如图 5.4.3a 所示，V_1 和 V_2 的特性参数相同，$\beta_1 = \beta_2 = \beta$，$r_{be1} = r_{be2} = r_{be}$，$R_E$ 为公共的发射极电阻，电路由双向电源 U_{CC} 和 $-U_{EE}$供电。

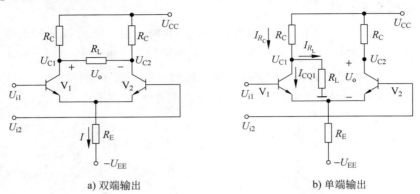

a) 双端输出   b) 单端输出

图 5.4.3 长尾式差动放大电路

当输入信号 $U_{i1} = U_{i2} = 0$ 时，差动电路处于静态，两管发射极电位 $U_E = -U_{BE} \approx -0.7V$ （若为硅管），则流过 R_E 的电流 I 为

$$I = \frac{U_E - (-U_{EE})}{R_E} = \frac{U_{EE} - 0.7}{R_E} \tag{5.4.1}$$

由于两管电路完全对称，故有

$$I_{CQ1} = I_{CQ2} \approx I_{EQ1} = I_{EQ2} = I/2 \tag{5.4.2}$$

$$U_{CQ1} = U_{CQ2} = U_{CC} - I_{CQ1}R_C \tag{5.4.3}$$

$$U_{CEQ1} = U_{CEQ2} \approx U_{CC} + 0.7 - I_{CQ1}R_C \tag{5.4.4}$$

$$U_o = U_{CQ1} - U_{CQ2} = 0 \tag{5.4.5}$$

可见，静态时，差动放大电路两个输出端之间的直流电压为零。

为了便于差动放大电路输出直接连到下一级放大，有时输出端仅由一端取出，这种输出方式称为单端输出，如图 5.4.3b 所示。输出端可以取自 U_{C1}，也可以取自 U_{C2}。静态时，虽然由于输入回路参数对称，使静态电流 $I_{BQ1} = I_{BQ2}$，从而 $I_{CQ1} = I_{CQ2}$，但是由于输出回路的不对称性，使得两管 U_{CEQ} 各不相同，此时 $U_{CEQ2} \approx U_{CC} + 0.7 - I_{CQ1}R_C$，与双端输出时相同。对于 U_{CEQ1}，求解较复杂。首先由节点 U_{C1}，根据流入节点电流等于流出节点电流列方程：

$$I_{R_C} = I_{CQ1} + I_{R_L}$$

即

$$\frac{U_{CC} - U_{CQ1}}{R_C} = I_{CQ1} + \frac{U_{CQ1}}{R_L} \tag{5.4.6}$$

可以求出 U_{CQ1}，则

$$U_{CEQ1} \approx U_{CQ1} + 0.7 \tag{5.4.7}$$

以上为差动放大电路的静态分析，下面讨论加入输入信号 U_{i1} 和 U_{i2} 时，差动放大电路的动态特性。

3. 差动放大电路的动态分析

为了简化动态分析过程，我们先让 U_{i1} 和 U_{i2}（交流信号用有效值表示）输入两种特殊的信号：共模信号和差模信号。所谓**共模信号**是指 U_{i1} 和 U_{i2} 所加的信号大小相等、极性相同。由于电路参数对称，V_1 和 V_2 所产生的基极变化电流相等，即 $I_{b1} = I_{b2}$，同时 $I_{c1} = I_{c2}$，因此集电极电位的变化也相等，即 $U_{c1} = U_{c2}$。由于输出电压取自两个集电极电位差，因此输出电压 $U_o = 0$。这说明差动放大电路对共模信号有很强的抑制作用，如果两边电路参数理想对称，则共模输出电压为零。

当 U_{i1} 和 U_{i2} 所加信号大小相等、极性相反时，称为**差模信号**，这时一管的集电极电流增大，另一管的集电极电流减小，且增大量和减小量时时相等，即 $U_{c1} = -U_{c2}$，这时得到的输出电压 $U_o = U_{c1} - (-U_{c2}) = 2\Delta U_{c1}$，从而实现电压放大。可见，差动电路对差模信号具有放大能力。

由于电路参数理想对称，温度、电源等变化对两管完全相同，故零点漂移信号折算到输入端可以等效成共模信号，差动放大电路对共模信号有很强的抑制作用。由于差动电路对差模信号有较强的放大作用，因此，需要放大的有用信号可以通过差模信号的形式输入。下面我们讨论共模抑制和差模放大的各项性能指标。

由于差分放大电路的放大能力只与输出形式有关，因此将电路分成单端输出和双端输出两大类进行分析。

（1）共模特性分析

为了求解方便首先分析在共模信号下电路的等效通路。如果在差动放大电路的两个输入端加上一对大小相等、极性相同的共模信号，即 $U_{i1} = U_{i2} = U_{ic}$，此时两管的射极将产生相同的变化电流 I_e，使得流过 R_E 的变化电流为 $2I_e$，从而引起两管射极电位有 $2R_E I_e$ 的变化。因此，从电压等效的观点看，相当于每管的射极各接 $2R_E$ 的电阻。在输出端，由于共模输入信号引起两管集电极的电位变化完全相同，因此流过负载 R_L 上的电流为零，相当于 R_L 开路。通过上述分析，图 5.4.3 电路的共模等效通路如图 5.4.4 所示。利用该电路，现在来分析它的共模指标。

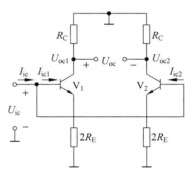

图 5.4.4　长尾式差动电路的共模等效通路

1）双端输出时共模电压放大倍数

为了描述差动放大电路对共模信号的抑制能力，引入共模电压放大倍数，记作 A_{uc}，定义为

$$A_{uc} = \frac{U_{oc}}{U_{ic}} = \frac{U_{oc1} - U_{oc2}}{U_{ic}} \tag{5.4.8}$$

当电路完全对称时，$U_{oc1} = U_{oc2}$，所以共模电压放大倍数为零，即 $A_{uc} = 0$。

2）共模输入电阻

共模输入电阻 R_{ic} 定义为输入端共模输入电压与两个输入端电流和之比。由图 5.4.4 可知，无论单端输出还是双端输出，均为

$$R_{ic} = \frac{U_{ic}}{2I_{ic1}} = \frac{U_{ic}}{2I_{ic2}} = \frac{1}{2}\left[r_{be} + (1 + \beta)2R_E\right] \tag{5.4.9}$$

3）共模输出电阻

单端输出时

$$R_{oc(单)} = R_C \tag{5.4.10}$$

双端输出时

$$R_{oc} = 2R_C \tag{5.4.11}$$

4）单端输出时共模电压放大倍数

单端输出时共模电压增益不为零，下面我们以输出取自 V_1 集电极的单端输出电路为例进行分析，结论同样适用于输出取自 V_2 集电极的情况。图 5.4.5 为共模等效通路，此时的共模电压放大倍数为

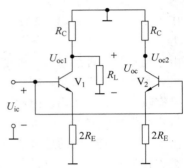

$$A_{uc(单)} = \frac{U_{oc}}{U_{ic}} = \frac{U_{oc1}}{U_{ic}} = -\frac{\beta(R_C /\!/ R_L)}{r_{be} + (1+\beta)2R_E}$$

$$\approx -\frac{R_C /\!/ R_L}{2R_E} \tag{5.4.12}$$

在实际电路中，均满足 $R_E > (R_C /\!/ R_L)$，故 $|A_{uc(单)}| < 0.5$。可见，在单端输出时，由于射极电阻 $2R_E$ 对共模信号的负反馈作用，抑制每只管子集电极电流的变化，从而抑制集电极电位的变化，使得单端输出

图 5.4.5　单端输出差动放大电路的共模等效通路

时放大电路对共模信号也起到了抑制作用。共模负反馈电阻 R_E 越大，则抑制作用越强。

（2）差模特性分析

在图 5.4.3 差动电路的两个输入端加上一对大小相等、极性相反的差模信号，即 $U_{i1} = U_{id1}$，$U_{i2} = U_{id2}$，且 $U_{id1} = -U_{id2}$，其中下标 d 是英文 differential 的首字母。由于 $I_{e1} = -I_{e2}$，流过 R_E 的信号电流始终为零，公共射极端电位将保持不变，因此对差模信号而言，公共射极端可视为差模地端，即 R_E 相当于对地短路（正是因为 R_E 对差模信号短路，才使得差模信号放大倍数增大，这就解释了差动电路形成过程中将 R_{E1} 和 R_{E2} 合并成为一个电阻 R_E 的原因。如果不合并，那么由于 R_{E1} 和 R_{E2} 的存在，会使电路的电压放大能力变差）。另外，由于输入差模信号，两管输出端电位变化时，一端升高，另一端则降低，且升高量等于降低量，因此双端输出时，负载电阻 R_L 的中点电位将保持不变，也可视为差模地端。

通过上述分析，得到差模等效通路如图 5.4.6 所示，图中还画出了输入为差模正弦信号时，输出端波形的相位关系。利用图 5.4.6，我们来计算差动放大电路的各项差模性能指标。

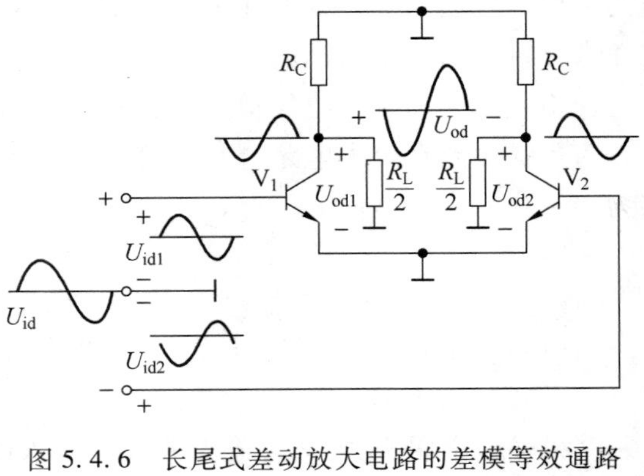

1）差模电压放大倍数

输入差模信号的电压放大倍数称为差模

图 5.4.6　长尾式差动放大电路的差模等效通路

电压放大倍数 A_{ud}，表示输出差模电压 U_{od} 与输入差模电压 U_{id} 之比。

双端输出时，输出差模电压为

$$U_{od} = U_{od1} - U_{od2} = 2U_{od1} = -2U_{od2}$$

输入差模电压为

$$U_{id} = U_{id1} - U_{id2} = 2U_{id1} = -2U_{id2}$$

所以

$$A_{ud} = \frac{U_{od}}{U_{id}} = \frac{U_{od1}}{U_{id1}} = \frac{U_{od2}}{U_{id2}} = -\frac{\beta\left(R_C /\!/ \dfrac{R_L}{2}\right)}{r_{be}} \qquad (5.4.13)$$

可见，双端输出时的差模电压放大倍数等于半边共射放大电路的电压放大倍数。

单端输出时，

$$A_{ud(单)} = \frac{U_{od1}}{U_{id}} = \frac{U_{od1}}{2U_{id1}} = \frac{1}{2}A_{ud} = -\frac{\beta(R_C /\!/ R_L)}{2r_{be}} \qquad (5.4.14)$$

若输出端取自 V_2，则

$$A_{ud(单)} = \frac{U_{od2}}{U_{id}} = -\frac{U_{od1}}{2U_{id1}} = -\frac{1}{2}A_{ud} = \frac{\beta(R_C /\!/ R_L)}{2r_{be}} \qquad (5.4.15)$$

可见，这时的差模电压放大倍数为半边共射放大电路的电压放大倍数的一半，且两个输出端信号的相位相反。

2）差模输入电阻

由图 5.4.6 可知，无论单端输出还是双端输出，输入电阻均为

$$R_{id} = \frac{U_{id}}{I_{id}} = \frac{2U_{id1}}{I_{id}} = 2r_{be} \qquad (5.4.16)$$

3）差模输出电阻

双端输出时

$$R_{od} = 2R_C \qquad (5.4.17)$$

单端输出时

$$R_{od(单)} = R_C \qquad (5.4.18)$$

（3）共模抑制比

为了衡量差动放大电路对差模信号的放大能力和对共模信号的抑制能力，我们引入**共模抑制比** K_{CMR}。它定义为差模放大倍数与共模放大倍数之比的绝对值，即

$$K_{CMR} = \left|\frac{A_{ud}}{A_{uc}}\right| \qquad (5.4.19)$$

它的对数表达式为

$$K_{CMR} = 20\lg\left|\frac{A_{ud}}{A_{uc}}\right| \text{（dB）} \qquad (5.4.20)$$

K_{CMR} 实质上是反映实际差动电路的对称性。在双端输出理想对称的情况下，因 $A_{uc} = 0$，所以 K_{CMR} 趋于无穷大，但实际的差动电路不可能完全对称，因此 K_{CMR} 为有限值。为了定量计算，通常计算单端输出时的 K_{CMR}。根据式（5.4.12）和式（5.4.14），设负载 R_L 开路，可得

$$K_{CMR(单)} = \left|\frac{A_{ud(单)}}{A_{uc(单)}}\right| \approx \beta\frac{R_E}{r_{be}} \qquad (5.4.21)$$

例 5.4.1 电路如图 5.4.3 所示，已知 $U_{CC} = U_{EE} = 15\text{V}$，$V_1$、$V_2$ 的 $\beta = 100$，$r_{bb'} = 200\Omega$，$R_E = 7.2\text{k}\Omega$，$R_C = R_L = 6\text{k}\Omega$。

1）估算 V_1、V_2 的静态工作点 I_{CQ}、U_{CEQ}。

2）试求差模电压放大倍数 A_{ud} 及 R_{id}、R_{od}。

3）求 V_1 单端输出的差模电压放大倍数 $A_{ud(单)}$、共模电压放大倍数 $A_{uc(单)}$ 和共模抑制

比 K_{CMR}。

解： 1）根据式（5.4.1）～式（5.4.4）得到

$$I_{\mathrm{CQ}} = \frac{1}{2} \frac{U_{\mathrm{EE}} - U_{\mathrm{BE}}}{R_{\mathrm{E}}} = \frac{1}{2} \times \frac{15 - 0.7}{7.2} \mathrm{mA} = 1 \mathrm{mA}$$

$$U_{\mathrm{CEQ}} = U_{\mathrm{CC}} + 0.7\mathrm{V} - I_{\mathrm{CQ}} R_{\mathrm{C}} = (15 + 0.7 - 1 \times 6)\mathrm{V} = 9.7\mathrm{V}$$

2）$r_{\mathrm{be}} = r_{\mathrm{bb}'} + \beta \dfrac{26}{I_{\mathrm{CQ}}} = (200 + 100 \times \dfrac{26}{1})\Omega = 2.8\mathrm{k}\Omega$。

双端输出时，根据式（5.4.13）、式（5.4.16）和式（5.4.17）得到

$$A_{ud} = \frac{U_{\mathrm{od}}}{U_{\mathrm{i1}} - U_{\mathrm{i2}}} = -\frac{\beta \times (R_{\mathrm{C}} /\!/ R_{\mathrm{L}}/2)}{2.8} = -\frac{100 \times (6 /\!/ 3)}{2.8} = -71.4$$

$$R_{\mathrm{id}} = 2r_{\mathrm{be}} = 2 \times 2.8\mathrm{k}\Omega = 5.6\mathrm{k}\Omega$$

$$R_{\mathrm{od}} = 2R_{\mathrm{C}} = 2 \times 6\mathrm{k}\Omega = 12\mathrm{k}\Omega$$

3）单端输出时

$$A_{ud(单)} = -\frac{1}{2} \cdot \frac{\beta \times (R_{\mathrm{C}} /\!/ R_{\mathrm{L}})}{r_{\mathrm{be}}} = -\frac{1}{2} \times \frac{100 \times (6 /\!/ 6)}{2.8} = -\frac{1}{2} \times 107.14 = -53.6$$

根据式（5.4.12）得到

$$A_{uc(单)} = \frac{U_{\mathrm{oc1}}}{U_{\mathrm{ic}}} \approx -\frac{R_{\mathrm{C}} /\!/ R_{\mathrm{L}}}{2R_{\mathrm{E}}} = -\frac{6 /\!/ 6}{2 \times 7.2} = -0.2$$

所以 $K_{\mathrm{CMR}(单)} = \left| \dfrac{A_{ud(单)}}{A_{uc(单)}} \right| = \dfrac{53.6}{0.2} = 268$。

（4）对任意输入信号的动态特性

在实际使用时，U_{i1} 和 U_{i2} 可以是任意极性和幅度的信号，即 U_{i1} 和 U_{i2} 不是差模信号，也不是共模信号，这时可以把它们分解成差模分量和共模分量。通常把

$$U_{\mathrm{id}} = U_{\mathrm{i1}} - U_{\mathrm{i2}} \tag{5.4.22}$$

定义为**差模输入电压**，而把

$$U_{\mathrm{ic}} = \frac{U_{\mathrm{i1}} + U_{\mathrm{i2}}}{2} \tag{5.4.23}$$

定义为**共模输入电压**。根据上述定义，略做推导即可得到 U_{i1} 和 U_{i2} 用 U_{id} 和 U_{ic} 表示的表达式：

$$U_{\mathrm{i1}} = \frac{U_{\mathrm{id}}}{2} + U_{\mathrm{ic}} \tag{5.4.24}$$

$$U_{\mathrm{i2}} = -\frac{U_{\mathrm{id}}}{2} + U_{\mathrm{ic}} \tag{5.4.25}$$

通过这样的分析，图 5.4.3 又可以画成如图 5.4.7 所示的形式，对于 V_1 和 V_2 来说，大小相等、极性相反的两个信号 $U_{\mathrm{id}}/2$ 和 $-U_{\mathrm{id}}/2$ 就是差模分量，而大小相等、极性相同的两个信号 U_{ic} 就是共模分量。

根据叠加原理，输出电压应为共模输出电压 U_{oc} 和差模输出电压 U_{od} 之和，即 $U_{\mathrm{o}} = U_{\mathrm{od}} + U_{\mathrm{oc}}$。当双端输出时，由于 $A_{uc} = 0$，故有

$$U_{\mathrm{o}} = A_{ud} U_{\mathrm{id}} + A_{uc} U_{\mathrm{ic}} = A_{ud} U_{\mathrm{id}} = A_{ud}(U_{\mathrm{i1}} - U_{\mathrm{i2}}) \tag{5.4.26}$$

单端输出时，当共模抑制比足够高，即满足 $A_{ud(单)} \gg A_{uc(单)}$ 时，则有

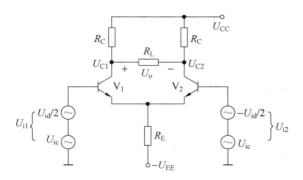

图 5.4.7　将两个任意信号转换成差模和共模输入状态

$$U_{o1} = A_{ud(单)} U_{id} + A_{uc(单)} U_{ic} \approx A_{ud(单)} U_{id} = A_{ud(单)} (U_{i1} - U_{i2}) \qquad (5.4.27)$$

$$U_{o2} = - A_{ud(单)} U_{id} + A_{uc(单)} U_{ic} \approx - A_{ud(单)} U_{id} = - A_{ud(单)} (U_{i1} - U_{i2}) \qquad (5.4.28)$$

由此可见，无论是双端还是单端输出，差动放大电路只放大两个输入端的差信号，换句话说，"差动电路只对信号之差动作"，这正是差动放大电路名称的由来。

图 5.4.3 所示电路，两个输入端均未接地，称为**双端输入**。在实际使用时，为了防止干扰，常将两个输入端一端接地，信号源加在另一端和地之间，如图 5.4.8 所示，这种接法称为**单端输入**。此时差模信号为 U_i，共模信号为 $U_i/2$。无论是双端输入还是单端输入，差动放大电路只放大两个输入端之差，而抑制共模信号。

综上所述，根据输入、输出端的接法不同，共有四种差放形式：单端入，单端出；双端入，双端出；单端入，双端出；双端入，单端出。差放特性可以总结以下几点结论：

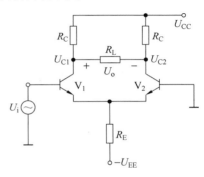

图 5.4.8　单端输入的差动电路

1）差动放大电路的性能只与输出端的接法有关，与输入端的接法无关。

2）双端输出的差模电压放大倍数等于半边差模等效电路的电压放大倍数，即与单管共射放大电路相同。单端输出差模电压放大倍数仅是半边差模等效电路电压放大倍数的一半。

3）双端输出的输出电阻为 $2R_C$，单端的输出电阻仅是双端输出的一半。

4）无论是双端输入还是单端输入，差模输入电阻均等于半边差模等效电路输入电阻的两倍。共模输入电阻远大于差模输入电阻。

例 5.4.2　差动放大电路如图 5.4.3 所示，参数设置与例 5.4.1 相同，设 $U_{i1} = 10\text{mV}$，$U_{i2} = 2\text{mV}$，试求双端输出时和单端输出（取自 V_2 输出端）时的输出电压各为多少？

解： 先求出相应的差模输入电压和共模输入电压为

$$U_{id} = U_{i1} - U_{i2} = (10 - 2)\text{mV} = 8\text{mV}$$

$$U_{ic} = \frac{U_{i1} + U_{i2}}{2} = \left(\frac{10 + 2}{2}\right)\text{mV} = 6\text{mV}$$

前面已经求出 $A_{ud} = -71.4$，$A_{ud(单)} = -53.6$，$A_{uc(单)} = -0.2$。双端输出时，输出电压没有共模分量，只有差模分量，所以

$$U_o = A_{ud} U_{id} = -71.4 \times 8 \times 10^{-3}\text{V} = -0.57\text{V}$$

单端输出时，应考虑共模输出电压和差模输出电压，由于输出端取自 V_2，差模电压放大倍数为正，即同相放大，共模电压放大倍数仍然为负，因此

$$U_{o(单)} = A_{ud(单)} U_{id} + A_{uc(单)} U_{ic} = 53.6 \times 8 \times 10^{-3} V + (-0.2) \times 6 \times 10^{-3} V = 0.43V$$

5.4.3 具有电流源的差动放大电路

在差动放大电路中，特别是在单端输出电路中，我们希望发射极电阻 R_E 的阻值越大越好，这样可以有效地抑制工作点漂移，提高共模抑制能力。但是，由于电路的结构，R_E 的增大是有限的。原因主要有两个：

一是如果保持电源电压 U_{EE} 不变，增大 R_E 势必减小流过 R_E 的电流 I，使每管的静态集电极电流 I_{EQ} 减小，这样 $r_e = \dfrac{U_T}{I_{EQ}}$ 增大，引起 $r_{b'e}$ 增大，最终造成差模增益 $A_{ud} = -\dfrac{\beta R'_L}{r_{b'e}}$ 的下降。

二是如果增大 R_E，而保持电流 I 不变，则会造成电源 $-U_{EE}$ 过大。设晶体管发射极静态电流为 0.5mA，则电流 I 为 1mA。当 R_E 为 $10k\Omega$ 时，电源 $-U_{EE}$ 的值约为 $-10.7V$。在同样的静态工作电流下，若 R_E 为 $100k\Omega$，则 $-U_{EE} = -100.7V$，这显然是不现实的。

R_E 不能过大还有一个原因是集成电路不易制作较大阻值的电阻。为此，对长尾式差动电路的改进方法是用电流源代替电阻 R_E。一种具有电流源的差动电路如图 5.4.9a 所示。图中电流源采用的是分压式偏置电路，由于分压式偏置电路能够保持管子的集电极电流恒定，因此也是一种电流源电路，称为单管电流源，这是分立元件电路常用的形式。而在集成电路中，大多采用前面讲到的镜像电流源、微电流电流源等。

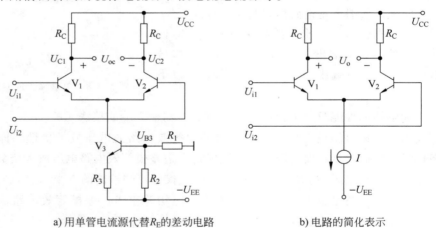

a) 用单管电流源代替 R_E 的差动电路　　　　　　b) 电路的简化表示

图 5.4.9　具有电流源的差动放大电路

由于单管电流源的输出电流恒定，因此其输出内阻 R_o 很大，理想情况下，R_o 趋向于无穷大，因此差动电路无论是双端输出，还是单端输出，共模电压放大倍数都可近似为零，从而使共模抑制比趋于无穷大。这样电流源电路在不高的电源电压下既可以设置合适的静态工作点，又可以使电路有更大的共模抑制比。当实际电流源近似为理想电流源，R_o 趋向于无穷大时，常用如图 5.4.9b 所示的简化电路来表示具有电流源的差动放大电路。

图 5.4.9a 电路的静态工作点可按以下方法估算：

$$U_{R_2} = \frac{R_2}{R_1 + R_2} U_{EE} \tag{5.4.29}$$

$$I_{C3} \approx I_{E3} = \frac{U_{R_2} - U_{BE}}{R_3} \qquad (5.4.30)$$

$$I_{C1Q} = I_{C2Q} = \frac{1}{2}I_{C3}$$

$$U_{CE1Q} = U_{CE2Q} = U_{CC} + 0.7 - I_{C1Q}R_C \qquad (5.4.31)$$

具有电流源的差动放大电路的动态分析，与前面的分析完全相同，有关差模指标的计算公式，对电流源的差动电路同样适用。

为了获得高输入电阻的差动放大电路，可以将前面所讲电路中的晶体管用场效应晶体管取代，如图 5.4.10 所示。这种电路特别适合做直接耦合多级放大电路的输入级。通常情况下，可以认为其输入电阻为无穷大。与晶体管差动放大电路相同，场效应晶体管差动放大电路也有四种接法，可以采用前面叙述的方法对四种接法进行分析，这里不再一一重复。

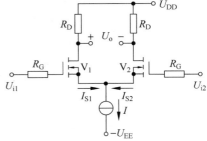

图 5.4.10　场效应晶体管差动放大电路

例 5.4.3　MOS 管差动电路如图 5.4.11 所示，分析该电路的共模和差模特性。

解：1）共模信号分析

类似于双极型晶体管构成的差动电路，电路中 X、Y 两点处的电压相等，故电路的双端共模输出为零。漏端电压为

$$U_X = U_Y = U_{DD} - R_D\frac{I_{SS}}{2}$$

为保证 V_1 和 V_2 两管处于饱和区，必须符合式（5.4.32）所示条件：

$$U_{DD} - R_D\frac{I_{SS}}{2} > U_{CM} - U_{TH} \qquad (5.4.32)$$

因此，共模输出电压 U_X 或者 U_Y 不能太低。

共模放大倍数可类似于双极型晶体管的情况求得。

2）差模信号分析

对于差模信号，其交流通路如图 5.4.12 所示。

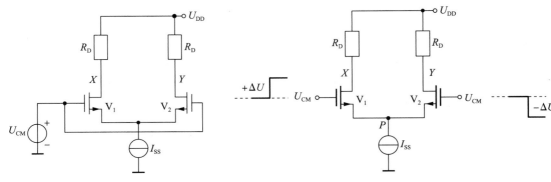

图 5.4.11　MOS 管差动电路　　　　图 5.4.12　MOS 管差动电路差模交流通路

P 点处的电压变化为零，即 $\Delta U_P = 0$，故由半边电路可得双端输出的差模增益为

$$A_{ud} = -g_m R_D$$

5.4.4　差动放大电路的大信号分析

以上差放特性都是工作在小信号状态的。下面进一步讨论差动放大电路在大信号工作状态下，输出电流或输出电压与差模输入电压的关系，即差动电路的传输特性，从而了解差放的线性工作范围及其相关特性。

1. 差动放大电路的传输特性

下面我们推导在大信号范围下，输出电流（电压）与输入 u_{id} 的关系。根据图 5.4.13 可知：

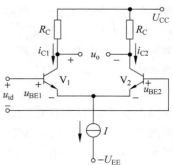

图 5.4.13　具有电流源的差动放大电路

$$u_{id} = u_{BE1} - u_{BE2} \qquad (5.4.33)$$

第 1 章介绍过晶体管的射极电流与发射结电压有如下关系：

$$i_E = I_S(e^{\frac{u_{BE}}{U_T}} - 1) \approx I_S e^{\frac{u_{BE}}{U_T}}$$

因此，$u_{BE} = U_T \ln \dfrac{i_E}{I_S}$。

对于图 5.4.13 所示的差动电路，由于两个晶体管参数相同，即 $I_{S1} = I_{S2}$，于是式（5.4.33）可转变成

$$u_{id} = U_T \ln \frac{i_{E1}}{i_{E2}} = U_T \ln \frac{i_{E1}}{I - i_{E1}} \approx U_T \ln \frac{i_{C1}}{I - i_{C1}} \qquad (5.4.34)$$

整理上式还可得

$$i_{C1} = \frac{I}{1 + e^{-\frac{u_{id}}{U_T}}} \qquad (5.4.35)$$

同理可得

$$i_{C2} = \frac{I}{1 + e^{\frac{u_{id}}{U_T}}} \qquad (5.4.36)$$

因为 $u_o = u_{C1} - u_{C2} = U_{CC} - i_{C1}R_C - (U_{CC} - i_{C2}R_C) = -(i_{C1} - i_{C2})R_C$，利用双曲正切函数可得

$$u_o = -(i_{C1} - i_{C2})R_C = -R_C I \tanh\left(\frac{u_{id}}{2U_T}\right) \qquad (5.4.37)$$

由式（5.4.35）～式（5.4.37）绘出差动放大电路输出电流 i_{C1} 和 i_{C2}、输出电压 u_o 与差模输入电压 u_{id} 之间的传输特性曲线，分别如图 5.4.14a、b 所示。

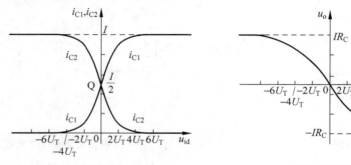

a) 电流传输特性曲线　　　　　　　　　b) 电压传输特性曲线

图 5.4.14　差动放大电路的传输特性曲线

分析两图可得差放的几点结论：

1）差放电路中两个晶体管的集电极电流之和恒等于 I。当 $u_{i1} = u_{i2}$ 时，差动电路处于静态，这时 $i_{C1} = i_{C2} = I/2$，每管的偏流为电流源电流的一半。当 $u_{i1} \neq u_{i2}$ 时，一管电流增大，另一管必定等量减小。

2）当差模输入信号 $|u_{id}| \leq U_T$（约 26mV）时，差放的传输特性可视为线性，也就是说，对此范围内的差模信号，差放可进行线性放大，求解输出与输入的电压放大倍数可以用5.4.2 节介绍的方法进行计算。

3）当差模输入信号 $|u_{id}| \geq 4U_T$（约 100mV）时，差放的传输特性已趋于一条水平线，这表明一个管子截止，其集电极电流趋于零，电流源电流 I 全部流入另一管。也就是说，差放的大信号特性是具有非线性特性的，这一特性广泛应用于信号的限幅。

为了扩展传输特性的线性区范围，可在每个差放管的射极串接负反馈电阻 R（或在基极串接电阻 R_B），如图 5.4.15a 所示，扩展后的电流传输特性曲线如图 5.4.15b 所示。显然，$R(R_B)$ 越大，扩展的线性区范围也越大，如图 5.4.15b 曲线①、②所示。不过，随着线性区范围的扩大，曲线的斜率减小，表明差动放大电路的放大倍数将随之降低。

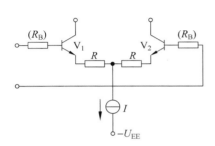 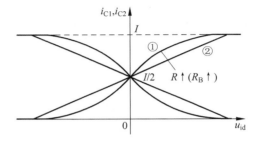

a) 串接 $R(R_B)$ 的线性区扩展电路　　　　b) 线性区扩展后的电流传输特性曲线

图 5.4.15　扩展差动电路的线性范围

2. 差动放大电路正常工作的前提条件

还需指出，差动放大电路的上述结论都是建立在下面两个前提条件下的。

（1）差放电路输入电压的幅值是有限制的

差模输入电压受晶体管发射结反向击穿电压的限制，如图 5.4.9 所示，若 V_2 基极电位固定，V_1 加较高正电压，则 V_1 发射极电位跟随，致使 V_2 发射结反偏。如果反偏电压超过击穿电压，将使 PN 结击穿，所以差模输入电压范围不能超过发射结的反向击穿电压。

共模输入电压所受的限制是：当共模输入电压为正，且超过差分对管的集电极电压时，差分对管进入饱和区；当共模输入电压为负，且负电压低于电流源晶体管的基极电位时，电流管进入饱和区，即共模输入电压应满足：

$$U_{B3} < u_{ic} < U_{C1}$$

差放电路只有在此范围内，差放管和电流管才工作在放大区，对共模信号才有较强的抑制作用；否则，性能将严重恶化。

（2）电流源电流 I 小于差放管的集电极临界饱和电流 $I_{CS(临界)}$

两个差放管的静态工作点应该设置在交流负载线（由于差放电路是直接耦合，交、直流负载线重合）中点偏低的位置，即 $I_{CQ} \approx I_{EQ} < I_{CS(临界)}/2$，其中 $I_{CS(临界)}$ 为差放管集电极临界饱

和电流。或者说，电流源电流$I(=2I_{EQ})$应该小于差放管的$I_{CS(临界)}$。这是因为，随着差模信号的增大，一个管子的 Q 点顺着负载线向截止区方向移动，另一个管以同样的速度向饱和区方向移动，工作点偏向截止区，就会使一个管子首先进入截止区，其集电极电流为零，另一个管的集电极电流则固定为I。如果工作点偏高，就会有一个管子先进入饱和区，在饱和区，关系式$i_C \approx i_E$不成立，此时两集电极电流之和就不等于I，上述结论也就不成立了。

例 5.4.4　差动电路如图 5.4.9b 所示，$R_C = 20k\Omega$，$I = 0.4mA$，$U_{CC} = U_{EE} = 15V$，$A_{ud} = -153$，设u_{i1}和u_{i2}均为正弦信号，其振幅分别为 0.3V 和 0.2V，试说明其输出电压波形和幅度。若$R_C = 40k\Omega$，试说明当输入达到最大时，输出电压的幅度。

解：输入差模信号的振幅为

$$U_{idm} = (0.3 - 0.2)V = 0.1V = 100mV$$

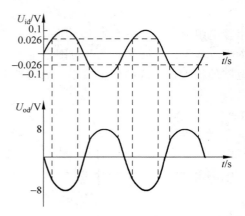

可见，输入信号达到最大值时，差放电路已经进入了限幅状态，因此不能再用线性区间的计算方法得到差模输出信号的振幅。根据图 5.4.14b 所示进入限幅状态时，输出电压为

$$U_o = -I \times R_C = (-0.4 \times 20)V = -8V$$

也就是说，当输入差模正弦信号的幅值达到 100mV 时，输出进入限幅状态。因此，可以得到如图 5.4.16 所示的输出电压与输入电压的关系曲线。

当$R_C = 40k\Omega$时，忽略差分对管集电极饱和压降，$I_{CS(临界)} = U_{CC}/R_C = (15/40)mA = 0.375mA$，已知电流源电流$I = 0.4mA$，明显$I > I_{CS(临界)}$，已经不符合上述第二个前提条件，则$U_{odm} = I \times R_C =$

图 5.4.16　例 5.4.4 输出电压与输入电压的关系曲线图

$(0.4 \times 40)V = 16V$的结论是不正确的。当输入电压达到峰值 0.1V 时，一管进入饱和区，一管进入截止区，进入截止区的管子，其$U_{CEQ} = U_{CC} = 15V$；进入饱和区的管子，其$U_{CEQ} \approx 0V$。因此，$U_{odm} \approx (0 - 15)V = -15V$。因此可以得出结论，当$I \times R_C > U_{CC}$时，输出被限幅在电源电压$\pm U_{CC}$。

3. MOS 差动放大电路大信号分析

如图 5.4.17 所示，当信号幅度较大时，交流小信号模型不再适用。从基本的 MOS 管漏电流和栅电压关系可得

$$I_{D1} - I_{D2} = \frac{1}{2}\mu_n C_{ox} \frac{W}{L}(U_{i1} - U_{i2})\sqrt{\frac{4I_{SS}}{\mu_n C_{ox}\dfrac{W}{L}} - (U_{i1} - U_{i2})^2} \tag{5.4.38}$$

由于输入的差模电压有上限，即当输入最大差模电压时，所有电流流入一管，而另一管截止，可得该最大差模电压为

$$|U_{i1} - U_{i2}|_{max} = \sqrt{2}(U_{GS} - U_{TH}) \tag{5.4.39}$$

其中，$(U_{GS} - U_{TH}) = \sqrt{\dfrac{I_{SS}}{\mu_n C_{ox}\dfrac{W}{L}}}$为过驱动电压。

故大信号传输特性曲线如图 5.4.18 所示。

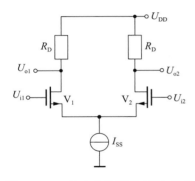

图 5.4.17　具有电流源的 MOS 差动
　　　　　 放大电路

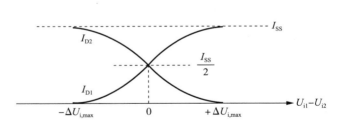

图 5.4.18　MOS 差动放大电路大信号传输
　　　　　 特性曲线

通常差动电路会采用有源负载，如图 5.4.19
所示。

值得注意的是，差模情况下，两个差动输
入管漏端的有源负载阻抗相差很大，因此这两
个输入管漏端节点电压的波动幅度也不同，从
而导致公共源极 P 点的电位产生波动，故不能
把节点 P 视作虚地。

4. 差动放大电路作模拟乘法器

差动电路还有一个重要的应用就是构成模
拟乘法器，实现乘法的原理简述如下：由
式(5.4.37)可知

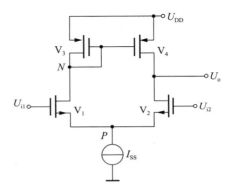

图 5.4.19　采用有源负载的 MOS 差动放大电路

$$u_o = -R_C I \tanh\left(\frac{u_{id}}{2U_T}\right)$$

若差模输入电压 $u_{id} \ll 2U_T \approx 50\text{mV}$，则根据双曲
正切函数的性质，式(5.4.37)可以近似写成

$$u_o = -R_C I \frac{u_{id}}{2U_T} \qquad (5.4.40)$$

如果电流源 I 由某一输入电压 u_y 控制，如
图 5.4.20 所示，令 $u_{id} = u_x$。若 $u_y \gg u_{BE}$，则

$$I = \frac{u_y - u_{BE}}{R_r} \approx \frac{u_y}{R_r} \qquad (5.4.41)$$

将其代入式(5.4.40)，则

$$u_o = -\frac{R_C}{2U_T R_r} u_x u_y \qquad (5.4.42)$$

式中，$-\dfrac{R_C}{2U_T R_r}$ 为增益系数。

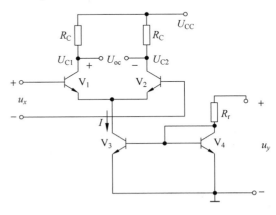

图 5.4.20　用差动电路作简单的模拟乘法器

可见，这种电路是通过输入电压 u_y 控制差放电路的电流源电流 I 达到电压相乘的目的。
有关这方面的内容，读者可以参考模拟乘法器的相关书籍。

5.4.5 差动放大电路的失调和温漂

1. 差动放大电路的失调

一个完全对称的差动放大电路，当输入信号为零时，其双端输出电压也为零，显然，这是理想情况。实际上，两个半电路不可能做到完全对称，即输出电压不可能为零。这种输入为零而输出电压不为零的现象称为差动放大电路的**失调**。

为了使差动放大电路在零输入时双端输出电压为零，需要人为地在输入端加补偿信号，所加的补偿电压用 U_{IO} 表示，它与**输入失调电压**大小相等、如图 5.4.21a 所示；所加的补偿电流用 I_{IO} 表示，它与**输入失调电流**大小相等、方向相反，如图 5.4.21b 所示。

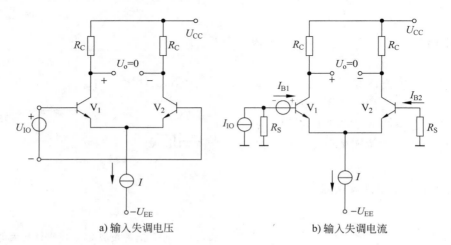

a) 输入失调电压   b) 输入失调电流

图 5.4.21　差放的输入失调电压和输入失调电流

由图 5.4.21a 可知

$$U_{IO} = U_{BE1} - U_{BE2} = U_T \ln\left(\frac{I_{C1}}{I_{C2}} \cdot \frac{I_{S2}}{I_{S1}}\right) \tag{5.4.43}$$

式中，U_{BE1}、U_{BE2} 分别是 $U_o = 0$ 时的发射结正向电压。当 $U_o = 0$ 时，在不考虑 R_C 差值的情况下，$I_{C1} = I_{C2}$，式（5.4.43）说明，此时失调电压取决于两管反向饱和电流 I_S 的比值。

由图 5.4.21b 可知

$$I_{IO} = I_{B1} - I_{B2} \tag{5.4.44}$$

如果不考虑 R_C 的差值，则 $I_{C1} = I_{C2} = I_C$，式（5.4.44）可以写成

$$I_{IO} = \frac{I_{C1}}{\beta_1} - \frac{I_{C2}}{\beta_2} = I_C\left(\frac{1}{\beta_1} - \frac{1}{\beta_2}\right) \tag{5.4.45}$$

设 $\beta_1 = \beta$，$\beta_2 = \beta + \Delta\beta$，经过推导，式（5.4.45）可以写成

$$I_{IO} = I_B\left(\frac{\Delta\beta}{\beta + \Delta\beta}\right) \approx I_B\left(\frac{\Delta\beta}{\beta}\right) \tag{5.4.46}$$

式中，$I_B = I_C/\beta$。上式表明在忽略集电极电阻的差值下，失调电流的大小与两管 β 值的相对偏差和基极平均偏流 I_B 成正比。因此，为了减小差放的失调电流，除尽量使两管 β 匹配外，还应减小基极偏置电流。

在图 5.4.21 中，U_{IO}、I_{IO} 是差放的固有参数，与外电路无关。当信号源内阻较小（几十

或几百欧)时，失调电压 U_{IO} 将是主要因素。如果信号源内阻较大，那么基极电流的差异即失调电流 I_{IO} 在信号源内阻上要产生压降，这时总的失调电压变为 $U_{IO} + I_{IO}R_S$，因此，减小基极偏流是降低失调的重要措施。

由于失调的存在，通常都采用调零电路使差放在某一特定温度下 $U_i = 0$ 时，$U_o = 0$。常用的调零电路有两种：一种是射极调零，如图 5.4.22a 所示，调零电位器 R_W 可以控制两管的集电极电流大小，使 $U_o = 0$；另一种是集电极调零，如图 5.4.22b 所示，调零电位器 R_W 接在两个集电极电阻 R_C 之间，其活动接点接至电源 U_{CC}，这种调节方法，实际上是改变两个负载电阻 R_C 的阻值，使输出电压为零。

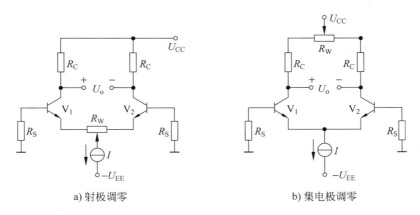

a) 射极调零　　　　　　　　　　　b) 集电极调零

图 5.4.22　差动放大电路的调零电路

顺便指出，在射极调零电路中，由于两个差放管的射极分别接有电阻，因而差模指标会有所变化。对图 5.4.22a 所示电路，由于两边电路的不对称是非常微小的，因此对电位器 R_W 的调节也只是在中点做微小的移动，因此，在计算差模指标时，需要考虑 $R_W/2$ 的射极电阻。此时，差模电压放大倍数和差模输入电阻分别为

$$A_{ud} = \frac{U_{od}}{U_{id}} = -\frac{\beta R_C}{r_{be} + (1 + \beta)\frac{1}{2}R_W + R_S} \tag{5.4.47}$$

$$R_i = 2\left[r_{be} + R_S + (1 + \beta)\frac{1}{2}R_W\right] \tag{5.4.48}$$

2. 失调的温度漂移

差动放大电路虽然可以通过调零措施，在某一时刻补偿失调，做到零输入时零输出，但是失调会随温度的改变而发生变化。对这种随机的变化，任何调零措施还做不到理想跟踪调整。因此，差动放大电路仍有失调的温度漂移现象。那么失调的温漂有多大呢？

失调电压 U_{IO} 的温漂，可以通过式(5.4.43)对温度 T 求导得出，即

$$\frac{\mathrm{d}U_{IO}}{\mathrm{d}T} = \frac{\mathrm{d}(U_{BE1} - U_{BE2})}{\mathrm{d}T}$$

$$= \frac{\mathrm{d}\left(\frac{kT}{q}\ln\frac{I_{C1}}{I_{S1}} - \frac{kT}{q}\ln\frac{I_{C2}}{I_{S2}}\right)}{\mathrm{d}T} = \frac{k}{q}\ln\frac{I_{C1}}{I_{S1}} - \frac{k}{q}\ln\frac{I_{C2}}{I_{S2}} = \frac{U_{IO}}{T} \tag{5.4.49}$$

上式表明，失调电压的温漂与失调电压的大小成正比。在室温（$T = 300\text{K}$）时，1mV 的失调电压所对应的输入失调电压的漂移约为 $3.3\mu\text{V}/℃$。失调电压越大，其漂移相应地也越大，所以要减小失调电压的温漂，就必须减小两管 U_{BE} 的差值。

同理，将式（5.4.46）对 T 求导，可求得失调电流 I_{IO} 的温漂为

$$\frac{\mathrm{d}I_{IO}}{\mathrm{d}T} = - I_B \frac{\Delta\beta}{\beta} \frac{1}{\beta} \frac{\mathrm{d}\beta}{\mathrm{d}T} = -\frac{1}{\beta} \frac{\mathrm{d}\beta}{\mathrm{d}T} I_{IO} = -CI_{IO} \tag{5.4.50}$$

式中，$C = \dfrac{1}{\beta}\dfrac{\mathrm{d}\beta}{\mathrm{d}T}$ 为 β 的温度系数。可见，失调电流的温漂主要取决于 β 的温度系数和失调电流本身。失调电流越小，其温漂也就越小。

5.5 复合管及其放大电路

集成运算放大电路的中间级通常用来提高运放的开环增益，多采用有源负载的共射放大电路。为了进一步改善放大电路的性能，集成运放会用复合管来取代基本放大电路中的晶体管。

用两只同类型的双极型晶体管按图 5.5.1a 的形式连接，即一组电极并联，一组电极串联，两只晶体管的电流符合电流流通方向，便组成一个三端等效复合器件，如图 5.5.1b 所示。通常把这种双管复合器件称为**达林顿复合管**或**达林顿对**。

从图 5.5.1a 可以看出，$i_B = i_{B1}$，$i_C = i_{C1} + i_{C2} = \beta_1 i_{B1} + \beta_2(\beta_1 + 1) i_{B1}$，则达林顿复合管总的电流增益为

$$\beta = \frac{i_C}{i_B} = \beta_1 + \beta_2(\beta_1 + 1) \approx \beta_1\beta_2 \quad (5.5.1)$$

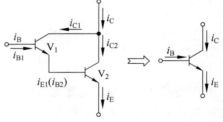

a) 复合管电路　　b) 等效器件

图 5.5.1　达林顿复合管

例如 $\beta_1 = \beta_2 = 60$，则 $\beta = 3600$，显然，电流增益得到很大提高。

用达林顿复合管组成放大电路如图 5.5.2a 所示，实际组成了共集－共射双管放大电路，图 5.5.2b 是它的交流等效电路，由图可知电流放大倍数为

$$A_i = \beta_1\beta_2 \tag{5.5.2}$$

输入电阻

$$R_i = R_B \mathbin{/\!/} \left[r_{be1} + (1 + \beta_1) r_{be2} \right] \tag{5.5.3}$$

若忽略 $r_{bb'}$，则式中

$$r_{be1} = (1 + \beta_1)\frac{U_T}{I_{EQ1}} = (1 + \beta_1)(1 + \beta_2)\frac{U_T}{I_{EQ2}} = (1 + \beta_1) r_{be2} \tag{5.5.4}$$

将上式代入式（5.5.3），得

$$R_i = R_B \mathbin{/\!/} 2r_{be1} \tag{5.5.5}$$

电压放大倍数

$$A_u = \frac{U_o}{U_i} = -\frac{\beta_1\beta_2 I_{b1}(R_C \mathbin{/\!/} R_L)}{I_{b1} 2r_{be1}} = -\frac{\beta_1\beta_2(R_C \mathbin{/\!/} R_L)}{2r_{be1}} \tag{5.5.6}$$

输出电阻

$$R_{\text{o}} = R_{\text{C}} \qquad (5.5.7)$$

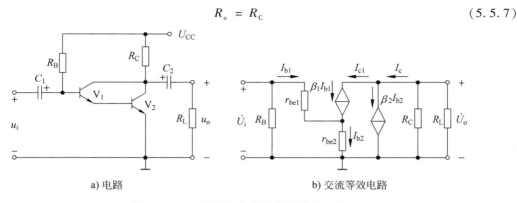

a) 电路   b) 交流等效电路

图 5.5.2 阻容耦合复合管共射放大电路

还有一类由不同类型的双极型晶体管组成的复合管如图 5.5.3 所示，等效晶体管的管型与 V_1 相同，因此图 5.5.3a 等效成 PNP 管，图 5.5.3b 等效成 NPN 管。这类复合管的电流增益 $\beta = \beta_1\beta_2$，输入电阻与 V_1 的相同，即 $R_{\text{i}} = r_{\text{be1}}$。

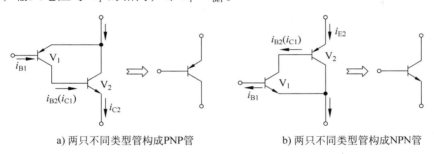

a) 两只不同类型管构成PNP管   b) 两只不同类型管构成NPN管

图 5.5.3 另一类复合管

5.6 集成运算放大电路的输出级电路

集成运放对输出级电路的要求是：输出电阻尽可能低，在额定负载的要求下，能向负载提供足够大的不失真的信号电压，或者说，能向负载提供额定的输出功率；有较高的效率；有较高的输入电阻以减小对前级的影响。此外，还应有过载保护电路。

1. 射极输出器输出级

图 5.6.1 所示是采用双向电源的射极输出器，基本原理前面已有介绍，它的输入电阻很高，输出电阻很低，带负载能力很强。但是从图中可以看出：当 U_{i} 为正时，输出电压 U_{o} 跟随也为正，当 U_{i} 增加到使 V 饱和时，正向输出电压达到最大值接近 U_{CC}；当 U_{i} 为负时，输出负电压，当负值增加到使 V 截止时，负向输出电压接近 $-U_{\text{EE}}\dfrac{R_{\text{L}}}{R_{\text{E}} + R_{\text{L}}}$。一般来说 $|-U_{\text{EE}}| \leqslant |U_{\text{CC}}|$，$R_{\text{L}} < R_{\text{E}}$，所以负向跟随范围比正向跟随范围小。而且，这种电路的工作效率小于 10%。因此，这种简单的跟随器电路仅适用于负载较轻、负载电流较小的场合。

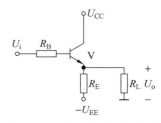

图 5.6.1 射极输出器输出级

2. 互补射极输出级

互补输出电路能输出较大功率，常工作在乙类状态（只有在信号的半个周期内有集电极电流通过的工作状态称为乙类状态），它由 NPN 管和 PNP 管组成，称为互补。在功率放大电路中，也称为互补对称乙类推挽功率放大电路，详细分析将在第 8 章中讨论，这里仅对其工作原理进行简介。

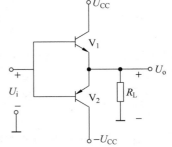

图 5.6.2 是互补射极输出级的原理图。电路工作原理是：当输入信号 U_i 为零时，两管处于截止状态，$U_o = 0$。当 U_i 不为零（设输入信号为单一的正弦信号）时，若忽略管子的导通电压，在信号正半周内，V_1 导通，V_2 截止，V_1 输出电流流过 R_L，产生正半周输出电压；而在信号负半周内，V_2 导通，V_1 截止，V_2 输出电流在 R_L 上产生负半周输出电压，最终在 R_L 上合成一个完整的输出信号波形，最大输出电压幅度近似为 $\pm U_{CC}$。由于这种电路是两管交替工作，静态工作电流很小，因此器件的功耗较低，电路效率

图 5.6.2　互补射极输出级原理图

高，集成运放广泛应用这种电路作输出级。由于每个晶体管工作时是射极输出，因此仍保持输入电阻高、输出电阻低的优点。

这种互补输出电路存在的问题是当输入信号幅度小于两管的发射结导通电压（硅管约为 0.7V）时，两管截止，输出为零，只有输入信号超过导通电压时，输出才能很好地跟随，这样，信号在正半周和负半周交接时产生失真，这种失真称为交越失真。为了克服交越失真，电路上要做一些改进。图 5.6.3a 电路是利用 VD_1、VD_2 为 V_1 和 V_2 提供正向偏压；图 5.6.3b 电路是利用 V_4、R_1 和 R_2 组成模拟电压源，产生正向偏压。由图 5.6.3b 可知

$$U_{AB} = I_1 R_1 + I_2 R_2$$

若忽略 I_{B4}，则 $I_1 = I_2$，且 $U_{BE4} = I_2 R_2$，故

$$U_{AB} \approx U_{BE4}\left(1 + \frac{R_1}{R_2}\right) \tag{5.6.1}$$

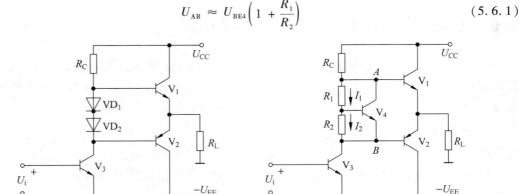

a) 二极管偏置方式　　　　　　　　　　b) 模拟电压源偏置方式

图 5.6.3　克服交越失真的互补电路

可见，U_{AB} 是 U_{BE4} 的某一倍数，所以该电路也称为 U_{BE4} 的倍增电路。调整 R_1 和 R_2 的比值，可以得到所需的偏压值。由于 R_1 从集电极反接到基极，具有负反馈作用，因而使 A、B 间的动态电阻很小，近似为一个恒压源。

5.7　集成运算放大电路举例

5.7.1　双极型集成运算放大电路 F007

双极型集成运放 F007 是一种通用型运算放大电路，它的电路特点是：采用了有源集电极负载、电压放大倍数高、输入电阻高、共模电压范围大、校正简便、输出有过流保护等。其电路原理图如图 5.7.1 所示，图中各引出端所标数字为组件的管脚编号。F007 是一个直接耦合的三级放大电路。

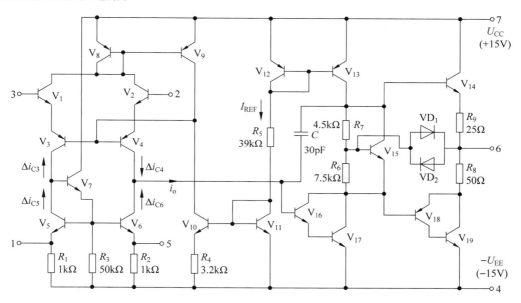

图 5.7.1　F007 电路原理图

1. 偏置电路

偏置电路的作用是向各级放大电路提供合适的偏置电流，决定各级的静态工作点。F007 的偏置电路由 $V_8 \sim V_{13}$ 组成。基准电流由 V_{12}、R_5 和 V_{11} 决定。流过 R_5 的基准电流 I_{REF} 可用下式表示：

$$I_{REF} = \frac{U_{CC} + U_{EE} - U_{BE12} - U_{BE11}}{R_5} \tag{5.7.1}$$

V_{10}、V_{11} 和 R_4 组成微电流源电路，提供输入级所要求的微小而又十分稳定的偏置电流，并提供 V_9 所需的集电极电流，即 $I_{C10} = I_{C9} + 2I_{B3}$。$V_8$ 与 V_9 组成镜像恒流源电路，提供 V_1 和 V_2 的集电极电流，为输入级提供偏置，即 $I_{C1} + I_{C2} \approx I_{C9}$。$V_{12}$ 与 V_{13} 组成镜像恒流源电路，提供中间级 V_{16} 和 V_{17} 的静态工作电流，并充当其有源负载。

2. 输入级

输入级对集成运放的多项技术指标起着决定性的作用。它的电路形式几乎都采用各种各样的差动放大电路，以发挥集成电路制造工艺上的优势。F007 的输入级电路是由 $V_1 \sim V_7$ 组成的带有源负载的差动放大电路。

$V_1 \sim V_4$ 组成共集-共基复合差动放大电路。其中，V_1、V_2 接成共集电极形式，可以提高电路的输入阻抗，同时由于 $U_{C1} = U_{C2} = U_{CC} - U_{BE8}$，因而共模信号正向界限接近 U_{CC}，即提高了共模信号的输入范围。V_3、V_4 组成共基极电路，具有较好的频率特性，同时还能完成电位移动功能，使输入级输出的直流电位低于输入直流电位，这样后级就可直接接 NPN 型管。由于 V_3、V_4（PNP 型管）的发射结击穿电压很高，这种差动放大电路的差模输入电压也很高，可达 30V 以上。此外，共基极电路输入电阻较小，而输出电阻较大，有利于接有源负载，并起到将负载与 V_1、V_2 管隔离开的作用。

有源负载是由 V_5、V_6、V_7 及 R_1、R_2、R_3 组成的改进型比例电流源电路。用它作差动放大电路的负载，不仅可以提高电压放大倍数，还能在保持电压放大倍数近似不变的条件下，将双端输出转化为单端输出，形成所谓的单端化电路。当输入一对差模信号时，有 $\Delta i_{C3} = -\Delta i_{C4}$，$\Delta i_{C5} = \Delta i_{C6}$，因为 $\Delta i_{C3} = \Delta i_{C5}$，所以有 $\Delta i_{C6} = -\Delta i_{C4}$，从而输出电流 $i_o = \Delta i_{C6} + \Delta i_{C4} = -2\Delta i_{C4} = \Delta i_{C3} - \Delta i_{C4}$，这说明输入级的输出电流为两边输出电流变化量的总和，使单端输出的电压放大倍数提高到近似等于双端输出的电压放大倍数。

因为 $I_{C10} = I_{C9} + 2I_{B3}$，假设由于共模信号的作用使 I_{C1}、I_{C2} 增大，则 I_{C8} 增大，因 I_{C8} 与 I_{C9} 是镜像关系，所以 I_{C9} 也增大。由于 I_{C10} 恒定，于是 I_{B3}（I_{B4}）减小，抑制了 I_{C1}、I_{C2} 的增大趋势，使 I_{C1}、I_{C2} 保持恒定。可见，输入级引入了共模负反馈，进一步提高了输入级的共模抑制比。由于温度对差动放大电路的影响可等效为共模输入信号，因此该电路也具有减小温漂的作用。

3. 中间级

中间级电路的主要任务是提供足够大的电压放大倍数，并向输出级提供较大的推动电流，F007 的中间级是由复合管 V_{16}、V_{17} 组成的共发射极放大电路，V_{12}、V_{13} 组成的镜像恒流源作为它的有源负载，因而可以获得很高的电压放大倍数。

在 F007 应用电路中引入负反馈时，为了防止产生自激现象，在 V_{16} 基极和集电极之间接了一个 30pF 的内补偿电容。

4. 输出级

输出级的作用是向负载输出足够大的电流，要求它的输出电阻要小，并应有过载保护措施。输出级大都采用（准）互补对称输出级，两管轮流工作，且每个管子导电时均使电路工作在射极输出状态，故带负载能力较强。F007 输出级采用的就是由 V_{14} 和复合管 V_{18}、V_{19} 组成的准互补对称电路。R_6、R_7 和 V_{15} 组成电压并联负反馈型偏置电路，使 V_{15} 的 c、e 两端具有恒压特性，为互补管提供合适且稳定的偏压，以消除交越失真。

VD_1、VD_2 和 R_8、R_9 组成过载保护电路，正常工作时，R_8、R_9 上的压降较小，VD_1、VD_2 均处于截止状态，即保护电路处于断开状态。一旦因某种原因而过载，V_{14} 及复合管的电流超过了额定值，则 R_8、R_9 上的压降明显增大，VD_1、VD_2 将导通，从而对 V_{14} 和 V_{18} 的基极电流进行分流，限制了输出电流的增加，保护了输出管。

5.7.2　CMOS 集成运算放大电路 MC14573

MC14573 是一种由 NMOS、PMOS 型互补器件组成的通用型 CMOS 集成运放，它包含四个相同的运放单元，分为两对，分别用 A、B 和 C、D 表示，其 DIP 封装形式的引脚分配如图 5.7.2 所示。由于四个运放按相同工艺流程做在一块芯片上，因而具有良好的匹配及温度一致特性，为多运放应用的场合提供了方便。MC14573 中一个运放单元的电路原理图如

图 5.7.3 所示，它由两级放大电路组成。

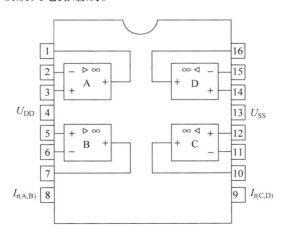

图 5.7.2　DIP 封装 MC14573 的引脚分配

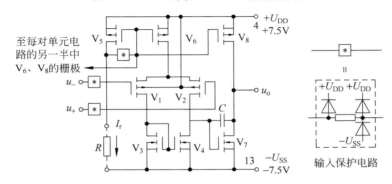

图 5.7.3　MC14573 中一个运放单元的电路原理图

1. 偏置电路

由 V_5、V_6 和 V_8 组成比例恒流源，其比例系数由器件结构决定，外接电阻 R 用来设置参考电流 I_r。若 A、B 单元组通过外接电阻 R 接 $-U_{SS}$，C、D 单元组通过另一外接电阻 R 接 $-U_{SS}$，则每组单元电路的参考电流 I_r 为

$$I_r \approx \frac{U_{DD} - U_{SS} - 1.5}{R} \mu A \tag{5.7.2}$$

若 A、B 单元组和 C、D 单元组通过一个外接电阻 R 接 $-U_{SS}$，则每组单元电路的参考电流 I_r 为

$$I_{r(A,B)} = I_{r(C,D)} \approx \frac{U_{DD} - U_{SS} - 1.5}{2R} \mu A \tag{5.7.3}$$

偏置电路为运放提供静态工作点，且各级的静态工作电流可通过调节外接电阻 R 而随意设定，从而可在功耗和转换速率间综合考虑。

2. 输入级

输入级是由 $V_1 \sim V_4$ 组成的带有源负载的 CMOS 差动放大电路，其中增强型 PMOS 对管 V_1、V_2 构成共源极差动放大电路，增强型 NMOS 管 V_3、V_4 接成镜像电流源，作为有源负载，并完成双端输入 – 单端输出的转换。

3. 输出级

由 NMOS 管 V_7 组成共源放大电路，PMOS 管 V_8 作为它的有源负载。C 为密勒补偿电容，用以防止可能产生的自激振荡。

MC14573 具有电路结构简单、功耗低、输入阻抗高、温度特性好等优点。它通常由双电源供电，电源电压范围为 $\pm1.5 \sim \pm7.5V$。

5.8 集成运算放大电路的外部特性及理想化

5.8.1 集成运放的模型

集成运算放大电路是高增益的直接耦合放大电路，输入级为差动电路，因此集成运放有两个输入端，分别称为反相和同相输入端，这里的"反相"和"同相"是指运放的输入电压与输出电压的相位关系，图 5.8.1 是集成运放的电路符号。从外部看，可以认为集成运放是一个双端输入、单端输出、具有高差模增益、高输入电阻、低输出电阻、能较好地抑制温漂的差动放大电路。

5.4.4 节分析了差动放大电路的传输特性（如图 5.4.12b 所示），由于中间级的放大，使得集成运放的电压放大倍数大幅度增加，得到如图 5.8.2 所示的集成运放的传输特性曲线。可见，集成运放有两个区间：线性区和非线性区。在非线性区，输出被限幅，输出电压不是 U_{OH} 就是 U_{OL}。在线性区，曲线的斜率为电压放大倍数，即

$$u_o = A_{ud}(u_- - u_+) \tag{5.8.1}$$

由于 A_{ud} 非常大，可达几十万倍，因此集成运放电压传输特性的线性区间非常窄。

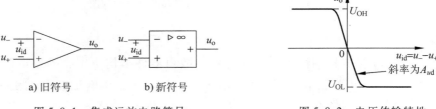

图 5.8.1 集成运放电路符号   图 5.8.2 电压传输特性

5.8.2 集成运放的主要性能指标

集成运放的参数很多，大部分与差动放大电路相同，可分为静态参数和动态参数两类。

1. 静态参数

（1）输入失调电压 U_{IO}（input offset voltage）

输入电压为零时，将输出电压除以电压增益，即为折算到输入端的失调电压。U_{IO} 是表征运放内部电路对称性的指标。

（2）输入失调电流 I_{IO}（input offset current）

在零输入时，差分输入级的差分对管基极电流之差，用于表征差分级输入电流不对称的程度。I_{IO} 也是表征运放内部电路对称性的指标。

（3）输入偏置电流 I_{IB}（input bias current）

运放两个输入端偏置电流的平均值，用于衡量差分放大对管输入电流的大小，即

$$I_{IB} = \frac{I_{B1} + I_{B2}}{2} \qquad (5.8.2)$$

I_{IB} 越小，信号源内阻对集成运放静态工作点的影响也就越小；而且通常 I_{IB} 越小，往往 I_{IO} 也越小。

（4）输入失调电压温漂 $\dfrac{dU_{IO}}{dT}$

在规定工作温度范围内，输入失调电压随温度的变化量与温度变化量之比值。

（5）输入失调电流温漂 $\dfrac{dI_{IO}}{dT}$

在规定工作温度范围内，输入失调电流随温度的变化量与温度变化量之比值。

（6）最大差模输入电压 U_{idmax}（maximum differential mode input voltage）

运放两输入端能承受的最大差模输入电压。超过此电压时，输入级的差分管将出现发射结反向击穿而不能正常工作。

（7）最大共模输入电压 U_{icmax}（maximum common mode input voltage）

运放两输入端能承受的最大共模输入电压。共模电压超过此值时，输入级的差分对管将进入饱和状态而不能正常工作。

2. 动态参数

（1）开环差模电压放大倍数 A_{ud}（open loop voltage gain）

运放在无外加反馈回路的条件下，输出电压与输入差模电压之比。

（2）差模输入电阻 R_{id}（input resistance）

输入差模信号时，运放的两个输入端之间呈现的等效动态电阻。

（3）共模抑制比 K_{CMR}（common mode rejection ratio）

与差分放大电路中的定义相同，是差模电压放大倍数 A_{ud} 与共模电压放大倍数 A_{uc} 之比的绝对值，常用分贝（dB）数来表示，其数值为 $20\lg|A_{ud}/A_{uc}|$。

（4）-3dB 带宽 BW（-3dB band width）

运算放大电路的开环差模电压放大倍数 A_{ud} 在高频段下降到直流信号对应的放大倍数的 $\dfrac{1}{\sqrt{2}}$（-3dB）时所定义的频带宽度。

（5）单位增益带宽 BW_G（unit gain band width）

运算放大电路的开环差模电压放大倍数 A_{ud} 下降到 1 时所定义的频带宽度，与晶体管的特征频率 f_T 相类似。

（6）转换速率（压摆率）S_R（slew rate）

反映运放对于快速变化的输入信号的响应能力。运放在额定输出电压下，输出电压的最大变化率，即

$$S_R = \left|\frac{du_o}{dt}\right|_{max} \qquad (5.8.3)$$

S_R 是衡量运放在大幅值信号作用时工作速度的参数。信号幅值越大，频率越高，要求集成运放的 S_R 也就越大。

5.8.3 理想集成运算放大电路

1. 理想化条件

在近似分析集成运放电路时，常把集成运放理想化。仅在需要研究各种误差时，才去考虑诸如放大电路增益、输入电阻、K_{CMR} 以及失调和温漂等各种因素的影响。通常，理想运算放大电路具有如下主要特性：

- 开环差模电压放大倍数 $A_{\mathrm{ud}} = \infty$；
- 差模输入电阻 $R_{\mathrm{id}} = \infty$；
- 差模输出电阻 $R_{\mathrm{od}} = 0$；
- 频带宽度 $BW = \infty$；
- 共模抑制比 $K_{\mathrm{CMR}} = \infty$；
- 输入失调电压 U_{IO}、输入失调电流 I_{IO}、输入失调电压温漂 $\dfrac{\mathrm{d}U_{\mathrm{IO}}}{\mathrm{d}T}$ 和输入失调电流温漂 $\dfrac{\mathrm{d}I_{\mathrm{IO}}}{\mathrm{d}T}$ 都为零；
- 输入偏置电流 $I_{\mathrm{IB}} = 0$；
- 转换速率（压摆率）$S_{\mathrm{R}} = \infty$；
- 噪声电压 $U_{\mathrm{N}} = 0$。

通常，$A_{\mathrm{ud}} \geqslant 80\mathrm{dB}$（一般通用型运算放大电路的开环电压放大倍数都在 $80\mathrm{dB}$ 以上）即可视为无穷大，R_{id} 比输入端外电路的电阻大 $2 \sim 3$ 个量级（一般通用型运算放大电路的输入电阻都在 $1\mathrm{M}\Omega$ 以上）即可视为无穷大，R_{od} 比输出端外电路的电阻小 $2 \sim 3$ 个量级即可视为 0。在通常的分析、设计中，把实际运放看成理想运放，不仅可以大大简化电路，而且不会引起明显的误差。只有在必要时，才考虑与理想运放之间的差异，对结果进行修正，如要计算电路的通频带，就不能将实际运放的频带宽度 BW 视为无穷大。

2. 线性状态下理想运放的特性

当理想运算放大电路工作在线性状态时，它呈现两个很独特的特性——**虚短**和**虚断**，这对分析和设计由运算放大电路构成的线性应用电路带来了极大的方便。

（1）虚短特性

由于理想运算放大电路的电压放大倍数 A_{ud} 为无穷大，而运放的输出电压 u_{o} 是有限值（一般在 $10 \sim 14\mathrm{V}$ 以下），因此运放的差模输入电压 $(u_- - u_+) = \dfrac{u_{\mathrm{o}}}{A_{\mathrm{ud}}}$ 为 0，或者表示为

$$u_+ = u_- \tag{5.8.4}$$

即两输入端等电位，相当于"短路"，这一特性称为虚假短路，简称"虚短"。对于实际的运算放大电路，其开环电压放大倍数越大，两输入端的电位越接近相等。

（2）虚断特性

由于理想运放的差模输入电阻为无穷大，因此流入运放输入端的电流为 0，可将运放两输入端视为开路，这一特性称为虚假开路，简称"虚断"。设流入运放两输入端的电流分别为 i_+ 和 i_-，则该特性可表示为

$$i_+ = i_- = 0 \tag{5.8.5}$$

对于实际的运算放大电路，其输入电阻越大，两输入端越接近开路。

思考题

1. 基本多级放大电路的缺点是什么？
2. 差分放大电路的形成源自怎样的思想？它对什么样的信号有放大作用？
3. 差分放大电路的有几种派生形式？每种的特点是什么？
4. 集成运放的输入端是什么形式的电路？输出端是什么形式的电路？
5. 集成运放的通频带为何很窄？
6. 集成运放为何能放大直流信号？
7. 集成运放一定要用对称双电源供电吗？双电源不对称有何影响？使用单电源有何影响？

习题

5.1　在题 5.1 图所示的电路中，已知晶体管 V_1、V_2 的特性相同，$\beta = 20$，$U_{BE(on)} = 0.7V$。求 I_{CQ1}、U_{CEQ1}、I_{CQ2} 和 U_{CEQ2}。

5.2　电路如题 5.2 图所示，试求各支路电流值。设各晶体管 $\beta \gg 1$，$U_{BE(on)} = 0.7V$。

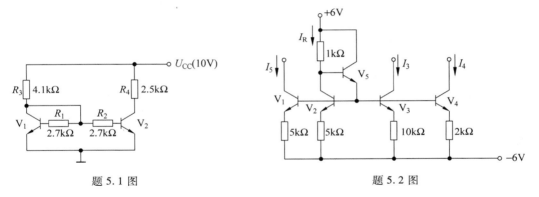

题 5.1 图　　　　　　　　　　题 5.2 图

5.3　差放电路如题 5.3 图所示。设各管特性一致，$\mid U_{BE(on)} \mid = 0.7V$。当 R 为何值时，可满足图中所要求的电流关系？

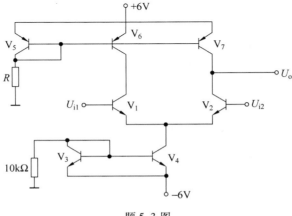

题 5.3 图

5.4 对称差动放大电路如题 5.4 图所示。已知晶体管 V_1 和 V_2 的 $\beta = 50$，并设 $U_{BE(on)} = 0.7V$，$r_{bb'} = 0$，$r_{ce} = \infty$。

(1) 求 V_1 和 V_2 的静态集电极电流 I_{CQ}、U_{CQ} 和晶体管的输入电阻 $r_{b'e}$。

(2) 求双端输出时的差模电压放大倍数 A_{ud}、差模输入电阻 R_{id} 和差模输出电阻 R_{od}。

(3) 若 R_L 接 V_2 集电极的一端改接地时，求差模电压放大倍数 $A_{ud(单)}$、共模电压放大倍数 $A_{uc(单)}$、共模抑制比 $K_{CMR(单)}$、任一输入端输入的共模输入电阻 $R_{ic(单)}$ 和任一输出端呈现的共模输出电阻 $R_{oc(单)}$。

(4) 确定电路最大输入共模电压范围。

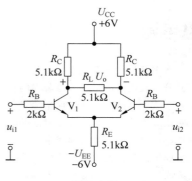

题 5.4 图

5.5 场效应晶体管差动放大电路如题 5.5 图所示。已知 MOS 管工作在饱和区，V_1 和 V_2 的 $\frac{1}{2}\mu_n C_{ox} \frac{W}{L} = 200\mu A/V^2$，$u_{GS(th)} = 1V$，$I_{SS} = 16\mu A$。

(1) 当 $i_{D1} = 12\mu A$，$i_{D2} = 4\mu A$ 时，u_{GS1}、u_{GS2}、u_S 和 u_i 各为多少？

(2) 当 $u_i = 0$ 时，u_{GS1}、u_{GS2}、u_S、i_{D1} 和 i_{D2} 各为多少？

(3) 当 $u_i = 0.2V$ 时，u_{GS1}、u_{GS2}、u_S、i_{D1} 和 i_{D2} 各为多少？

5.6 电路如题 5.6 图所示。已知 V_1、V_2、V_3 的 $\beta = 50$，$r_{bb'} = 200\Omega$，$U_{CC} = U_{EE} = 15V$，$R_C = 6k\Omega$，$R_1 = 20k\Omega$，$R_2 = 10k\Omega$，$R_3 = 2.1k\Omega$。

(1) 若 $u_{i1} = 0$，$u_{i2} = 10\sin\omega t(mV)$，试求 u_o 为多少。

(2) 若 $u_{i1} = 10\sin\omega t(mV)$，$u_{i2} = 5mV$，试画出 u_o 的波形图。

(3) 若 $u_{i1} = u_{i2} = U_{ic}$，试求 U_{ic} 允许的最大变化范围。

(4) 当 R_1 增大时，A_{ud}、R_{id} 将如何变化？

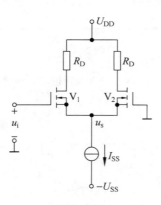

题 5.5 图

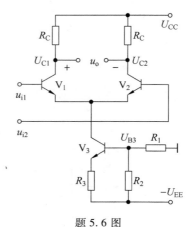

题 5.6 图

5.7 差动放大电路如题 5.7 图所示。设晶体管导通电压 $U_{BE(on)} = 0.7V$，$r_{bb'} = 0$，各管的 β 均为 100。

(1) 试求各管的静态集电极电流 I_C 和 V_1、V_2 的集电极电压 U_{C1} 和 U_{C2}。

(2) 求差模电压放大倍数 A_{ud}、差模输入电阻 R_{id} 和差模输出电阻 R_{od}。

(3) 利用 V_1 和 V_2 的小信号等效电路重复 (2)，并比较之。

(4) 确定电路的最大共模输入电压范围。

(5) 试画出共模半电路的交流通路和小信号等效电路。

5.8 差放电路如题 5.8 图所示。若 $u_i = 0.15\sin\omega t(V)$，试通过计算画出输出电压波形。设晶体管的 $U_{BE(on)} = 0.7V$，$I_E = 2mA$。

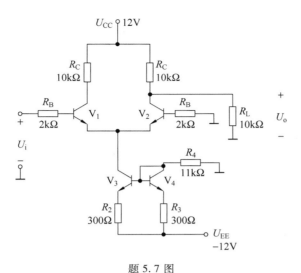

题 5.7 图

5.9 电路如题 5.9 图所示。设 $U_{CC} = U_{EE} = 15V$，$I = 2mA$，$R_C = 5k\Omega$，$u_{id} = 1.2\sin\omega t(V)$。

(1) 试画出 u_o 的波形，并标出波形幅度。

(2) 若 R_C 变为 $10k\Omega$，u_o 的波形有何变化？为什么？

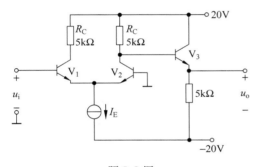

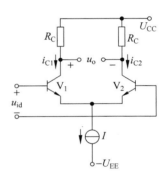

题 5.8 图   题 5.9 图

5.10 差动放大电路如题 5.10 图所示。设 V_1 和 V_2 的 $\beta = 100$，$U_{BE(on)} = 0.7V$，$r_{bb'} = 0$，$r_{ce} = \infty$，$R_C = 8k\Omega$，

$R_P = 200\Omega$，滑动片动态在中点，$R_{EE} = 5.6k\Omega$，$R_{B1} = R_{B2} = 2k\Omega$。

(1) 求静态集电极电流 I_{CQ1} 和 I_{CQ2}，静态集电极电流电压
U_{CQ1} 和 U_{CQ2}。

(2) 求电路双端输出时的差模电压放大倍数 A_{ud}、差模输入
电阻 R_{id} 和差模输出电阻 R_{od}。

(3) 求单端输出 (从 V_1 集电极引出) 时的差模电压放大倍数
A_{ud}、差模输入电阻 R_{id}、差模输出电阻 R_{od}、共模电压放
大倍数 A_{uc}、任一输入端看入的共模输入电阻 R_{ic}、任一
输出端看入的共模输出电阻 R_{oc} 和共模抑制比 K_{CMR}。

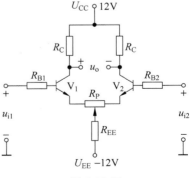

题 5.10 图

(4) 当 $u_{i2} = 0$ 时，重复 (2)。

(5) 当 $u_{i1} = 0$ 时，重复 (3)。

5.11 由两只晶体管连接的复合管如题 5.11 图所示，试判别每个复合管的管型及三个电极。若 β_1、β_2 和
I_{CEO1}、I_{CEO2} 已知，试求复合管的等效 β 和 I_{CEO}。

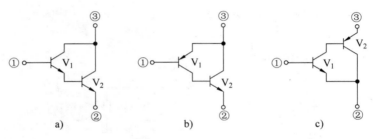

题 5.11 图

5.12 题 5.12 图为达林顿电路的交流通路，设晶体管的 $r_{bb'} = 0$，$r_{ce} = \infty$，$\beta_1 = \beta_2 = \beta$。

(1) 画出该电路的低频小信号混合 π 等效电路。

(2) 写出输入电阻 R_i、输出电阻 R_o 和电压放大倍数 $A_u = \dfrac{U_o}{U_i}$ 的表达式。

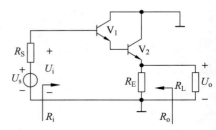

题 5.12 图

5.13 比较如题 5.13 图所示的两个电路，分别说明它是如何消除交越失真和如何实现过流保护的。

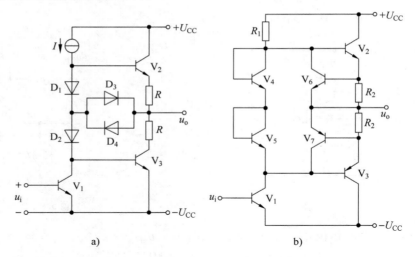

题 5.13 图

5.14 题 5.14 图所示电路是某集成运放电路的一部分，单电源供电，V_1、V_2、V_3 为放大管。试分析：

(1) 100μA 电流源的作用。

(2) V_4 的工作区域（截止、放大、饱和）。

(3) 50μA 电流源的作用。

(4) V_5 与 R 的作用。

5.15 电路如题 5.15 图所示，试说明各晶体管的作用。

5.16 题 5.16 图所示为简化的高精度运放电路原理图，试分析：

(1) 两个输入端中哪个是同相输入端，哪个是反相输入端？

(2) V_3 与 V_4 的作用。

(3) 电流源 I_3 的作用。

(4) D_2 与 D_3 的作用。

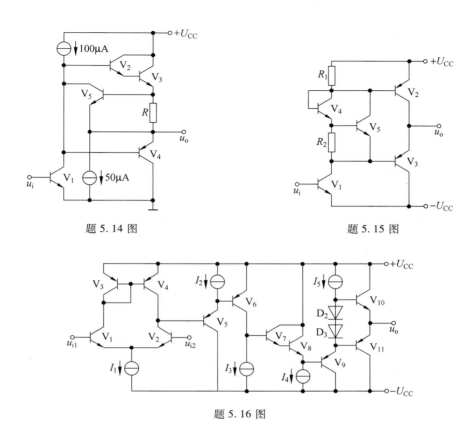

题 5.14 图　　　　　　　　　　　　　题 5.15 图

题 5.16 图

5.17 通用型运放 F747 的内部电路如题 5.17 图所示，试分析：

（1）偏置电路由哪些元件组成？基准电流约为多少？

（2）哪些是放大管？组成几级放大电路？每级各是什么基本电路？

（3）V_{19}、V_{20} 和 R_8 组成的电路的作用是什么？

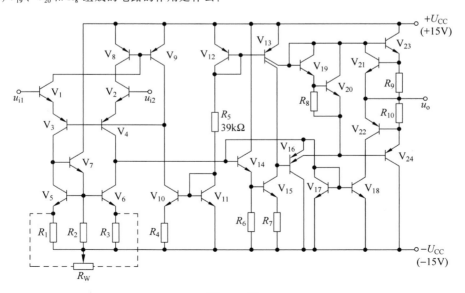

题 5.17 图

5.18 计算题 5.18 图中电路的小信号差动电压放大倍数。

5.19 推导题 5.19 图中电路电流 I_{out} 的表达式。

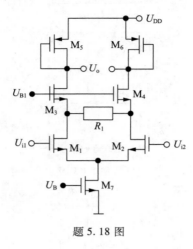 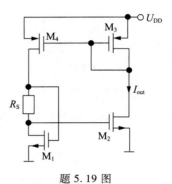

题 5.18 图　　　　　　　　　题 5.19 图

第 6 章

反　馈

前几章讨论的放大电路性能还不够完善，往往不能满足实际应用的要求。例如，当器件及电路参数确定时，放大电路的频带宽度有一定的范围，尤其在多级放大电路中，随着级数的增多，频带将变窄，当放大频率范围较宽的信号时，将产生显著的频率失真；还有，放大电路的输入和输出电阻，由于受到器件和电路参数的限制，不可能达到比较理想的程度；另外，当输入信号较大时，由于器件的非线性特性，会使输出波形产生非线性失真等。所有这些问题都可以利用负反馈技术来改进和提高。

实际上，第 2、3 两章中介绍的静态工作点稳定电路已经利用了负反馈技术，负反馈既能稳定静态工作点，也能稳定放大倍数和改变放大电路的其他性能。下面从反馈的基本概念入手，对负反馈放大电路进行专门、深入的讨论。

6.1　反馈的基本概念及类型

6.1.1　反馈的概念

为了讨论问题方便，现将第 3 章讨论过的静态工作点稳定电路重画于图 6.1.1。由图可知，流过射极电阻 R_E 的电流 I_{EQ} 近似等于集电极电流 I_{CQ}，如果由于某些原因（如环境温度的变化）使 I_C 增大，则 R_L 两端的电压 U_{EQ}（$\approx I_{CQ} \times R_E$）将升高。这个电压反过来又作用于输入回路，使 U_{BEQ}（$= U_{BQ} - U_{EQ}$）减小，I_{BQ} 也将减小，从而 I_{CQ} 减小，达到自动稳定静态工作点的目的。

从上述例子可知，所谓**反馈**，就是把放大电路的输出量（电压或电流）的一部分或者全部通过一定的网络运送回输入回路，与输入信号进行比较得到一个净输入量加到放大电路的净输入端，以影响放大电路性能的措施。

图 6.1.1 电路中的反馈作用仅在直流通路中存在，因此称其为**直流反馈**。直流负反馈的作用主要是稳定静态工作点。如果将图 6.1.1 电路中的射极旁路电容 C_E 去掉，则交流通路如图 6.1.2 所示，此时输出电流中的交流 $\dot{I}_e$ 也在 R_E 产生压降 $\dot{U}_e$，交流分量也存在类似直流通路的反馈，这一反馈使输出电流中的交流分量维持稳定性。我们把在交流通路中存在的反馈，称为**交流反馈**。交流负反馈可以改善放大电路的许多交流性能指标，因此，负反馈放大电路一般指引入交流负反馈的放大电路。

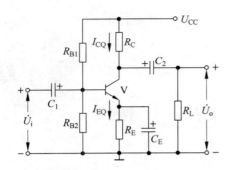

图 6.1.1　负反馈静态工作点稳定电路

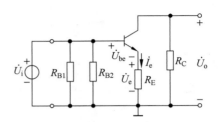

图 6.1.2　交流反馈电路的交流通路

6.1.2　反馈放大电路的基本框图

图 6.1.2 电路中的 $\dot{I}_e$ 是放大电路的输出量，我们利用 $\dot{I}_e(\approx \dot{I}_c)$ 在 R_E 上产生的压降 $\dot{U}_e$，把输出量返送到输入回路。这就是说，要实现反馈，就必须通过一个连接输出回路和输入回路的中间环节，图 6.1.2 电路中的 R_E 就起了这种作用，因为 R_E 既与输出回路有关，又与输入回路有关，我们把这个中间环节叫作**反馈网络**，而把带有反馈网络的放大电路称作**反馈放大电路**，它的基本框图如图 6.1.3 所示。

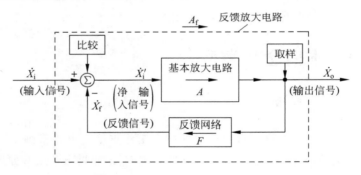

图 6.1.3　反馈放大电路基本框图

可以看出，反馈放大电路是由基本放大电路和反馈网络组成的。图 6.1.3 中箭头表示信号的传递方向，基本放大电路将输入信号传递到放大电路的输出端，而反馈网络将放大电路的输出信号传递到放大电路的输入端。这就是说，输入信号只通过基本放大电路，而不通过反馈网络，反馈信号只通过反馈网络到达输入端，而不通过基本放大电路。实际上，反馈网络一般都由电阻构成，具有双向传输特性，它既有将输出信号返送到输入回路的反馈作用，也有将输入信号直送到输出回路的直通作用，但是反馈网络的直通作用与基本放大电路的放大作用相比，可以忽略，因此得到了图中信号的传递方向。

图 6.1.3 中 $\dot{X}_i$ 表示输入信号，$\dot{X}_o$ 表示输出信号，$\dot{X}_f$ 表示反馈信号，$\dot{X}_i'$ 表示净输入信号，其中的 X 可以表示电压，也可以表示电流，视具体反馈电路决定。在图 6.1.2 中，输入信号是 $\dot{U}_i$，输出信号是 $\dot{I}_c$，反馈信号是 $\dot{U}_e$，净输入信号是 $\dot{U}_{be}$。

图 6.1.2 中，通过反馈电阻 R_E 传递到输入回路的反馈信号 $\dot{U}_e$ 抵消了输入信号 $\dot{U}_i$ 的一部分，使净输入信号 $\dot{U}_{be}$ 小于输入信号 $\dot{U}_i$，这种反馈称为**负反馈**。负反馈能使输出信号维持稳

定，并改善放大电路的各项性能。相反，当反馈信号加强了输入信号的作用，使净输入信号大于输入信号的反馈称为**正反馈**。正反馈将会使放大电路变为振荡器。本章主要研究负反馈。

6.1.3 负反馈放大电路的基本方程

从图 6.1.3 可以看出，基本放大电路的**开环增益**或**开环放大倍数**为

$$\dot{A} = \frac{\dot{X}_o}{\dot{X}'_i} \tag{6.1.1}$$

反馈网络的**反馈系数**为

$$\dot{F} = \frac{\dot{X}_f}{\dot{X}_o} \tag{6.1.2}$$

反馈放大电路的**闭环增益**或**闭环放大倍数**为

$$\dot{A}_f = \frac{\dot{X}_o}{\dot{X}_i} \tag{6.1.3}$$

环路增益（回归比）为

$$\dot{T} = \frac{\dot{X}_f}{\dot{X}'_i} = \frac{\dot{X}_o}{\dot{X}'_i} \frac{\dot{X}_f}{\dot{X}_o} = \dot{A}\dot{F} \tag{6.1.4}$$

由于在负反馈条件下，$\dot{X}_i = \dot{X}'_i + \dot{X}_f$，因此闭环增益 $\dot{A}_f$ 与开环增益 $\dot{A}$ 以及反馈系数 $\dot{F}$ 之间的关系可以进行如下的推导：

$$\dot{A}_f = \frac{\dot{X}_o}{\dot{X}_i} = \frac{\dot{X}_o}{\dot{X}'_i + \dot{X}_f} = \frac{\dot{X}_o / \dot{X}'_i}{(\dot{X}'_i + \dot{X}_f)/\dot{X}'_i} = \frac{\dot{A}}{1 + \dot{T}}$$

即

$$\dot{A}_f = \frac{\dot{A}}{1 + \dot{A}\dot{F}} \tag{6.1.5}$$

上式称为反馈放大电路的**基本方程**。在中频区，$\dot{A}_f$、$\dot{A}$ 和 $\dot{F}$ 均为实数，因此式（6.1.5）在中频区可写为

$$A_f = \frac{A}{1 + AF} \tag{6.1.6}$$

当电路引入负反馈时，$AF > 0$，表明引入负反馈后电路的放大倍数下降了（$1 + AF$）倍，因此（$1 + AF$）是一个表征负反馈强弱的物理量，我们称它为**反馈深度**，用符号 D 表示，即

$$D = 1 + AF = 1 + \frac{\dot{X}_f}{\dot{X}'_i} = \frac{\dot{X}_i}{\dot{X}'_i} \tag{6.1.7}$$

上式说明负反馈使净输入信号减小为总输入信号的 $1/D$，D 越大，净输入信号越小，负反馈越强。当 $D \gg 1$，则称之为**深度负反馈**，此时

$$A_f \approx \frac{1}{F} \tag{6.1.8}$$

表明当电路在深度负反馈（即 $1 + AF \gg 1$）条件下，放大倍数几乎只取决于反馈网络，而与基

本放大电路的增益值无关。由于反馈网络常为无源网络，受环境温度的影响极小，因而放大倍数可以获得很高的稳定性。

若在分析中发现 $|1 + \dot{A}\dot{F}| < 1$，则 $|\dot{A}_f| > |\dot{A}|$，即闭环放大倍数增大，说明电路已从原来的负反馈变成了正反馈；而若 $\dot{A}\dot{F} = -1$，使 $|1 + \dot{A}\dot{F}| = 0$，则 $\dot{A}_f$ 为无穷大，说明电路在输入量为 0 时就有输出，称电路产生了**自激振荡**。应当指出，通常所说的负反馈是在中频区的反馈极性。当信号频率进入低频区或高频区时，由于附加相移的产生，负反馈电路可能对某一特定频率产生正反馈，甚至产生自激振荡。负反馈中的自激振荡是要设法消除的。

为了书写方便，后面的讨论均建立在中频区的基础上，符号均采用实数形式，但在分析自激振荡、复反馈时，需要考虑相位偏移，则采用复数形式。

6.1.4　负反馈放大电路的组态和四种基本类型

对于实际的负反馈放大电路，为了改善不同的电路性能，可以在输出回路和输入回路采用不同的连接方式，形成不同的反馈。从输出端看，可以让反馈量取自输出电压，也可以取自输出电流；从输入端看，可以让反馈量和输入量以电压形式进行比较，也可以以电流形式进行比较，由此可以得到不同的反馈组态。

1. 电压反馈和电流反馈及其判断方法

按反馈网络与基本放大电路输出端的连接方式不同，反馈分为**电压反馈**和**电流反馈**两种类型。

如果反馈信号直接取自输出电压，并与之成比例，则我们将这种反馈称为电压反馈。从电路结构来说，反馈网络与基本放大电路输出端并联连接，如图 6.1.4a 所示。同理，电流反馈是反馈信号直接取自输出电流，并与之成比例，此时，反馈网络与基本放大电路输出端串联连接，如图 6.1.4b 所示。

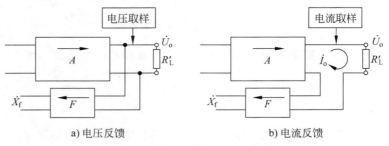

a) 电压反馈　　　　　　　　　　　　　　b) 电流反馈

图 6.1.4　电压反馈和电流反馈框图

对于具体的电路，我们可以采用"输出负载短路法"来判断输出端的反馈组态：只要令输出端负载短路，输出电压为零，若反馈量 X_f 也随之为零，则说明电路中引入了电压反馈；若反馈量依然存在，则说明电路中引入了电流反馈。

如图 6.1.5a 所示电路，反馈信号为 I_f，令负载 $R_L = 0$，即将集成运放的输出端接地，便得到如图 6.1.5b 所示电路。此时，虽然反馈电阻 R_f 中仍有电流，但那是输入电流 I_i 作用的结果，而不是从输出端获得的电流，即反馈电流 I_f 为零，故电路中引入的是电压反馈。

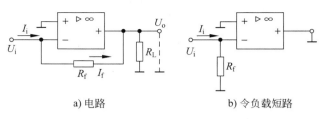

a) 电路   b) 令负载短路

图 6.1.5 电压反馈与电流反馈的判断(一)

对于图 6.1.6a 中的电路,令负载 $R_L = 0$,便得到如图 6.1.6b 所示电路。即使 R_L 短路,I_o 并不为零;并且反馈电流 $I_f = \dfrac{R_2}{R_1 + R_2} I_o$,说明反馈量依然存在,故电路中引入的是电流反馈。

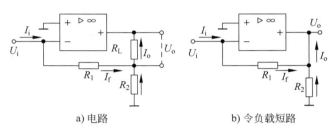

a) 电路   b) 令负载短路

图 6.1.6 电压反馈与电流反馈的判断(二)

在判断电压反馈与电流反馈时,应当特别注意,反馈量仅仅决定于输出量,而由输入量直接作用所产生的电流(或电压)不是反馈量。

2. 串联反馈和并联反馈及其判断方法

根据反馈网络和基本放大电路输入端的连接方式不同,反馈有**串联反馈**和**并联反馈**。

如图 6.1.7a 所示,反馈网络串联在基本放大电路的输入回路中,使得净输入电压 U_i' 等于总输入电压 U_i 减去反馈电压 U_f,即 $U_i' = U_i - U_f$,我们把这种反馈称为串联反馈。

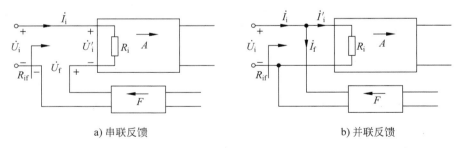

a) 串联反馈   b) 并联反馈

图 6.1.7 串联反馈和并联反馈框图

图 6.1.7b 所示电路中,反馈网络直接并联在基本放大电路的输入端,在这种反馈方式中,放大电路的净输入电流 I_i' 等于输入电流 I_i 减去反馈电流 I_f,即 $I_i' = I_i - I_f$,这种反馈称为并联反馈。

对于具体的电路,输入组态的判断方法很容易,一般地,串联反馈是输入信号与反馈信号加在放大管的不同输入极(或运算放大电路的不同输入端)上;而并联反馈则是两者并接在同一个输入极。在图 6.1.8a 中，输入信号加在三极管的基极，反馈信号加到发射极，$U_i' = U_{be} = U_i - U_f$，电路引入了串联反馈；反之，在图 6.1.8b 中，输入信号加在三极管的基极，反馈信号也加到基极，此时 $I_i' = I_i - I_f$，则为并联反馈。

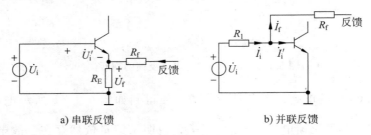

a) 串联反馈　　　　　　　　　　　　　　b) 并联反馈

图 6.1.8　放大电路输入回路中引入串联反馈和并联反馈

3. 四种基本反馈类型

根据输入、输出端的不同反馈类型，交流负反馈放大电路有四种组态，即电压串联、电压并联、电流串联和电流并联，如图 6.1.9 所示。注意，在式(6.1.5)表示的反馈基本方程中，A_f、A 和 F 在不同的组态中表示不同的物理意义，如图 6.1.9a 为电压串联负反馈，输入端是串联反馈，因此反馈信号是 U_f，且

$$U_i' = U_i - U_f \tag{6.1.9}$$

输出端取样的是电压 U_o，反馈系数 F 表示为

$$F_u = \frac{U_f}{U_o} \tag{6.1.10}$$

则

$$A_{uf} = \frac{U_o}{U_i} = \frac{U_o}{U_i' + U_f} = \frac{U_o/U_i'}{(U_i' + U_f)/U_i'} = \frac{A_u}{1 + A_u F_u} \tag{6.1.11}$$

在深度负反馈条件下，$A_{uf} = \dfrac{1}{F_u}$。因此，电压串联负反馈稳定的增益是闭环电压放大倍数。

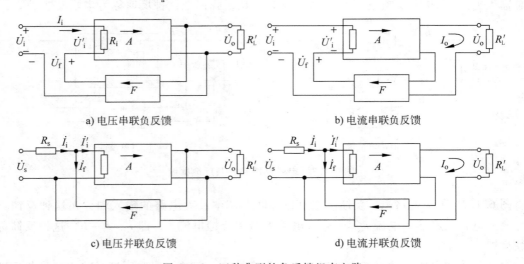

a) 电压串联负反馈　　　　　　　　　　　　b) 电流串联负反馈

c) 电压并联负反馈　　　　　　　　　　　　d) 电流并联负反馈

图 6.1.9　四种典型的负反馈组态电路

表6.1.1列出了四种组态下各参数的意义。需要指出的是，如果串联负反馈的输入信号源是恒流源，那么负反馈将不起作用。分析图6.1.9a，若输入端加的是恒流源，则输入电流 I_i 始终不变，由于基本放大电路的输入电阻 R_i 不变，可知 U'_i 将为一常量，因此，加入反馈后对净输入电压没有影响，即反馈不起作用。同理，并联反馈时输入端不能加入恒压源，否则并联反馈也不复存在，因此在图6.1.9c、d中，输入电压源内阻 R_s 不能为零。

表6.1.1　负反馈放大电路参数的意义

参数 ＼ 类型	电压串联	电压并联	电流串联	电流并联
$\dot A$	$A_u = \dfrac{U_o}{U'_i}$ 开环电压增益	$A_r = \dfrac{U_o}{I'_i}(\Omega)$ 开环互阻增益	$A_g = \dfrac{I_o}{U'_i}(S)$ 开环互导增益	$A_i = \dfrac{I_o}{I'_i}$ 开环电流增益
$\dot F$	$F_u = \dfrac{U_f}{U_o}$ 电压反馈系数	$F_g = \dfrac{I_f}{U_o}(S)$ 互导反馈系数	$F_r = \dfrac{U_f}{I_o}(\Omega)$ 互阻反馈系数	$F_i = \dfrac{I_f}{I_o}$ 电流反馈系数
$\dot A_f$	$A_{uf} = \dfrac{U_o}{U_i}$ $= \dfrac{A_u}{1+A_uF_u}$ 闭环电压增益	$A_{rf} = \dfrac{U_o}{I_i}$ $= \dfrac{A_r}{1+A_rF_g}(\Omega)$ 闭环互阻增益	$A_{gf} = \dfrac{I_o}{U_i}$ $= \dfrac{A_g}{1+A_gF_r}(S)$ 闭环互导增益	$A_{if} = \dfrac{I_o}{I_i}$ $= \dfrac{A_i}{1+A_iF_i}$ 闭环电流增益

4. 负反馈放大电路举例

下面我们以单管放大电路和集成运算放大电路的负反馈为例，对反馈极性、反馈组态的判断、反馈网络等进行实例讲解。

（1）电压串联负反馈

图6.1.10a是共集放大电路（射极跟随器），现在从反馈的概念来分析该电路。根据交流通路，$R_E /\!/ R_L$ 是输出回路和输入回路的共有元件，可以通过它将输出信号返送到输入回路，因此存在反馈。

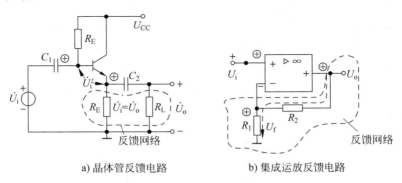

a) 晶体管反馈电路　　b) 集成运放反馈电路

图6.1.10　电压串联负反馈电路

首先判断反馈的极性，即判断电路是正反馈还是负反馈。**瞬时极性法**是判断电路中反馈极性的基本方法，具体做法是：在反馈放大电路的输入端加入对地瞬时极性为正的电压，如图中的圆圈内的正号所示；根据放大电路的工作原理，就可标出电路中各点电压的瞬时极性；通过检验反馈信号是增强还是削弱净输入信号（串联反馈指的是净输入电压，并联反馈指的是净输入电流）来判别，削弱者为负反馈，增强者为正反馈。由于图 6.1.10a 电路为共集组态，因此，当输入端 U_i 为正时，$U_o(= U_f)$ 也为正，于是净输入电压 $U_i'(= U_i - U_f)$ 减小，因此判定为负反馈。

其次判别这个电路的反馈组态。在输出端将 R_L 短路，则反馈电压 $U_f = 0$，可见为电压反馈。输入电压加在晶体管的基极，而反馈电压加在晶体管的发射极，在不同的端口，因此为串联反馈。该电路的反馈类型为电压串联负反馈。

在讨论如图 6.1.1 所示的电流负反馈电路时已经知道，电流负反馈能够稳定输出电流。同理，电压反馈可以稳定输出电压，本例的反馈过程如下：

$$U_o \uparrow \rightarrow U_f \uparrow \rightarrow (U_i')U_{be} \downarrow \rightarrow I_b \downarrow \rightarrow I_c \downarrow$$
$$U_o \downarrow \longleftarrow$$

电路中 $R_E /\!/ R_L$ 是反馈网络，判断哪些元件属于反馈网络，原则是能够根据反馈网络求出反馈系数 F。根据该电路的反馈网络，我们知道反馈系数为

$$F_u = \frac{U_f}{U_o} = 1$$

在深度负反馈的条件下

$$A_{uf} = \frac{1}{F_u} = 1$$

图 6.1.10b 电路是由运算放大电路组成的负反馈电路，读者不难看出它与图 6.1.10a 电路具有相同的反馈类型，只是反馈网络由 R_1 和 R_2 组成，反馈系数为

$$F_u = \frac{U_f}{U_o} = \frac{R_1}{R_1 + R_2}$$

在深度负反馈的条件下，图 6.1.10b 电路的闭环增益为

$$A_{uf} = \frac{1}{F_u} = \frac{R_1 + R_2}{R_1} = 1 + \frac{R_2}{R_1}$$

该电路是运算放大电路的一个基本应用电路，称为同相比例放大器。

（2）电压并联负反馈

从图 6.1.11a 电路中可以看出，电阻 R_2 从输出回路（集电极）连接到输入回路（基极），使输出信号返送到输入回路，实现反馈。同样用瞬时极性法判断反馈极性，假设输入电压 U_i 对地瞬时极性为正，则输入电流 I_i 和净输入电流 I_i' 的电流方向是流入晶体管。由于是共射电路，则输出端 U_o 对地瞬时极性为负，电阻 R_2 左端为正，右端为负，因此反馈电流 I_f 是从左端流向右端，使净输入电流 $I_i'(= I_i - I_f)$ 减小，因此是负反馈。

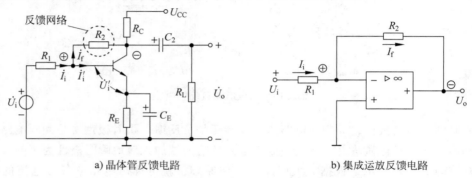

a) 晶体管反馈电路   b) 集成运放反馈电路

图 6.1.11　电压并联负反馈电路

下面判断反馈组态，对于输出端，若负载 R_L 短路，则反馈电流 I_f 不复存在，虽然仍有电流流过电阻 R_2，但该电流由输入电流产生，不能认为是反馈电流，因此该电路反馈类型属于电压反馈。对于输入端，输入电压和反馈电压都作用在晶体管的基极，因此可以得出并联反馈的结论。

反馈网络由 R_2 组成，根据反馈网络得到反馈系数为

$$F_g = \frac{I_f}{U_o} \approx -\frac{1}{R_2}$$

因此，在深度负反馈下

$$A_{rf} = \frac{1}{F_g} = -R_2$$

图 6.1.11b 的分析与图 6.1.11a 完全相同。

（3）电流串联负反馈

图 6.1.12a 电路中，R_E 实现了电路的负反馈。对于输出端，若负载 R_L 短路，由于输出电流 I_c、I_e 依然存在，因此在 R_E 上产生的反馈电压 U_f 依然存在，因此该电路是电流反馈。容易判断出输入端是串联反馈。

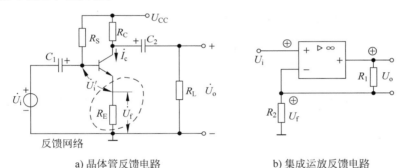

a) 晶体管反馈电路   b) 集成运放反馈电路

图 6.1.12 电流串联负反馈电路

反馈网络由 R_E 组成，反馈系数为

$$F_r = \frac{U_f}{I_c} \approx \frac{U_f}{I_e} = R_E$$

因此，在深度负反馈下

$$A_{gf} = \frac{1}{F_r} = \frac{1}{R_E}$$

同理，得出图 6.1.12b 电路也是电流串联负反馈，反馈系数为

$$F_r = \frac{U_f}{I_o} = \frac{I_o R_2}{I_o} = R_2$$

（4）电流并联负反馈

图 6.1.13 电路中，假设输入电压 U_i 对地瞬时极性为正，则输入电流 I_i 和净输入电流 I_i' 的电流方向是流入运放的。由于输入信号接反相输入端，因此输出端 U_o 为负，B 点也为负，则反馈电流 I_f 是从 R_1 左端流向右端，使净输入电流 I_i'（$= I_i - I_f$）减小，因此是负反馈。

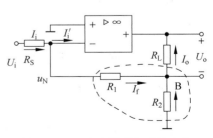

图 6.1.13 电流并联负反馈电路

反馈组态为电流并联反馈，判断方法不再赘述。

反馈网络由 R_1 和 R_2 组成，根据反馈网络得到反馈系数为

$$F_i = \frac{I_f}{I_o} = \frac{R_2}{R_1 + R_2}$$

因此，深度负反馈的 A_{if} 为

$$A_{if} = \frac{1}{F_i} = 1 + \frac{R_1}{R_2}$$

6.2 负反馈对放大电路性能的影响

放大电路中引入交流负反馈后，虽然放大倍数下降了，但能换取其他性能的改善。例如提高放大倍数的稳定性、扩展通频带、减小非线性失真、抑制反馈环内的干扰和噪声以及改变输入电阻和输出电阻等。本节将对这些影响分别加以分析讨论，找出规律以便利用。

6.2.1 稳定放大倍数

我们知道，放大电路中引入负反馈，可以稳定输出电压或输出电流，也使放大倍数得以稳定。尤其在深度反馈条件下，由于 A_f 只与 F 有关，而使放大倍数更加稳定。为了说明放大倍数稳定的程度，可将开环放大倍数 A 与闭环放大倍数 A_f 的相对变化量进行比较。

在负反馈放大电路中，如果出于某种原因引起了 A 的变化，那么 A_f 也将随之变化。现以 $\Delta A/A$ 和 $\Delta A_f/A_f$ 分别表示它们的相对变化量，如果 $\Delta A_f/A_f$ 比 $\Delta A/A$ 小，就说明负反馈放大电路提高了放大倍数的稳定度。

负反馈放大电路的基本方程为

$$A_f = \frac{A}{1 + AF}$$

对上式求微分得

$$dA_f = \frac{(1 + AF)dA - AFdA}{(1 + AF)^2} = \frac{A}{1 + AF}\frac{1}{1 + AF}\frac{dA}{A} = A_f\frac{1}{1 + AF}\frac{dA}{A}$$

当变化量较小时，可以用增量代替微分，则有

$$\frac{\Delta A_f}{A_f} = \frac{1}{1 + AF}\frac{\Delta A}{A} \tag{6.2.1}$$

这就是说，A_f 的相对变化量仅为 A 的相对变化量的 $(1 + AF)$ 分之一。设 A 的相对变化量为 10% ，如果 $(1 + AF) = 100$，那么 A_f 的相对变化量 $\Delta A_f/A_f = 0.1\%$ 。由此可见，引入负反馈后，虽然放大倍数下降到开环时的 $1/(1 + AF)$ 倍，但稳定性却提高到开环时的 $(1 + AF)$ 倍。

6.2.2 展宽通频带

放大电路中引入负反馈，能减小反馈环路内任何原因引起的增益变动，所以频率升高或降低而引起的放大倍数的下降也将得到改善，频率响应将变得平坦，线性失真将减小。

为了说明通频带展宽的程度，我们以单级反馈放大电路在高频区及低频区的放大倍数的表达式为例进行推导。设单级反馈放大电路在高频区的开环放大倍数为

$$A(jf) = \frac{A_I}{1 + j\dfrac{f}{f_H}} \tag{6.2.2}$$

其中，A_I 为中频放大倍数，f_H 为上限频率。引入负反馈后，电路的高频区放大倍数为

$$A_f(jf) = \frac{A(jf)}{1 + AF(jf)} \tag{6.2.3}$$

将式（6.2.2）代入式（6.2.3），得到

$$A_f(jf) = \frac{\dfrac{A_I}{1 + FA_I}}{1 + j\dfrac{f}{(1 + FA_I)f_H}} = \frac{A_{If}}{1 + j\dfrac{f}{f_{Hf}}} \tag{6.2.4}$$

其中，A_{If} 为负反馈放大电路的中频放大倍数，f_{Hf} 为上限频率，它们分别为

$$A_{If} = \frac{A_I}{1 + FA_I} \tag{6.2.5}$$

$$f_{Hf} = (1 + FA_I)f_H \tag{6.2.6}$$

虽然 A_{If} 比开环中频放大倍数减小了 $(1 + AF)$ 倍，但 f_{Hf} 却比开环上限频率展宽了 $(1 + AF)$ 倍。值得注意的是，由于不同组态负反馈电路放大倍数的物理意义不同，因而式（6.2.6）所具有的含义也就不同。例如，对于电压串联负反馈电路，是将电压放大倍数的上限频率增大到基本放大电路的 $(1 + A_I F)$ 倍；对于电流并联负反馈电路，是将电流放大倍数的上限频率增大到基本放大电路的 $(1 + A_I F)$ 倍等。

利用上述推导方法可以得出负反馈放大电路下限频率 f_{Lf} 是开环时 f_L 的 $1/(1 + A_I F)$。一般情况下，由于 $f_H \gg f_L$，$f_{Hf} \gg f_{Lf}$，因此，基本放大电路及负反馈放大电路的通频带分别可近似表示为

$$f_{bw} = f_H - f_L \approx f_H$$
$$f_{bwf} = f_{Hf} - f_{Lf} \approx f_{Hf} \tag{6.2.7}$$

即引入负反馈使通频带展宽到基本放大电路的 $(1 + A_I F)$ 倍。由于中频增益下降到开环的 $1/(1 + A_I F)$，因此两者的乘积——增益频带积没有改变，即

$$|A_{If} \cdot BW_f| = |A_I \cdot BW| \tag{6.2.8}$$

6.2.3 减小非线性失真

负反馈减小非线性失真的原理可以用图 6.2.1 简要说明。若输入信号 X_i 为单一频率的正弦波，由于放大电路内部器件（如晶体管）的非线性，使输出信号产生了非线性失真，如图 6.2.1a 所示，将输出信号形象地描述为"上瘦下胖"的非正弦波。引入负反馈后（如图 6.2.1b 所示），反馈信号 X_f 正比于输出信号也应该是"上瘦下胖"，X_f 与 X_i 相减（负反馈）后，使净输入信号变成了"上胖下瘦"，即产生了"预失真"。预失真的净输入信号与器件的非线性特性的作用正好相反，其结果使输出信号的非线性失真减小了。

由于加入负反馈后，送入放大管的净输入信号 X_i' 比开环时减小了 $(1 + AF)$ 倍，为了使失真程度有可比性，需增大反馈放大电路的输入信号 X_i，使净输入信号的 X_i' 与开环时输入信号相等。此时可以证明，输出信号在闭环前、后基波分量幅值保持不变，但闭环时的非线性失真产生的各谐波分量幅值是开环时的 $1/(1 + AF)$，因此非线性失真也减小到开环放大电

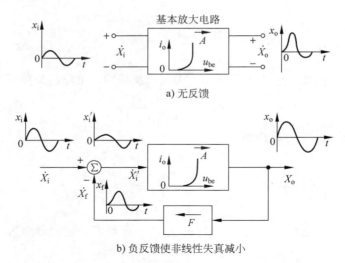

a) 无反馈

b) 负反馈使非线性失真减小

图 6.2.1　负反馈改善非线性失真的工作原理示意图

路的 $(1 + AF)$ 分之一。

　　必须指出的是，非线性失真产生于电路内部，引入负反馈后才被抑制。换言之，当非线性信号混入输入量或干扰来源于外界时，引入负反馈将无济于事，必须采用信号处理（如有源滤波）或屏蔽等方法才能解决。

6.2.4　减少反馈环内的干扰和噪声

　　放大电路中的干扰和噪声，有的来自外部，与信号同时混入，有的由放大电路本身产生，即在没有输入信号（$U_i = 0$）时，也会有杂乱无章的波形输出，这就是放大电路内部的干扰和噪声。它的来源是多方面的，如晶体管、电阻中有载流子随机不规则的热运动引起的热噪声，以及电源电压的波动等原因造成的电路内部的干扰等。

　　放大电路中如有较大的噪声和干扰，在输入微弱的信号时，输出信号也较弱，甚至可能淹没在噪声之中而无法区别，如图 6.2.2a 所示，在这种情况下，只有增大输入信号才能将

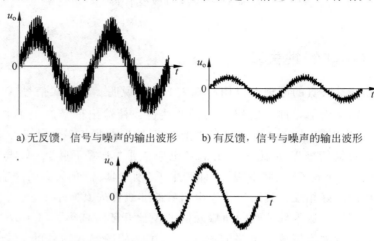

a) 无反馈，信号与噪声的输出波形　　　　b) 有反馈，信号与噪声的输出波形

c) 提高输入信号幅度后的输出波形

图 6.2.2　负反馈抑制干扰和噪声

信号从干扰和噪声中区分出来。这就是说，由于放大电路内部干扰和噪声的存在，限制了放大电路输入信号不能太小。在第4章我们知道，信噪比愈大，则噪声的影响愈小。如果信噪比太小，则输出端的信号和噪声将难以区分。

其实，引入负反馈之后，输入信号和内部噪声同时减小。也就是说，引入负反馈后虽然噪声有所减小，但有用的信号也减小了，如图6.2.2b所示，因而输出端的信噪比并未改变。可是，信号的减小可以通过提高输入信号的幅度来弥补，而内部噪声则是固定的，如图6.2.2c所示，这样可以提高信噪比。

噪声和干扰减小的程度同样取决于反馈深度$(1+AF)$的大小。同时，对于外部的干扰以及与信号同时混入的噪声，采用负反馈的办法是不能抑制的。

6.2.5 改变输入电阻和输出电阻

在放大电路中引入不同组态的交流负反馈，将对输入电阻和输出电阻产生不同的影响。因此，我们可以利用负反馈来改变输入电阻和输出电阻以满足各种不同的要求。

1. 对输入电阻的影响

输入电阻是从放大电路输入端看进去的等效电阻，因而负反馈对输入电阻的影响，取决于基本放大电路与反馈网络在电路输入端的连接方式，即取决于电路引入的是串联反馈还是并联反馈。

(1)串联负反馈增大输入电阻

图6.2.3a所示为串联负反馈放大电路的方框图，基本放大电路的输入电阻为

$$R_i = \frac{U'_i}{I_i}$$

而负反馈放大电路的输入电阻为

$$R_{if} = \frac{U_i}{I_i} = \frac{U'_i + U_f}{I_i} = \frac{U'_i + AFU'_i}{I_i}$$

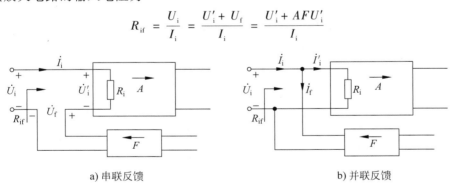

a) 串联反馈   b) 并联反馈

图6.2.3 负反馈电路的输入电阻

从而得出串联负反馈放大电路输入电阻R_{if}的表达式为

$$R_{if} = (1+AF)R_i \tag{6.2.9}$$

表明输入电阻增大到R_i的$(1+AF)$倍。

(2)并联负反馈减小输入电阻

并联负反馈放大电路的方框图如图6.2.3b所示，基本放大电路的输入电阻为

$$R_i = \frac{U_i}{I'_i}$$

整个负反馈电路的输入电阻为

$$R_{if} = \frac{U_i}{I_i} = \frac{U_i}{I_i' + I_f} = \frac{U_i}{I_i' + AFI_i'}$$

从而得出并联负反馈放大电路输入电阻 R_{if} 的表达式为

$$R_{if} = \frac{R_i}{1 + AF} \qquad (6.2.10)$$

表明引入并联负反馈后，输入电阻仅为基本放大电路输入电阻的 $(1 + AF)$ 分之一。

2. 对输出电阻的影响

输出电阻是从放大电路输出端看进去的等效内阻，因而反馈对输出电阻的影响取决于基本放大电路与反馈网络在放大电路输出端的连接方式，即取决于电路引入的是电压反馈还是电流反馈。

（1）电压负反馈减小输出电阻

电压负反馈具有稳定输出电压的作用，即在负载变化时，可维持输出电压基本不变，因此电压负反馈使输出电阻减小，下面进行具体分析。

图 6.2.4a 给出分析电压负反馈输出电阻的等效电路，图中 A_o 为负载开路（$R_L = \infty$）时的开环放大倍数，R_o 是开环时的输出电阻（考虑了反馈网络的负载效应）。令输入信号为零（$X_i = 0$），在输出端加交流电压 U_o，产生电流 I_o，则电路的输出电阻为

$$R_{of} = \frac{U_o}{I_o}$$

根据方框图的输出回路，可得

$$U_o = I_o R_o + A_o X_i'$$

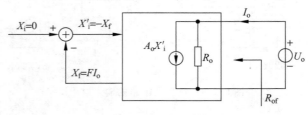

a) 电压反馈

b) 电流反馈

图 6.2.4 负反馈电路的输出电阻

在 $X_i = 0$ 的条件下，$X_i' = -X_f$，又因为输出端采用电压反馈，因此 $X_f = FU_o$，这样上式可以写成

$$U_o = I_o R_o - A_o X_f = I_o R_o - A_o F U_o$$

整理上式可得

$$R_{of} = \frac{U_o}{I_o} = \frac{R_o}{1 + A_o F} \qquad (6.2.11)$$

表明引入电压负反馈后，闭环输出电阻为开环输出电阻的 $(1 + A_o F)$ 分之一。当 $1 + A_o F$ 趋于无穷大时，R_{of} 趋于零，电压负反馈电路的输出可近似认为是恒压源。

（2）电流负反馈增大输出电阻

电流负反馈稳定输出电流，必然使输出电阻增大。对于电路反馈，由于反馈信号与输出电流成正比，所以我们采用恒流源等效电路，如图 6.2.4b 所示。其中，A_o 为负载短路（$R_L = 0$）时的开环放大倍数，R_o 是考虑反馈网络负载效应的开环输出电阻。

反馈放大电路的输出电阻为

$$R_{of} = \frac{U_o}{I_o}$$

其中，$I_o = A_o X_i' + \dfrac{U_o}{R_o}$。

在 $X_i = 0$ 的条件下，$X_i' = -X_f$，又因为 $X_f = F I_o$，所以上式可以写成

$$I_o = A_o X_i' + \frac{U_o}{R_o} = -A_o F I_o + \frac{U_o}{R_o}$$

整理上式可得

$$R_{of} = \frac{U_o}{I_o} = (1 + A_o F) R_o \qquad (6.2.12)$$

表明 R_{of} 增大到 R_o 的 $(1 + A_o F)$ 倍。当 $(1 + A_o F)$ 趋于无穷大时，R_{of} 也趋于无穷大，电路的输出等效为恒流源。

3. 引入负反馈的一般原则

引入负反馈可以改善放大电路多方面的性能，而且反馈组态不同，所产生的影响也各不相同。因此，在设计放大电路时，应根据需要和目的，引入合适的反馈，一般原则可以总结如下：

1）根据信号源的性质决定引入串联负反馈或并联负反馈。当信号源为电压源时，为了使电路获得较大的输入电压，应引入串联负反馈，这样可以增大放大电路的输入电阻，从信号获得更多的电压。当信号源为电流源时，为减小放大电路的输入电阻，使电路获得更大的输入电流，应引入并联负反馈。

2）根据反馈对放大电路输出量的要求，即负载对其信号源的要求，决定引入电压负反馈或电流负反馈。当负载需要稳定的电压信号时，应引入电压负反馈；当负载需要稳定的电流信号时，应引入电流负反馈。

3）根据表 6.1.1 所示的 4 种组态反馈电路的功能，在需要进行信号变换时，选择合适的组态。例如，若将电流信号转换成电压信号，应在放大电路中引入电压并联负反馈；若将电压信号转换成电流信号，应在放大电路中引入电流串联负反馈等。

6.3 深度负反馈放大电路的计算

在求解负反馈放大电路的闭环电压放大倍数 A_{uf}、输入电阻 R_{if} 等交流指标时，可以利用第 3 章介绍的微变等效电路法来完成。但是，负反馈放大电路一般都比较复杂，利用这种方

法计算非常麻烦，除非借助计算机辅助分析，否则一般不用。实际上，由于多级放大电路的放大倍数比较大，特别是集成运放的广泛应用，使负反馈放大电路很容易满足深度负反馈条件，因此，通常采用近似计算的方法分析负反馈放大电路的各项交流指标。本节主要讨论闭环电压放大倍数的求解。

6.3.1 深度负反馈放大电路近似计算的一般方法

我们知道，如果负反馈放大电路满足深度负反馈条件$(1 + AF) \gg 1$，则闭环放大倍数近似等于反馈系数的倒数，即

$$A_f \approx \frac{1}{F} \tag{6.3.1}$$

式$(6.3.1)$中的A_f在不同的反馈类型表示不同的物理意义，在求解放大电路的A_{uf}时，需要进行相应的转换。对于电压串联负反馈，可以直接由$A_{uf} \approx \frac{1}{F_u}$得到；对于电压并联、电流串联和电流并联负反馈，需将式$(6.3.1)$求出的A_{rf}、A_{gf}和A_{if}转化成A_{uf}，例如：

$$A_{uf} = \frac{U_o}{U_i} = \frac{I_o R_L}{U_i} = A_{gf} R_L$$

这种求解方法有时会比较烦琐。通常，为了简化计算，我们也可以利用下面的方法求解。根据式$(6.1.7)$

$$D = 1 + AF = \frac{\dot{X}_i}{\dot{X}'_i}$$

可知，当$D \gg 1$时，$X_i \gg X'_i$，此时，$X_f = X_i - X'_i \approx X_i$，即反馈信号近似等于输入信号。

当电路引入串联负反馈时，

$$U_f \approx U_i \tag{6.3.2}$$

当电路引入并联负反馈时，

$$I_f \approx I_i \tag{6.3.3}$$

利用式$(6.3.2)$或式$(6.3.3)$，闭环电压放大倍数的计算变得十分简单。下一节将通过例题进行讨论。

6.3.2 深度负反馈放大电路的近似计算

下面以多级放大电路为例，讲述深度负反馈下闭环电压放大倍数的求解方法。

1. 电压串联负反馈

图6.3.1a为两级共射－共射放大电路，电阻R_4将第二级的输出信号反馈到第一级的发射极，这种反馈属于级间反馈。由于射极电阻R_3和R_6的存在，使得单级电路也存在串联电流负反馈，对于极间反馈和单级反馈都存在的电路，其性能指标主要取决于级间反馈，因此重点分析级间反馈。

根据前面介绍的方法可以判断出该电路的反馈类型为电压串联负反馈。反馈网络如图6.3.1b所示。计算反馈系数如下：

$$F_u = \frac{U_f}{U_o} = \frac{R_3}{R_3 + R_4} \tag{6.3.4}$$

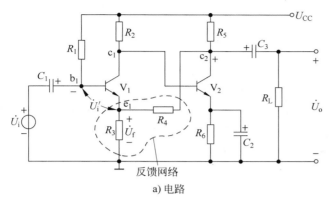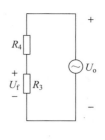

图 6.3.1　电压串联负反馈

由于输入端是串联反馈，因此在深度负反馈下满足

$$U_i \approx U_f$$

得到闭环放大倍数 A_{uf} 为

$$A_{uf} = \frac{U_o}{U_i} \approx \frac{U_o}{U_f} = \frac{1}{F_u} = \frac{R_3 + R_4}{R_3} \qquad (6.3.5)$$

可以看出，闭环电压放大倍数只与 R_3 和 R_4 有关，与输入信号源内阻、外接负载和晶体管参数无关，因此受外界的影响很小，电压放大倍数稳定，验证了电压串联负反馈可以稳定电压放大倍数的结论。

2. 电压并联负反馈

图 6.3.2a 为三级共射电路，其反馈类型为电压并联负反馈。由于输入端是并联反馈，因此在深度负反馈时满足

$$I_i = I_f \qquad (6.3.6)$$

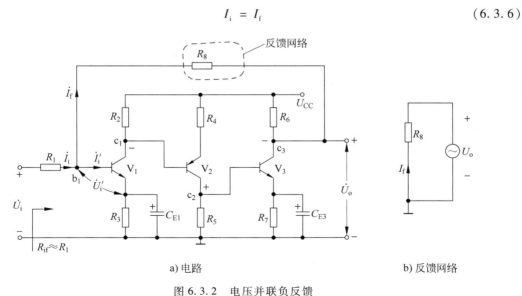

图 6.3.2　电压并联负反馈

为了求解 A_{uf}，需将式（6.3.6）等号左边 I_i 与输入电压 U_i 建立关系，等号右边 I_f 与输出电压 U_o 建立关系。根据电路图，可知

$$I_i = \frac{U_i - U_i'}{R_1} \approx \frac{U_i}{R_1}, \quad I_f = \frac{U_i' - U_o}{R_8} \approx -\frac{U_o}{R_8} \tag{6.3.7}$$

将式(6.3.7)代入式(6.3.6)，故电压放大倍数为

$$A_{uf} = \frac{U_o}{U_i} = -\frac{R_8}{R_1} \tag{6.3.8}$$

上式中的负号说明输出电压与输入电压的相位相反，式中 R_1 通常为信号源内阻，可以看出并联电压负反馈的闭环电压随着信号源内阻的变化而变化，电路并不能稳定电压放大倍数。

闭环电压放大倍数也可以根据 A_{rf} 来求解。根据图 6.3.2b 的反馈网络，可以求出反馈系数，进而得到

$$A_{rf} = \frac{1}{F_g} = \frac{U_o}{I_f} = -R_8 \tag{6.3.9}$$

深度负反馈时的 A_{uf} 可以从 A_{rf} 推导得到

$$A_{uf} = \frac{U_o}{U_i} \approx \frac{U_o}{I_i R_1} = \frac{A_{rf}}{R_1} = -\frac{R_8}{R_1} \tag{6.3.10}$$

可以看出两种方法结论完全相同。从式(6.3.9)和式(6.3.10)可以看出，闭环互阻增益 A_{rf} 只与电阻 R_8 有关，说明电压并联负反馈稳定了闭环互阻增益 A_{rf}。

3. 电流串联负反馈

图 6.3.3a 为三级电流串联负反馈，在深度负反馈下

$$A_{uf} = \frac{U_o}{U_i} \approx \frac{U_o}{U_f} \tag{6.3.11}$$

由图 6.3.3b 的反馈网络可知，反馈电压 U_f 为

$$U_f = I_{e3} \frac{R_7}{R_3 + R_8 + R_7} \cdot R_3 \tag{6.3.12}$$

输出电压 U_o 为

$$U_o = -I_{e3}(R_6 /\!/ R_L) \approx -I_{e3}(R_6 /\!/ R_L) \tag{6.3.13}$$

将式(6.3.12)和式(6.3.13)代入式(6.3.11)，得到电压放大倍数为

$$A_{uf} = -\frac{R_3 + R_8 + R_7}{R_3} \cdot \frac{R_6 /\!/ R_L}{R_7} \tag{6.3.14}$$

上式表明电压放大倍数与负载 R_L 有关，也就是说随着外接负载的改变，闭环电压放大倍数也跟着改变。

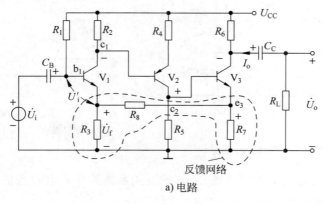

a) 电路

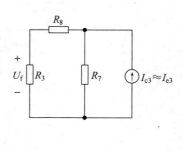

b) 反馈网络

图 6.3.3 电流串联负反馈

同样，A_{uf} 的求解也可以从 A_{gf} 转换得到，根据图 6.3.3b 所示的电路反馈网络可以求出 A_{gf}：

$$A_{gf} = \frac{1}{F_r} = \frac{I_{e3}}{U_f} = \frac{R_3 + R_8 + R_7}{R_3 R_7} \tag{6.3.15}$$

上式表明，电流串联负反馈下的 A_{gf} 得到了稳定。读者可以试着由 A_{gf} 推导 A_{uf}，看看与前面推导的结论是否一致。

该电路的输出电阻在反馈前和反馈后均为 R_6，这个结论与电流反馈使输出电阻增大相违背，这是为什么呢？其实，该电路取样的输出电流是 I_{e3} 而不是 I_o，因此，从电流 I_{e3} 看进去的输出电阻 R_{of} 的确增大了，而我们以前提到的输出电阻 R_o 通常是指从输出电流 I_o 处看进去的输出电阻（除去负载 R_L），这个电阻如果用 R'_{of} 表示的话，则 $R'_{of} = R_{of} /\!/ R_6$，虽然 R_{of} 大幅度增加，但并联上电阻 R_6 后，仍近似为 R_6。

4. 电流并联负反馈

图 6.3.4 是一个两级电路，反馈类型为电流并联负反馈。同样利用并联反馈在深度负反馈下的等式

$$I_i = I_f \tag{6.3.16}$$

来求解 A_{uf}，根据电路图得到

$$I_i = \frac{U_i - U'_i}{R_1} \approx \frac{U_i}{R_1} \tag{6.3.17}$$

根据图 6.3.4b 的反馈网络可得

$$I_f \approx -I_{e2}\frac{R_5}{R_5 + R_6} \approx -I_{c2}\frac{R_5}{R_5 + R_6} = \frac{U_o}{R_4 /\!/ R_L} \cdot \frac{R_5}{R_5 + R_6} \tag{6.3.18}$$

将式（6.3.18）和式（6.3.17）代入式（6.3.16），整理可得

$$A_{uf} = \frac{U_o}{U_i} = \frac{R_5 + R_6}{R_1} \cdot \frac{R_4 /\!/ R_L}{R_5} \tag{6.3.19}$$

上式与负载 R_L 有关，反映了电流并联负反馈并不能稳定 A_{uf}。

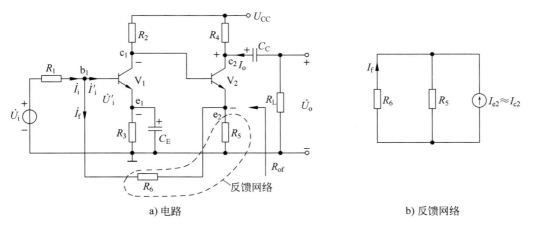

a) 电路   b) 反馈网络

图 6.3.4　电流并联负反馈

6.4 负反馈放大电路的稳定性

从 6.2 节可以看出，放大电路中引入负反馈，可改善和提高放大电路的许多性能和指标，而且改善和提高的程度都取决于反馈深度 $(1 + AF)$ 的大小。一般情况下，反馈深度 $(1 + AF)$ 越大，负反馈的效果越好，但若电路设计不合理，反馈过深，不但不能改善放大电路的性能，反而会使电路产生自激振荡而不能稳定工作。下面先分析产生自激振荡的原因，然后研究负反馈放大电路稳定工作的条件，最后介绍消除自激振荡的方法——频率补偿。

6.4.1 负反馈放大电路的自激振荡

前面讨论的负反馈放大电路是假定其工作在中频区，这时电路中各个电抗元件的影响均可忽略。根据图 6.1.3 反馈放大电路基本框图，$\dot{X}_f$ 与 $\dot{X}_i$ 同相，放大电路的净输入信号 $\dot{X}_i'(= \dot{X}_i - \dot{X}_f)$ 将减小。致使输出信号 $\dot{X}_o$ 减小。此时，$\dot{X}_f$ 与 $\dot{X}_i'$ 也同相，$\varphi_A + \varphi_F = 2n\pi$，其中 n 为整数，φ_A、φ_F 分别表示基本放大电路和反馈网络的相移。

在高频区和低频区，电路中各种电抗元件的影响不能再被忽略。这些电抗元件会在原来相移的基础上产生附加相移（$\Delta\varphi_A$ 和 $\Delta\varphi_F$），使得 $\dot{X}_f$ 和 $\dot{X}_i$ 不再同相，可能在某一频率下，$\dot{A}$ 和 $\dot{F}$ 的总附加相移达到 180°，使 $\varphi_A + \varphi_F = (2n + 1)\pi$，$n$ 为整数。这时，$\dot{X}_f$ 和 $\dot{X}_i$ 由同相变成反相，使净输入信号 $\dot{X}_i'$ 由减小变成增大，反馈极性由负反馈变成了正反馈。当反馈信号 $\dot{X}_f$ 与净输入信号 $\dot{X}_i'$ 大小相等时，即环路增益 $\dot{A}\dot{F} = -1$ 时，即使输入端不加输入信号，输出端也会产生输出信号，这种现象称为电路的自激振荡，如图 6.4.1 所示，这时电路已失去正常的放大作用。

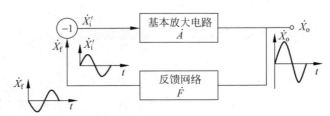

图 6.4.1 负反馈放大电路的自激振荡现象

由上述分析可知，负反馈放大电路产生自激振荡时，必然有

$$\dot{A}\dot{F} = -1 \tag{6.4.1}$$

可以将其分解为幅值条件和相移条件，即

$$|\dot{A}\dot{F}| = 1 \tag{6.4.2}$$

$$\varphi_A + \varphi_F = (2n + 1)\pi \quad (n \text{ 为整数}) \tag{6.4.3}$$

有时为了突出附加相移的作用，相移条件也可以写成附加相移条件

$$\Delta\varphi_A + \Delta\varphi_F = \pm \pi \tag{6.4.4}$$

设放大电路的反馈网络由纯电阻构成，则附加相移全部来自放大电路。在高频区，耦合电容和旁路电容可视为交流短路，需考虑晶体管的极间电容，由于极间电容容量非常小，因

此,若电路工作不稳定而发生自激振荡时,产生的信号为高频信号。在低频区,晶体管的极间电容可视为交流断路,而需考虑耦合电容和旁路电容,由于两者的容量较大,故电路发生自激振荡时输出低频信号。

为分析简便,假设单管放大电路中只存在一个由晶体管的极间电阻、极间电容构成的 RC 网络。因为一级 RC 网络产生的最大附加相移为 $-90°$,不满足式(6.4.4)的附加相移条件,所以单管放大器不可能产生高频自激振荡。在两级放大电路中,附加相移可以从 $0°$ 变化到 $-180°$,在理论上存在满足相位条件的频率 f_0,但是 f_0 趋向于无穷大,并且在 $f = f_0$ 时,$\dot{A}$ 的值为 0,不满足幅度条件,所以两级放大电路也不可能产生高频自激振荡。在三级放大电路中,附加相移可以从 $0°$ 变化到 $-270°$,因而存在使 $\Delta\varphi_A = -180°$ 的频率 f_0,并且当 $f = f_0$ 时,$|\dot{A}| > 0$,有可能满足幅度条件,故可能产生高频自激振荡。由此可见,放大电路的级数越多,在引入负反馈时,越容易产生自激振荡,因此采用直接耦合方式的现代通用运放多采用三级放大电路结构。

值得注意的是,电路的自激振荡是由其自身条件决定的,不因输入信号的改变而消除。要消除自激振荡,只能通过破坏产生振荡的相位条件或幅度条件。

对振荡器的起振,初学者通常会问这样的问题:电路加电后,没有输入任何频率的信号,何来产生自激的净输入信号?这是由于机械开关合上的瞬间会产生电扰动,电路中的电阻元件存在着热噪声(频谱极宽),晶体管存在着散弹噪声和闪烁噪声,这些扰动和噪声都将激发电路产生自激振荡。所以,在工程实践中,振荡器的工作不需要外加输入信号。

6.4.2 负反馈放大电路稳定性的判断

利用负反馈放大电路环路增益的幅频、相频特性图可以判断电路是否产生自激振荡,即电路是否稳定。如果反馈网络的反馈系数 $\dot{F}$ 为常数,则可直接使用负反馈放大电路的开环增益的近似伯德图来判断电路是否稳定。

1. 利用环路增益判断负反馈放大电路的稳定性

由自激振荡的条件可知,如果幅值条件和相移条件不能同时满足,负反馈放大电路就不会产生自激振荡,因此负反馈放大电路稳定工作的条件是当 $|\dot{A}\dot{F}| = 1$ 时,即 $20\lg|\dot{A}\dot{F}| = 0\mathrm{dB}$ 时,$|\varphi_A + \varphi_F| < \pi$;或当 $|\varphi_A + \varphi_F| = \pi$ 时,$|\dot{A}\dot{F}| < 1$,即 $20\lg|\dot{A}\dot{F}| < 0\mathrm{dB}$。

图 6.4.2 所示为两个放大电路环路增益的频率特性,从图中可以看出它们均能放大直流信号,所以它们均为直接耦合放大电路。图中使 $\varphi_A + \varphi_F = -180°$ 的频率为 f_π,称为相位交界频率,使 $20\lg|\dot{A}\dot{F}| = 0\mathrm{dB}$ 的频率为 f_0,称为增益交界频率。

图中所示的曲线中,当 $f = f_\pi$ 时,$20\lg|\dot{A}\dot{F}| < 0$,即 $|\dot{A}\dot{F}| < 1$;而当 $20\lg|\dot{A}\dot{F}| = 0$,即 $f = f_0$ 时,$|\varphi_A + \varphi_F| < \pi$,说明幅值条件和相移条件不能同时满足。所以具有图中所示环路增益特性的放大电路不可能产生自激振荡。

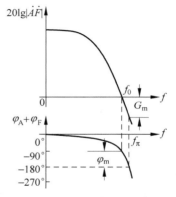

图 6.4.2 负反馈电路环路增益的频率特性

综上所述，在已知环路增益的频率特性时，负反馈放大电路稳定的条件如下：

1）若不存在 f_π，则电路稳定；

2）若存在 f_π，且 $f_\pi > f_0$，则电路稳定；若存在 f_π，但 $f_\pi < f_0$，则电路不稳定。

2. 稳定裕度

从上述分析可知，理论上只要 $f_\pi > f_0$，电路就稳定。但是实际中，人们常常发现某些放大电路虽然满足 $f_\pi > f_0$，但是 f_π 和 f_0 靠得很近，此时电路也非常容易产生自激振荡，这一事实表明大于 f_0 的某个频率范围也是容易发生自激振荡的"危险区域"，因此，为保证放大电路稳定工作，必须使它远离自激振荡状态，远离自激振荡状态的程度用稳定裕度表示。

定义 $f = f_\pi$ 时所对应的 $20\lg|\dot{A}\dot{F}|$ 偏离 0dB 的数值为增益裕度 G_m，如图 6.4.2 幅频特性中的标注所示，G_m 的表达式为

$$G_m = 0 - 20\lg|\dot{A}\dot{F}|_{f = f_\pi} \tag{6.4.5}$$

稳定的负反馈放大电路的 $G_m > 0$，且 G_m 越大，电路越稳定。工程上，$G_m \geqslant 10$dB，可认为放大电路是稳定的。

定义 $f = f_0$ 时的 $|\varphi_A + \varphi_F|$ 偏离 180° 的差值为相位裕度 φ_m，如图 6.4.2 相频特性中的标注所示，φ_m 的表达式为

$$\varphi_m = 180° - |\varphi_A + \varphi_F|_{f = f_0} \tag{6.4.6}$$

稳定的负反馈放大电路的 $\varphi_m > 0$，且 φ_m 越大，电路越稳定。工程上，$\varphi_m \geqslant 45°$，可认为放大电路是稳定的。

3. 利用开环增益的渐近伯德图判断负反馈放大电路的稳定性

在工程实践中，考虑到集成运放的外部电路的多样性，集成运放的生产商在器件手册中通常只给出运放的开环增益的渐近伯德图。若反馈网络的反馈系数 $\dot{F}$ 是常数，则可以直接使用运放的开环增益的渐近伯德图来判断电路是否稳定。

如 6.4.1 节所述，通用运放多采用三级电路结构。从系统观点看，运放是一个含有众多零点、极点的高阶系统，不过，它的前三个极点频率 f_{H1}、f_{H2}、f_{H3} 一般满足以下关系：$f_{H2} > 10f_{H1}$，$f_{H3} \geqslant 10f_{H2}$。而其他极零点频率离得较远。图 6.4.3 给出一个典型运放的开环增益的渐近伯德图。

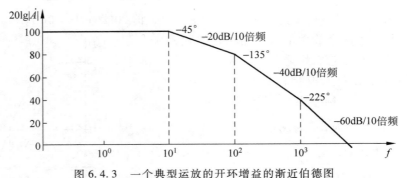

图 6.4.3　一个典型运放的开环增益的渐近伯德图

根据信号与系统的知识可知，输入信号经过一个多级因果系统后，其输出信号的时域函数等于输入信号的时域函数逐级卷积系统各级的时域冲击响应；变换到频域中，输出信号的频域函数等于输入信号的频域函数逐级乘以系统各级的传输函数，即系统传输函数等于系统

各级的传输函数之积。在研究系统传输函数的幅频响应时，通常引入对数，以分贝为单位，则经过对数化处理的各级幅频响应特性可以直接进行简单的相加运算以得到最终的对数化幅频响应特性。基于以上分析，图6.4.4给出了运放开环幅频响应渐近伯德图的形成过程。

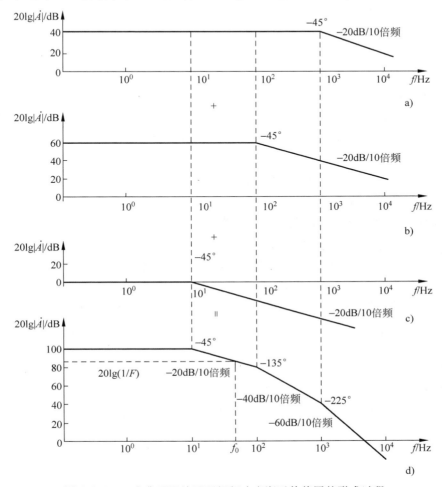

图 6.4.4　一个典型运放开环幅频响应渐近伯德图的形成过程

图6.4.4a、b、c分别是集成运放第一、二、三级的幅频特性，由于是对数化的曲线，将三幅图叠加，即可得到运放的开环增益幅频特性渐近伯德图，如图6.4.4d所示。由图6.4.4d可见，每经过一个极点频率，下降段的斜率增加20dB/10倍频。由于相邻极点频率间都是10倍关系，即 $f_{H2} = 10f_{H1}$，$f_{H3} = 10f_{H2}$，故各极点频率上的相角依次为 $-45°$、$-135°$ 和 $-225°$。若 f_{H3} 不变，f_{H2} 向 f_{H1} 靠近，则 f_{H2} 上的相角绝对值 $|\varphi_A(f_{H2})|$ 将向小于135°的方向减小；若 $f_{H3} \geqslant 10f_{H2}$，则 f_{H3} 对 $|\varphi_A(f_{H2})|$ 的影响可忽略。由此可得出以下结论：若 $f_{H3} \geqslant 10f_{H2}$，则不论 f_{H2} 与 f_{H1} 之间的间距为多大，$|\varphi_A(f_{H2})|$ 恒小于或等于135°。如是上述，运放一般都满足 $f_{H3} \geqslant 10f_{H2}$，故该结论非常重要。

如果反馈网络的反馈系数 $\dot{F}$ 为常数，其引起的相移 φ_F 恒为0°，则 $|\dot{A}\dot{F}| = 1$，可写成 $|\dot{A}F| = 1$，用对数表示为 $20\lg|\dot{A}F| = 0$，即

$$20\lg|\dot{A}| = 20\lg\frac{1}{F} \tag{6.4.7}$$

在图 6.4.4d 上作高度为 $20\lg\dfrac{1}{F}$(dB) 的水平线，它与开环增益幅频响应曲线的交点所对应的频率就是 f_0(满足 $20\lg|\dot{A}\dot{F}|=0$)。只要相交点在斜率为 -20dB/10 倍频的下降段内，相位裕量就必定等于或大于 $45°$，保证放大电路稳定工作。

若中频区满足深度负反馈，则 $\dfrac{1}{F}$ 就是反馈放大电路的中频增益，故 $20\lg\dfrac{1}{F}$ 水平线又称为反馈增益线。

综上所述，若 $\dot{F}$ 为常数，φ_F 恒为 $0°$，在已知开环增益的幅频渐近伯德图时，负反馈放大电路稳定的条件如下：

1) 对运放，若反馈增益线与开环增益幅频响应曲线的交点在斜率为 -20dB/10 倍频的下降段内，则电路稳定；

2) 对一般电路，若反馈增益线与开环增益幅频响应曲线的交点对应频率的相角绝对值小于 $135°$，则电路稳定。

4. 利用奈奎斯特图判断负反馈放大电路的稳定性

在第 4 章中，我们曾经介绍过使用奈奎斯特图来分析系统的频率特性。在判断负反馈放大电路的稳定性时，利用奈奎斯特图结合奈奎斯特准则也能够简单地分析反馈放大电路的相位裕度和增益裕度，并准确地判断反馈放大电路是否稳定。

首先，介绍判断系统稳定性的奈奎斯特准则：当 ω 从零变化到无穷大时，若系统传递函数 $\dot{A}_u(j\omega)\dot{F}$ 在极坐标图上的轨迹(奈奎斯特图)不通过或不围绕 $(-1,0)$ 点，则反馈系统是稳定的。

这就给我们提供了一个重要的方法：只要在正频率范围内观察 $(-1,0)$ 点，看其是否被奈奎斯特图所包围(落在曲线的 ω 从零变化到无穷大方向的右侧范围内)，就能确定系统的稳定性。例如，某反馈放大系统的奈奎斯特图如图 6.4.5 所示。

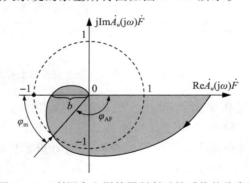

图 6.4.5　利用奈奎斯特图判断反馈系统的稳定性

根据式 (6.4.5) 和式 (6.4.6) 的结果，可以很清楚地在奈奎斯特图上看出：反馈系统的增益裕度 G_m 就是系统的频率特性曲线在负实轴上截距的倒数所对应的对数值，即 $G_m = 20\lg(1/b)$，而相位裕度 φ_m 则是系统的频率特性曲线和单位圆交点相角的补角。频率特性曲线所包围的部分用灰色标记，可以看到没有包含 $(-1,0)$ 点，按照奈奎斯特准则即可判定此系统是稳定的。这也与通过增益裕度 G_m 和相位裕度 φ_m 判定系统是稳定的结论是一致的。

综上所述，可以看出：

1）在奈奎斯特图中，虽然对系统的 $-3dB$ 截止点不如伯德图中表示得那么清晰，但是可以很清楚地看出系统的增益裕度 G_m 和相位裕度 φ_m；

2）通过使用奈奎斯特准则，观察系统频率特性曲线对 $(-1,0)$ 点的包围情况，可以一目了然地判定反馈系统的稳定性，这比之前介绍的几种判断方法都要方便许多，因而具有很强的工程实践性。

6.4.3　负反馈放大电路自激振荡的消除方法

通过对负反馈放大电路稳定性的分析可知，$|\dot{A}\dot{F}|$ 越大，即负反馈越深，电路越容易产生自激振荡。为提高放大电路在深度负反馈条件下的工作稳定性，必须采取措施破坏电路的自激振荡条件。一般采用的方法是相位补偿法，即在放大电路中接入电容元件或电阻、电容元件，以改变基本放大电路的开环频率特性或反馈网络的频率特性。

1. 滞后补偿

由于这种补偿使放大电路的相位滞后，故称为滞后补偿。根据工作原理的不同，通常又分为电容补偿、零极点相消——RC 滞后补偿和密勒效应补偿3种。

（1）电容补偿

电容补偿是将一个电容并接在放大电路中时间常数最大的节点上，使它的时间常数更大，使开环增益幅频特性中的第一拐点的频率进一步降低，通常使增益随频率始终按照 $-20dB/10$ 倍频的斜率下降，到达第二拐点时刚好降至 $0dB$。

在图 6.4.6 所示幅频特性中，虚线表示补偿前的情况，高频段有三个拐点，决定 f_{H1} 的节点的时间常数最大。实线表示补偿后的情况，第一拐点的频率降低为 f'_{H1}。这样，$0dB$ 以上只存在一个转折点。同时，对应 f_{H2} 处的相移 $|\varphi_A(f_{H2})| \leq 135°$，相位裕度 $\varphi_m \geq 45°$，即使反馈系数 $|\dot{F}|$ 达最大值 1，放大电路也可稳定工作。补偿后基本放大电路的通频带变为 f'_{H1}，小于补偿前的通频带 f_{H1}。

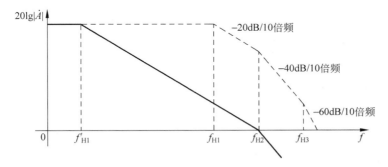

图 6.4.6　电容补偿开环增益的渐近伯德图

设某放大电路第二级电路输入端等效电容所在回路的时间常数最大，所以在第二级输入端加补偿电容 C，如图 6.4.7 所示。图 6.4.7 中，R_{o1} 为第一级的输出电阻，R_{i2} 和 C_{i2} 为第二级的输入电阻和输入电容。

根据截止频率的分析方法，未加 C 之前，该节点所对应的频率为

$$f_{H1} = \frac{1}{2\pi(R_{o1} \mathbin{//} R_{i2})C_{i2}} \tag{6.4.8}$$

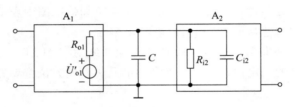

图 6.4.7　电容补偿电路

加 C 补偿之后，频率变为

$$f'_{H1} = \frac{1}{2\pi(R_{o1} // R_{i2})(C_{i2} + C)} \tag{6.4.9}$$

（2）零极点相消——RC 滞后补偿

电容补偿的方法虽然可以消除自激振荡，但是需要以频带变窄为代价。而 RC 滞后补偿则不一样，它可以在开环放大倍数 $\dot{A}$ 的表达式的分子中引入一个零点，该零点与分母中的一个极点相抵消，从而使补偿后的放大电路的频带损失减小。

图 6.4.8a 放大电路的第一级的时间常数最大，在其输出端并接 RC 串联补偿网络。图 6.4.8a 的高频等效电路如图 6.4.8b 所示，其中，R_{o1} 为第一级的输出电阻，R_{i2} 和 C_{i2} 为第二级的输入电阻和输入电容。通常，应选择 $R \ll (R_{o1} // R_{i2})$，$C \gg C_{i2}$，则可忽略 C_{i2}，因而简化电路如图 6.4.8c 所示，其中

$$\dot{U}''_{o1} = \frac{R_{i2}}{R_{o1} + R_{i2}} \cdot \dot{U}'_{o1}, R'_{o1} = R_{o1} // R_{i2}$$

因此

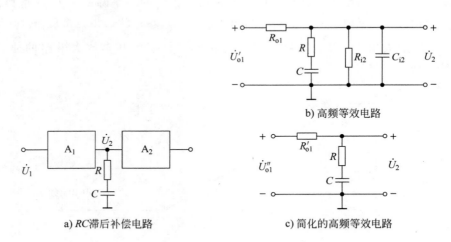

b) 高频等效电路

a) RC 滞后补偿电路　　　　c) 简化的高频等效电路

图 6.4.8　RC 滞后补偿

$$\frac{\dot{U}_2}{\dot{U}'_{o1}} = \frac{R + \dfrac{1}{j\omega C}}{R'_{o1} + R + \dfrac{1}{j\omega C}} = \frac{1 + j\omega RC}{1 + j\omega(R'_{o1} + R)C} \tag{6.4.10}$$

令

$$f'_{H1} = \frac{1}{2\pi(R + R'_{o1})C}, \quad f_Z = \frac{1}{2\pi RC}$$

则

$$\frac{\dot{U}_2}{\dot{U}'_{o1}} = \frac{1 + \mathrm{j}\dfrac{f}{f_\mathrm{Z}}}{1 + \mathrm{j}\dfrac{f}{f'_{\mathrm{H1}}}}, \quad (f'_{\mathrm{H1}} < f_\mathrm{Z}) \tag{6.4.11}$$

若补偿前放大电路的开环增益表达式为

$$\dot{A} = \frac{A_1}{\left(1 + \mathrm{j}\dfrac{f}{f_{\mathrm{H1}}}\right)\left(1 + \mathrm{j}\dfrac{f}{f_{\mathrm{H2}}}\right)\left(1 + \mathrm{j}\dfrac{f}{f_{\mathrm{H3}}}\right)} \tag{6.4.12}$$

选择合适的 R、C 值，使 $f_\mathrm{Z} = f_{\mathrm{H2}}$，即零点和极点相消，则补偿后放大电路的开环增益表达式为

$$\dot{A} = \frac{A_1}{\left(1 + \mathrm{j}\dfrac{f}{f'_{\mathrm{H1}}}\right)\left(1 + \mathrm{j}\dfrac{f}{f_{\mathrm{H3}}}\right)} \tag{6.4.13}$$

式（6.4.13）表明，补偿后开环增益幅频特性曲线中只有两个拐点，选择 f'_{H1} 时，以 f_{H3} 所对应的开环增益幅值下降到 0dB。图 6.4.9 给出了电容补偿和 RC 滞后补偿的渐近伯德图比较，实线为 RC 滞后补偿的渐近伯德图，点划线为电容补偿的渐近伯德图，由图可见，带宽有所改善。

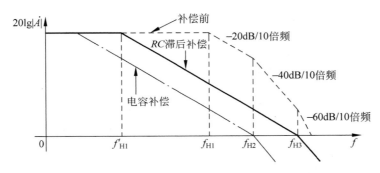

图 6.4.9 电容补偿和 RC 滞后补偿的渐近伯德图比较

（3）密勒效应补偿

在电子制造中，大容量的电容不易集成，而在电容补偿和 RC 滞后补偿中都需要使用容量较大的电容。为了解决电容的集成问题，密勒效应补偿应运而生。

根据密勒定理，若将电容 C 跨接在某放大电路的输入端和输出端，如图 6.4.10a 所示，则折合到输入端的等效电容 C' 是 C 的 $|\dot{A}_{uk}|$ 倍（准确地说应该是 $1 + |\dot{A}_{uk}|$ 倍，其中 $\dot{A}_{uk}$ 是该级放大电路的电压增益），如图 6.4.10b 所示。设 $|\dot{A}_{uk}| = 1000$，$C = 30\mathrm{pF}$，则 $C' = 30\mathrm{nF}$，电容 C 应跨接在 RC 时间常数最大的那级放大电路的输入端与输出端之间，以获得如图 6.4.4 所示的幅频特性。

需要指出的是，密勒效应补偿从本质上来说，补偿效果和电容补偿效果相同，只是缩小了外接电容的电容量。如果在密勒效应补偿回路中再串接一个小电阻，则可以使高频特性有所改善，这里不再赘述。

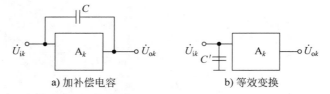

a) 加补偿电容　　　　　　　b) 等效变换

图 6.4.10　密勒效应补偿

2. 超前补偿

滞后补偿方法通过降低开环增益 $\dot{A}$ 的第一个极点频率 f_1，即以降低上限频率 f_H 为代价来获得所需的相位裕度。若在获得所需的相位裕度的同时，还要不降低 f_1，可以采用超前补偿的方法。这种补偿技术的出发点是在 $\dot{A}$ 或 $\dot{F}$ 中引入一个具有超前相移的零点，抵消 $\dot{A}$ 中原来的滞后相移，使环路增益 $\dot{A}\dot{F}$ 的相位比补偿前超前一个角度。由于这种补偿使放大电路的相位超前，故称为超前补偿。

图 6.4.11a 所示为集成运放中超前相位补偿的原理图，电阻 R_1 上并联的电容 C 为补偿电容，V_1 为放大管，V_2 管为 V_1 管的有源负载，等效电路如图 6.4.11b 所示。图 6.4.11b 中 R_2 和 C_2 是图 6.4.11a 中 A、B 两点之间的等效电阻和等效电容。

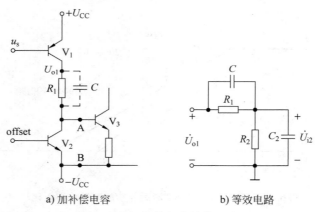

a) 加补偿电容　　　　　　　b) 等效电路

图 6.4.11　超前相位补偿电路

在未加补偿电容 C 时，C_2 所在回路的时间常数 $\tau = (R_1 /\!/ R_2) C_2$，因此它所确定的极点频率为

$$f_{H1} = \frac{1}{2\pi(R_1 /\!/ R_2) C_2}$$

传递系数为

$$\dot{A}_u = \frac{\dot{U}_{i2}}{\dot{U}_{o1}} = \frac{R_2}{R_1 + R_2} \cdot \frac{1}{1 + j\dfrac{f}{f_{H1}}}$$

加入补偿电容 C 以后的传递系数为

$$\dot{A}_u = \frac{\dot{U}_{i2}}{\dot{U}_{o1}} = \frac{R_2 /\!/ \dfrac{1}{j\omega C_2}}{R_1 /\!/ \dfrac{1}{j\omega C} + R_2 /\!/ \dfrac{1}{j\omega C_2}} = \frac{R_2}{R_1 + R_2} \cdot \frac{1 + j\omega R_1 C}{1 + j\omega(R_1 /\!/ R_2)(C + C_2)} \tag{6.4.14}$$

令

$$f_z = \frac{1}{2\pi R_1 C}, \quad f'_{H1} = \frac{1}{2\pi(R_1 /\!/ R_2)(C + C_2)}$$

则

$$\dot{A}_u = \frac{\dot{U}_{i2}}{\dot{U}_{o1}} = \frac{R_2}{R_1 + R_2} \cdot \frac{1 + j\dfrac{f}{f_z}}{1 + j\dfrac{f}{f'_{H1}}} \tag{6.4.15}$$

若合理选择 C，使 $R_1 C = R_2 C_2$，则 $f_z = f'_{H1}$，式(6.4.15)可写为

$$\dot{A}_u = \frac{\dot{U}_{i2}}{\dot{U}_{o1}} = \frac{R_2}{R_1 + R_2} \tag{6.4.16}$$

$\dot{A}_u$ 为常量，不随频率变化。

对于有 3 个拐点频率的电路，如图 6.4.12 所示，如果在产生 f_{H1} 的那级放大电路中加入超前补偿电容，并且满足式(6.4.16)，就意味着电路只剩下 2 个拐点频率。因此只有当信号频率趋向于无穷大时，相位才趋向于 $-180°$，而此时增益远小于 0dB，所以电路必然稳定。

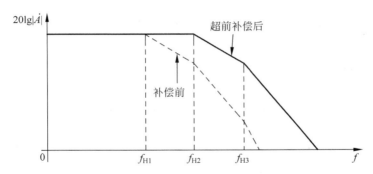

图 6.4.12 超前相位补偿前后集成运放的幅频特性

超前相位补偿不但满足了电路稳定的条件，而且改善了电路的高频特性，展宽了频带。不过应当指出，由于集成电路中元件参数的分散性常常不能保证式(6.4.15)中 $f_z = f'_{H1}$，这样可能使超前补偿的效果不如滞后补偿。

综上所述，无论是超前补偿还是滞后补偿，都可以用很简单的电路来实现。补偿后对带宽的影响从小到大依次为超前补偿、RC 滞后补偿、电容补偿。应该注意的是，理解消除自激振荡的基本思路以及不同方法的特点，要比具体计算补偿元件的参数重要得多。这是因为在实际情况下，常常需要在明确的思路指导下，通过实验来获得理想的补偿效果。

思考题

1. 什么是反馈？什么是直流反馈和交流反馈？什么是正反馈和负反馈？什么是串联反馈和并联反馈？什么是电压反馈和电流反馈？为什么要引入反馈？

2. 如何判断反馈的组态？

3. 交流负反馈有哪几种组态？各自对电路输入输出电阻的改变是怎样的？

4. 交流负反馈放大电路的一般表达式是什么？

5. 负反馈对放大电路的性能有哪些影响？付出的代价是什么？

6. 什么是深度负反馈？在深度负反馈条件下，如何估算放大倍数？

7. 什么是理想运放？为什么理想运放工作在线性区域时有"虚短"和"虚断"的特点？

8. 为什么放大电路以三级最为常见？

9. 负反馈越深越好吗？什么是自激振荡？什么样的负反馈对放大电路容易产生自激振荡？自激振荡如何消除？

10. 自激振荡的条件是什么？产生正弦自激振荡的条件是什么？

习题

6.1 试判断题 6.1 图所示各电路的反馈类型和反馈极性（若是多级放大，只判断交流级间反馈）。

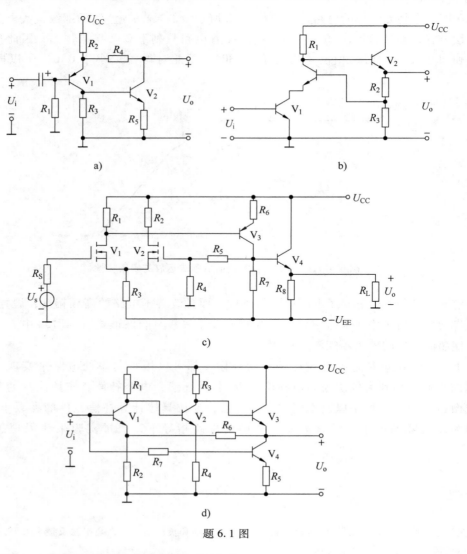

题 6.1 图

6.2 试判断题 6.2 图所示各电路的反馈类型和反馈极性。

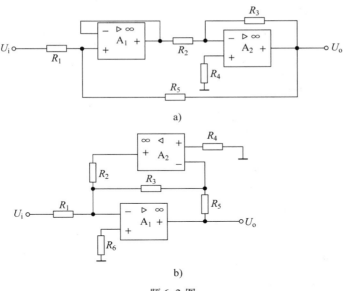

题 6.2 图

6.3 一电压串联负反馈放大电路，其基本放大电路的电压增益 $A_u = 100$，反馈网络的反馈系数 $B_u = 0.1$。由于温度变化，A_u 增大到 120，试求负反馈放大电路的电压增益变化率 $\dfrac{\Delta A_{uf}}{A_{uf}}$。

6.4 一放大电路的电压放大倍数 A_u 在 150 ~ 600 之间变化（变化了 4 倍），现加入负反馈，反馈系数 $B_u = 0.06$，闭环放大倍数的最大值和最小值之比是多少？

6.5 某一电压串联负反馈放大电路，其环路增益 $T = 49$，环路增益的变化量 $\Delta T = 25$，设反馈系数 B_u 为常数，试求负反馈放大电路电压增益 A_{uf} 的相对变化量。

6.6 一电压并联负反馈放大电路开环互阻增益 $A_r = 10^3 \text{k}\Omega$，互导反馈系数 $B_g = 0.01 \text{mS}$，试求：

（1）当开环互阻增益的相对变化率 $\dfrac{\Delta A_r}{A_r} = 20\%$ 时，闭环互阻增益的相对变化率 $\dfrac{\Delta A_{rf}}{A_{rf}}$。

（2）当信号源内阻 R_S 不变时，闭环电压增益的相对变化率 $\dfrac{\Delta A_{uf}}{A_{uf}}$。

6.7 某放大电路的放大倍数 $A(\text{j}\omega)$ 为

$$A(\text{j}\omega) = \frac{1000}{1 + \text{j}\dfrac{\omega}{10^8}}$$

若引入 $F = 0.01$ 的负反馈，试求：（1）开环中频放大倍数 A_1 和 f_H。（2）闭环中频放大倍数 A_{1f} 和 f_{Hf}。

6.8 电路如题 6.8 图所示，试从反馈的角度回答：开关 S 的闭合和打开，对电路性能的影响（包括增益、输入电阻、输出电阻、上限频率、下限频率等）。

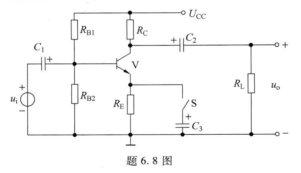

题 6.8 图

6.9 电路如题 6.9 图 a、b 所示。试问：

(1)反馈电路的连接是否合理？为发挥反馈效果，两个电路对 R_s 有何要求？

(2)当信号源内阻变化时，哪个电路的输出电压稳定性好？哪个电路源电压增益的稳定性能力强？

(3)当负载 R_L 变化时，哪个电路的输出电压稳定性好？哪个电路源电压增益的稳定性能力强？

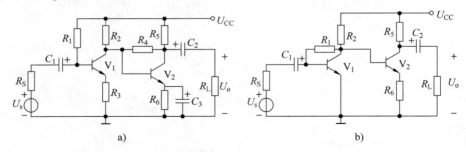

题 6.9 图

6.10 反馈放大电路如题 6.10 图所示，试回答：

(1)判断该电路引入了何种反馈。反馈网络包括哪些元件？工作点的稳定主要依靠哪些反馈？

(2)该电路的输入输出电阻如何变化，是增大还是减少了？

(3)在深度反馈条件下，交流电压增益 A_{uf} 为多少？

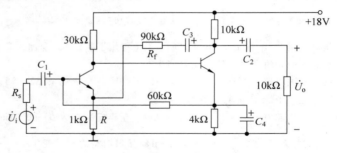

题 6.10 图

6.11 负反馈放大电路如题 6.11 图所示。

(1)试判别电路中引入了何种反馈。

(2)为得到低输入电阻和低输出电阻，应采用何种类型的负反馈？电路应如何改接？

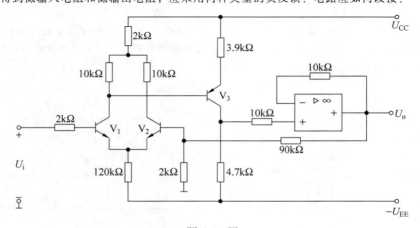

题 6.11 图

6.12 电路如题 6.12 图所示，试指出电路的反馈类型，并计算开环增益 A_u 和闭环增益 A_{uf}（已知 β、r_{be} 等参数）。

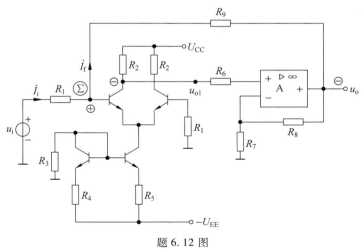

题 6.12 图

6.13 电路如题 6.13 图所示。

(1) 集成运放 A_1 和 A_2 各引进什么反馈？

(2) 求闭环增益 $A_{uf} = \dfrac{U_o}{U_i}$。

6.14 电路如题 6.14 图所示。(1)要求输入电阻增大，试正确引入负反馈。(2)要求输出电流稳定，试正确引入负反馈。(3)要求改善由负载电容 C_L 引起的振幅频率失真和相位频率失真，试正确引入负反馈。

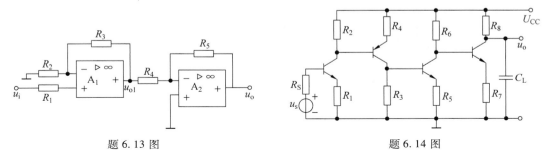

题 6.13 图   题 6.14 图

6.15 电路如题 6.15 图 a、b 所示，各电容对信号可视为短路。

(1) 试分别判断电路级间交流反馈的极性和类型。

(2) 分别写出反馈系数的表达式。

(3) 分别估算满足深度反馈条件下的源电压增益 A_{usf} 的表达式或数值。

6.16 电路如题 6.16 图所示，判断电路引入何种反馈。计算在深度反馈条件下的电压放大倍数 $A_{uf} = U_o / U_i$。

6.17 电路如题 6.17 图所示。

(1) 试通过电阻引入合适的交流负反馈，使输入电压 u_1 转换成稳定的输出电流 i_L。

(2) 若 $u_I = 0 \sim 5V$ 时，$i_L = 0 \sim 10mA$，则反馈电阻 R_F 应取多少？

6.18 已知某电压串联反馈放大电路，其基本放大电路的电压增益表达式为

$$A_u(jf) = \frac{10^4}{\left(1 + j\dfrac{f}{10^6}\right)\left(1 + j\dfrac{f}{10^7}\right)\left(1 + j\dfrac{f}{10^8}\right)}$$

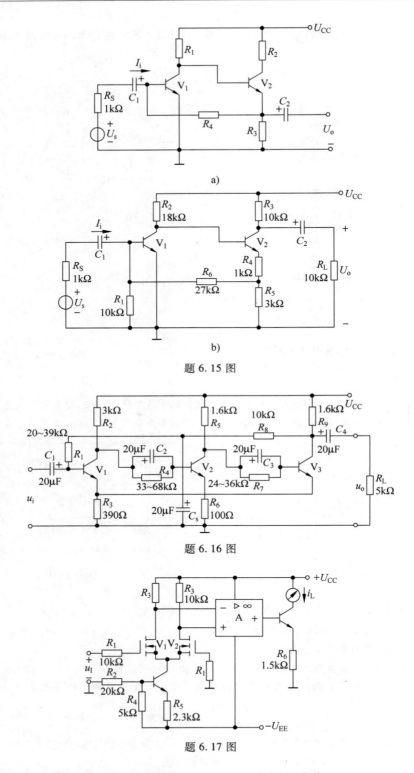

题 6.15 图

题 6.16 图

题 6.17 图

（1）画出 $A_u(\mathrm{j}f)$ 的幅频和相频的渐进伯德图，并标出每个线段的斜率。

（2）利用渐进伯德图说明在什么频率下，该电路将产生自激振荡。

（3）为了使电路在闭环后能稳定地工作，并具有 45° 的相位裕量，利用伯德图说明反馈系数的最大值 B_u 为多少。

(4)若要求闭环增益 $A_{uf}=100$，且有45°的相位裕量，求采用简单电容补偿时的补偿电容值。已知产生第一个极点频率的节点呈现的等效电阻 $R_1=100\text{k}\Omega$。

6.19 某放大电路的开环幅频响应如题6.19图所示。

(1)当施加 $F=0.001$ 的负反馈时，此反馈放大电路是否能稳定工作？相位裕度等于多少？

(2)若要求闭环增益为40dB，为使相位裕度大于或等于45°，试画出密勒电容补偿后的开环幅频特性曲线。

(3)指出补偿后的开环带宽 BW 和闭环带宽 BW_f 分别为多少。

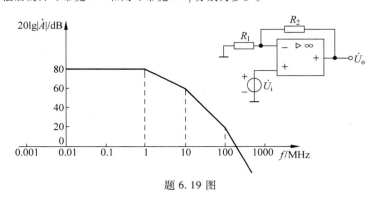

题 6.19 图

6.20 已知负反馈放大电路的 $\dot A=\dfrac{10^4}{\left(1+\text{j}\dfrac{f}{10^4}\right)\left(1+\text{j}\dfrac{f}{10^5}\right)^2}$。试分析：为了使放大电路能够稳定工作（即不产生自激振荡），反馈系数的上限值为多少？

6.21 已知反馈放大电路的环路增益为

$$A_u(\text{j}\omega)F=\frac{40F}{\left(1+\text{j}\dfrac{\omega}{10^6}\right)^3}$$

(1)若 $F=0.1$，则该放大电路会不会自激振荡？

(2)该放大电路不自激振荡所允许的最大 F 为何值？

(3)若要求有45°的相位裕度，则最大 F 应为何值？

6.22 已知一个负反馈基本放大电路的对数幅频特性如题6.22图所示，反馈网络由纯电阻组成。试问：若要求电路稳定工作，即不产生自激振荡，则反馈系数的上限值为多少？并简述理由。

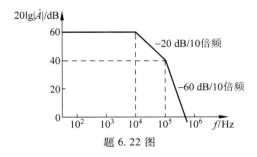

题 6.22 图

6.23 题6.23图a所示放大电路，$\dot A\dot F$ 的伯德图如题6.23图b所示。

(1)该电路是否会产生自激振荡？并简述理由。

(2)若电路产生了自激振荡，则应采取什么措施消振？要求在图a中画出来。

(3)若仅有一个50pF电容，分别接在3个三极管的基极和地之间均未能消振，则将其接在何处有可能消振？为什么？

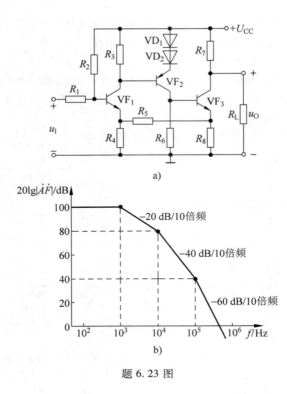

题 6.23 图

6.24 深度负反馈情况下，推导题 6.24 图中电路的输入电阻、输出电阻和增益表达式。不考虑沟道调制效应和体效应。

6.25 试判断题 6.25 图中电路的反馈极性。

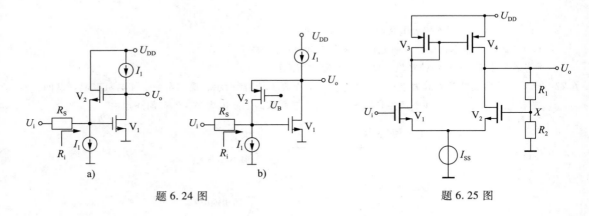

题 6.24 图   题 6.25 图

第 7 章

集成运算放大电路的应用

集成运算放大器是高增益的直接耦合多级放大器,在模拟信号的运算、处理及产生等领域得到了广泛应用。信号运算电路包括比例运算、求和运算、积分与微分运算、对数与反对数运算、乘除运算等,信号处理电路包括电压比较器、精密二极管电路、有源滤波器等,信号产生电路包括弛张振荡器、正弦波振荡器等。

本章介绍的信号运算电路、精密二极管电路、有源滤波器属于运算放大器的线性应用,运算放大器处于线性工作状态,从电路连接形式上看,运算放大器引入了深度负反馈,在稳定增益的同时,展宽通频带。电压比较器、弛张振荡器属于运算放大器的非线性应用,运算放大器处于非线性工作状态,从电路连接形式上看,运算放大器处于开环状态或引入了正反馈,线性区小,输出电压在高电平和低电平间转换快。

本章除非另有说明,集成运算放大器应用电路中的运算放大器都假定为理想运算放大器。有关非理想运算放大器给电路带来误差的定量分析,请读者参阅相关文献。

7.1 基本运算电路

7.1.1 比例运算电路

比例运算电路的输出电压与输入电压之间存在正比关系,对比例运算电路进行扩展、演变,可以得到求和电路、积分与微分电路、对数与反对数电路等。

根据输入信号接法的不同,比例运算电路有两种基本形式:**反相比例放大器**和**同相比例放大器**。

1. 反相比例放大器

运算放大器组成的反相比例放大器电路如图 7.1.1a 所示,为了消除输入偏流产生的误差,要求两个输入端对地的直流电阻相等,使运放处于平衡工作状态,所以在同相输入端和地之间接入一直流平衡电阻 $R_1 /\!/ R_f$。为简化分析,将电路中的运算放大器视为理想运算放大器,以下内容,若无特殊说明,均将涉及的运算放大器视为理想运算放大器。由图 7.1.1a 可知,该运算放大器电路中由电阻 R_f 引入了负反馈,当输入信号 u_i 较小时,运算放大器工作于线性状态,可运用理想运算放大器的虚短特性和虚断特性进行分析。

根据虚断特性可知 $i_+ = i_- = 0$,所以,平衡电阻 $R_1 /\!/ R_f$ 上的电压为 0,则 $u_+ = 0$,根据虚短特性可得 $u_+ = u_-$,所以

$$u_- = 0$$

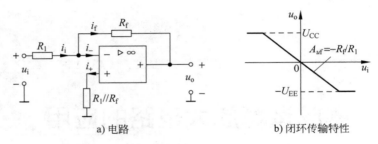

a) 电路   b) 闭环传输特性

图 7.1.1 反相比例放大器

这表明，集成运算放大器的反相输入端的电位为 0，如同接地一样，但又不是真实地接地，故称这种现象为**虚地**。虚地是反相比例放大器的一个重要特点。

由图 7.1.1a 可导出以下关系：

$$i_i = \frac{u_i - u_-}{R_1} = \frac{u_i}{R_1}, \quad i_f = \frac{u_- - u_o}{R_f} = -\frac{u_o}{R_f}$$

$$i_i = i_f + i_- = i_f, \quad u_o = -\frac{R_f}{R_1}u_i$$

$$A_{uf} = \frac{u_o}{u_i} = -\frac{R_f}{R_1} \tag{7.1.1}$$

可见，输出电压与输入电压之比为一个与运放外接电阻有关的负常数，故该电路称为反相比例放大器，负号表示输出电压与输入电压反相。

若输入电压的幅值增至某一值后，会发现输出电压不再跟随输入电压成比例变化，而是基本保持在一个定值，此时运放的输出被限幅而进入非线性状态，不再具有线性放大作用。若忽略运算放大器输出级中三极管的饱和压降，则输出电压的最大值分别为正、负电源电压，即 $+U_{CC}$、$-U_{EE}$。

综上所述，可得电路的电压传输特性曲线 $u_o = f(u_i)$ 如图 7.1.1b 所示。

由于反相端为虚地，因此反相比例放大器的输入电阻为

$$R_{if} = R_1 \tag{7.1.2}$$

由于理想运放的输出电阻为零，故反相比例放大器的输出电阻为

$$R_{of} = 0 \tag{7.1.3}$$

2. 同相比例放大器

运算放大器组成的同相比例放大器电路如图 7.1.2a 所示，由图 7.1.2a 可知，该运算放大器电路中由电阻 R_f 引入了负反馈，当输入信号 u_i 较小时，运算放大器工作于线性状态，可运用理想运算放大器的虚短特性和虚断特性进行分析。

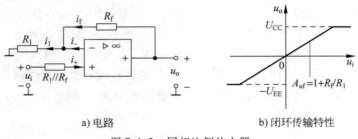

a) 电路   b) 闭环传输特性

图 7.1.2 同相比例放大器

根据虚断特性可得 $i_+ = i_- = 0$，则 $u_+ = u_i$，根据虚短特性可得 $u_+ = u_-$，所以

$$u_- = u_i$$

从而

$$i_1 = \frac{u_-}{R_1} = \frac{u_i}{R_1}, \qquad i_f = \frac{u_o - u_-}{R_f} = \frac{u_o - u_i}{R_f}$$

$$i_1 = i_f + i_- = i_f, \quad u_o = \left(1 + \frac{R_f}{R_1}\right)u_i$$

$$A_{uf} = \frac{u_o}{u_i} = 1 + \frac{R_f}{R_1} \tag{7.1.4}$$

可见，输出电压与输入电压之比为一个与运放外接电阻有关的正常数，故该电路称为同相比例放大器，上式恒为正值，表示输出电压与输入电压同相。

同相比例放大器输入电压的幅值增至某一值后，运放的输出被限幅而进入非线性状态，不再具有线性放大作用。若忽略运算放大器输出级中三极管的饱和压降，则输出电压的最大值分别为 $+U_{CC}$、$-U_{EE}$。

综上所述，可得电路的电压传输特性曲线 $u_o = f(u_i)$ 如图 7.1.2b 所示。

图 7.1.2a 中，当 $R_f = 0$，$R_1 = \infty$ 时，$A_{uf} = 1$，即电路的输出 u_o 与输入 u_i 大小相等、相位相同，二者之间构成了跟随关系，故称为**电压跟随器**，如图 7.1.3 所示。

由于理想运放本身的输入电阻为无穷大，因此同相比例放大器的输入电阻为

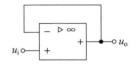

图 7.1.3　电压跟随器

$$R_{if} = \infty \tag{7.1.5}$$

由于理想运放的输出电阻为零，故同相比例放大器的输出电阻为

$$R_{of} = 0 \tag{7.1.6}$$

图 7.1.2 中的运放，若除了开环差模电压增益 A_{ud} 外，其他参数都是理想化的，即只考虑 A_{ud} 为有限值，如何计算闭环电压增益 $A_{uf} = \dfrac{u_o}{u_i}$？

根据虚断特性，$u_+ = u_i$，$u_- = \dfrac{R_1}{R_1 + R_f}u_o$。

输出 $u_o = A_{ud}(u_- - u_+) = A_{ud}\left(\dfrac{R_1}{R_1 + R_f}u_o - u_i\right)$，整理得

$$A_{uf} = \frac{u_o}{u_i} = -\frac{A_{ud}}{1 - A_{ud}\dfrac{R_1}{R_1 + R_f}} \tag{7.1.7}$$

若 $A_{ud} \rightarrow -\infty$，则式(7.1.7)转化为式(7.1.4)。

为考察 A_{ud} 对式(7.1.4)计算结果的影响，设 $R_1 = 1\text{k}\Omega$，$R_f = 9\text{k}\Omega$，则根据式(7.1.4)可得近似结果为 10，用 $A_{uf(近似)} = 10$ 表示。根据式(7.1.7)，A_{ud} 不同取值时的输出如下：

若 $A_{ud} = -10$，则 $A_{uf} = 5.00000$，相对误差为 100%；

若 $A_{ud} = -10^2$，则 $A_{uf} = 9.09091$，相对误差为 10%；

若 $A_{ud} = -10^3$，则 $A_{uf} = 9.90099$，相对误差为 1%；

若 $A_{ud} = -10^4$，则 $A_{uf} = 9.99001$，相对误差为 0.1%。

A_{ud} 的值通常满足 $A_{ud} \leqslant -10^5$，故根据式 (7.1.4) 计算的结果可以满足工程估算需求。

7.1.2 求和运算电路

集成运算放大器可构成信号"相加"电路，实现多个模拟输入量的求和运算。根据输入信号接法的不同，求和运算电路有三种形式：**反相输入求和**、**同相输入求和**及**双端输入求和**。

1. 反相输入求和电路

在反相比例运算电路的基础上，增加一个输入支路，就构成了两路信号反相输入求和电路，如图 7.1.4 所示，其中，u_{i1}、u_{i2} 与 u_o 的参考极性均为输入(输出)端为"+"，参考地为"−"，为使电路图清晰，不再标注，本章以后内容对电压参考极性均按此约定处理。两路输入信号产生的电流都流向 R_f，直流平衡电阻 $R_3 = R_1 /\!/ R_2 /\!/ R_f$。

根据理想运算放大器的虚短和虚断特性可得 $i_+ = i_- = 0$，$u_+ = u_- = 0$，所以

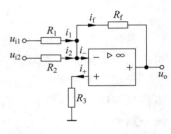

图 7.1.4 反相输入求和电路

$$i_1 = \frac{u_{i1} - u_-}{R_1} = \frac{u_{i1}}{R_1}$$

$$i_2 = \frac{u_{i2} - u_-}{R_2} = \frac{u_{i2}}{R_2}$$

$$i_f = \frac{u_- - u_o}{R_f} = -\frac{u_o}{R_f} \qquad\qquad (7.1.8)$$

$$i_f = i_1 + i_2$$

$$u_o = -i_f R_f = -\left(\frac{R_f}{R_1} u_{i1} + \frac{R_f}{R_2} u_{i2} \right)$$

可见，输出端实现了两路输入信号 u_{i1}、u_{i2} 的相加运算。$\dfrac{R_f}{R_1}$、$\dfrac{R_f}{R_2}$ 分别为 u_{i1}、u_{i2} 的加权系数，由于 u_o 与 u_{i1}、u_{i2} 的加权之和反相，故该电路也称为**反相相加器**。

若 $R_1 = R_2 = R$，则

$$u_o = -\frac{R_f}{R}(u_{i1} + u_{i2}) \qquad\qquad (7.1.9)$$

通过以上分析可知，反相输入求和电路通过各路输入电流相加实现输入电压的求和运算，在反馈电阻 R_f 不变的情况下，任一输入电压的加权系数仅与该支路的电阻相关，故各支路之间相互独立，电路参数调整灵活。另外，由于反相端虚地，加到运算放大器输入端的共模电压近似为零，对运放的共模抑制比参数要求不高。

式 (7.1.8) 也可依据线性叠加定理求得。分别求出 $u_{i2} = 0$、u_{i1} 单独作用时的输出电压 u_{o1}，$u_{i1} = 0$、u_{i2} 单独作用时的输出电压 u_{o2}，则总输出电压 $u_o = u_{o1} + u_{o2}$。

当 $u_{i2} = 0$ 时，图 7.1.4 电路重新画为图 7.1.5a。根据运算放大器的虚断特性，运放输入端电流 $i_+ = i_- = 0$，为了使电路图更清晰，便于抓住主要矛盾，图 7.1.5a 中不再标出 i_+、i_-，以下内容凡涉及运算放大器的输入电流，均做该处理。根据虚短、虚断特性，易推导

$u_- = u_+ = 0$，即反相端为虚地，所以电阻 R_2 两端电压为零，流过的电流也为零，电阻 R_2 既可等效为短路，也可等效为断路，为便于分析，将其等效为断路，则得到如图 7.1.5b 所示的电路，与图 7.1.1a 对比可知，其为反相比例放大器。根据式(7.1.1)可得

$$u_{o1} = -\frac{R_f}{R_1}u_{i1}$$

同理，可得

$$u_{o2} = -\frac{R_f}{R_2}u_{i2}$$

所以

$$u_o = u_{o1} + u_{o2} = -\left(\frac{R_f}{R_1}u_{i1} + \frac{R_f}{R_2}u_{i2}\right)$$

与式(7.1.8)一致。

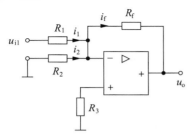

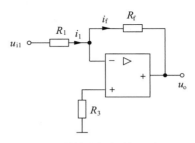

a) 保留R_2时的电路　　　　　　　　b) R_2等效为断路时的电路

图 7.1.5　$u_{i2} = 0$ 时反相求和电路的演变

总之，反相输入求和电路的分析方法有两种：依据理想运放的虚短虚断特性分析法和依据线性叠加定理的电路分解分析法。对其他线性电路，通常也可以采用这两种分析方法。第一种分析方法具有一般性，可分析任何理想运放构成的线性电路；第二种分析方法具有特定性，通常只适用于待分析电路可分解为若干个传输特性已知的电路等场合。

2. 同相输入求和电路

在同相比例运算电路的基础上，增加一个输入支路，就构成了同相输入求和电路，如图 7.1.6 所示。根据运放的虚断特性，可得

$$u_- = \frac{R_4}{R_f + R_4}u_o$$

运用线性叠加定理，可求得运放同相输入端的电压为

$$u_+ = \frac{R_2 /\!/ R_3}{R_1 + R_2 /\!/ R_3}u_{i1} + \frac{R_1 /\!/ R_3}{R_2 + R_1 /\!/ R_3}u_{i2}$$

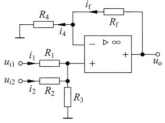

图 7.1.6　同相输入求和电路

而根据运放的虚短特性，可得

$$u_- = u_+$$

由此可得出

$$u_o = \left(1 + \frac{R_f}{R_4}\right)\left(\frac{R_2 /\!/ R_3}{R_1 + R_2 /\!/ R_3}u_{i1} + \frac{R_1 /\!/ R_3}{R_2 + R_1 /\!/ R_3}u_{i2}\right) \qquad (7.1.10)$$

由于 u_o 与 u_{i1}、u_{i2} 的加权之和同相，故该电路也称为**同相相加器**。

当 $R_1 = R_2 = R$ 时，

$$u_o = \left(1 + \frac{R_f}{R_4}\right)\frac{R \ /\!/ \ R_3}{R + R \ /\!/ \ R_3}(u_{i1} + u_{i2}) \tag{7.1.11}$$

由式（7.1.10）可知，在反馈电阻 R_f 和外接电阻 R_4 不变的情况下，任一输入电压的加权系数不仅与该支路的电阻相关，还与其他支路的电阻有关，故各支路之间相互影响，电路参数调整较麻烦。另外，由于反相端不存在虚地，运算放大器输入端存在一定的共模电压，因此，为使计算结果更接近实际输出结果，要求实际运放的共模抑制比参数较高。

例 7.1.1 试设计满足 $u_o = 2u_{i1} + 5u_{i2}$ 的电路。

解： 由于输出与两个输入信号加权之和同相，故可用同相输入求和电路实现，也可用反相输入求和电路与反相比例放大器的级联实现。现采用第二种方案，运放 A_1 实现 u_{i1} 和 u_{i2} 的反相相加，运放 A_2 实现反相，如图 7.1.7 所示。选择 $R_3 = R_4 = R_5 = 10\text{k}\Omega$，则

$$u_o = - u_{o1} = \frac{R_3}{R_1}u_{i1} + \frac{R_3}{R_2}u_{i2} = \frac{10}{R_1}u_{i1} + \frac{10}{R_2}u_{i2}$$

根据题意，选用 $R_1 = 5\text{k}\Omega$，$R_2 = 2\text{k}\Omega$。平衡电阻 $R_{p1} = R_1 /\!/ R_2 /\!/ R_3 = 1.25\text{k}\Omega$，$R_{p2} = R_4 /\!/ R_5 = 5\text{k}\Omega$。

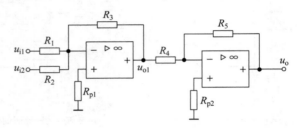

图 7.1.7 例 7.1.1 的电路

3. 双端输入求和电路

双端输入求和电路如图 7.1.8 所示。依据线性叠加原理，对图 7.1.8 电路进行分解，推导输出电压表达式。

设 $u_{i2} = 0$，u_{i1} 单独作用时的输出电压为 u_{o1}；$u_{i1} = 0$，u_{i2} 单独作用时的输出电压为 u_{o2}，则总输出电压为

$$u_o = u_{o1} + u_{o2}$$

当 $u_{i2} = 0$ 时，电路转化为同相比例放大器，如图 7.1.9 所示。注意此时 $u_{i1} \neq u_+$，根据式（7.1.4），可得

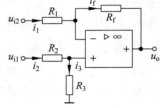

图 7.1.8 双端输入求和电路

$$u_{o1} = \left(1 + \frac{R_f}{R_1}\right)u_+ = \left(1 + \frac{R_f}{R_1}\right)\frac{R_3}{R_2 + R_3}u_{i1}$$

当 $u_{i1} = 0$ 时，电路转化为反相比例放大器，如图 7.1.10 所示。根据式（7.1.1），可得

$$u_{o2} = -\frac{R_f}{R_1}u_{i2}$$

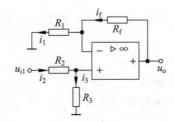

图 7.1.9 u_{i1} 单独作用时的电路

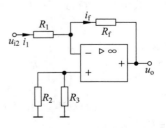

图 7.1.10 u_{i2} 单独作用时的电路

所以

$$u_o = u_{o1} + u_{o2} = \left(1 + \frac{R_f}{R_1}\right)\frac{R_3}{R_2 + R_3}u_{i1} - \frac{R_f}{R_1}u_{i2} \qquad (7.1.12)$$

可见，双端输入情况下，输出电压 u_o 等于输入电压 u_{i1}、u_{i2} 的加权之差，当 $R_1 = R_2$、$R_3 = R_f$ 时，有

$$u_o = \frac{R_f}{R_1}(u_{i1} - u_{i2}) \qquad (7.1.13)$$

输出电压 u_o 与两个输入信号之差（同相端外接电压 u_{i1} 减反相端外接电压 u_{i2}）成正比。

7.1.3 积分和微分运算电路

1. 积分运算电路

积分运算电路的功能是完成积分运算，即输出电压与输入电压的积分成正比。将反相比例放大器中的反馈电阻 R_f 换成反馈电容 C，如图 7.1.11 所示，即形成了**积分运算电路**。积分运算电路的分析方法与比例运算电路相似。根据虚地有 $i = \frac{u_i}{R}$，根据虚断有 $i = i_C$，于是

$$u_o = -u_C = -\frac{1}{C}\int_{-\infty}^{t} i_C dt = U_{C(0)} - \frac{1}{RC}\int_0^t u_i dt \qquad (7.1.14)$$

式中，$U_{C(0)}$ 为 $t = 0$ 时电容器 C 两端的初始电压，设 $U_{C(0)} = 0$，则

$$u_o = -\frac{1}{RC}\int_0^t u_i dt \qquad (7.1.15)$$

例 7.1.2 电路如图 7.1.11 所示，若 $C = 0.1\mu F$，$R = 10k\Omega$，输入信号波形如图 7.1.12a 所示，试画出输出波形。设电容两端的初始电压为零。

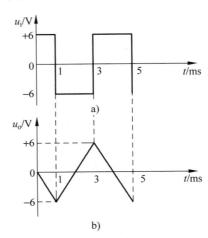

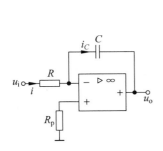

图 7.1.11 积分运算电路　　　　图 7.1.12 例 7.1.2 输入、输出波形

解： 在 $t = 0 \sim 1ms$ 时间内，输入电压保持 $+6V$ 不变，输出电压将线性变化，由 0 变到 $-6V$，即

$$u_o = -\frac{1}{RC}\int_0^t u_i dt = -\frac{1}{RC}u_i t = -\frac{1}{10\times10^3\times0.1\times10^{-6}}\times6\times10^{-3}V = -6V$$

同理，可求得在 $t = 1 \sim 3ms$ 时间内，输出电压将由 $-6V$ 线性变到 $+6V$；在 $t = 3 \sim 4ms$

时间内，输出电压将由 $+6V$ 线性变到 0。由此可得输出电压波形如图 7.1.12b 所示，将输入方波转换成三角波。

2. 微分运算电路

将积分运算电路中电容和电阻的位置互换，就变成了**微分运算电路**，如图 7.1.13 所示。根据虚地有 $i = \dfrac{dQ}{dt} = C\dfrac{du_C}{dt} = C\dfrac{du_i}{dt}$，根据虚断有 $i = i_R$，所以

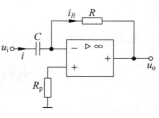

$$u_o = -i_R R = -iR = -RC\frac{du_i}{dt} \qquad (7.1.16)$$

可见，输出电压与输入电压对时间的微分成正比。

从频域的角度看，微分运算电路可以看成一个反相输入放大器。当输入信号频率升高时，电容的容抗减小，则放大倍数增大，一方面使输出信号中的高频噪声成分严重增加，使输出信号的信噪比下降；另一方面，使微分运算电路在高频区很容易产生自激振荡，使电路不稳定，所以微分运算电路很少直接应用。

图 7.1.13   微分运算电路

7.1.4   对数和反对数运算电路

对数运算和反对数运算是十分有用的非线性函数运算，两者适当结合，可实现乘法、除法等运算。

1. 对数运算电路

对数运算电路能对输入信号进行对数运算，即输出电压与输入电压的对数呈线性关系。利用半导体 PN 结的指数型伏安特性，可以实现对数运算，由二极管构成的基本对数运算电路如图 7.1.14 所示。

根据虚短、虚断特性，可得 $u_o = -u_D$，$i = i_D$。输入电流 $i = \dfrac{u_i}{R}$，根据 PN 结的电流方程，可得 $i_D = I_S e^{\frac{u_D}{U_T}}$，所以

$$u_o = -U_T \ln\frac{i_D}{I_S} = -U_T \ln\frac{u_i}{RI_S} \qquad (7.1.17)$$

由式(7.1.17)可见，输出电压与输入电压的对数呈线性关系。

若 NPN 型晶体管工作在放大区，则在一个相当宽广的范围内，集电极电流 i_C 与基极 - 发射极间电压 u_{BE} 之间具有较为精确的指数关系，由 NPN 型晶体管构成的基本对数运算电路如图 7.1.15 所示。

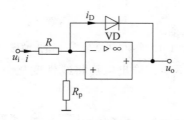

图 7.1.14   由二极管构成的基本对数
运算电路

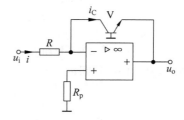

图 7.1.15   由 NPN 型晶体管构成的
基本对数运算电路

根据虚短、虚断特性，可得 $u_o = -u_{BE}$，$i = i_C$。因为晶体管工作在放大区，所以有 $i_C \approx i_E \approx I_{ES}e^{\frac{u_{BE}}{U_T}}$，从而可得

$$u_o = -u_{BE} = -U_T \ln \frac{i_C}{I_{ES}} = -U_T \ln \frac{u_i}{RI_{ES}} \tag{7.1.18}$$

由于 U_T 和 I_{ES} 是温度的函数，因此图 7.1.15 所示电路的运算精度受温度的影响很大。一般的解决办法是：利用对称晶体管结构消除 I_{ES} 的影响，利用热敏电阻补偿 U_T 的影响。具有温度补偿的对数运算电路如图 7.1.16 所示。图中 V_1、V_2 为一对性能参数匹配的晶体管，U_{REF} 为外加参考电压，R_T 为热敏电阻，以运放 A_1 和晶体管 V_1 为核心组成了基本对数运算电路，以运放 A_2 和晶体管 V_2 为核心组成了温度补偿电路。

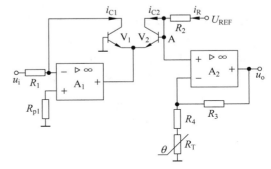

图 7.1.16 具有温度补偿的对数运算电路

由图可以得出

$$u_o = \left(1 + \frac{R_3}{R_4 + R_T}\right)u_A$$

$$u_A = u_{BE2} + u_{EB1} = u_{BE2} - u_{BE1} = U_T \ln \frac{i_{C2}}{I_{ES2}} - U_T \ln \frac{i_{C1}}{I_{ES1}} = -U_T \ln \frac{I_{ES2}}{I_{ES1}} \frac{i_{C1}}{i_{C2}} \tag{7.1.19}$$

因为 V_1、V_2 为对管，所以 $I_{ES1} = I_{ES2}$，则

$$u_A = -U_T \ln \frac{i_{C1}}{i_{C2}}$$

由运放的虚断、虚短特性可得

$$i_{C1} = \frac{u_i}{R_1}, i_{C2} \approx i_R = \frac{U_{REF} - (u_{BE2} - u_{BE1})}{R_2} \approx \frac{U_{REF}}{R_2}$$

所以

$$u_o = \left(1 + \frac{R_3}{R_4 + R_T}\right)u_A = -\left(1 + \frac{R_3}{R_4 + R_T}\right)U_T \ln \frac{R_2}{R_1} \frac{u_i}{U_{REF}} \tag{7.1.20}$$

式(7.1.20)表明，对管结构消除了 I_{ES} 的影响，只要选择具有正温度系数的热敏电阻 R_T，则在一定温度范围内可补偿 U_T 的影响，可实现温度稳定性良好的对数运算电路。

2. 反对数运算电路

将图 7.1.14 中的电阻 R 和二极管 VD 的位置互换，即可得到如图 7.1.17 所示的**反对数运算电路**。

根据虚短、虚断特性及 PN 结的电流方程可得

$$u_o = -iR = -i_D R = -RI_S e^{\frac{u_i}{U_T}} \tag{7.1.21}$$

由此可见，输出电压与输入电压呈反对数关系（即指数关系）。

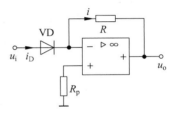

图 7.1.17 反对数运算电路

7.2 电压比较器

7.2.1 电压比较器简介

电压比较器是将模拟电压与基准电压相比较，确定两者之间的大小关系的电路。常用的电压比较器有**单门限比较器**、**迟滞比较器**和**窗口比较器** 3 种，前者只有一个阈值电压，后两者具有两个阈值电压。

电压比较器可以由通用集成运算放大器组成，也可采用专用的集成电压比较器。图 7.2.1 给出了电压比较器的符号及其传输特性，其中，反相输入端加输入信号 u_i，同相输入端加参考电压 u_r。

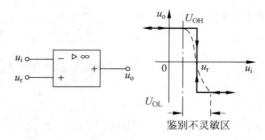

图 7.2.1   电压比较器的符号及传输特性

因比较器工作在开环状态（此时构成单门限比较器）或正反馈闭环状态（此时构成迟滞比较器），电路增益很大，且输入信号为大信号，故比较器具有以下两个显著的特性。

1）开关特性。比较器的输出只有高电平和低电平两个稳定状态。

$$u_- < u_+ \text{ 时,} \quad u_o = U_{OH} \tag{7.2.1}$$

$$u_- > u_+ \text{ 时,} \quad u_o = U_{OL} \tag{7.2.2}$$

2）非线性。作为电压比较器使用的通用集成运算放大器和专用集成电压比较器通常工作在非线性区，输出和输入不呈线性关系。

电压比较器可以作为模拟电路和数字电路的"接口"，广泛用于模拟信号/数字信号变换、波形产生和变换、数字仪表、自动控制和自动检测等技术领域。

电压比较器的主要性能参数有以下 4 个。

（1）阈值电压（U_T）

我们将比较器的输出电压从一个电平跳变到另一个电平时所对应的输入电压值称为**阈值电压**，简称为阈值，用符号 U_T 表示。图 7.2.1 中，$U_T = u_r$。

（2）输出高电平（U_{OH}）和低电平（U_{OL}）

由集成运算放大器组成的电压比较器与专用集成电压比较器的主要区别是输出电平有差异。

运放输出的高、低电平值与电源电压有关，其高电平 U_{OH} 可接近于正电源电压（U_{CC}），低电平 U_{OL} 可接近于负电源电压（$-U_{EE}$）。有时为了减小输出电压的幅值以适应某种需要（如驱动数字电路的 TTL 器件），可以在比较器的输出回路加限幅电路，如图 7.2.2 所示，输出高、低电平分别为 $U_{VZ} + U_{VD}$、$-(U_{VZ} + U_{VD})$，其中，U_{VZ} 为稳压二极管的稳定电压，U_{VD} 为稳压二极管的正向导通电压。

专用比较器在其电源电压范围内，输出的高、低电平值是恒定的，其输出电平一般与数字电路兼容，如输出电平与 TTL 电平兼容，则 $U_{OH} = 3.4V$ 左右，$U_{OL} = 0.4V$ 左右。

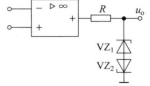

图 7.2.2 具有输出限幅的电压比较器

（3）鉴别灵敏度

考虑到集成运放和专用电压比较器的开环差模电压增益 A_{ud} 不为无穷大，当 u_i 在 u_r 附近的一个很小范围内变化时，如图 7.2.1 中虚线所示，输出电平既非 U_{OH}，也非 U_{OL}，故无法实现对输入信号 u_i 的大小进行判别。该区间称为电压比较器的鉴别不灵敏区。很明显，A_{ud} 越大，则这个不灵敏区就越小，或者说鉴别灵敏度就越高。

（4）转换时间

电压比较器的输出状态在高、低电平之间转换所需要的时间。通常要求转换时间尽可能短，以便实现高速比较。有时器件资料只提供运放、专用电压比较器的压摆率 S_R，转换时间与 S_R 密切相关，S_R 越大，转换时间越短。

7.2.2 单门限比较器

1. 过零电压比较器

过零电压比较器是典型的单门限比较器，反相输入的过零电压比较器的电路图和传输特性曲线如图 7.2.3 所示。

当 $u_i < 0$ 时，$u_- < u_+$，输出为高电平 U_{OH}；当 $u_i > 0$ 时，$u_- > u_+$，输出为低电平 U_{OL}。只要输入电压跨越 0V，输出就发生翻转，故称该电路为过零电压比较器。此时，图 7.2.3a 比较器的阈值电压为 0V。

同理，可得同相输入的过零电压比较器的电路图和传输特性曲线如图 7.2.4 所示。

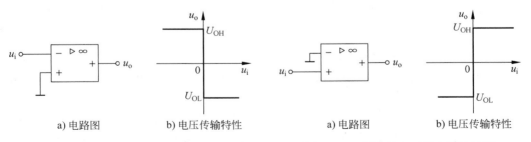

a) 电路图　　b) 电压传输特性　　　　　　a) 电路图　　b) 电压传输特性

图 7.2.3 反相输入过零电压比较器　　　　图 7.2.4 同相输入过零电压比较器

2. 固定电压比较器

将过零电压比较器的接地输入端改接到固定电压值 U_{REF} 上，就得到**固定电压比较器**。反相输入的固定电压比较器的电路和传输特性曲线如图 7.2.5 所示。调节 U_{REF} 可方便地改变阈值。同相输入的固定电压比较器的电路和传输特性曲线与图 7.2.5 相似，这里不再赘述。

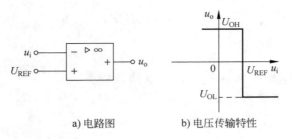

a) 电路图 b) 电压传输特性

图 7.2.5 反相输入固定电压比较器

单门限比较器主要用来对输入波形进行整形，可以将正弦波、三角波或任意不规则的输入波形整形为脉冲波输出。利用图 7.2.3a、图 7.2.5a 所示的反相输入单门限比较器实现的波形变换关系如图 7.2.6 所示。

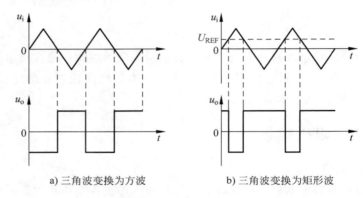

a) 三角波变换为方波 b) 三角波变换为矩形波

图 7.2.6 用单门限比较器实现波形变换

7.2.3 迟滞比较器

单门限比较器结构简单，而且灵敏度高，但它的抗干扰能力差，即如果输入信号因受干扰在阈值附近变化，如图 7.2.7 所示，若将此信号加进反相输入的过零比较器，则输出电压将反复地在高、低电平之间跳变，输出电压波形如图 7.2.7 所示。为提高比较器的抗干扰能力，需改进单门限比较器的电路结构。

1. 反相输入迟滞比较器

从输出端引一个电阻到同相输入端，输入信号加入反相端，构成**反相输入迟滞比较器**，电路如图 7.2.8a 所示。

从反馈的角度看，该电路引入了电压串联正反馈，故电路的电压增益非常高，且输入信号为大信号，故该电路的输出表现为开关特性，即输出只有高电平和低电平两个稳定状态。

当输入电压 u_i 足够低时，使得 $u_- < u_+$，则输出为高电平，即 $u_o = U_{OH}$，此时同相输入端的电压称为**上限阈值**，用 U_{TH} 表示：

$$U_{TH} = \frac{R_2}{R_1 + R_2} U_{OH} \qquad (7.2.3)$$

逐渐增大 u_i，当 $u_i > U_{TH}$ 时，即 $u_- > u_+$，则输出为低电平，即 $u_o = U_{OL}$，此时同相输入端的电压称为**下限阈值**，用 U_{TL} 表示：

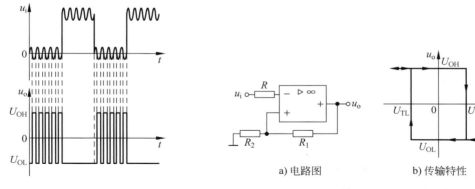

图 7.2.7 单门限电压比较器抗干扰能力波形图   图 7.2.8 反相输入迟滞比较器电路图

$$U_{TL} = \frac{R_2}{R_1 + R_2} U_{OL} \qquad (7.2.4)$$

若再逐渐减小 u_i，只要 $u_i > U_{TL}$，则输出始终为低电平，因此该电路的电压传输特性曲线如图 7.2.8b 所示，具有滞回特性。

上限阈值和下限阈值的差值称为**回差电压**，用 ΔU 表示：

$$\Delta U = U_{TH} - U_{TL} = \frac{R_2}{R_1 + R_2}(U_{OH} - U_{OL}) \qquad (7.2.5)$$

2. 同相输入迟滞比较器

同相输入迟滞比较器的电路和传输特性曲线如图 7.2.9 所示，上限阈值和下限阈值分别为 $U_{TH} = -\frac{R_2}{R_1} U_{OL}$ 和 $U_{TL} = -\frac{R_2}{R_1} U_{OH}$，读者可自行推导。

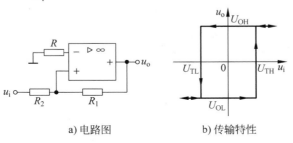

a) 电路图   b) 传输特性

图 7.2.9 同相输入迟滞比较器电路图

7.2.4 窗口比较器

窗口比较器是一种用于判断输入电压是否处于两个已知电平之间的电压比较器，窗口比较器的典型电路如图 7.2.10a 所示，电路由两个单门限比较电路和一些二极管与电阻构成。两个参考电平分别为 U_{RH} 和 U_{RL}，且假定 $U_{RH} > U_{RL}$。

当 $u_i < U_{RL}$ 时，U_{O1} 为低电平 U_{OL}，U_{O2} 为高电平 U_{OH}，VD_1 截止，VD_2 导通，$u_o \approx U_{OH}$。

当 $U_{RL} < u_i < U_{RH}$ 时，U_{O1} 和 U_{O2} 均为低电平 U_{OL}，VD_1、VD_2 同时截止，$u_o = 0$。

当 $u_i > U_{RH}$ 时，U_{O1} 为高电平 U_{OH}，U_{O2} 为低电平 U_{OL}，VD_1 导通，VD_2 截止，$u_o \approx U_{OH}$。

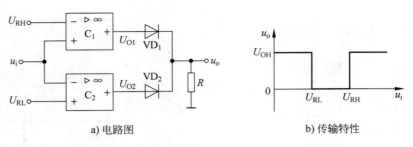

a) 电路图   b) 传输特性

图 7.2.10　窗口比较器

窗口比较器的电压传输特性如图 7.2.10b 所示。该比较器有两个阈值，传输特性曲线呈窗口状，故称为窗口比较器。

7.3　弛张振荡器

弛张振荡器又称多谐振荡器，由滞回比较器和 RC 定时电路构成，无需外加激励信号，只要接通电源就可输出矩形波，电路如图 7.3.1 所示。

设电源刚接通时，电容 C 两端的电压 $u_C = 0$，由于滞回比较器的输出呈现开关特性，输出可为高电平，也可为低电平，不妨设输出为高电平，即 $u_o = U_Z$，此时运放同相端电压 u_+ 为

$$u_+ = U_{TH} = \frac{R_2}{R_1 + R_2} U_Z \tag{7.3.1}$$

该电压为比较器的参考电压，电容 C 充电，u_C 以指数规律升高，并趋向 U_Z。当 u_C 上升到 U_{TH} 时，即 $u_+ = u_-$，则输出状态发生翻转，即由高电平 $U_{OH} = U_Z$ 跳变到低电平 $U_{OL} = -U_Z$。

当输出变为低电平时，运放同相端电压 u_+ 变为

$$u_+ = U_{TL} = -\frac{R_2}{R_1 + R_2} U_Z \tag{7.3.2}$$

电容开始放电，u_C 以指数规律下降，并趋向 $-U_Z$。当 u_C 下降到 U_{TL} 时，输出又从低电平跳变到高电平。周而复始，运放输出端便产生脉冲信号。u_C、u_o 的波形如图 7.3.2 所示。

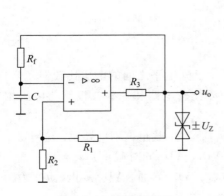

图 7.3.1　弛张振荡器

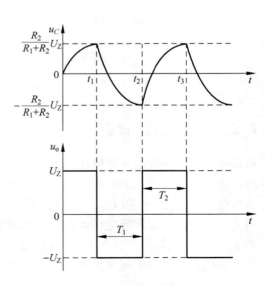

图 7.3.2　弛张振荡器波形图

综上所述，运放的同相端电压有两种取值，如式(7.3.1)、式(7.3.2)所示，该运放构成了7.2.3节所述的反相迟滞比较器。迟滞比较器起开关作用，将高电平 $U_{OH} = U_Z$ 或低电平 $U_{OL} = -U_Z$ 接入 RC 电路(R_f、C 构成)，RC 电路起反馈、定时作用。

下面讨论输出矩形波的频率 f_o。在图7.3.1和图7.3.2中，根据三要素法，电容电压 $u_C(t)$ 为

$$u_C(t) = U_C(\infty) - [U_C(\infty) - U_C(0)]e^{-\frac{t}{\tau}} \quad (换路时刻为 t = 0) \quad (7.3.3)$$

或

$$u_C(t) = U_C(\infty) - [U_C(\infty) - U_C(t_0)]e^{-\frac{t-t_0}{\tau}} \quad (换路时刻为 t = t_0) \quad (7.3.4)$$

式中，$U_C(\infty)$ 为稳态值，$U_C(0)$、$U_C(t_0)$ 为初始值，τ 为时间常数。

先计算低电平持续时间 T_1，该段时间对应 $t_1 \sim t_2$ 期间，稳态值为 $-U_Z$，初始值为 $\frac{R_2}{R_1 + R_2}U_Z$，时间常数为 R_fC，则有

$$-\frac{R_2}{R_1 + R_2}U_Z = -U_Z - \left(-U_Z - \frac{R_2}{R_1 + R_2}U_Z\right)e^{-\frac{T_1}{R_fC}}$$

即

$$T_1 = -R_fC\ln\frac{U_Z - \frac{R_2}{R_1 + R_2}U_Z}{U_Z + \frac{R_2}{R_1 + R_2}U_Z} = -R_fC\ln\frac{R_1}{R_1 + 2R_2} = R_fC\ln\left(1 + 2\frac{R_2}{R_1}\right) \quad (7.3.5)$$

同理可得

$$T_2 = R_fC\ln\left(1 + 2\frac{R_2}{R_1}\right) \quad (7.3.6)$$

由式(7.3.5)、式(7.3.6)可知，该脉冲的高、低电平持续时间相等，占空比 $q = \frac{T_2}{T} = 50\%$，为方波发生器，其振荡频率为

$$f_o = \frac{1}{T} = \frac{1}{2R_fC\ln\left(1 + 2\frac{R_2}{R_1}\right)} \quad (7.3.7)$$

由式(7.3.7)可知，改变时间常数 R_fC、系数 $\frac{R_2}{R_1}$ 均可改变振荡频率 f_o。

为了获得占空比可调的矩形波，必须使 T_1、T_2 可独立调节。由式(7.3.5)、式(7.3.6)可知，T_1、T_2 与电容 C 的充、放电时间常数 R_fC 及 $\ln\left(1 + 2\frac{R_2}{R_1}\right)$ 有关，而后者由稳态值 $U_C(\infty)$、初始值 $U_C(t_0)$ 决定，对于图7.3.1而言，为一个常数。因此，只能通过调节电容 C 的充、放电时间常数实现。可引入二极管，使电容 C 的充、放电回路互相独立，如图7.3.3所示。充电时间常数为 $\tau_{ch} = (R + R_{wab})C$，放电时间常数为 $\tau_{dch} = (R + R_{wac})C$。关于电路的输出波形，读者可参照图7.3.2自行推导。

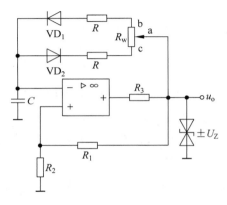

图7.3.3 占空比可调的弛张振荡器

7.4 精密二极管电路

7.4.1 精密整流电路

对于半波整流电路，如图 7.4.1a 所示，由于受二极管导通电压 $U_{D(on)}$（硅管一般为0.7V）的影响，如图 7.4.1b 所示，当输入信号 $u_i < 0.7V$ 时，二极管不导通，输出波形示意图如图 7.4.1c 所示，与输入信号正半周对应的输出波形持续时间小于半周。

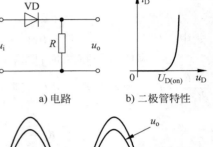

a) 电路   b) 二极管特性

1. 精密半波整流电路

一种精密半波整流电路如图 7.4.2a 所示。由图可见，当 $|u_o'| < 0.7V$（即 $U_{D(on)}$）时，二极管 VD_1 及 VD_2 均不导通，运放处于开环工作状态，由于其开环放大倍数 A_{ud} 极大，例如 $A_{ud} = 10^5$，则 $|u_-| = \left|\dfrac{u_o'}{A_{ud}}\right| < \dfrac{0.7}{10^5}V = 7\mu V$，从而输入 $|u_i| = |u_-| < 7\mu V$，输出 $u_o \approx 0$；当 $|u_o'| > 0.7V$ 时，此时 $|u_-| > 7\mu V$，VD_1 或 VD_2 导通，运放处于闭环负反馈工作状态，电路进入正常的整流状

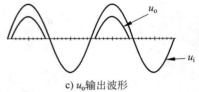

c) u_o输出波形

图 7.4.1　一般二极管整流电路

态，由于此时 $|u_i| > |u_-|$，所以 $|u_i| > 7\mu V$。可见，该电路只要满足 $|u_i| > 7\mu V$，即可正常工作，相当于将二极管导通电压 0.7V 对整流电路的影响降低了 10^5 倍，是一个高精度的整流电路，通常情况下，可忽略 $7\mu V$，认为该电路为理想的整流电路。

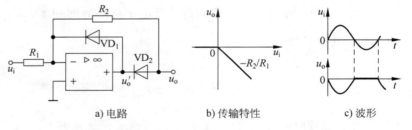

a) 电路   b) 传输特性   c) 波形

图 7.4.2　精密半波整流电路

具体工作原理讨论如下：

1）当 $u_i > 0V$ 时，$u_o' < 0V$，VD_1 截止，VD_2 导通，R_1、R_2 构成反相比例放大器，$u_o = -\dfrac{R_2}{R_1}u_i$；

2）当 $u_i < 0V$ 时，$u_o' > 0V$，VD_1 导通，VD_2 截止，而 VD_1 导通，保证了运放仍处于闭环负反馈工作状态，$u_o = 0V$。

该电路的传输特性及输出波形分别如图 7.4.2b、c 所示，与输入信号正半周对应的输出波形持续时间等于半周。

2. 精密全波整流电路——绝对值电路

可用精密半波整流器 A_1 和相加器 A_2 构成**精密全波整流电路**，其结构框图如图 7.4.3a

所示，其具体电路如图 7.4.3b 所示。其工作原理如下：

1）当 $u_i > 0 \text{V}$ 时，$u_{o2} = -u_i$，$u_o = -u_{o1} - 2u_{o2} = -u_i + 2u_i = u_i$；

2）当 $u_i < 0 \text{V}$ 时，$u_{o2} = 0 \text{V}$，$u_o = -u_{o1} = -u_i$。

所以

$$u_o = |u_i|$$

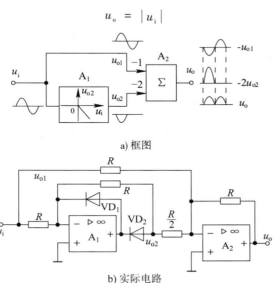

a) 框图

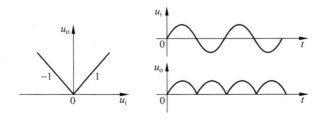

b) 实际电路

图 7.4.3　精密全波整流电路——绝对值电路

精密全波整流电路的传输特性及输出波形，如图 7.4.4 所示。

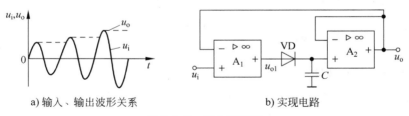

图 7.4.4　精密全波整流电路的传输特性及输出波形

7.4.2　最大值检测电路

在一些测量电路中，需要检出信号的最大值，如图 7.4.5a 所示。实现这种功能的关键是电容只充电而不放电，具体实现电路如图 7.4.5b 所示，为分析方便，认为二极管为理想二极管。

a) 输入、输出波形关系　　　　　　　　b) 实现电路

图 7.4.5　最大值检测

当 $u_i > u_o$ 时，$u_{o1} > 0$，二极管 VD 导通，C 充电，则 $u_o = u_C = u_{o1}$，此时 A_1 构成电压跟随器，$u_i = u_{o1}$，所以 $u_o = u_i$，输出 u_o 跟随 u_i 增大。

当 $u_i < u_o$ 时，$u_{o1} < 0$，VD 截止，此时 A_1 处于开环状态，A_2 输入阻抗很大，C 无放电回路，故 $u_o = u_C$，输出处于保持状态。

综上所述，该电路实现了最大值检测功能。

7.5 有源滤波器

7.5.1 滤波电路的作用与分类

滤波器的作用是允许规定频率范围之内的信号通过，而使规定频率范围之外的信号受到很大衰减。滤波器主要用来滤除信号中无用的频率成分或进行频谱分析，例如，有一个较低频率的信号，其中包含一些较高频率成分的干扰，如图 7.5.1a 所示，经过滤波器后，输出波形中已滤除高频成分，如图 7.5.1b 所示。

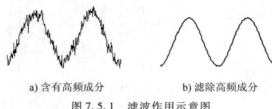

a) 含有高频成分　　　　　b) 滤除高频成分

图 7.5.1　滤波作用示意图

滤波器按所处理信号幅值是否连续可分为两大类：**模拟滤波器**和**数字滤波器**。按是否使用有源器件，模拟滤波器又分**无源滤波器**和**有源滤波器**。无源滤波器由无源的电抗性元件或晶体构成，按使用元件不同，又分为 LC 滤波器、RC 滤波器、陶瓷滤波器、声表面波滤波器等。有源滤波器实际上是一种具有特定频率响应的放大器，它是在运算放大器的基础上增加一些 R、C 等无源元件而构成的，具有以下优点：输入阻抗高、输出阻抗低，各级之间具有良好的隔离性能；不使用电感元件，滤波电路体积小、重量轻；中心频率、截止频率连续可调且调整方便；电压放大倍数大于 1。按传输特性不同，有源滤波器可分为巴特沃斯滤波器（通带幅频响应曲线最平坦，由通带到阻带幅度衰减较慢，相频特性线性度好）、切比雪夫滤波器（通带内幅频响应曲线具有相等的波纹，由通带到阻带幅度衰减较快，相频特性线性度较好）、贝塞尔滤波器（幅频特性很差，相频特性线性度很好）、椭圆函数滤波器（通带和阻带内幅频响应曲线均出现相等的纹波，由通带到阻带幅度衰减很快，相频特性线性度很差）等。

滤波器按选频特征分类，可分为低通滤波器（LPF）、高通滤波器（HPF）、带通滤波器（BPF）和带阻滤波器（BEF）。

有源滤波器的理想幅度频率特性曲线如图 7.5.2 所示。

7.5.2 一阶有源滤波器

1. 一阶低通有源滤波器

将无源滤波网络 RC 接至集成运放的同相输入端，如图 7.5.3a 所示，构成了**同相输入式一阶低通有源滤波器**。

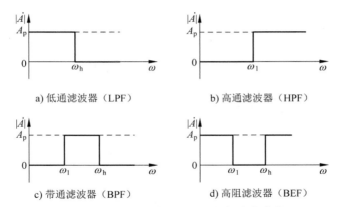

a) 低通滤波器（LPF）　　　　　b) 高通滤波器（HPF）

c) 带通滤波器（BPF）　　　　　d) 高阻滤波器（BEF）

图 7.5.2　有源滤波器的理想幅频响应曲线

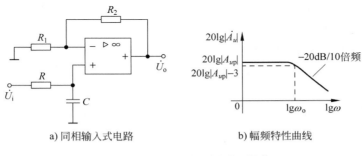

a) 同相输入式电路　　　　　　b) 幅频特性曲线

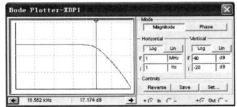

c) Multisim仿真结果

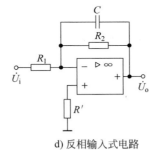

d) 反相输入式电路

图 7.5.3　一阶低通有源滤波器

当 $\omega = 0$ 时，电容可视为开路，通带内的增益为

$$A_{up} = 1 + \frac{R_2}{R_1} \tag{7.5.1}$$

当 $\omega \neq 0$ 时，输出电压为

$$\dot{U}_o = \left(1 + \frac{R_2}{R_1}\right)\dot{U}_+$$

而

$$\dot{U}_+ = \frac{\frac{1}{j\omega C} \dot{U}_i}{R + \frac{1}{j\omega C}} = \frac{1}{1 + j\omega RC} \dot{U}_i$$

所以一阶低通有源滤波器的传递函数为

$$\dot{A}_u = \left(1 + \frac{R_2}{R_1}\right) \frac{1}{1 + j\omega RC} = \frac{A_{up}}{1 + j\frac{\omega}{\omega_0}} \tag{7.5.2}$$

其中，通带截止角频率 ω_0 为

$$\omega_0 = \frac{1}{RC} \tag{7.5.3}$$

由式(7.5.2)可知，改变电阻 R_2 和 R_1 的阻值可调节通带电压放大倍数 A_{up}，如需改变截止角频率 ω_0，应调整 RC。

图 7.5.3a 电路的幅频特性如图 7.5.3b 所示。若取 $R_1 = 10\text{k}\Omega$，$R_2 = 91\text{k}\Omega$，$R = 10\text{k}\Omega$，$C = 1.0\text{nF}$，运放型号为 3288RT，则采用 Multisim 仿真的结果如图 7.5.3c 所示，通带内的增益为 20.086dB。

若将 RC 网络接至反相输入端，如图 7.5.3d 所示，则构成了**反相输入式一阶低通有源滤波器**。同理可推导得

$$Z_f = R_2 \mathbin{/\mkern-5mu/} \frac{1}{j\omega C} = \frac{R_2}{1 + j\omega R_2 C}$$

$$\dot{U}_o = -\frac{Z_f}{R_1} \dot{U}_i = -\frac{\frac{R_2}{R_1} \dot{U}_i}{1 + j\omega R_2 C}$$

$$\dot{A}_u = \frac{A_{up}}{1 + j\omega R_2 C} = \frac{A_{up}}{1 + j\frac{\omega}{\omega_0}}$$

其中，

$$A_{up} = -\frac{R_2}{R_1}$$

$$\omega_0 = \frac{1}{R_2 C}$$

2. 一阶高通有源滤波器

同相输入式一阶高通有源滤波器如图 7.5.4 所示。与一阶低通有源滤波器相似，可推出以下结论：

$$\dot{U}_o = \left(1 + \frac{R_2}{R_1}\right) \dot{U}_+$$

$$\dot{U}_+ = \frac{R}{R + \frac{1}{j\omega C}} \dot{U}_i = \frac{1}{1 + \frac{1}{j\omega RC}} \dot{U}_i$$

$$\dot{U}_o = \left(1 + \frac{R_2}{R_1}\right) \frac{1}{1 + \frac{1}{j\omega RC}} \dot{U}_i$$

$$\dot{A}_u = \frac{\dot{U}_o}{\dot{U}_i} = \frac{A_{up}}{1 - j\frac{\omega_0}{\omega}} \tag{7.5.4}$$

式中，通带电压放大倍数 A_{up} 为

$$A_{up} = 1 + \frac{R_2}{R_1} \tag{7.5.5}$$

通带截止角频率 ω_0 为

$$\omega_0 = \frac{1}{RC} \tag{7.5.6}$$

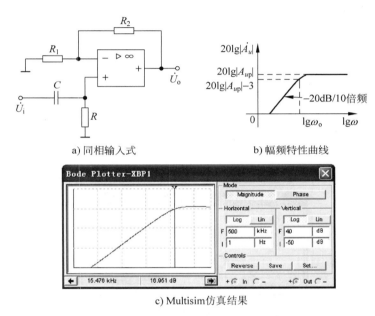

a) 同相输入式   b) 幅频特性曲线

c) Multisim仿真结果

图 7.5.4 同相输入式一阶高通有源滤波器

由式(7.5.5)、式(7.5.6)可知，通过改变电阻 R_2 和 R_1 可调整通带电压放大倍数 A_{up}，改变通带截止角频率 ω_0 可调整 RC。

图 7.5.4a 电路的幅频特性如图 7.5.4b 所示。若取 $R_1 = 10\mathrm{k}\Omega$，$R_2 = 91\mathrm{k}\Omega$，$R = 10\mathrm{k}\Omega$，$C = 1.0\mathrm{nF}$，运放型号为 3288RT，则采用 Multisim 仿真的结果如图 7.5.4c 所示，通带内的增益为 19.933dB。

反相输入式一阶高通有源滤波器 如图 7.5.5 所示，电路的传递函数为

$$\dot{A}_u = -\frac{\frac{R_2}{R_1}}{1 - j\frac{\omega_0}{\omega}} = \frac{A_{up}}{1 - j\frac{\omega_0}{\omega}}$$

式中，通带电压放大倍数 A_{up} 为

$$A_{up} = -\frac{R_2}{R_1}$$

通带截止角频率 ω_0 为

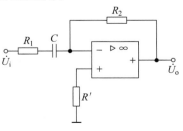

图 7.5.5 反相输入式一阶高通有
源滤波器

$$\omega_0 = -\frac{1}{R_1 C}$$

7.5.3　二阶有源滤波器

一阶有源滤波电路的缺点是当 $\omega \geq \omega_0$ 时，幅频特性衰减太慢，以 $-20\text{dB}/10$ 倍频程的速率下降，与理想的幅频特性相比相差甚远。为此可在一阶滤波电路的基础上，再增加一级 RC，组成二阶有源滤波电路，它的幅频特性在 $\omega \geq \omega_0$ 时，以 $-40\text{dB}/10$ 倍频程的速率下降，衰减速度快，其幅频特性更接近于理想特性。

1. 简单二阶低通有源滤波器

简单二阶低通有源滤波器的电路图如图 7.5.6a 所示。

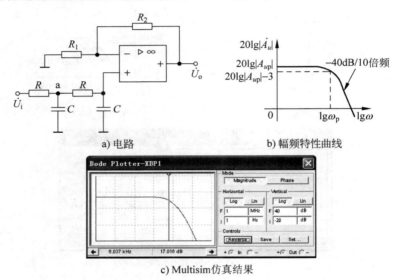

a) 电路　　　　　　　　　　b) 幅频特性曲线

c) Multisim仿真结果

图 7.5.6　简单二阶低通有源滤波器

当 $\omega = 0$ 时，各电容器可视为开路，通带内的增益为

$$A_{up} = 1 + \frac{R_2}{R_1}$$

根据图 7.5.6a 可以写出

$$\dot{U}_\text{o} = \left(1 + \frac{R_2}{R_1}\right)\dot{U}_+$$

$$\dot{U}_+ = \frac{\dfrac{1}{\text{j}\omega C}\dot{U}_\text{a}}{R + \dfrac{1}{\text{j}\omega C}} = \frac{1}{1 + \text{j}\omega RC}\dot{U}_\text{a}$$

$$\dot{U}_\text{a} = \frac{\dfrac{1}{\text{j}\omega C} /\!/ \left(R + \dfrac{1}{\text{j}\omega C}\right)}{R + \dfrac{1}{\text{j}\omega C} /\!/ \left(R + \dfrac{1}{\text{j}\omega C}\right)}\dot{U}_\text{i} = \frac{1 + \text{j}\omega RC}{1 - \omega^2 R^2 C^2 + \text{j}3\omega RC}\dot{U}_\text{i}$$

联立求解以上三式，可得滤波器的传递函数为

$$\dot{A}_u = \left(1 + \frac{R_2}{R_1}\right)\frac{1}{1 - \omega^2 R^2 C^2 + \mathrm{j}3\omega RC} = \frac{A_{up}}{1 - \omega^2 R^2 C^2 + \mathrm{j}3\omega RC} \qquad (7.5.7)$$

令 $\omega_0 = \dfrac{1}{RC}$，可得

$$\dot{A}_u = \frac{A_{up}}{1 - \left(\dfrac{\omega}{\omega_0}\right)^2 + \mathrm{j}3\dfrac{\omega}{\omega_0}} \qquad (7.5.8)$$

令 $\omega = \omega_p$ 时，上式分母的模

$$\left|1 - \left(\frac{\omega_p}{\omega_0}\right)^2 + \mathrm{j}3\frac{\omega_p}{\omega_0}\right| = \sqrt{2}$$

解得截止角频率

$$\omega_p = \sqrt{\frac{\sqrt{53} - 7}{2}}\,\omega_0 = 0.37\omega_0 = \frac{0.37}{RC} \qquad (7.5.9)$$

在超过 ω_0 以后，幅频特性以 $-40\mathrm{dB}/10$ 倍频程的速率下降，比一阶下降得快。但在通带截止频率 ω_p 至 ω_0 之间幅频特性下降得还不够快。

图 7.5.6a 电路的幅频特性曲线如图 7.5.6b 所示。若取 $R_1 = 10\mathrm{k}\Omega$，$R_2 = 91\mathrm{k}\Omega$，$R = 10\mathrm{k}\Omega$，$C = 1.0\mathrm{nF}$，运放型号为 3288RT，则采用 Multisim 仿真的结果如图 7.5.6c 所示，通带内的增益为 20.086dB。

2. 二阶压控型低通有源滤波器

将图 7.5.6a 中连接于 a 点的电容器 C 的下端由接地改接到输出端，即得到**二阶压控型低通有源滤波器**，如图 7.5.7a 所示，显然，C 的改接不影响通带增益 A_{up}。

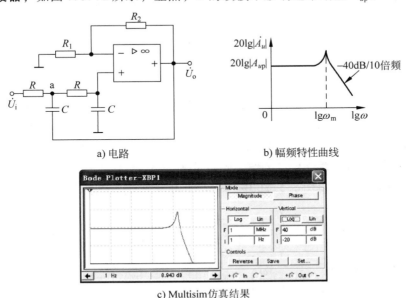

a) 电路 b) 幅频特性曲线

c) Multisim仿真结果

图 7.5.7 二阶压控型低通有源滤波器

根据图 7.5.7a 可以写出

$$\dot{U}_o = \left(1 + \frac{R_2}{R_1}\right)\dot{U}_+$$

$$\dot{U}_+ = \frac{\dfrac{1}{j\omega C}}{R + \dfrac{1}{j\omega C}} \dot{U}_a = \frac{1}{1 + j\omega RC} \dot{U}_a$$

对于节点 a，可以列出下列方程

$$\frac{\dot{U}_i - \dot{U}_a}{R} - \frac{\dot{U}_a - \dot{U}_o}{\dfrac{1}{j\omega C}} = \frac{\dot{U}_a - \dot{U}_+}{R}$$

联立求解以上三式，可得滤波器的传递函数为

$$\dot{A}_u = \frac{A_{up}}{1 - \omega^2 R^2 C^2 + j\omega RC(3 - A_{up})} \tag{7.5.10}$$

其中，$A_{up} = 1 + \dfrac{R_2}{R_1}$，为通带内的增益。

令 $\omega_0 = \dfrac{1}{RC}$，可得

$$\dot{A}_u = \frac{A_{up}}{1 - \left(\dfrac{\omega}{\omega_0}\right)^2 + j(3 - A_{up})\dfrac{\omega}{\omega_0}} \tag{7.5.11}$$

当 $\omega = \omega_0$ 时，式(7.5.11)可以化简为

$$\dot{A}_u = \frac{A_{up}}{j(3 - A_{up})} \tag{7.5.12}$$

当 $\omega = \omega_0$ 时，电压放大倍数的模与通带增益之比定义为低通有源滤波器的品质因数 Q，则有

$$Q = \frac{1}{3 - A_{up}} \tag{7.5.13}$$

式(7.5.12)又可表示为

$$\dot{A}_u = -jQA_{up} \tag{7.5.14}$$

式(7.5.13)、式(7.5.14)表明，当 $2 < A_{up} < 3$ 时，$Q > 1$，在 $\omega = \omega_0$ 处的电压增益将大于 A_{up}，幅频特性在 $\omega = \omega_0$ 处将抬高，如图7.5.7b 所示。当 $A_{up} = 3$ 时，$Q = \infty$，有源滤波器自激。后面将证明，为使系统稳定工作，应满足 $A_{up} < 3$。

根据式(7.5.11)可求得图7.5.7b中抬高处的角频率 ω_m，因为

$$|\dot{A}_u| = \frac{A_{up}}{\sqrt{\left[1 - \left(\dfrac{\omega}{\omega_0}\right)^2\right]^2 + \left[(3 - A_{up})\dfrac{\omega}{\omega_0}\right]^2}}$$

令 $f(\omega) = \left[1 - \left(\dfrac{\omega}{\omega_0}\right)^2\right]^2 + \left[(3 - A_{up})\dfrac{\omega}{\omega_0}\right]^2$，则 $\omega = \omega_m$ 处，$f(\omega)$ 达到最小，即 $\dfrac{df(\omega)}{d\omega}\bigg|_{\omega = \omega_m} = 0$，整理后得

$$2\left(\frac{\omega_m}{\omega_0}\right)^2 + (3 - A_{up})^2 - 2 = 0$$

下面列举几组数据说明 ω_m 与 ω_0 之间的关系：

若 $A_{up} = 2.1$，则 $Q = 1.1$，$\omega_m = 0.7714\omega_0$；

若 $A_{up} = 2.5$，则 $Q = 2$，$\omega_m = 0.9354\omega_0$；

若 $A_{up} = 2.8$，则 $Q = 5$，$\omega_m = 0.9899\omega_0$；

若 $A_{up} = 2.9$，则 $Q = 10$，$\omega_m = 0.9975\omega_0$。

可见，若 $Q \geqslant 2$，可认为 $\omega_m \approx \omega_0$，误差在 7% 以内。

若取 $R_1 = 10\text{k}\Omega$，$R_2 = 18\text{k}\Omega$，$R = 10\text{k}\Omega$，$C = 1.0\text{nF}$，运放型号为 3288RT，则 $A_{up} = 2.8$，$Q = 5$，采用 Multisim 仿真的结果如图 7.5.7c 所示。

令 $\omega = \omega_p$ 时，式 (7.5.11) 分母的模为 $\sqrt{2}$，即

$$\left| 1 - \left(\frac{\omega_p}{\omega_0}\right)^2 + j(3 - A_{up})\frac{\omega_p}{\omega_0} \right| = \sqrt{2}$$

解得截止角频率

$$\omega_p = \sqrt{\frac{\sqrt{[(3 - A_{up})^2 - 2]^2 + 4} - (3 - A_{up})^2 + 2}{2}}\omega_0 \tag{7.5.15}$$

在复频域，式 (7.5.10) 可表示为

$$\dot{A}_u(s) = \frac{A_{up}}{1 + s^2 R^2 C^2 + sRC(3 - A_{up})} \tag{7.5.16}$$

若 $A_{up} > 3$，则 $\dot{A}_u(s)$ 的极点均位于 S 右半平面，系统不稳定；若 $A_{up} < 3$，则 $\dot{A}_u(s)$ 的极点均位于 S 左半平面，系统稳定；若 $A_{up} = 3$，则 $\dot{A}_u(s)$ 具有位于虚轴的一阶极点，系统出现等幅振荡，处于临界稳定状态。式 (7.5.16) 表明，该滤波器的通带增益 A_{up} 应小于 3，才能保障电路稳定工作。

例 7.5.1 设计一个有源低通滤波器，其指标为：截止频率 $f_p = 1\text{kHz}$，通带电压放大倍数 $A_{up} = 2$，在 $f = 30\text{kHz}$ 时，要求幅度衰减大于 35dB。

解：根据题意，频率从 1kHz 到 30kHz，幅度衰减大于 35dB，若采用一阶有源滤波器，则其最大幅度衰减量为 $20\lg\frac{30}{1} = 29.5\text{dB}$，无法达到要求，若采用二阶有源滤波器，则其最大幅度衰减量为 $40\lg\frac{30}{1} = 59.1\text{dB}$，可满足题目要求，故采用如图 7.5.7a 所示的二阶压控型低通有源滤波器。

通带内的电压放大倍数 $A_{up} = 1 + \frac{R_2}{R_1} = 2$，故

$$R_2 = R_1 \tag{7.5.17}$$

根据式 (7.5.15)，$f_p = \sqrt{\frac{\sqrt{[(3 - A_{up})^2 - 2]^2 + 4} - (3 - A_{up})^2 + 2}{2}}f_0 \approx 1.27f_0$，所以 $f_0 = 787.4\text{Hz}$。又因为 $f_0 = \frac{1}{2\pi RC}$，故

$$RC = 2.02 \times 10^{-1}\text{ms} \tag{7.5.18}$$

考虑运放两输入端对地直流电阻平衡，则有

$$2R = R_1 /\!/ R_2 \tag{7.5.19}$$

式 (7.5.17)、式 (7.5.18) 和式 (7.5.19) 共有 4 个未知量，因此该题的解不唯一。假设取 $R_1 = R_2 = 62\text{k}\Omega$，则根据式 (7.5.19)，$R = 31\text{k}\Omega$，根据式 (7.5.18)，$C = 6.52 \times 10^{-3}\,\mu\text{F}$。

设计电路如图 7.5.8a 所示，采用 Multisim 仿真的幅频特性曲线如图 7.5.8b 所示。由图 7.5.8b 可知，电路的通带增益为 6.043dB，截止频率为 999.44Hz，在 30kHz 处的增益为 −57.2dB，符合题目的指标要求。

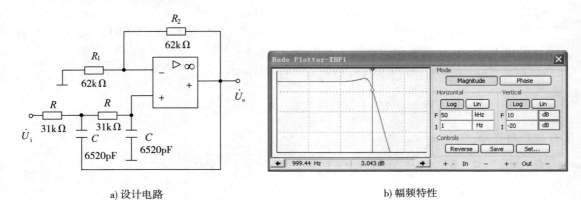

a) 设计电路   b) 幅频特性

图 7.5.8   例 7.5.1 的设计电路及幅频特性曲线

3. 二阶压控型高通有源滤波器

二阶压控型高通有源滤波器的电路如图 7.5.9a 所示。

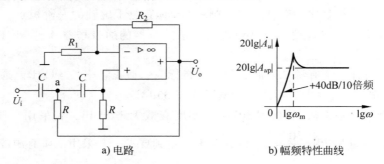

a) 电路   b) 幅频特性曲线

图 7.5.9   二阶压控型高通有源滤波器

与二阶压控型低通有源滤波器相似，可推导出以下结论。

1）通带增益：

$$A_{up} = 1 + \frac{R_2}{R_1}$$

2）传递函数：

$$\dot{A}_u = \frac{-\omega^2 R^2 C^2 A_{up}}{1 - \omega^2 R^2 C^2 + j\omega RC(3 - A_{up})} \tag{7.5.20}$$

令 $\omega_0 = \dfrac{1}{RC}$，$Q = \dfrac{1}{3 - A_{up}}$，则式（7.5.20）可表示为

$$\dot{A}_u = \frac{-\left(\dfrac{\omega}{\omega_0}\right)^2 A_{up}}{1 - \left(\dfrac{\omega}{\omega_0}\right)^2 + j\dfrac{1}{Q}\left(\dfrac{\omega}{\omega_0}\right)} \tag{7.5.21}$$

相应的幅度频率响应特性曲线如图 7.5.9b 所示。

3）当 $\omega < \omega_0$ 时，幅频特性曲线的斜率为 $+40\text{dB}/10$ 倍频；当 $A_{up} \geqslant 3$ 时，电路不稳定。

4. 二阶压控型带通有源滤波器

带通滤波器由低通滤波器和高通滤波器组合而成，高通滤波器的下限截止角频率 ω_1 设置为小于低通滤波器的上限截止角频率 ω_h。

如图 7.5.10 所示，将一个低通滤波器和一个高通滤波器"串联"组成带通滤波器。$\omega > \omega_h$ 的信号被低通滤波器滤掉；$\omega < \omega_1$ 的信号被高通滤波器滤掉；只有 $\omega_1 < \omega < \omega_h$ 的信号才能通过。显然，只有满足 $\omega_h > \omega_1$，才能组成带通滤波器。

二阶压控型**带通有源滤波器**电路如图 7.5.11a 所示。若取 $R_1 = 10\text{k}\Omega$，$R_2 = 15\text{k}\Omega$，$C_1 = 1.0\text{nF}$，$C_2 = 100.0\text{nF}$，$R_3 = 2\text{k}\Omega$，$R_4 = 10\text{k}\Omega$，$R_5 = 5\text{k}\Omega$，运放型号为 3288RT，则采用 Multisim 仿真的结果如图 7.5.11b 所示，通带内的增益为 12.366dB。

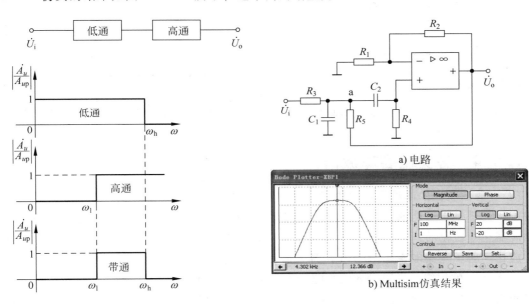

图 7.5.10 带通滤波器组成原理

a) 电路

b) Multisim仿真结果

图 7.5.11 二阶压控型带通有源滤波器

要想获得好的滤波特性，一般需要较高的阶数。滤波器的设计计算十分麻烦，需要时可借助有关计算机辅助设计软件。

5. 二阶压控型带阻有源滤波器

带阻滤波器由低通滤波器和高通滤波器组合而成，高通滤波器的下限截止角频率 ω_1 设置为大于低通滤波器的上限截止角频率 ω_h。

如图 7.5.12 所示，将一个低通滤波器和一个高通滤波器"并联"组成带阻滤波器。$\omega < \omega_h$ 的信号从低通滤波器通过；$\omega > \omega_1$ 的信号从高通滤波器通过；只有 $\omega_h < \omega < \omega_1$ 的信号无法通过。显然，只有满足 $\omega_h < \omega_1$，才能组成带阻滤波器。

二阶压控型**带阻有源滤波器**电路如图 7.5.13a 所示。若取 $R_1 = R_3 = R_4 = 10\text{k}\Omega$，$R_2 = 15\text{k}\Omega$，$R_5 = 5\text{k}\Omega$，$C_1 = 100\text{nF}$，$C_2 = C_3 = 200\text{nF}$，运放型号为 3288RT，则采用 Multisim 仿真的结果如图 7.5.13b 所示，通带内的增益为 7.957dB，阻带的中心频率为 126.025Hz，增益为 -12.53dB。

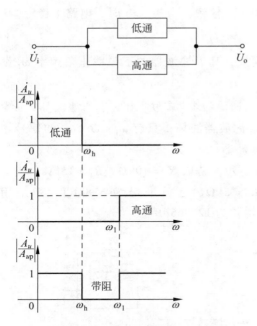

图 7.5.12　带阻滤波器组成原理

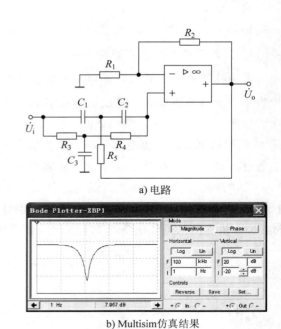

a) 电路

b) Multisim仿真结果

图 7.5.13　二阶压控型带阻有源滤波器

7.5.4　开关电容滤波器

RC 有源滤波器的滤波特性取决于 RC 时间常数及运放的性能。如果要求时间常数很大，全集成化几乎是不可能的，这也是制约通信设备全集成化的因素之一。人们寻求一种能够实现滤波器全集成化的途径，1978 年 Intel 公司制成了开关电容滤波器，较好地解决了滤波器的集成化问题。**开关电容**是基于电容器电荷存储和转移原理，由受时钟控制的 MOS 开关、MOS 电容组成的网络，它可等效为电阻。由开关电容和 MOS 运放构成的开关电容网络是一种时间离散、幅度连续的取样数据处理系统，在信号产生、放大、调制、A/D、D/A 中有着广泛的应用。

1. 开关电容

如图 7.5.14a 所示，MOS 场效应晶体管开关 V_1 和 V_2 分别受两相不重叠时钟 φ_1 和 φ_2 控制（如图 7.5.14b 所示），构成了一个典型的开关电容。下述分析中，假定时钟频率远大于信号频率，即 $f_c \gg f_i$，从而，在一个时钟周期 T_c 内，可以认为 u_1 和 u_2 保持不变，这也是开关电容正常工作所必须满足的条件。

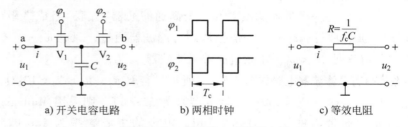

a) 开关电容电路　　b) 两相时钟　　c) 等效电阻

图 7.5.14　用开关电容代替电阻

当 φ_1 为高电平、φ_2 为低电平时，V_1 导通，V_2 截止，u_1 对 C 充电，其存储的电荷 Q_1 为

$$Q_1 = Cu_1 \tag{7.5.22}$$

而当 φ_1 为低电平、φ_2 为高电平时，V_1 截止，V_2 导通，那么 C 存储的电荷 Q_2 变为

$$Q_2 = Cu_2 \tag{7.5.23}$$

在时钟的一个周期 T_c 内，电容 C 存储的电荷由 Q_1 变为 Q_2，即 C 中的电荷变化量为 $\Delta Q = Q_1 - Q_2$，也就是将电荷 ΔQ 从 a 点传送到 b 点，意味着从 a 点流向 b 点的等效电流为

$$i = \frac{Q_1 - Q_2}{T_c} = \frac{C(u_1 - u_2)}{T_c} = \frac{u_1 - u_2}{\frac{T_c}{C}} = \frac{u_1 - u_2}{R}$$

式中，

$$R = \frac{T_c}{C} = \frac{1}{Cf_c} \tag{7.5.24}$$

就是由开关电容组成的等效模拟电阻（如图7.5.14c所示）。它不仅与电容值有关，而且与时钟频率 f_c 成反比。可见，不仅可用开关电容代替电阻，而且可通过 f_c 来控制 R 的大小。

2. 开关电容低通滤波器

根据开关电容代替电阻的原理，**开关电容低通滤波器**电路如图7.5.15所示。V_1、V_2 和 C_1 等效为 R_1，V_3、V_4 和 C_2 等效为 R_2，R_2 并联在电容 C 上，可见，该电路为反相输入式一阶低通有源滤波器（参见图7.5.3d），通带截止角频率 ω_0 为

$$\omega_0 = \frac{1}{R_2 C} = \frac{1}{\frac{T_c}{C_2}C} = f_c \frac{C_2}{C} \tag{7.5.25}$$

可见，开关电容低通滤波器的通带截止角频率取决于时钟频率 f_c 和电容比（C_2/C）。在 MOS 集成工艺中，电容比的精度可以达到很高（$0.1\% \sim 0.01\%$），而且通过控制 f_c 可以十分精确地控制通带截止角频率。因此，开关电容滤波器的精度很高。

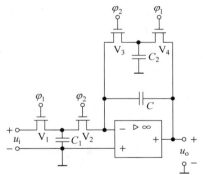

图7.5.15　开关电容低通滤波器

7.5.5　滤波器设计软件简介

德州仪器（Texas Instruments）的 FilterPro 程序可用于设计低通、高通、带通、带阻、全通有源滤波器。它基于实极点一阶巴特沃斯滤波器（如图7.5.16所示）和复极点对二阶有源滤波器以实现高阶有源滤波器，最高可以实现10阶低通、高通、全通有源滤波器和20阶带通、带阻有源滤波器。复极点对二阶有源滤波器支持多反馈型（Multiple Feedback，MFB）及压控型（Sallen-Key）两种拓扑结构，分别如图7.5.17a、b所示。

下面通过一个实例说明采用 FilterPro 程序设计低通有源滤波器的过程。

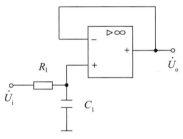

图7.5.16　实极点一阶巴特沃斯滤波器

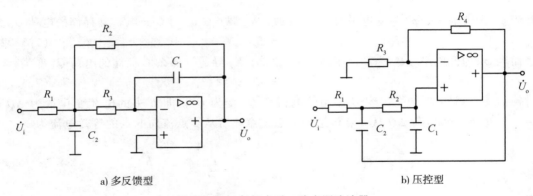

a) 多反馈型   b) 压控型

图 7.5.17　复极点对二阶有源滤波器

例 7.5.2　采用 FilterPro 程序设计一个低通有源滤波器，其指标为：截止频率 f_p = 1kHz，通带电压放大倍数 A_{up} = 2，在 f = 30kHz 时，要求幅度衰减大于 35dB。

解：运行 FilterPro 程序，初始界面如图 7.5.18 所示，即滤波器设计向导，默认为设计低通滤波器。单击 Next 按钮，进入第二步，如图 7.5.19 所示，按照题目技术指标要求，修改以下滤波器指标：增益（Gain）调整为 2（软件自动计算相应的分贝）、允许通带纹波幅度（Allowable Passband Ripple）调整为 0、阻带频率（Stopband Frequency）调整为 30 000Hz、阻带衰减量（Stopband Attenuation）调整为 −40dB（通带增益为 6dB，增益衰减为 35dB，则 30kHz 处的增益为 6 − 35 = −29dB）。单击 Next 按钮，进入第三步，如图 7.5.20 所示，选择滤波器类型，本题选择巴特沃斯类型（Butterworth）。单击 Next 按钮，进入第四步，如图 7.5.21 所示，选择滤波器拓扑结构，本题选择压控型（Sallen-Key）。单击 Finish 按钮，进入第五步，如图 7.5.22 所示，该界面给出了设计结果，由图 7.5.22 中的 Data 标签界面的幅频特性数据可知，电路的通带增益为 2（6.021dB），1000Hz 处的增益为 3.01dB，在 29 853.826Hz 处

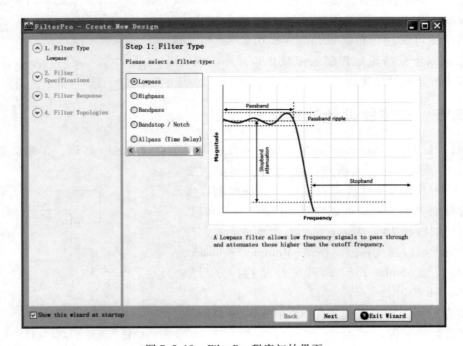

图 7.5.18　FilterPro 程序初始界面

的增益为 – 52.979dB，达到设计要求。图7.5.22中的BOM标签界面给出了设计中所用元器件的清单，如图7.5.23所示。图7.5.22中的电阻、电容使用的是理想元件，其容差为0%，可依据实际情况选择不同容差（Tolerances）系列的电阻和电容，电阻（电容）有 E192（容差≤0.5%）、E96（容差≤1%）、E48（容差≤2%）、E24（容差≤5%）、E12（容差≤10%）、E6（容差≤20%）等系列，选择不同的电阻（电容）系列，软件自动用所选系列中最接近的电阻（电容）值更改设计中所用电阻（电容）的阻（容）值，同时重新计算所有电阻（电容）的取值，以满足电路的设计指标。

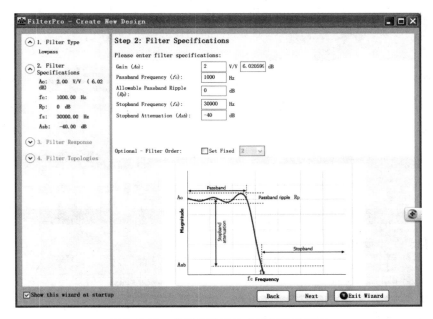

图 7.5.19　低通滤波器技术指标设置界面

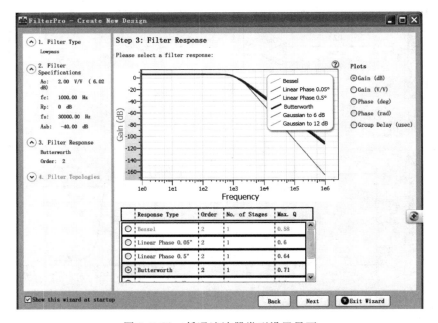

图 7.5.20　低通滤波器类型设置界面

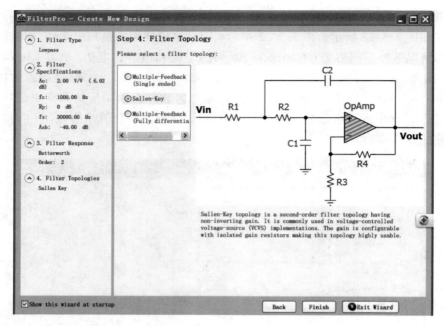

图 7. 5. 21　低通滤波器拓扑结构选择界面

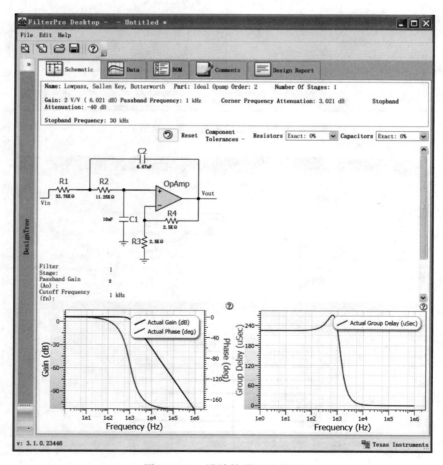

图 7. 5. 22　设计结果汇总界面

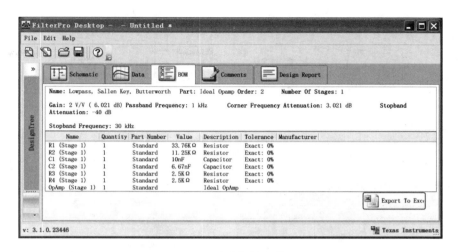

图 7.5.23 设计材料清单界面

思考题

1. 比例运算电路中的集成运放工作在什么区？为保证运放工作在该区域，应引入何种极性的反馈？

2. 从反馈的角度看，同相比例放大器和反相比例放大器分别引入了何种反馈类型？

3. 为减少共模输入信号对模拟运算电路精度的影响，应选用同相比例放大器还是反相比例放大器？

4. 电压比较器中的集成运放工作在什么区？单门限比较器和迟滞比较器是否引入了反馈？引入了何种极性的反馈？

5. 无源滤波器和有源滤波器的主要区别是什么？

6. 如何用带通滤波器来组成带阻滤波器？

7. 为什么开关电容滤波器可以实现高精度的滤波特性？

习题

7.1 试求题 7.1 图各电路的输出电压与输入电压的关系式。

7.2 题 7.2 图为可调基准电压跟随器，求 U_o 的变化范围。

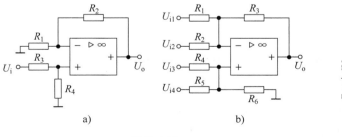

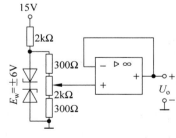

题 7.1 图　　　　　　　　　　　题 7.2 图

7.3 试求题 7.3 图各电路的输出电压的表达式。

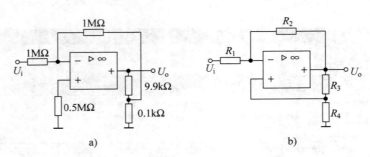

题 7.3 图

7.4 电路如题 7.4 图所示。已知 $U_{i1} = U_{i2} = U_{i3} = U_{i4} = 10\text{mV}$，试求 U_o 为多少。

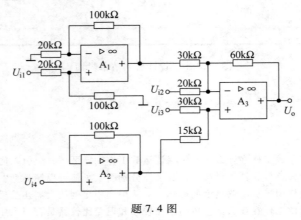

题 7.4 图

7.5 试求题 7.5 图所示电路 U_o 与 U_{i1}、U_{i2} 的关系式。

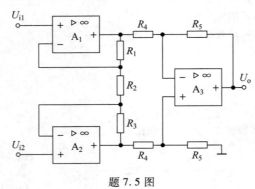

题 7.5 图

7.6 题 7.6 图为增益调节方便的差分运算电路，试证明输出电压的表达式为

$$U_o = 2\left(1 + \frac{1}{k}\right)\frac{R_2}{R_1}(U_{i2} - U_{i1})$$

7.7 题 7.7 图是增益可线性调节的差分运算电路，试求 U_o 与 U_{i1}、U_{i2} 的关系式。

7.8 运放组成的电路如题 7.8 图 a、b 所示，已知电源电压为 $\pm 15\text{V}$。

（1）试分别画出传输特性曲线 $u_o = f(u_i)$。

（2）若输入信号 $u_i = 5\sin\omega t(\text{V})$，试分别画出输出信号 u_o 的波形。

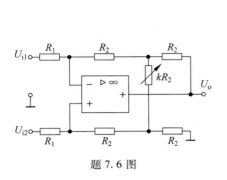

题 7.6 图

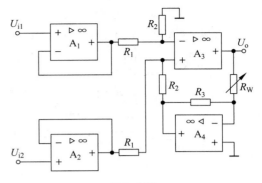

题 7.7 图

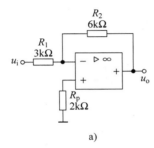

a)

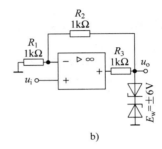

b)

题 7.8 图

7.9　试求题 7.9 图所示电路的 u_o 与 u_i 的关系式。

7.10　试求题 7.10 图所示同相积分器电路的 u_o 与 u_i 的关系式。

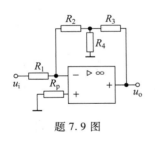

题 7.9 图

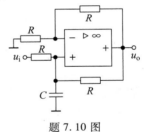

题 7.10 图

7.11　差动积分运算放大器如题 7.11 图所示，设电容器两端初始电压为零。

（1）试求该电路的 u_o 与 u_i 的关系式。

（2）要使 $u_{i2} = 1\text{V}$ 时，$u_o = 0\text{V}$，求 u_{i1} 的值。

（3）$t = 0$ 时，$u_{i2} = 1\text{V}$，$u_{i1} = 0\text{V}$，$u_o = 0\text{V}$，求 $t = 10\text{s}$ 时 u_o 的值。

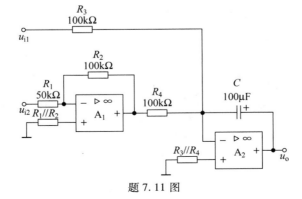

题 7.11 图

7.12 电路及输入 u_i 的波形分别如题 7.12 图 a、b 所示，试画出 u_{o1} 和 u_o 的波形，并标出相应的幅度，设电容器两端初始电压为零。

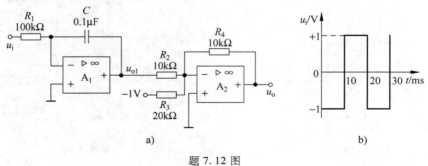

题 7.12 图

7.13 题 7.13 图是另一种形式的对数运算放大器，设各晶体管的 V_{ES} 相等。

(1) 试推导 $U_o = f(U_i)$ 的关系式。

(2) 若 $U_i = 100\text{mV}$ 时，$U_o = 0$，试确定 I 的值。

7.14 由对数与反对数运算放大器构成的模拟运算电路如题 7.14 图所示，试求 u_o 的表达式。

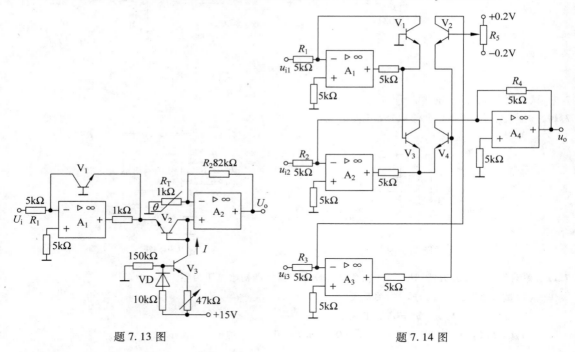

题 7.13 图

题 7.14 图

7.15 对数运算放大器如题 7.15 图所示。

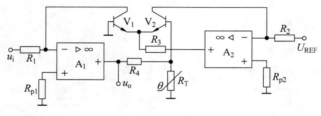

题 7.15 图

（1）说明对管 V_1、V_2 的作用。

（2）说明热敏电阻 R_T 的作用。

（3）证明输出电压 u_o 的表达式为 $u_o = -\left(1 + \dfrac{R_4}{R_T}\right)U_T \ln \dfrac{R_2}{R_1}\dfrac{u_i}{U_{REF}}$。

7.16 电路如题 7.16 图所示，已知运放的最大输出电压为 ±12V，$u_i = 10\sin\omega t\,(V)$，试画出相应的 u_{o1}、u_{o2} 及 u_o 的波形，并标出有关电压的幅度。

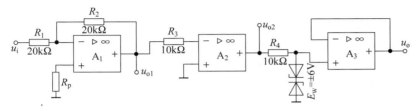

题 7.16 图

7.17 题 7.17 图所示各电压比较器中，已知电源电压为 ±12V，稳压管的稳定电压 $U_Z = 7V$，稳压管的导通电压 $U_{D(on)} = 0.7V$，$U_R = 6V$，$u_i = 15\sin\omega t\,(V)$。图 c 中 $R_1 = R_2 = 10k\Omega$，图 d 中 $R_1 = 8.2k\Omega$，$R_2 = 50k\Omega$，$R_F = 10k\Omega$。试分别画出它们的输出波形。

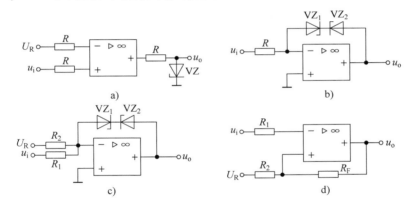

题 7.17 图

7.18 题 7.18 图是由通用型运算放大器组成的优质窗口比较器，试求上、下限阈值，并画出其传输特性。

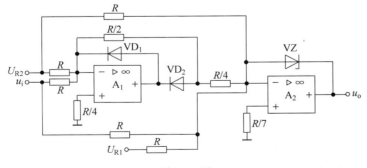

题 7.18 图

7.19 迟滞电压比较器电路如题 7.19 图所示，已知电源电压为 ±12V，$U_i = 5\sin\omega t\,(V)$，设二极管 VD₁ 为理想二极管，试画出传输特性和输出波形。

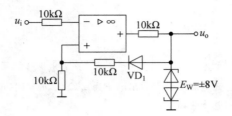

题 7.19 图

7.20 题 7.20 图所示为迟滞电压比较器电路，已知运放最大输出电压为 ±14V，稳压管的稳定电压 $U_Z =$ 6.3V，稳压管的导通电压 $U_{D(on)} = 0.7V$，$U_R = 2V$。试分别画出它们的传输特性，并求出回差电压 ΔU。

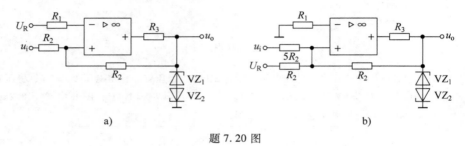

题 7.20 图

7.21 题 7.21 图为占空比可调的弛张振荡器电路，设二极管 VD_1、VD_2 为理想二极管，试求输出波形 u_o。占空比的变化范围。

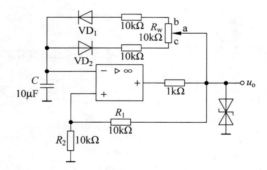

题 7.21 图

7.22 题 7.22 图所示的电路中，如输入为正弦波，试画出输出的波形。

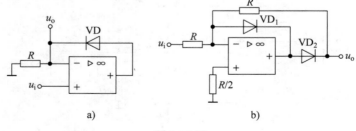

题 7.22 图

7.23 题 7.23 图是精密全波整流电路，当输入为正弦信号时，试画出输出的波形。

7.24 高输入阻抗绝对值电路如题 7.24 图所示。

（1）试画出传输特性。

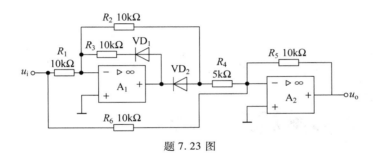

题 7.23 图

（2）若输入信号 u_i 为正弦波，试画出输出信号 u_o 的波形。

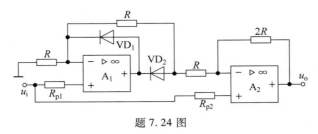

题 7.24 图

7.25 一阶低通滤波器电路如题 7.25 图所示。

（1）若 $R_1 = 10\text{k}\Omega$，$R_2 = 100\text{k}\Omega$，则低频增益 A_u 为多少分贝（dB）？

（2）若要求截止频率 $f_H = 5\text{Hz}$，则 C 的取值应为多少？

7.26 电路如题 7.26 图所示。

（1）若 $C_1 = C_2$，$R_1 = R_2$，求传递函数，并指出电路功能，定性画出幅频特性。

（2）若 C_1 短路，定性画出幅频特性，并指出电路功能的变化趋势。

（3）若 C_2 开路，定性画出幅频特性，并指出电路功能的变化趋势。

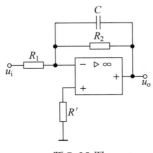

题 7.25 图

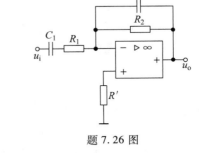

题 7.26 图

7.27 开关电容一阶低通滤波器电路如题 7.27 图 a 所示，两相时钟波形如题 7.27 图 b 所示。若时钟频率 $f_c = 140\text{kHz}$，且远大于信号频率 f_i，试求该电路的传递函数 $H(s)$ 的表达式及截止频率 f_H。

7.28 设计实现下列运算关系的电路。

（1）$u_o = 3(u_{i1} - u_{i2})$

（2）$u_o = 3u_{i1} - 4u_{i2}$

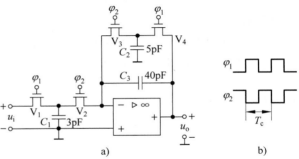

题 7.27 图

第 8 章

功率放大电路

8.1 功率放大电路的特点与分类

功率放大电路(简称功放)是一种以输出较大功率为目的的放大电路,以推动输出负载(换能器)工作,如收音机中的扬声器、自动记录仪中的电动机等。为了获得大的输出功率,必须使输出信号电压大、电流大,因此电路工作在大信号状态,这导致功率放大电路的主要技术参数、分析方法等与前面各章所述的小信号放大电路不同。小信号放大电路的主要技术参数包括增益、输入电阻、输出电阻等,因其工作在小信号状态,故采用小信号等效电路分析法分析。

1. 功率放大电路的特点

(1)要求输出足够大的功率

功率放大电路的主要任务是向负载提供额定功率,因此最大输出功率 P_{om} 是它的一个重要技术参数。

(2)能量转换效率要高

从能量控制的观点看,功率放大电路和电压放大电路一样,都是利用有源器件将直流电源的直流能量转换为负载所需的信号能量。**能量转换效率**定义为电路输出功率与电源供给的直流功率之比,由于功放输出的功率较大,因此能量转换效率也是功放的一个重要技术参数。

(3)非线性失真要小

由于功放管处于大信号工作状态,其电压和电流幅度很大,使动态工作点接近功放管的非线性区域,即截止区、饱和区(对 BJT)或可变电阻区(对 FET),因而产生的非线性失真很大,而且输出功率越大,非线性失真越严重。实践中,在满足非线性失真指标条件下,希望电路的输出功率尽可能大。

(4)要考虑功放管的安全工作问题

由于功放管两端的电压、流过的电流、耗散功率都很大,因此在实践中,要选择极限参数 $U_{(BR)CEO}$、I_{CM}、P_{CM} 高于实际承受值的功放管。

(5)采用图解分析法

在大信号情况下,不能将功放管视为线性元件而使用小信号等效电路,应采用图解分析法分析功率放大电路。

综上所述,对功率放大电路的要求是:在效率高、非线性失真小、安全工作的前提下,向负载提供足够大的功率。

2. 工作状态分类

根据功放管在一个输入信号周期内的导通情况，功率放大电路的工作状态可分为甲类、甲乙类、乙类、丙类等，如图 8.1.1 所示。图 8.1.1a 中，工作点 Q 位于放大区，在输入正弦信号的整个周期内，管子均导通，**集电极电流导通角**为 π（一个周期内出现集电极电流部分所对应角度的一半称为集电极电流导通角，用 θ 表示），通常将这种工作方式称为**甲类放大状态**。图 8.1.1b 中，工作点 Q 靠近截止点，管子有半个周期以上导通，集电极电流导通角介于 π 和 π/2 之间，称之为**甲乙类放大状态**。图 8.1.1c 中，工作点 Q 选在截止点，管子只有半周导通，集电极电流导通角为 π/2，称之为**乙类放大状态**。图 8.1.1d 中，工作点 Q 选在截止区内，集电极电流导通角小于 π/2，称之为**丙类放大状态**。丙类功放的集电极电流波形虽然是非正弦波，但可以采用具有选频作用的谐振电路（由电感、电容等元件构成）作为负载，输出电压波形仍为正弦波，该类功放用于高频放大。甲类、甲乙类和乙类功放可以较好地进行线性放大，本章研究甲类和乙类功放。

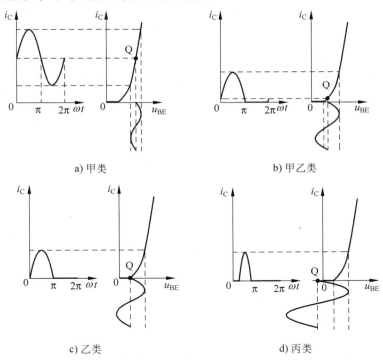

a) 甲类　　　　　　　　　　　　　b) 甲乙类

c) 乙类　　　　　　　　　　　　　d) 丙类

图 8.1.1　功率放大电路的工作状态

分析结果表明，甲类功放工作时非线性失真虽小，但效率太低，理论上最大值为 50%，且输入信号为零时，电源提供的功率不为零（因为 $I_{CQ} \neq 0$），这些功率将转化为无用的管耗。乙类功放工作时，虽降低了静态工作电流，但非线性失真很大（输出波形只有半周），通过改进电路结构，可以大幅度降低非线性失真，乙类功放的效率很高，理论上最大值为 π/4（约 78.5%）。

8.2　甲类功率放大电路

1. 电路

功率放大电路的负载是各种各样的，如同轴电缆的阻抗为 50Ω 或 75Ω，扬声器的电阻

为 4Ω 或 8Ω 等。为获得最大的输出功率，甲类功放中常采用变压器耦合方式实现阻抗匹配。典型的变压器耦合单管甲类功率放大电路如图 8.2.1a 所示。输出变压器 TV_2 的一次侧接功放管集电极回路，二次侧接负载 R_L。为简化分析，将变压器 TV_2 看作理想变压器，若变压比为 n，则一次侧等效交流负载 R_L' 为

$$R_L' = n^2 R_L \tag{8.2.1}$$

式中，$n = \dfrac{N_1}{N_2}$。若已知 R_L 和最佳负载 R_L'，则可确定变压比 n 的值。

图 8.2.1a 中 R_B 为偏置电阻，其值决定了 Q 点的 I_{CQ} 及 I_{BQ}。由于将变压器 TV_2 看作理想变压器，即其一次绕组的电阻为 0，则直流工作点电压 $U_{CEQ} = U_{CC}$，直流负载线是与横坐标垂直的直线，而交流负载线通过 Q 点，其斜率为 $-\dfrac{1}{R_L'}$，如图 8.2.1b 所示。

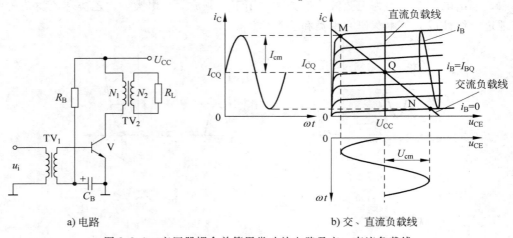

a) 电路　　　　　　　　　　　　b) 交、直流负载线

图 8.2.1　变压器耦合单管甲类功放电路及交、直流负载线

由图 8.2.1b 可知，当工作点 Q 确定了以后，交流负载线可有不同的选择。若负载 R_L' 很小，则负载线很陡，电流振幅大，而电压振幅小；反之，若 R_L' 很大，则负载线变得平坦，电压振幅大，而电流振幅小。由于负载所得交流功率与电压、电流振幅乘积有关，因此这两种情况下不可能得到最大功率。显而易见，当 Q 点平分交流负载线 MN 时，电压振幅和电流振幅同时达到最大，此时在负载上可得到最大的不失真输出功率。若忽略管子的 I_{CEO}、$U_{CE(sat)}$，则 M、N 点的横坐标可分别近似为 0、$U_{CEQ} + I_{CQ} R_L'$，而 $U_{CEQ} = I_{CQ} R_L' = U_{CC}$，电压的振幅达到最大值 U_{CC}，电流的振幅达到最大值 I_{CQ}。此时的交流负载电阻 R_L' 称为最佳交流负载电阻。

2. 功率与效率的计算

（1）电源供出功率 P_E

$$P_E = \frac{1}{T}\int_0^T U_{CC}(I_{CQ} + I_{cm}\sin\omega t)\,\mathrm{d}t = U_{CC} \cdot I_{CQ} \tag{8.2.2}$$

可见，电源供给的平均功率等于静态时电源供给的功率，也就是说，动态和静态时电源供给的功率一样，与信号的有无或强弱无关。

（2）电路输出功率 P_o

$$P_o = \frac{1}{T}\int_0^T U_{cm}\sin\omega t \cdot I_{cm}\sin\omega t\,\mathrm{d}t = \frac{1}{2}U_{cm} \cdot I_{cm} = \frac{1}{2}\frac{U_{cm}^2}{R_L'} \tag{8.2.3}$$

式中，U_{cm} 和 I_{cm} 分别为集电极交流电压和电流的振幅，输入信号越大，U_{cm}、I_{cm} 越大，输出功率也将增大。在最佳负载情况下，输出功率达到最大，即

$$P_{om} = \frac{1}{2} U_{CC} \cdot I_{CQ} \tag{8.2.4}$$

（3）管耗 P_T

$$P_T = P_E - P_o \tag{8.2.5}$$

当输入信号为零时，$P_o = 0$，$P_T = P_E$，电源功率全部变为管耗，管耗达到最大；而当信号增大时，部分电源直流功率转换为有用的交流功率，管耗下降。

（4）能量转换效率 η

电路输出功率与电源供给的直流功率之比称为功放的能量转换效率，即

$$\eta = \frac{P_o}{P_E} = \frac{1}{2} \frac{U_{cm} I_{cm}}{U_{CC} I_{CQ}} \tag{8.2.6}$$

将式（8.2.4）代入式（8.2.6）可得最大效率为

$$\eta_m = \frac{1}{2} = 50\% \tag{8.2.7}$$

可见，变压器耦合单管甲类功率放大电路无输入信号时，效率为零，理想情况下最大效率也只有 50%。

甲类功放因晶体管输入、输出特性的非线性会产生非线性失真。当要求输出功率不大，又使用合适的负反馈之后，甲类功放仅有很小的非线性失真，这使得甲类功放在某些场合得到应用。但是，变压器体积大，有低频、高频的频率失真，并且不宜集成，这限制了采用变压器的甲类功放的进一步应用。

8.3 互补推挽乙类功率放大电路

8.3.1 双电源互补推挽乙类功率放大电路

1. 电路结构及工作原理

双电源互补推挽乙类功率放大电路的原理电路如图 8.3.1 所示。它由一对特性相同的互补晶体管组成，V_1 是 NPN 管，V_2 是 PNP 管，V_1、V_2 都构成射极输出器形态。为分析方便，假定晶体管的转移特性是理想的，如图 8.3.2 所示。图 8.3.2c 中，$u_{BE} = u_{BE1} = u_{BE2}$，$i_o = i_{C1} - i_{C2}$。静态时，$u_i = 0$，两管截止。设 u_i 为一正弦波，当 u_i 为正半周时，V_1 导通，V_2 截止，电流 i_{C1} 自正电源 U_{CC}，经 V_1 管、负载 R_L 流入地，输出电流 $i_o = i_{C1} - i_{C2} = i_{C1}$，输出电压 u_o 为上"+"下"−"；当 u_i 为负半周时，V_2 导通，V_1 截止，电流 i_{C2} 自地，经负载 R_L、V_2 管流入负电源 $-U_{EE}$，输出电流 $i_o = i_{C1} - i_{C2} = -i_{C2}$，输出电压 u_o 为上"−"下"+"。输出电压 u_o 随输入电压 u_i 变化。

由此可见，该电路具有以下特点。

（1）电源静态功耗为零

静态时，由于两个晶体管截止，静态电流 $I_{CQ1} = I_{CQ2} = 0$，说明无输入信号时电路不消耗功率，这是乙类功放效率高的原因。

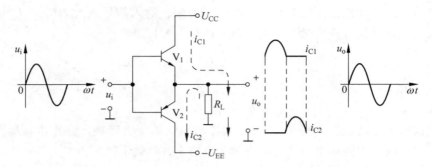

图 8.3.1　双电源互补推挽乙类功率放大电路的原理电路

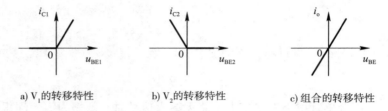

a) V_1的转移特性　　　　b) V_2的转移特性　　　　c) 组合的转移特性

图 8.3.2　双电源互补推挽乙类功放管的转移特性

（2）两个晶体管交替导通，合成一个不失真的输出信号

两个晶体管在输入信号的正、负半周交替导通，即 V_1 导通时 V_2 截止，V_2 导通时 V_1 截止。每个晶体管只负担输入信号半个周期的放大任务，两管的集电极电流以相反方向流经负载，合成一个完整的不失真的输出信号。由两管交替工作的放大电路通常称为**推挽放大电路**。图 8.3.1 中 V_1、V_2 的管型不同，这种由反型晶体管组成的推挽放大电路叫**互补推挽放大电路**。又由于电路中采用两个电源供电，因此图 8.3.1 中电路称为双电源互补推挽乙类功率放大电路，也称为 OCL(Output CapacitorLess)电路。

（3）带负载能力强

图 8.3.1 电路中的晶体管都接成共集组态，输出阻抗低，带负载能力强，输出电压 u_o 与输入电压 u_i 同相。

2. 功率与效率的计算

为了利用图解法分析互补推挽乙类功放的基本关系式，通常把两个管子的输出特性合成为一个组合输出特性，如图 8.3.3 所示。由图 8.3.1 可知，V_1 与 V_2 交替工作，当 V_1 导通时，可写出 V_1 的交流负载线方程为

$$u_{CE1} = U_{CC} - i_{C1}R_L \tag{8.3.1}$$

当 V_2 导通时，可写出 V_2 的交流负载线方程为

$$u_{CE2} = -U_{EE} + i_{C2}R_L \tag{8.3.2}$$

因为 $u_{CE1} = U_{CC} + U_{EE} + u_{CE2}$，所以对图 8.3.3b 而言，其原点、Q 点将分别移至图 8.3.3c 中的 $u_{CE1} = U_{CC} + U_{EE}$、$u_{CE1} = U_{CC}$ 处，可见，两管的静态工作点重合。又由于式(8.3.1)和式(8.3.2)表示的负载线斜率相同，故两个单管负载线整合成了一条负载线。由图 8.3.3c 可见，当输入信号为正弦波时，两个晶体管共同作用在负载上，合成的输出信号也为一个完整的正弦波。

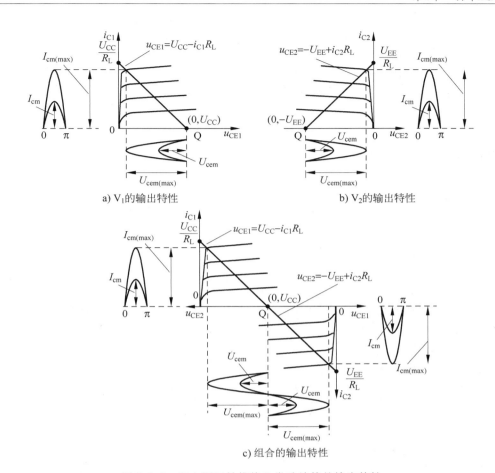

a) V_1的输出特性   b) V_2的输出特性

c) 组合的输出特性

图 8.3.3 双电源互补推挽乙类功放管的输出特性

（1）输出交流功率 P_o

由于负载电压、电流是完整的正弦波，故电路输出的功率为

$$P_o = \frac{1}{2}I_{cm} \cdot U_{cem} = \frac{1}{2}I_{cm} \cdot U_{om} = \frac{1}{2}\frac{U_{om}^2}{R_L} \quad (8.3.3)$$

令 $\xi = \dfrac{U_{om}}{U_{CC}}$（称之为**电压利用系数**），则式（8.3.3）可改写为

$$P_o = \frac{1}{2}\frac{\xi^2 U_{CC}^2}{R_L} \quad (8.3.4)$$

若忽略晶体管饱和电压 $U_{CE(sat)}$，则 $\xi = 1$，故最大输出功率为

$$P_{om} = \frac{1}{2}\frac{U_{CC}^2}{R_L} \quad (8.3.5)$$

（2）电源提供的功率 P_E

有信号输入时，两个晶体管轮流工作半个周期，每个晶体管的集电极电流平均值为

$$I_{c(av)} = \frac{1}{2\pi}\int_0^\pi I_{cm}\sin\omega t\, d\omega t = \frac{1}{\pi}I_{cm} \quad (8.3.6)$$

由于每个电源只提供半个周期的电流，因此两组电源供给的总功率为

$$P_E = 2U_{CC}I_{c(av)} = \frac{2}{\pi}U_{CC}I_{cm} \quad (8.3.7)$$

式（8.3.7）表明，当 $I_{cm} = 0$，即没有信号输出时，电源不供给功率。随着 I_{cm} 的增大，输出功率 P_o 增大，电源提供的功率也增加。

当 $I_{cm} = \dfrac{U_{om}}{R_L}$ 达到最大值 $\dfrac{U_{CC}}{R_L}$（忽略晶体管饱和电压 $U_{CE(sat)}$）时，电源输出的功率达到最大：

$$P_{Em} = \frac{2U_{CC}^2}{\pi R_L} \tag{8.3.8}$$

（3）每管转换能量的效率 η

$$\eta = \frac{\dfrac{P_o}{2}}{\dfrac{P_E}{2}} = \frac{P_o}{P_E} = \frac{\dfrac{1}{2}\dfrac{U_{om}^2}{R_L}}{\dfrac{2U_{CC} \cdot U_{om}}{\pi R_L}} = \frac{\pi}{4}\frac{U_{om}}{U_{CC}} = \frac{\pi}{4}\xi \tag{8.3.9}$$

当输出信号最大时，$\xi = 1$，效率达到最高：

$$\eta_m = \frac{\pi}{4} \approx 78.5\%$$

实际中，晶体管总有一定的饱和压降，加上其他一些功率消耗（如偏置电路），互补推挽乙类功放的效率一般为 55% ~ 65%。

（4）每管损耗 P_T

晶体管的集电极功耗是电源供给功率与输出功率之差，对一个管子而言，应为

$$P_T = \frac{P_E}{2} - \frac{P_o}{2} = \frac{U_{CC}}{\pi}\frac{U_{om}}{R_L} - \frac{1}{4}\frac{U_{om}^2}{R_L} = \frac{U_{CC}^2}{\pi R_L}\frac{U_{om}}{U_{CC}} - \frac{U_{CC}^2}{4R_L}\left(\frac{U_{om}}{U_{CC}}\right)^2 \tag{8.3.10}$$

式（8.3.10）表明，P_T 是输出电压振幅 U_{om} 的函数。P_T、$0.5P_E$、$0.5P_o$ 之间的关系用图形表示，如图 8.3.4 所示。图 8.3.4 中画阴影线的部分即代表管耗，P_T 与 U_{om} 成非线性关系。

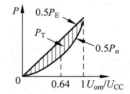

图 8.3.4　双电源互补推挽乙类功率放大电路的管耗

当没有输入信号时，管子不消耗功率，随着信号的增大，管耗相应发生变化。但应注意，并不是 U_{om} 达到最大值时，管耗达到最大。将式（8.3.10）对 U_{om} 求导并令其为零，可得到管耗为最大时的 U_{om} 值为

$$U_{om} = \frac{2}{\pi}U_{CC} \approx 0.64U_{CC} \tag{8.3.11}$$

将式（8.3.11）代入式（8.3.10）可得到管耗的最大值为

$$P_{Tm} = \frac{1}{R_L}\left[\frac{U_{CC}}{\pi} \cdot \frac{2}{\pi}U_{CC} - \frac{1}{4}\left(\frac{2}{\pi}U_{CC}\right)^2\right] = \frac{1}{\pi^2}\frac{U_{CC}^2}{R_L} \tag{8.3.12}$$

由式（8.3.5）可知 $P_{om} = \dfrac{1}{2}\dfrac{U_{CC}^2}{R_L}$，故式（8.3.12）又可写成

$$P_{Tm} = \frac{2}{\pi^2}P_{om} \approx 0.2P_{om} \tag{8.3.13}$$

3. 功率管的选择

从互补推挽乙类功放的工作原理可以看出，当晶体管截止时，它承受的反向电压较大，为电源电压 U_{CC} 和输出电压振幅 U_{om} 之和。由于输出电压振幅的最大值近似为 U_{CC}，因此晶体管的耐压必须大于电源电压的两倍，即

$$U_{(BR)CEO} > 2U_{CC} \tag{8.3.14}$$

通过导通管的最大集电极电流为 $I_{cm} = \dfrac{U_{CC}}{R_L}$，所以晶体管的最大允许集电极电流 I_{CM} 应满足

$$I_{CM} > \frac{U_{CC}}{R_L} \tag{8.3.15}$$

已知管耗的最大值为 $P_{Tm} = \dfrac{2}{\pi^2} P_{om} \approx 0.2 P_{om}$，所以功放管集电极的最大允许功耗 P_{CM} 应满足

$$P_{CM} > 0.2 P_{om} \tag{8.3.16}$$

因此，为保证功放管安全工作，需同时满足式(8.3.14)、式(8.3.15)和式(8.3.16)三个条件。

4. 互补推挽乙类功率放大电路的交越失真

考虑到实际晶体管的转移特性是一条非线性的曲线，如图 8.3.5 所示，图中的转移特性曲线为两管合成的转移特性曲线。当输入信号很小时，达不到晶体管的开启电压，晶体管不导通。当输入信号 u_i 是正弦波时，在正、负半周交替过零处，输出电流 i_c 会出现明显的弯曲现象，不再是完整的正弦波，这种非线性失真称为**交越失真**，如图 8.3.5 所示。

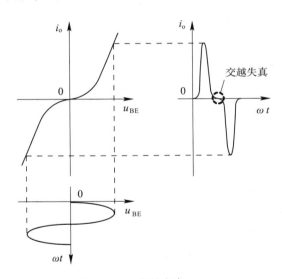

图 8.3.5　交越失真

为解决交越失真问题，可给晶体管稍加一点偏置，使之工作在甲乙类放大状态。此时的互补推挽功率放大电路如图 8.3.6 所示。图 8.3.6a 利用二极管提供偏置，使 V_1、V_2 两管在静态时处于微导通状态。当输入交流信号时，由于 VD_1、VD_2 的交流电阻很小，可保证互补管的基极交流同电位。图 8.3.6b 利用晶体管恒压源提供偏置，当 V_4 处于放大状态时，其发射结电压 U_{BE4} 近似为常数，若使 V_4 的基极电流 I_{B4} 远小于流过电阻 R_1、R_2 的电流，则有 $U_{AB} \approx U_{BE4}\left(1 + \dfrac{R_1}{R_2}\right)$，调整 R_1、R_2 的比值，可以得到所需的偏压值，故将电阻 R_1、R_2 及 V_4 管构成的电路称为 U_{BE} 倍增电路。由于 R_1 跨接在集电极和基极间，具有电压负反馈作用，因而 A、B 间的动态电阻很小，保证互补管的基极交流同电位。

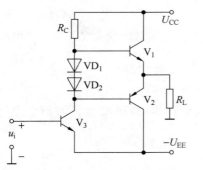

a) 利用二极管提供偏置

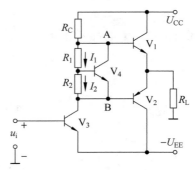

b) 利用晶体管恒压源提供偏置

图 8.3.6 消除交越失真的互补推挽电路

引入偏置电路后，设 $U_{BEQ1} + U_{EBQ2} = U_{B1B2Q}$，则 $U_{BEQ1} = U_{EBQ2} + U_{B1B2Q}$，两功放管 V_1、V_2 的合成转移特性曲线如图 8.3.7 所示，其中，$i_o = i_{C1} - i_{C2}$，u_{be} 为加在发射结上的交流信号。由于管子处于甲乙类工作状态，当输入 u_i 较小时，就有相应的 i_C 输出，交越失真得到改善，如图 8.3.7 所示。在实际应用中，为提高电路的能量转换效率，设置的偏压较小，所以分析计算时仍可视其为乙类工作状态。

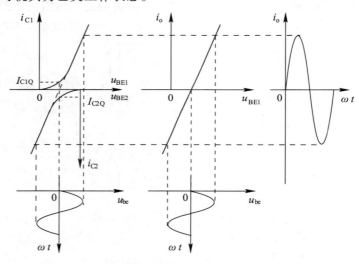

图 8.3.7 引入偏置后的转移特性曲线合成及输出波形

例 8.3.1 OCL 功放电路如图 8.3.8 所示，设晶体管的饱和压降可以忽略。

1）若输入电压有效值 $U_i = 12V$，求输出功率 P_o、电源提供的功率 P_E 以及每管的管耗 P_T；

2）如果输入信号增加到能提供最大不失真的功率输出，求最大输出功率 P_{om}、电源此时提供的功率 P_E 以及每管的管耗 P_T；

3）求每管的最大管耗 P_{Tm}。

解：1）由式（8.3.3）知

$$P_o = \frac{1}{2} \frac{U_{om}^2}{R_L} = \frac{U_o^2}{R_L} = \frac{U_i^2}{R_L} = \frac{12^2}{4} W = 36W$$

由式（8.3.7）知

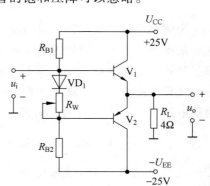

图 8.3.8 例 8.3.1 图

$$P_{\mathrm{E}} = 2U_{\mathrm{CC}}I_{\mathrm{c(av)}} = \frac{2}{\pi}U_{\mathrm{CC}}I_{\mathrm{cm}} = \frac{2\sqrt{2}\,U_{\mathrm{o}}}{\pi R_{\mathrm{L}}}U_{\mathrm{CC}} = \frac{2\sqrt{2}\times 12}{4\pi}\times 25\mathrm{W} \approx 68\mathrm{W}$$

由式(8.3.10)知

$$P_{\mathrm{T}} = \frac{1}{2}(P_{\mathrm{E}} - P_{\mathrm{o}}) = \frac{1}{2}\times(68 - 36)\mathrm{W} = 16\mathrm{W}$$

2)当输出电压振幅 $U_{\mathrm{om}} = U_{\mathrm{CC}}$ 时，输出功率达到最大，所以

$$P_{\mathrm{om}} = \frac{1}{2}\frac{U_{\mathrm{om}}^2}{R_{\mathrm{L}}} = \frac{1}{2}\frac{U_{\mathrm{CC}}^2}{R_{\mathrm{L}}} = \frac{25^2}{2\times 4}\mathrm{W} \approx 78\mathrm{W}$$

$$P_{\mathrm{E}} = 2U_{\mathrm{CC}}I_{\mathrm{c(av)}} = \frac{2}{\pi}U_{\mathrm{CC}}I_{\mathrm{cm}} = \frac{2U_{\mathrm{CC}}^2}{\pi R_{\mathrm{L}}} = \frac{2\times 25^2}{4\pi}\mathrm{W} \approx 99\mathrm{W}$$

$$P_{\mathrm{T}} = \frac{1}{2}(P_{\mathrm{E}} - P_{\mathrm{om}}) = \frac{1}{2}\times(99 - 78)\mathrm{W} = 10.5\mathrm{W}$$

3)由式(8.3.12)得

$$P_{\mathrm{Tm}} \approx 0.2P_{\mathrm{om}} = 0.2\times 78\mathrm{W} = 15.6\mathrm{W}$$

8.3.2 单电源互补推挽乙类功率放大电路

图 8.3.1 所示 OCL 电路采用双电源供电，在只能由单电源供电的场合，可采用**单电源互补推挽乙类功率放大电路**。单电源互补推挽乙类功率放大电路的原理电路如图 8.3.9 所示。当电路对称时，输出端的静态电位等于 $\frac{U_{\mathrm{CC}}}{2}$。为了使负载上仅获得交流信号，用一个电容器串联在负载与输出端之间，这使得电容两端的静态电压为 $\frac{U_{\mathrm{CC}}}{2}$。这种功率放大电路也称为 OTL(Output TransformerLess)电路。电容器的容量由放大电路的下限频率 f_{L} 确定，即

$$C \geqslant \frac{1}{2\pi R_{\mathrm{L}}f_{\mathrm{L}}} \tag{8.3.17}$$

由于时间常数 $R_{\mathrm{L}}C$ 很大，动态时，在信号变化一周内，电容两端电压可以基本保持恒定。

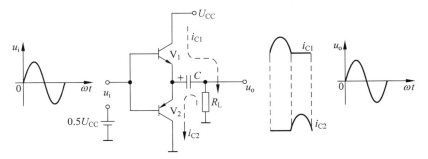

图 8.3.9 单电源互补推挽乙类功率放大电路的原理电路

当 u_{i} 为正半周时，V_1 导通，V_2 截止，电源 U_{CC} 通过 V_1 管给负载 R_{L} 提供电流，同时对电容 C 充电，由于电容两端电压为 $\frac{U_{\mathrm{CC}}}{2}$，故回路的等效电源电压为 $U_{\mathrm{CC}} - \frac{U_{\mathrm{CC}}}{2} = \frac{U_{\mathrm{CC}}}{2}$；当 u_{i} 为负半周时，V_2 导通，V_1 截止，电容 C 充当电源，通过 V_2 管给负载 R_{L} 提供电流，回路的等

效电源电压为$\dfrac{U_{CC}}{2}$。可见，在信号变化一周内，回路的等效电源电压为$\dfrac{U_{CC}}{2}$。该电路的工作过程与 OCL 电路相同，输出电压u_o也随输入电压u_i变化，不同之处在于，OCL 电路在信号变化一周内，回路的等效电源电压为U_{CC}（$U_{EE}=U_{CC}$）。因此，OTL 电路的性能参数的计算公式与 OCL 电路一致，只需将公式中出现的U_{CC}换成$\dfrac{U_{CC}}{2}$即可。

例如，电路输出的交流电压振幅的最大值为

$$U_{om}=\frac{U_{CC}}{2} \tag{8.3.18}$$

电路最大输出功率为

$$P_{om}=\frac{1}{2}\frac{\left(\frac{1}{2}U_{CC}\right)^{2}}{R_{L}}=\frac{1}{8}\frac{U_{CC}^{2}}{R_{L}} \tag{8.3.19}$$

电源提供的功率为

$$P_{E}=2\frac{U_{CC}}{2}I_{c(av)}=\frac{1}{\pi}U_{CC}I_{cm} \tag{8.3.20}$$

例 8.3.2 OTL 电路如图 8.3.10 所示，已知$U_{CC}=35V$，$R_{L}=35\Omega$，流过负载电阻R_{L}的电流为$i_{L}=0.45\cos\omega t$（A），求：1）负载所获得的功率P_o；2）电源提供的平均功率P_E；3）每管的管耗P_T。

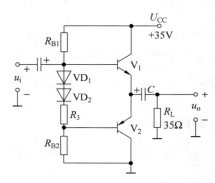

图 8.3.10 例 8.3.2 图

解：1）负载获得的功率$P_o=\dfrac{1}{2}I_{om}^{2}R_L=\dfrac{1}{2}\times0.45^2\times35W\approx3.5W$。

2）由式（8.3.20）得$P_E=2\dfrac{U_{CC}}{2}I_{c(av)}=\dfrac{1}{\pi}U_{CC}I_{cm}=\dfrac{1}{\pi}\times35\times0.45W\approx5W$。

3）每管的管耗$P_T=\dfrac{1}{2}(P_E-P_o)=\dfrac{1}{2}\times(5-3.5)W=0.75W$。

8.3.3 采用复合管的准互补推挽功率放大电路

前述的互补推挽功率放大电路存在两个问题。

1）由于工艺上的问题，导电类型不同的大功率管难以做到特性对称，这使得功率管V_1、V_2的特性不对称。

2）在功率放大电路中，输出功率大，要求功率管的驱动电流也大，一般的电压放大电路无法提供。如要求输出功率$P_{om}=10W$，负载电阻为10Ω，那么功率管的电流峰值$I_{cm}=1.414A$。若功率管的$\beta=30$，则要求基极驱动电流$I_{bm}=47.1mA$。

为解决上述问题，在功率放大电路中常采用复合管构成的准互补推挽电路。

因为 NPN 管的性能一般比 PNP 管的性能好，故输出管多采用 NPN 管。采用复合管组成的准互补推挽功率放大电路如图 8.3.11 所示，V_1 和 V_3、V_2 和 V_4 分别构成 NPN 型、PNP 型复合管。图中 V_1 管发射极所接的电阻 R_{E1} 和 V_2 管集电极所接的电阻 R_{C2} 分别为 V_1 的穿透电流 I_{CEO1} 和 V_2 的穿透电流 I_{CEO2} 提供分流通路，以避免这两个不稳定的电流被 V_3、V_4 管放大，从而提高功放的温度稳定性。

该电路的输出管 V_3、V_4 是同类型管，特性一致，解决了采用单管结构（即只使用 V_1 和 V_2 管）难以实现管子特性对称的问题，由于互补是由 V_1、V_2 实现的，故称为准互补。由于复合管的电流放大系数高，也解决了驱动电流需求大的问题，前级供给的电流可以减少。

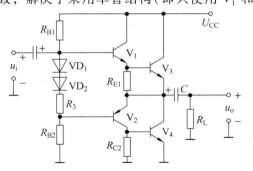

图 8.3.11　准互补推挽功率放大电路

8.4　集成功率放大器

集成化是功率放大器的发展必然，随着应用范围的扩大和集成工艺的改进，集成功率放大器的发展十分迅速，它的种类和型号很多，已广泛用于音响、电视和小电机的驱动等方面。下面分别以通用低压功放 LM386 和大功率混合功放 SHM1150 Ⅱ 为例说明它的内部结构、工作原理及典型应用。

1. 通用低压功放 LM386

LM386 是专为低电压应用而设计的音频集成功率放大器。它的通频带宽（300kHz），适用的电源电压范围宽，例如 LM386N－1 型号为 4～12V，电压增益可在 10～100（20～40dB）间变化，当电源电压为 6V、负载电阻为 8Ω 时，LM386N－1 的典型输出功率为 325mW，其静态功耗仅为 24mW，这使其非常适用于采用干电池供电的应用电路。LM386 可应用于收音机、对讲机、电视机声音系统、超声波驱动器、小型伺服系统驱动器、电源转换等领域。

LM386 的原理电路图如图 8.4.1 所示，它由输入级、驱动级和输出级三部分构成。输入级为 V_1、V_2 管和 V_3、V_4 管组成的 CC－CE 组态差动放大电路，V_5、V_6 管组成镜像恒流源电路，作为差动放大电路的负载，以实现双端输出变单端输出。驱动级为 V_7 组成的带恒流源负载的共射放大电路，以提高该级的电压增益。输出级为 V_8、V_9、V_{10} 管组成的准互补推挽甲乙类功率放大电路，其中 V_8、V_9 管组成等效 PNP 管，V_{D1} 和 V_{D2} 组成偏置电路，为 V_8、V_9、V_{10} 管提供静态偏置，以克服交越失真问题。电阻 R_6 引入了级间交、直流电压串联负反馈，以稳定电路的静态工作点并改善放大器的交流性能。

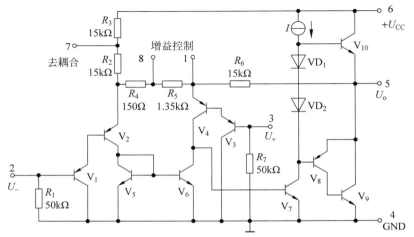

图 8.4.1　LM386 的原理电路图

LM386 是一个 8 引脚的器件，其引脚分配及功能如图 8.4.2 所示。在引脚 1 和 8 之间串接电容和不同大小的电阻则可改变 LM386 的电压增益。设图 8.4.1 中 V_2、V_4 发射极间的等效电阻为 R_{e24}，在电路输入为一对差模信号时，由于 R_2 阻值较大，可认为对交流信号断路，则 R_{e24} 的中点是交流地电位，电路可认为工作在深度负反馈状态，易得

$$U_+ = \frac{0.5 R_{e24}}{0.5 R_{e24} + R_6} U_o$$

故双端输入电压增益为

$$A_{uf} = \frac{U_o}{U_+ - U_-} = \frac{U_o}{2U_+} = \frac{2R_6 + R_{e24}}{2R_{e24}} = 0.5 + \frac{R_6}{R_{e24}} \tag{8.4.1}$$

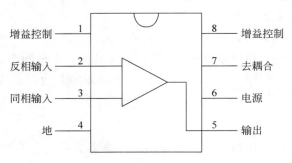

图 8.4.2   LM386 引脚分配及功能

若信号从同相端输入，反相端接地，则

$$U_+ = \frac{R_{e24}}{R_{e24} + R_6} U_o$$

故同相端输入电压增益为

$$A_{uf(+)} = \frac{U_o}{U_+} = 1 + \frac{R_6}{R_{e24}} \tag{8.4.2}$$

若信号从反相端输入，同相端接地，则

$$\frac{U_-}{R_{e24}} = -\frac{U_o}{R_6}$$

故反相端输入电压增益为

$$A_{uf(-)} = \frac{U_o}{U_-} = -\frac{R_6}{R_{e24}} \tag{8.4.3}$$

由式（8.4.1）可知，当 1 和 8 引脚之间断路时，$R_{e24} = R_4 + R_5 = 1.5\text{k}\Omega$，$A_{uf} \approx 10$；当 1 和 8 引脚之间接 $10\mu\text{F}$ 电容时，$R_{e24} = R_4 = 0.15\text{k}\Omega$，$A_{uf} \approx 100$；当 1 和 8 引脚之间接 $10\mu\text{F}$ 电容和 $1.2\text{k}\Omega$ 电阻串联电路时，$R_{e24} = 0.15\text{k}\Omega + 1.35\text{k}\Omega /\!/ 1.2\text{k}\Omega \approx 0.79\text{k}\Omega$，$A_{uf} \approx 19$。

LM386 应用于调幅收音机的典型电路如图 8.4.3 所示。

2. 大功率混合功放 SHM1150 II

SHM1150 II 是由双极型晶体管与 VMOS（Vertical MOS）管混合组成的音频集成功率放大器，其允许电源电压为 $\pm 12 \sim \pm 50\text{V}$，电路的最大输出功率可达 150W，使用十分方便。

图 8.4.4a 为 SHM1150 II 的内部电路，由图可见，它由输入级、驱动级和输出级三部分构成。输入级为 V_1、V_2 管组成的双端输出、带恒流源的双极型晶体管差动放大电路。驱动级为 V_4、V_5 组成的单端输出的差动放大电路，恒流源 I_2 为其有源负载，以提高该级的电压

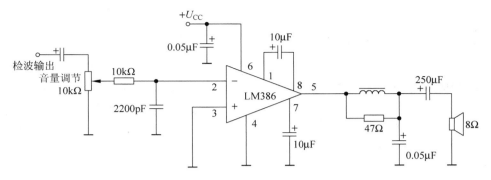

图 8.4.3　LM386 的典型应用接线图

增益。输出级为准互补推挽甲乙类功率放大电路，其中 V_7、V_9 管组成等效 NPN 管，V_8、V_{10} 管组成等效 PNP 管，V_6 和电阻 R_9、R_{10} 组成 U_{BE} 倍增电路，为 V_7、V_8 管提供静态偏置，以克服交越失真问题，由于最后一级采用 VMOS 功率管，整个电路的输出功率大大增强。

　　电路中 C 为相位补偿电容以消除自激。电阻 R_4、R_2 引入了级间交、直流电压串联负反馈，实现稳定电路的静态工作点和改善放大器的交流性能的作用。图 8.4.4a 中闭环电压增益为 $A_{uf} \approx 1 + \dfrac{R_4}{R_2}$。

　　图 8.4.4b 为 SHM1150 Ⅱ 的外部接线图，不用外接其他元件，使用非常方便。

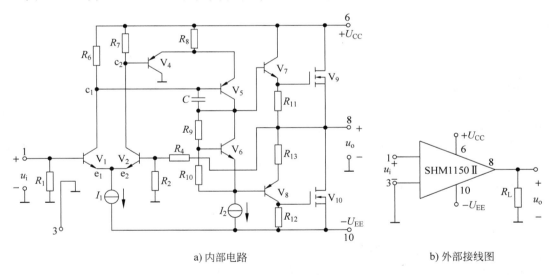

a) 内部电路　　　　　　　　　　　b) 外部接线图

图 8.4.4　SHM1150 Ⅱ 集成功率放大器

8.5　功率器件

8.5.1　双极型大功率晶体管

　　由于功率管经常工作在大电流、高电压状态，为保证其正常工作，必须注意正确使用并采取必要的保护措施。以下就两个问题加以说明：散热与最大功耗的关系，二次击穿现象与安全工作区。

1. 散热与最大功耗 P_{CM} 的关系

功率管在工作过程中，由于集电极消耗功率 P_C，所以晶体管的温度（主要是集电结）升高。如果晶体管的温度超过其最大结温 T_{jM}（锗管为 $75 \sim 100℃$，硅管为 $150 \sim 200℃$），晶体管将因过热而损坏。晶体管的最大允许功率 P_{CM} 就是受管子的最大结温 T_{jM} 限制的极限参数。在某一确定的集电极消耗功率和环境温度下，如果改善晶体管的散热能力，使产生的热能很快地散发，则集电结的温度就升得小些。换句话说，如果使结温达到极限值 T_{jM}，则允许的 P_{CM} 大。

（1）衡量散热能力的参数——热阻 R_T

热在物体中传导所受到的阻力称为**热阻**，用符号 R_T 表示。当集电结消耗功率时，集电结的结温上升，产生的热能将由管芯传到周围环境中去，结温 T_j 和环境温度 T_e 之差 ΔT_j 与集电极功耗 P_C 成正比，比例系数 R_{Te} 就称为热阻，即

$$\Delta T_j = T_j - T_e = R_{Te} P_C \tag{8.5.1}$$

热阻的单位为 $℃/W$（小功率管常用 $℃/mW$），表示每消耗 $1W$ 的功率集电结温度上升的度数。热阻越大，表示同样的功耗引起的结温增量就越大。

热阻 R_{Te} 一定时，P_C 越大，结温越高，当 P_C 增大到 P_{CM} 时，结温达到最大允许值 T_{jM}，即

$$\Delta T_{jM} = T_{jM} - T_e = R_{Te} P_{CM} \tag{8.5.2}$$

所以

$$P_{CM} = \frac{T_{jM} - T_e}{R_{Te}} \tag{8.5.3}$$

由式（8.5.3）可知，晶体管的集电极最大允许功耗 P_{CM} 与晶体管的热阻 R_{Te} 成反比，热阻越小，即散热条件越好，则 P_{CM} 越大。热阻 R_{Te} 一定时，环境温度 T_e 越高，允许的功耗 P_{CM} 越小。

例如，某 BJT 的 $R_{Te} = 70℃/W$，最高结温 $T_{jM} = 90℃$。若环境温度 $T_e = 20℃$，根据式（8.5.3）可得到晶体管的最大功耗 $P_{CM} = (90 - 20)/70W = 1W$；若改善晶体管的散热条件，使 R_{Te} 减小到 $5℃/W$，则 P_{CM} 可达 $14W$。

由式（8.5.1）可知，热传导方程与表示电流传导的方程 $\Delta U = U_2 - U_1 = RI$ 类似，温度差 ΔT_j 对应于电位差 ΔU，传输的热功率 P_C 对应于电流 I，热阻 R_{Te} 对应于电阻 R，热传导的路径即热路对应于电路。综上所述，可得热传导的等效模型如图 8.5.1 所示。

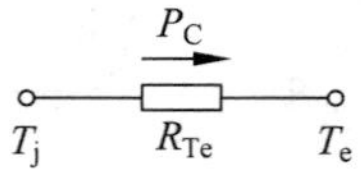

图 8.5.1　热传导的等效模型

（2）热阻的计算

在晶体管中，集电极功耗 P_C 是热能的来源，称为**热源**。热源使结温 T_j 上升，于是就与周围环境产生了温度差，形成热传递过程。集电结首先将热能散发给管壳，使管壳温度 T_C 上升，管壳再将热能向周围空间散发。从集电结到管壳的热阻用 R_{TjC} 表示，从管壳到空间的热阻用 R_{TCe} 表示，由于管壳表面积较小，散热条件差，热阻 R_{TCe} 较大。为提高管壳的散热能力，需增大管壳的表面积，在实际应用中，常通过加装散热板的方式来实现，图 8.5.2 给出一种铝型材料散热板的示意图。这样，管壳到空间的热阻主要由两部分构成，即管壳到散热

板的接触热阻 R_{TCr} 和散热板到空间的热阻 R_{Tre}，其传导过程的等效模型如图 8.5.3 所示。图 8.5.3 中的 R_{TjC} 一般可在手册中查到，R_{TCr} 与管壳和散热板之间的接触面积、紧固程度等有关，R_{Tre} 与散热板的表面积、材料、形状及放置位置等有关。

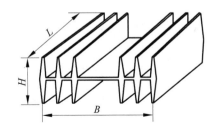

图 8.5.2 铝型材料散热板示意图

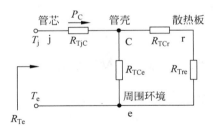

图 8.5.3 晶体管散热过程的等效模型

由于 $R_{TCr} + R_{Tre} \ll R_{TCe}$，因此总热阻 R_{Te} 为

$$R_{Te} \approx R_{TjC} + R_{TCr} + R_{Tre} \qquad (8.5.4)$$

2. 二次击穿现象与安全工作区

在实际应用中，为保证功率管安全工作，除应满足晶体管的三个极限参数 P_{CM}、I_{CM} 和 $U_{(BR)CEO}$ 外，还应避免发生**二次击穿**现象。

二次击穿是相对一次击穿来讲的。当晶体管 C、E 极间所加的反向电压逐渐增大时，晶体管首先出现一次击穿，i_C 急剧增大，如图 8.5.4a 中 AB 段所示，这种击穿由雪崩击穿引起，只要外电路对电流加以限制，使功耗不超过 P_{CM}，管子就不会损坏。若将 u_{CE} 减小，管子又可恢复正常工作，所以，一次击穿是可逆的。发生一次击穿后，若不对电流加以限制，让 i_C 继续增大，达到一个临界点(图 8.5.4a 中 B 点)，那么，晶体管的工作点将以毫秒甚至微秒量级的较快速度从 B 点移到 CD 段，出现电流 i_C 突增而管压降 u_{CE} 却急剧减小的所谓二次击穿现象。晶体管经过二次击穿后，管子本身不发烫，但性能将显著下降，甚至造成永久性的损坏，因此二次击穿是不可逆的。

二次击穿的临界点与基极电路 i_B 大小有关。通常将对应于不同基极电流的二次击穿临界点连接起来，得到二次击穿临界线，如图 8.5.4b 所示。

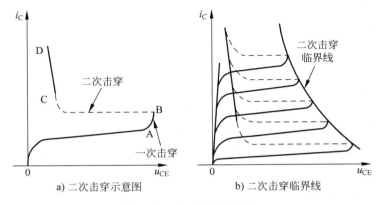

a) 二次击穿示意图   b) 二次击穿临界线

图 8.5.4 二次击穿现象

综上所述，为保证功率 BJT 安全工作，应考虑 P_{CM}、I_{CM}、$U_{(BR)CEO}$ 和二次击穿四个方面的因素，其安全工作区如图 8.5.5 所示。

为避免二次击穿，设计电路时应使管子工作在安全区以内，并留有较大的余量。使用时应尽量避免产生过压和过流的可能性，如不要将负载开路或短路，不要突然加强信号等。电路中还可采取适当的保护措施，如在功率管的 C、E 极间并联稳压管，以吸收瞬时的过电压。

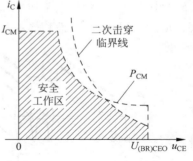

图 8.5.5　功率 BJT 的安全工作区

8.5.2　功率 MOS 器件

前面介绍的场效应晶体管，包括 JFET 和 MOSFET，都是横向结构，即源极和漏极横排在 N（或 P）型半导体的同一平面上，I_{DS} 的流动是横向的，这类 FET 的缺点是电流不超过几百毫安，原因是要把相当大的热能从很小的表面区域散发很困难，所以横向 FET 都是小功率管。

为适应大功率输出，提出了多种大功率 MOSFET 结构，其中较突出的代表是 VMOS（Vertical MOS）管和 VDMOS（Vertical Double-diffused MOS）管。

1. VMOS

N 沟道 VMOS 管的剖面示意图如图 8.5.6 所示，它是在硅 N^+ 衬底上生长外延层 N^-，在外延层上掺杂形成 P 型层，然后掺杂形成 N^+ 型源区。利用光刻的方法沿垂直方向刻出 V 形槽，在整个表面生成一层氧化层（二氧化硅），并在 V 形槽的氧化层表面覆盖一层金属铝，形成栅极，N^+ 衬底作漏极，N^+ 区和 P 区之间用金属短接，作为源极。

当栅极加的正偏压超过开启电压后，在 P 型区靠近 V 形槽氧化层的表面形成反型层作为纵向导电沟道。在正的漏源电压作用下，源区的自由电子沿导电沟道流向 N^- 外延层，再通过 N^+ 衬底到达漏极，形成漏极电流。可见，VMOS 管的电流不是沿着表面横向流动，而是沿垂直表面纵向运动。VMOS 管漏区在硅片的底部，因此漏区面积大，相应的散热面积也大，沟道长度可以做得比较短，且对应每个 V 形槽有两条沟道，故允许流过很大的漏极电流。因为耗尽层主要出现在轻掺杂的外延层，所以 VMOS 管能承受的漏源电压很高。

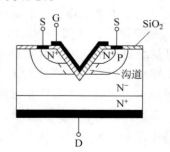

图 8.5.6　N 沟道 VMOS 管剖面图

与 BJT 管相比，VMOS 管具有以下优点。

1）输入阻抗高，所需驱动电流小，功率增益很高。

2）漏极电流 I_D 具有负的温度特性，当器件温度上升时，电流受到限制，不会出现热击穿（功耗超过 P_{DM} 而出现的击穿现象，会造成永久性的损坏）和二次击穿，使用时比较安全。

3）没有 BJT 管的少子存储问题，加之极间电容小，所以开关速度快，高频性能好。

2. VDMOS

VMOS 管承受的电压和电流仍不够大，为此，在 VMOS 管的基础上加以改进，出现了 VDMOS 管。VDMOS 管是目前广泛应用的大功率 MOS 管之一，它可承受的电流高达数百安，电压高达几百伏，甚至上千伏。

VDMOS 管有 N 沟道和 P 沟道两种导电类型，它们都是由许多称为元胞的单元并联构成的。N 沟道元胞结构如图 8.5.7 所示。一个高压芯片的元胞密度可达 4000 个/cm³，因此，VDMOS 实际是一种功率集成器件。

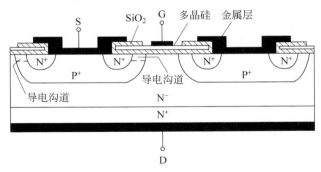

图 8.5.7 N 沟道 VDMOS 管元胞结构

在 N 沟道 VDMOS 管元胞中，底层是高掺杂的 N⁺ 型引线区，通过覆盖在其表面的金属层引出漏极，N⁺ 区上外延轻掺杂 N⁻ 区作为漏区。在外延 N⁻ 区上先掺杂形成 P⁺ 区，作为衬底，然后掺杂形成 N⁺ 型源区，并在 P⁺ 区和 N⁺ 区表面覆盖金属层形成源极 S。栅极 G 是由多晶硅制成的，多晶硅与基片间隔着 SiO₂ 薄层，以便与其他两个电极隔离。

N 沟道增强型 VDMOS 管的符号如图 8.5.8 所示。图 8.5.8a 中 D 和 S 间的 NPN 三极管的基极和发射极被源极金属层短接，在图 8.5.8b 中画成二极管的形式。

当栅极加的正偏压超过开启电压后，在 P⁺ 型区靠近 SiO₂ 氧化层的表面形成反型层作为导电沟道。在正的漏源电压作用下，源区的自由电子沿导电沟道流向 N⁻ 外延层，而后通过 N⁺ 衬底到达漏极，形成漏极电流。

在可变电阻区时呈现的导通电阻大是 VDMOS 管的缺点，而且其值随漏源击穿电压增高而迅速增大，从而限制了 VDMOS 管在高压下的应用。为克服此缺点，开发了绝缘栅 – 双极型功率管（Insulated Gate Bipolar Transistor，IGBT）。

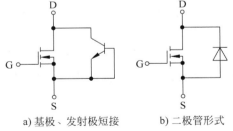

a) 基极、发射极短接　　b) 二极管形式

图 8.5.8　N 沟道增强型 VDMOS 管符号

8.5.3　绝缘栅 – 双极型功率管及功率模块

1. IGBT

在 VDMOS 管的高掺杂 N⁺ 引线区与金属层间插入一层高掺杂的 P⁺ 区，便形成了 IGBT，如图 8.5.9a 所示。新增的 P⁺ 区与作为 MOS 管衬底的 P⁺ 区之间夹着 N 区（包括 N⁺ 引线区和 N⁻ 外延区），形成两个 PN 结，构成 PNP 型晶体三极管，故 IGBT 由 MOS 管和 BJT 组合而成，其等效电路、电路符号分别如图 8.5.9b、c 所示。它综合了 MOS 管输入阻抗大、驱动电流小和双极型管导通电阻小、电压高、电流大的优点。当 MOS 管栅压大于开启电压后，出现漏极电流。该电流就是双极型晶体管的基极电流，从而使 BJT 导通，且趋向饱和（管压降很低）。当 MOS 管栅压减小使沟道消失时，漏极电流为 0，BJT 的基极电流为 0，IGBT 截止。

IGBT 具有许多优点，但由于存在 BJT 管的少子存储等问题，因此 IGBT 的工作频率不太高，一般小于 50kHz。

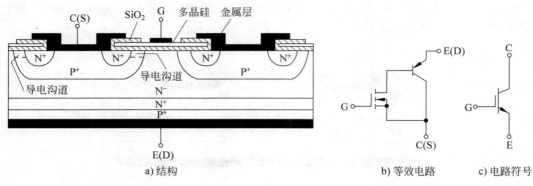

a) 结构　　　　　　　　　　b) 等效电路　　c) 电路符号

图 8.5.9　IGBT

2. 功率模块

功率模块是指由若干 BJT、MOSFET 或 BiFET 组合而成的功率器件，它具有大电流、高电压、低功耗的突出特点，已广泛应用于不间断电源(UPS)、电机驱动、大功率开关、换能器等。

功率模块包括 BJT 达林顿模块、功率 MOSFET 模块和 BiFET 组件等。前述的 VDMOS 管和 IGBT 就是功率模块。

图 8.5.10a 给出一种高速大功率 CMOS 器件 TC4420 的 DIP 封装引脚图，图 8.5.10b 为其内部结构，其电源电压范围宽(4.5~18V)，脉冲峰值电流高达 6A，开关速度高达 25ns，输入端可接收 TTL 电平，具有低输出阻抗(2.5Ω)，而且能带动大电容负载(C_L 可达 10000pF)，使用十分方便，可应用于开关电源、电机控制、脉冲变压器驱动、丁类功率放大器等。图 8.5.10c 是由两块 TC4420 组成的桥式电路，可驱动电机正、反向转动。当输入为 0V 时，TC4420(1)输出低电平 0V，TC4420(2)输出高电平 U_{DD}，流过电机的电流为 i_2；反之，当输入为高电平(如 5V)时，流过电机的电流为 i_1，使电机做相反方向的转动。

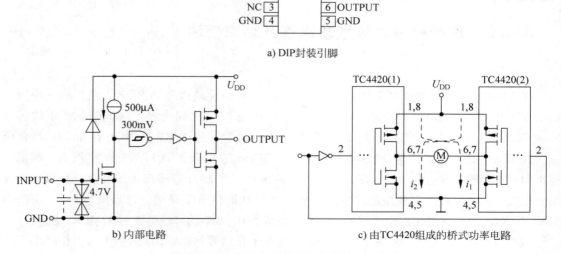

a) DIP封装引脚

b) 内部电路　　　　　　　　c) 由TC4420组成的桥式功率电路

图 8.5.10　高速大功率 CMOS 器件 TC4420

8.5.4 功率管的保护

为保证功率管正常运行，在设计阶段除了考虑功率管的极限参数限制之外，还应设计适当的保护电路，并在应用过程中尽量避免产生过压和过流的可能性，如不要将负载开路或短路，不要突然加强信号等。以下介绍两种常见的保护电路。

1）在 BJT 的输入端、输出端并接保护二极管或稳压管。电路如图 8.5.11 所示，二极管 VD_1 并在输入端，当输入负电压的幅度超过二极管的导通电压 $U_{D(on)}$ 时，VD_1 导通，可防止因负向电压过高而击穿功率管 V 的发射结。稳压管 VZ_1、VZ_2 并在功率管 V 的 C、E 极间，可吸收 u_{CE} 的瞬时过电压，在正常工作状态下，VZ_1、VZ_2 截止，不起作用。

2）在 MOSFET 的栅极加限流、限压电阻和保护二极管或稳压管。电路如图 8.5.12 所示，VZ_1、VZ_2 在电路正常工作时不导通，当出现一些特殊情况，如负载短路时，功率管 V_2 栅、源间电压会升高，只要达到 $U_{D(on)} + U_Z$，VZ_1、VZ_2 支路就导通，从而限制 V_2 栅、源间的最高电压，VZ_3、VZ_4 的作用与 VZ_1、VZ_2 相似。电阻 R_2、R_3 分别串接在功率管 V_2、V_3 的栅极，一旦栅、源击穿，将起到限流、限压的作用。

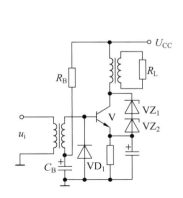

图 8.5.11 功率 BJT 的保护电路

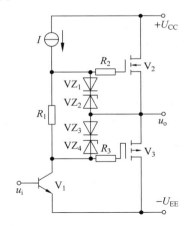

图 8.5.12 功率 MOSFET 的保护电路

思考题

1. 小信号放大电路与功率放大电路有何区别？
2. 根据功放管在一个输入信号周期内导通情况的不同，放大电路的工作状态可分为几种类型？
3. 理想情况下，甲类功率放大电路和互补推挽乙类功率放大电路的能量转换效率最大值分别是多少？
4. 若使甲类功率放大电路和互补推挽乙类功率放大电路中功率管的管耗达到最大值，则输入信号需分别满足什么条件？
5. 互补推挽乙类功率放大电路中如何改善交越失真现象？
6. 在设计双极型晶体管构成的功率放大电路时，需重点考虑功率管的哪三个参数？
7. 什么是热阻？功率管为什么要加散热片？
8. 与功率 BJT 相比，VMOS 有何突出优点？

习题

8.1 设 2AX81 的 $I_{CM} = 200\text{mA}$，$P_{CM} = 200\text{mW}$，$U_{(BR)CEO} = 15\text{V}$；3AD6 的 $P_{CM} = 10\text{W}$（加散热板），$I_{CM} = 2\text{A}$，$U_{(BR)CEO} = 24\text{V}$。求它们在变压器耦合单管甲类功放中的最佳交流负载电阻值。

8.2 题 8.2 图为理想互补推挽乙类功放电路，设 $U_{CC} = 15\text{V}$，$U_{EE} = 15\text{V}$，$R_L = 4\Omega$，$U_{CE(sat)} = 0$，输入为正弦信号。试求：

(1) 输出信号的最大功率。

(2) 输出最大信号功率时电源的功率、集电极功耗（单管）和效率。

(3) 每个晶体管的最大耗散功率 P_{Tm} 以及此条件下的效率。

8.3 电路如题 8.2 图所示，设 $U_{CC} = 12\text{V}$，$U_{EE} = 12\text{V}$，R_L 为 8Ω 的扬声器，输入充分激励时可得最大不失真的输出功率。

(1) 计算 P_{om}。

(2) 若再并上一个 8Ω 的扬声器，则输出功率有什么变化？

(3) 在电源电压不变的条件下，能否使每个扬声器发出和原来一样大小的声音？

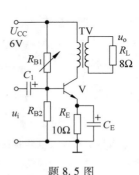

题 8.2 图

8.4 互补推挽功放电路如题 8.4 图所示，其中负载电流 $i_L = 0.45\cos(\omega t)$（A），如忽略 R_6 和 R_7 的影响，试求：

(1) 负载上获得的功率 P_o。

(2) 电源供给的平均功率 P_E。

(3) 每管的管耗 P_T。

(4) 每管的最大管耗 P_{Tm}。

(5) 放大器效率 η。

8.5 单管甲类功放电路如题 8.5 图所示，输出变压器的匝比 $n = 3$，其一次直流电阻 $r_1 = 10\Omega$，二次直流电阻 $r_2 = 1\Omega$，采用 3AX61 管（参数为 $I_{CM} = 500\text{mA}$，$P_{CM} = 500\text{mW}$，$U_{(BR)CEO} = 30\text{V}$，$\beta = 80$），忽略 $U_{CE(sat)}$。调节上偏电阻 R_{B1} 可使 R_L 获得的最大不失真输出功率为多少？

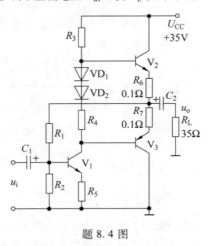

题 8.4 图   题 8.5 图

8.6 变压器耦合单管甲类功放电路如题 8.5 图所示，设 $U_{CC} = 12\text{V}$，$U_{CQ} = 12\text{V}$，$I_{CQ} = 0.5\text{mA}$，电路的最大输出功率 $P_{om} = \dfrac{1}{2}U_{CC}I_{CQ}$（理想情况）。

(1) 若把电源电压 U_{CC} 提高一倍，而保持工作点和其他条件不变，则输出功率如何变化？

(2) 若提高 I_{CQ}，其他条件不变，则输出功率又如何变化？

8.7 电路如题 8.7 图所示，试问：

（1）静态时，A点电位等于多少？电容器 C_2 两端电压为多少？调整哪个电阻才能达到上述要求？

（2）若 V_1 和 V_2 的 $I_{CM} = 200\text{mA}$，$P_{CM} = 200\text{mW}$，$U_{(BR)CEO} = 24\text{V}$，晶体管的饱和压降为 0.5V，则电路的最大输出功率为多少？

（3）若晶体管的 $\beta = 50$，当二极管开路时将产生什么后果？

（4）动态时，若输出电压波形出现交越失真，应调整哪个电阻？如何调整？

8.8 功放电路如题 8.8 图所示。

（1）指出电路中的反馈通路，并判断反馈组态。

（2）估算电路在深度负反馈时的闭环电压增益。

（3）设晶体管的饱和压降为 0.5V，电路的最大输出功率为多少？晶体管的参数 I_{CM}、P_{CM} 和 $U_{(BR)CEO}$ 如何选取？

（4）若要求输出电压 $U_{om} = 8\text{V}$，则输入信号 U_{im} 为多少？

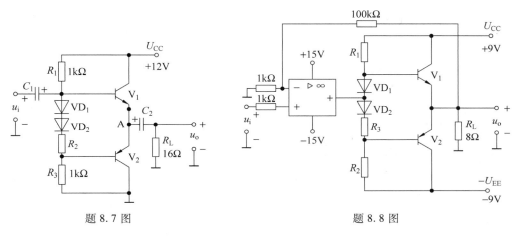

题 8.7 图   题 8.8 图

8.9 对于题 8.9 图所示三种甲类功放的输出电路，晶体管和 U_{CC} 相同，饱和压降和穿透电流均为 0，图 c 中的变压器效率为 1。三种电路中哪种电路的输出功率最大？哪种电路的效率最低？（C_1、C、C_2 为耦合电容，设输入激励充分。）

8.10 OCL 功放电路如题 8.10 图所示，输入电压为正弦波信号。当输入信号幅度达到最大时，V_3、V_4 管的最小压降 $u_{CE(min)} = 2\text{V}$。

（1）求 V_3、V_4 管承受的最大电压 $u_{CE(max)}$。

（2）求 V_3、V_4 管流过的最大集电极电流 $i_{C(max)}$。

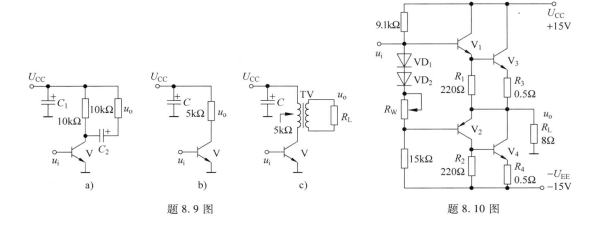

a)   b)   c)

题 8.9 图   题 8.10 图

（3）求 V_3、V_4 每个管子的最大管耗 P_{Tm}。

（4）若 R_3、R_4 上的电压及 V_3、V_4 的最小管压降 $u_{CE(min)}$ 忽略不计，则 V_3、V_4 管的参数 I_{CM}、P_{CM} 和 $U_{(BR)CEO}$ 应如何选择？

8.11 OTL 和 OCL 功放电路效率都较高，但电源的利用率较低，当电源电压分别为 U_{CC} 和 $\pm U_{CC}$ 时，负载上获得的最大电压分别为 $U_{CC}/2$ 和 U_{CC}。若采用由两组互补推挽电路组成桥式推挽电路（Balanced TransformerLess，BTL），则负载上得到的最大电压可增大一倍。题 8.11 图所示为单电源 BTL 电路，$V_1 \sim V_4$ 特性相同，静态时，$u_A = u_B = U_{CC}/2$，$u_o = 0$。动态时，外加信号 u_1 和 u_2 极性相反。试证明：在理想情况下（$U_{CE(sat)} = 0$），u_o 的峰值电压可达 U_{CC}，输出最大功率为 $0.5U_{CC}^2/R_L$。

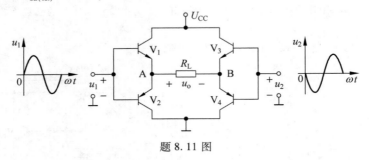

题 8.11 图

8.12 OCL 功放电路如题 8.12 图所示，分析电路回答下列问题。

（1）V_4、R_4、R_5 在电路中起什么作用？

（2）若要稳定电路的输出电压，应引入何种组态的负反馈？试在图上画出反馈支路。

（3）若要求电路输入信号幅度 $U_{im} = 140\text{mV}$ 时，负载 R_L 获得最大不失真输出功率，则反馈支路中的元件应如何取值？设管子的饱和压降 $U_{CE(sat)} = 1\text{V}$。

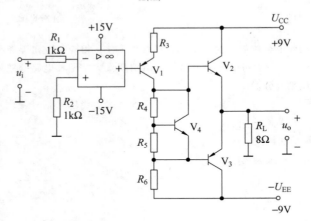

题 8.12 图

第 9 章

直流稳压电源

9.1　直流电源的组成

电子电路工作时都需要直流电源提供能量，能供给直流电源的设备很多，如电池、直流发电机、交流适配器等。干电池、锂离子电池等各类电池因使用费用高，一般只用于低功耗便携式的电子设备中。本章讨论如何把市电交流电源变换为直流稳压电源，其一般方框图如图 9.1.1 所示，由如下 4 部分组成。

- 变压器：将电网电压(220V、50Hz)变换为所需的低压交流电压。
- 整流电路：将工频交流电转换为脉动直流电。
- 滤波电路：将脉动直流电转换为幅度有波动的直流电。
- 稳压电路：采用负反馈技术，对滤波后的直流电压进一步稳定。

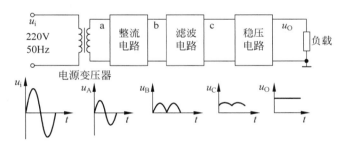

图 9.1.1　直流稳压电源方框图

整流电路一般利用半导体器件的单向导电特性，把交变的电流变成单向、脉动的电流，再通过滤波电路使波形平滑，此时形成的电压可应用于对电压幅度稳定性要求不高的场合，如收音机。若市电电压波动较大、负载电流变化较大等因素导致输出直流电压幅度变化较大而使设备无法正常工作，或电子设备本身对直流电压的幅度稳定性要求较高，则在滤波电路后面需加接稳压电路。

稳压电路的作用是向负载提供一个稳定的直流电压，该电压不随市电电网电压、负载以及环境温度的变化而变化。20 世纪 60 年代末出现了双极型集成稳压器，如三端固定式集成稳压器 7800 系列，它将整个稳压电路集成在一个半导体基片上。这类稳压器中的调整管工作在线性放大区，所以也称为线性集成稳压器。这类稳压器具有精度高、输出电压纹波小、设计容易、结构简单、噪声小等优点；它的缺点是调整管的集电极消耗大量的输入功率，造成稳压器的效率低，一般只能达到 20% ~ 40%，最高不超过 50%，而且稳压器需要较大的散热板。为解决线性集成稳压器的缺点，20 世纪 70 年代中期出现了双极型开关集成稳压器，其调整管工作在开关状态，功耗小，提高了效率，可达 70% ~ 95%，所需散热板也相应减小。开关稳压器的缺点是调整元件的控制电路比较复杂，输出电压的纹波大。

大规模和超大规模集成电路的问世，要求直流电源的体积越来越小、输出电流容量越来越大。为适应这些要求，又研制出了无电源变压器的开关直流电源。它是一种从市电交流电网直接整流，以高频变压器取代电源变压器，采用脉冲调制技术的开关稳压电源。因为它去除了笨重、耗能的电源变压器，所以大大减轻了重量、缩小了体积、提高了能源利用率。

9.2 整流电路

利用二极管的单向导电性可实现整流。在小功率直流电源中，输入交流市电为单相交流电，故相应的整流电路为**单相整流电路**，它包括**单相半波**、**单相全波**、**单相桥式**和**倍压整流电路**四种形式。

整流电路的主要性能参数有以下 4 个。

(1)输出直流电压平均值 U_O

整流电路输出电压 u_O 在一个周期内的平均值，称为**输出直流电压平均值**，即

$$U_O = \frac{1}{2\pi} \int_0^{2\pi} u_O \mathrm{d}(\omega t) \tag{9.2.1}$$

(2)输出电压纹波系数 K_r

整流电路输出电压 u_O 的交流分量总有效值与平均值 U_O 之比，称为**输出电压纹波系数**，即

$$K_r = \frac{\sqrt{\sum_{n=1}^{\infty} U_{on}^2}}{U_O} \tag{9.2.2}$$

(3)整流二极管正向平均电流 I_D

I_D 指一个周期内通过整流二极管的平均电流。实际应用时，该值应小于二极管的极限参数——最大整流电流 I_F。

(4)最大反向峰值电压 U_{Rm}

U_{Rm} 指整流二极管截止时所承受的最大反向电压。实际应用时，该值应小于二极管的极限参数——最大反向工作电压 U_{RM}。

在分析整流电路工作原理时，由于输入、输出电压的幅值通常都远远大于二极管的正向导通压降 $U_{D(on)}$，二极管的交流电阻与电路中的其他电阻相比也可忽略不计，因此整流电路中的二极管均视作理想二极管。

9.2.1 单相半波整流电路

单相半波整流电路如图 9.2.1a 所示，波形图如图 9.2.1b 所示。

根据图 9.2.1b 可知，一个工频周期内，只在正半周期间二极管导通，在负载上得到的输出电压是半个正弦波。负载上输出直流电压平均值为

$$U_O = \frac{1}{2\pi} \int_0^{\pi} \sqrt{2} U_2 \sin\omega t \mathrm{d}(\omega t) = \frac{\sqrt{2}}{\pi} U_2 = 0.45 U_2 \tag{9.2.3}$$

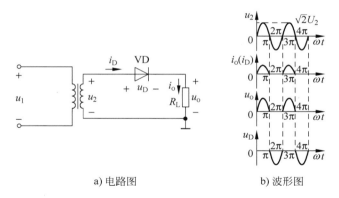

a) 电路图　　　　　　　　b) 波形图

图 9.2.1　单相半波整流电路

其中，U_2 为输入电压 u_2 的有效值。流过负载和二极管的平均电流为

$$I_D = I_o = \frac{\sqrt{2}\,U_2}{\pi R_L} = \frac{0.45 U_2}{R_L} \tag{9.2.4}$$

二极管所承受的最大反向电压为

$$U_{Rm} = \sqrt{2}\,U_2 \tag{9.2.5}$$

9.2.2　单相全波整流电路

单相全波整流电路如图 9.2.2a 所示，波形图如图 9.2.2b 所示。

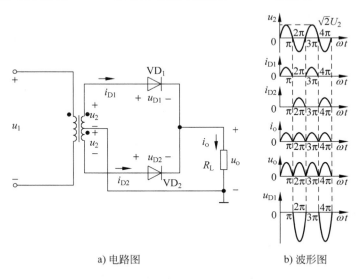

a) 电路图　　　　　　　　b) 波形图

图 9.2.2　单相全波整流电路

根据图 9.2.2b 可知，一个工频周期内，正半周期间二极管 VD_1 导通、VD_2 截止，负半周期间二极管 VD_2 导通、VD_1 截止。正、负半周期间均有电流流过负载 R_L，而且流过 R_L 的电流方向是一致的，在 R_L 上得到的输出电压是输入电压 u_2 的绝对值，其平均值为

$$U_o = \frac{1}{\pi}\int_0^{\pi}\sqrt{2}\,U_2\sin\omega t\,\mathrm{d}(\omega t) = \frac{2\sqrt{2}}{\pi}U_2 = 0.9 U_2 \tag{9.2.6}$$

与单相半波整流电路相比，其输出电压中的直流成分提高，脉冲成分降低。

流过负载的平均电流为

$$I_\text{o} = \frac{2\sqrt{2}\,U_2}{\pi R_\text{L}} = \frac{0.9 U_2}{R_\text{L}} \tag{9.2.7}$$

流过每个二极管的平均电流为

$$I_\text{D1} = I_\text{D2} = \frac{0.45 U_2}{R_\text{L}} = \frac{I_\text{o}}{2} \tag{9.2.8}$$

每个二极管所承受的最大反向电压

$$U_\text{Rm} = 2\sqrt{2}\,U_2 \tag{9.2.9}$$

9.2.3 单相桥式整流电路

单相桥式整流电路如图 9.2.3a 所示。根据图 9.2.3a 可知，在 u_2 正半周，二极管 VD$_1$、VD$_3$ 导通，VD$_2$、VD$_4$ 截止，在负载 R_L 上得到 u_2 的正半周；在 u_2 负半周，二极管 VD$_2$、VD$_4$ 导通，VD$_1$、VD$_3$ 截止，在负载 R_L 上得到 u_2 的负半周。在 R_L 上正、负半周经过合成，得到的是同一个方向的单向脉动电压，如图 9.2.3b 所示，可见，该电路的输出波形与单相全波整流电路的输出波形相似。

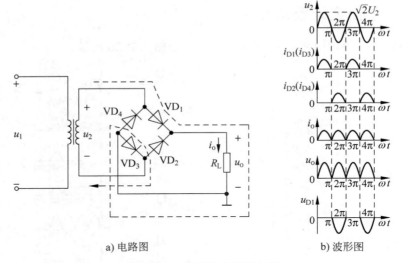

a) 电路图   b) 波形图

图 9.2.3 单相桥式整流电路

输出直流电压平均值为

$$U_\text{o} = \frac{1}{\pi}\int_0^\pi \sqrt{2}\,U_2 \sin\omega t\,\mathrm{d}(\omega t) = \frac{2\sqrt{2}}{\pi} U_2 = 0.9 U_2 \tag{9.2.10}$$

流过负载的平均电流为

$$I_\text{o} = \frac{2\sqrt{2}\,U_2}{\pi R_\text{L}} = \frac{0.9 U_2}{R_\text{L}} \tag{9.2.11}$$

流过二极管的平均电流为

$$I_\text{D1} = I_\text{D2} = \frac{0.45 U_2}{R_\text{L}} = \frac{I_\text{o}}{2} \tag{9.2.12}$$

二极管所承受的最大反向电压为

$$U_{\text{Rm}} = \sqrt{2}\,U_2 \qquad (9.2.13)$$

流过负载的脉动电压中包含有直流分量和交流分量，对脉动电压做傅里叶分析，可得到

$$u_{\text{O}} = \sqrt{2}\,U_2\left(\frac{2}{\pi} + \frac{4}{3\pi}\cos2\omega t - \frac{4}{15\pi}\cos4\omega t + \frac{4}{35\pi}\cos6\omega t\cdots\right) \qquad (9.2.14)$$

其中，ω 为电源电压角频率（采用市电电网供电时，$\omega = 2\pi \times 50\text{rad/s}$）。

由式（9.2.14）可知，输出电压中只包含 2、4、6…偶次谐波分量，这些交流分量总称为**纹波** U_{or}，即

$$U_{\text{or}} = \sqrt{U_{\text{o2}}^2 + U_{\text{o4}}^2 + U_{\text{o6}}^2 + \cdots} = \sqrt{U_2^2 - U_{\text{O}}^2} \qquad (9.2.15)$$

根据式（9.2.2）、式（9.2.10）和式（9.2.15）可得输出电压纹波系数 K_{r} 为

$$K_{\text{r}} = \frac{U_{\text{or}}}{U_{\text{O}}} \approx 0.48 \qquad (9.2.16)$$

单相桥式整流电路的变压器二次侧只有交流电流流过，而单相半波和单相全波整流电路中均有直流分量流过，所以单相桥式整流电路的变压器效率较高，在同样功率容量条件下，体积可以小一些。与单相全波整流电路相比，单相桥式整流电路中每个二极管承受的最大反向电压低。综上所述，单相桥式整流电路的总体性能优于单相半波和单相全波整流电路，故广泛应用于直流电源之中。

9.2.4　倍压整流电路

倍压整流电路如图 9.2.4a 所示，稳定时输出电压为 $5\sqrt{2}\,U_2$，如图 9.2.4b 所示。设所有电容器两端初始电压为零，讨论 u_2 第一个周期期间电路的工作过程，对交流市电，周期 $T_2 = 20\text{ms}$。u_2 从零开始上升，则二极管 VD_1 导通，u_2 对电容器 C_1 充电，C_1 两端电压跟随 u_2 变化；当 u_2 变化到峰值附近，C_1 两端的电压达到最大并接近峰值 U_{2m}；当 u_2 越过峰值后数值逐渐减小并进入负半周，二极管 VD_1 截止，由于二极管 VD_2 两端的电压 $u_{\text{C1}} - u_2$ 大于零，二极管 VD_2 导通，电容器 C_2 充电，同时 C_1 放电；当 u_2 变化到谷值附近，C_2 两端的电压达到最大，同时 C_1 两端的电压达到最小；当 u_2 越过谷值后数值逐渐增大，二极管 VD_2 截止，由于二极管 VD_3 两端的电压 $u_{\text{C2}} + u_2 - u_1$ 大于零，二极管 VD_3 导通，电容器 C_1、C_3 充电，同时 C_2 放电；当 u_2 恰好经过一个周期时，C_1 两端的电压大于零，即经过一个周期 T_2 的充放电，C_1 两端的剩余电压大于零。这样，经过一段时间，C_1 两端的电压达到稳定值 $U_{\text{2m}} = \sqrt{2}\,U_2$，其他电容器两端的电压达到稳定值 $2\sqrt{2}\,U_2$。由此可看出，倍压整流电路中，二极管和电容两端的电压最大值均为 $2\sqrt{2}\,U_2$。

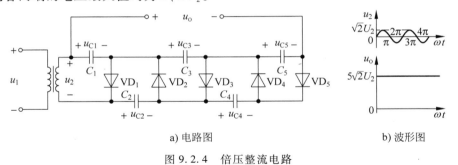

a) 电路图　　　　　　　　　　b) 波形图

图 9.2.4　倍压整流电路

若图 9.2.4a 中 u_2 取峰值为 10V、频率为 50Hz 的交流信号，二极管采用 1N4449，电容采用 0.05μF，则用 Multisim 软件（具体介绍见第 10 章）仿真的波形如图 9.2.5 所示。图 9.2.5 中的时间轴（横轴）除图 g 为 100ms/Div 外，其余为 20ms/Div，电压轴（纵轴）除图 c 为 10V/Div、图 g 为 20V/Div 外，其余为 5V/Div。

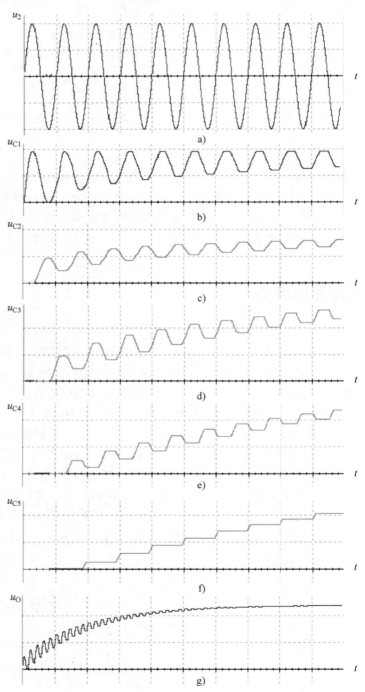

图 9.2.5 倍压整流电路 Multisim 仿真波形

由于倍压整流电路是从电容器两端输出，当 R_L 较小时，电容放电快，故输出电压降低，且脉动成分加大，故倍压整流电路只适合于输出电压高、负载电流小的场合，如市场上出售的灭蚊器，就是将市电直接经过倍压整流产生高压，以达到电击灭蚊的作用。

9.3 滤波电路

滤波电路利用电抗性元件对交、直流信号阻抗的不同，实现滤波。电容器 C 对直流开路，对交流阻抗小，所以 C 应该并联在负载两端。电感器 L 对直流阻抗小，对交流阻抗大，因此 L 应与负载串联。信号经过滤波电路后，既可保留直流分量，又可滤掉一部分交流分量，改变了交、直流成分的比例，减小了电路的纹波系数，改善了直流电压的质量。

根据滤波元件类型及电路组成，滤波电路通常分为**电容滤波电路**、**电感滤波电路**和**复合型滤波电路**。

9.3.1 电容滤波电路

现以单相全波整流电容滤波电路为例来说明。电容滤波电路如图 9.3.1 所示，在负载电阻 R_L 上并联一个滤波电容 C。考虑到二极管的正向电阻 R_D 和变压器二次绕组的直流电阻 r 数值相当，R_D 不可忽略，设输出直流电压低，二极管的导通电压 $U_{D(on)}$ 不可忽略。由于变压器两二次绕组对称，故 $u_{21} = u_{22}$，在不引起混淆的情况下，为分析方便，将两者统称为 u_2。

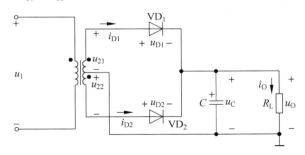

图 9.3.1 电容滤波电路

设滤波电容 C 电压初始值 $u_{C(0)} = 0$，若 u_2 处于正半周，当 u_2 大于 $U_{D(on)}$ 时，二极管 VD_1 导通，u_{21} 向负载 R_L 提供电流并给电容器 C 充电。由于二极管的正向电阻 R_D 和变压器二次绕组的直流电阻 r 均较小，故充电时间常数 $\tau_{ch} = [R_L // (R_D + r)] C \approx (R_D + r) C$ 较小，u_C 上升快。当 $\omega t = \pi/2$ 时，u_{21} 达到峰值，之后开始下降，由于电容继续充电，使 u_C 略有上升。当 $u_{21} - u_C$ 小于 $U_{D(on)}$ 时，二极管关断，电容 C 以指数规律向负载 R_L 放电，因放电时间常数 $\tau_{dch} = R_L C$ 一般较大，故电容两端的电压下降较慢。u_2 进入负半周后，当 $-u_{22} - u_C$ 大于 $U_{D(on)}$ 时，二极管 VD_2 导通，u_{22} 又给电容器 C 充电，当 $-u_{22} - u_C$ 小于 $U_{D(on)}$ 时，二极管关断，电容 C 以指数规律向负载 R_L 放电。电容器 C 如此周而复始地进行充放电，负载上得到一个近似锯齿状波动的电压，如图 9.3.2 所示，可见，电容使负载电压的波动减小。

电容滤波电路具有以下性能特点。

1）二极管的导通角 $\theta < \pi$，θ 越小，输出电压 u_0 的纹波越小，如图 9.3.2 所示。当放电

时间常数 $R_\mathrm{L}C$ 增加时，二极管关断时间加长，导通角 θ 减小；反之，当 $R_\mathrm{L}C$ 减少时，导通角 θ 增加。显然，当 R_L 很小，即输出电流 i_O 很大时，$R_\mathrm{L}C$ 较小，电容滤波的效果不好，所以电容滤波适合输出电流较小的场合。为了得到平滑的输出电压，一般取

$$R_\mathrm{L}C = (3 \sim 5)\frac{T}{2} \qquad (9.3.1)$$

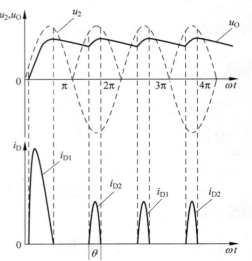

图 9.3.2　电容滤波电路波形

式中，T 为交流市电电压的周期，即 $T = 1/50\mathrm{s} = 20\mathrm{ms}$。

2）流过二极管的瞬时电流 $i_\mathrm{D1}(i_\mathrm{D2})$ 很大，在 u_O 平均值相同的情况下，u_2 有效值越大，$i_\mathrm{D1}(i_\mathrm{D2})$ 波形越尖。

3）输出电压 u_O 的平均值 $U_\mathrm{O(AV)}$ 与负载的特性有关。当无滤波电容时，由式（9.2.6）可知，$U_\mathrm{O} = \dfrac{2\sqrt{2}}{\pi}U_2 = 0.9U_2$；当接有滤波电容时，若 $R_\mathrm{L} = \infty$（即空载），则

$$U_\mathrm{O} = \sqrt{2}U_2 = 1.4U_2 \qquad (9.3.2)$$

若 $R_\mathrm{L} \neq \infty$，在整流电路的内阻不太大（几欧姆）、放电时间常数满足式（9.3.1）时，此容性负载整流电路输出电压的平均值约为

$$U_\mathrm{O} \approx 1.2U_2 \qquad (9.3.3)$$

式中，U_2 为变压器二次侧输出电压 $u_{21}(u_{22})$ 的有效值。

例 9.3.1　某电子设备要求直流电压 $U_\mathrm{O} = 30\mathrm{V}$，直流电流 $I_\mathrm{O} = 200\mathrm{mA}$，若采用单相桥式整流、电容滤波电路供电，试确定二极管的最大整流电流 I_F 和最大反向工作电压 U_RM 的要求，以及滤波电容的容量和耐压要求。

解：1）选择整流二极管。

对单相桥式整流电路，根据式（9.2.12），流过整流二极管的电流 $I_\mathrm{D} = \dfrac{I_\mathrm{O}}{2} = \dfrac{200}{2}\mathrm{mA} = 100\mathrm{mA}$，故需 $I_\mathrm{F} > I_\mathrm{D}$，可选择 $I_\mathrm{F} = (2 \sim 3)I_\mathrm{D} = 200\mathrm{mA} \sim 300\mathrm{mA}$。

在满足式（9.3.1），即 $R_\mathrm{L}C \geqslant (3 \sim 5)\dfrac{T}{2}$ 的情况下，可依据式（9.3.3），取 $U_\mathrm{O} \approx 1.2U_2$，故变压器二次侧输出电压有效值为 $U_2 \approx \dfrac{U_\mathrm{O}}{1.2} = \dfrac{30}{1.2}\mathrm{V} = 25\mathrm{V}$。根据式（9.2.13），二极管承受的最大反向电压为 $U_\mathrm{Rm} = \sqrt{2}U_2 = \sqrt{2} \times 25\mathrm{V} \approx 35\mathrm{V}$，故需 $U_\mathrm{RM} > U_\mathrm{Rm}$，可选 $U_\mathrm{RM} = 50\mathrm{V}$。

2）选择滤波电容。

根据已知条件，直流负载电阻为 $R_\mathrm{L} = \dfrac{U_\mathrm{O}}{I_\mathrm{O}} = \dfrac{30}{0.2}\Omega = 150\Omega$，根据条件 $R_\mathrm{L}C \geqslant (3 \sim 5)\dfrac{T}{2}$，取 $R_\mathrm{L}C = \dfrac{5T}{2}$，可求得 $C = \dfrac{5T}{2R_\mathrm{L}} = \dfrac{5}{2} \times \dfrac{1}{50} \times \dfrac{1}{150}\mu\mathrm{F} = 333.3\mu\mathrm{F}$。

电容的耐压应大于电容两端可能出现的最高电压（负载开路时的电压），即 $U_\mathrm{Cm} = \sqrt{2}U_2 \approx$

$1.4 \times 25\text{V} = 35\text{V}$，故可选 $C = 470\mu\text{F}$、耐压为 50V 的电解电容。

9.3.2 电感滤波电路

单相全波整流电感滤波电路如图 9.3.3 所示，电感 L 串联在负载 R_L 回路中。根据电感的特点，当输出电流发生变化时，L 中将感应出一个反电动势，阻止电流发生变化。在单相半波整流电路中，这个反电动势使二极管的导通角 $\theta > \pi$，但在单相全波整流电路中，二极管的导通角 θ 仍为 π，例如 $u_{21}(u_{22})$ 的极性由正变负，L 上产生的反电动势极性为右正左负，该电动势促使 VD_2 导通，导通后的 VD_2 可视为短路线，则 $u_{D1} = 2u_{21} < 0$，故 VD_1 截止，即 VD_1 仍只在 $u_{21}(u_{22})$ 的正半周导通，用 Multisim 软件仿真的波形如图 9.3.4 所示。

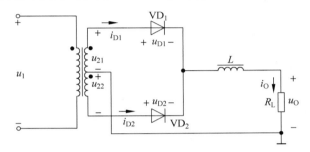

图 9.3.3　单相全波整流电感滤波电路

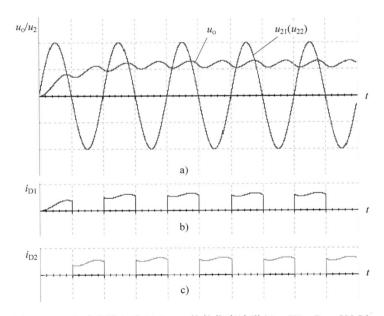

图 9.3.4　电感滤波电路 Multisim 软件仿真波形（$L = 5\text{H}$，$R_L = 500\Omega$）

由于电感的直流电阻很小、交流阻抗很大，因此直流分量经过电感后基本不变，但对于交流分量，在 $j\omega L$ 和 R_L 上分压后，大部分交流分量降落在电感上，降低了输出电压中的脉动成分。L 越大、R_L 越小，即感抗和负载阻值之比越大，滤波效果越好，而 R_L 越小，意味着输出电流越大，所以电感滤波电路适用于负载电流比较大的场合。图 9.3.4 中的 u_O 为 $L = 5\text{H}$、$R_L = 500\Omega$ 时的输出，当 $R_L = 100\Omega$ 时，输出如图 9.3.5 所示。

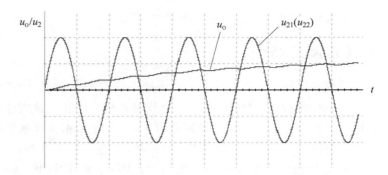

图 9.3.5　电感滤波电路 Multisim 软件仿真波形（$L = 5\mathrm{H}$，$R_\mathrm{L} = 100\Omega$）

9.3.3　复合型滤波电路

为了进一步降低输出电压 u_O 中的纹波成分，可以采用复合型滤波电路，常用的有电阻电容 Ⅱ 型滤波、电感电容 Γ 型滤波和电感电容 Ⅱ 型滤波，如图 9.3.6 所示。前两者的性能和应用场合与电容滤波电路相似，后者的性能和应用场合与电感滤波电路相似。

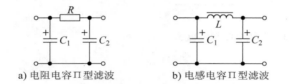

a) 电阻电容 Ⅱ 型滤波　　b) 电感电容 Ⅱ 型滤波　　c) 电感电容 Γ 型滤波

图 9.3.6　常用的复合型滤波电路

9.4　稳压电路

引起输出电压 u_O 变化的原因是负载电流 i_O 的变化和输入电压 u_I 的变化，如图 9.4.1 所示。理想的稳压电路输出电阻 $R_0 = 0$，则 u_O 与负载 R_L 无关，为了降低 R_0、稳定 u_O，高质量的稳压电路必须采用深度电压负反馈以改善电路性能。

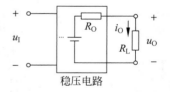

图 9.4.1　稳压电路方框图

9.4.1　稳压电路的主要参数

为了定量描述稳压电路性能的高低，需引入稳压电路的技术参数。

在工程计算中，Δu_I 和 Δi_O 引起的 Δu_O 可用式（9.4.1）近似表示。

$$\Delta u_\mathrm{O} \approx \frac{\partial u_\mathrm{O}}{\partial u_\mathrm{I}}\Delta u_\mathrm{I} + \frac{\partial u_\mathrm{O}}{\partial i_\mathrm{O}}\Delta i_\mathrm{O} = K_u \Delta u_\mathrm{I} - R_0 \Delta i_\mathrm{O} \tag{9.4.1}$$

式中，$K_u = \dfrac{\partial u_\mathrm{O}}{\partial u_\mathrm{I}}\bigg|_{i_\mathrm{O} = C}$ 称为**输入调整因数**，$R_0 = \dfrac{\partial u_\mathrm{O}}{\partial i_\mathrm{O}}\bigg|_{u_\mathrm{I} = C}$ 称为**输出电阻**。因随输出电流的增加，输出电压下降，所以 $\dfrac{\partial u_\mathrm{O}}{\partial i_\mathrm{O}}\bigg|_{u_\mathrm{I} = C}$ 为负值，而输出电阻为正值，故在输出电阻的定义式中引入负号。结合图 9.4.1，可知 $\Delta u_\mathrm{S} = K_u \Delta u_\mathrm{I}$ 为总电压变化量，$R_0 \Delta i_\mathrm{O}$ 为输出电阻的电压变化量，

$\Delta u_{\mathrm{S}} - R_{\mathrm{O}} \Delta i_{\mathrm{O}}$ 为负载电压变化量。

1. 输入调整因数 K_u

输入调整因数的含义为：当输出电流不变时，输出电压微变量与输入电压微变量之比。在工程计算中，可近似用变化量代替，即

$$K_u = \left.\frac{\partial u_{\mathrm{O}}}{\partial u_{\mathrm{I}}}\right|_{i_{\mathrm{O}} = C} \approx \left.\frac{\Delta u_{\mathrm{O}}}{\Delta u_{\mathrm{I}}}\right|_{\Delta i_{\mathrm{O}} = 0} \tag{9.4.2}$$

K_u 反映了稳压电路对输入电压不稳定的抑制能力，其值越小，抑制能力越强，输出电压的稳定性越好。如三端线性集成稳压器 LM7805，其输出电压 u_{O} 的典型值为 5V，在 $i_{\mathrm{O}} = 0.5\mathrm{A}$、调整管集电结温度 $T_{\mathrm{J}} = 25\,^{\circ}\mathrm{C}$ 条件下，输入电压 u_{I} 在 $8 \sim 12\mathrm{V}$ 间变化时，Δu_{O} 的典型值为 $1\mathrm{mV}$，则 $K_u = \Delta u_{\mathrm{O}} / \Delta u_{\mathrm{I}} = 1/4000 = 2.5 \times 10^{-4}$。

2. 输出电阻 R_{O}

当输入电压不变时，输出电压微变量与输出电流微变量之比，称为**输出电阻 R_{O}**，即

$$R_{\mathrm{O}} = \left.\frac{\partial u_{\mathrm{O}}}{\partial i_{\mathrm{O}}}\right|_{u_{\mathrm{I}} = C} \approx \left.\frac{\Delta u_{\mathrm{O}}}{\Delta i_{\mathrm{O}}}\right|_{\Delta u_{\mathrm{I}} = 0} \tag{9.4.3}$$

R_{O} 反映了负载变动时，输出电压维持稳定的能力，其值越小，u_{O} 的稳定性越好。如三端线性集成稳压器 LM7805，在输入电压 $u_{\mathrm{I}} = 10\mathrm{V}$、$T_{\mathrm{J}} = 25\,^{\circ}\mathrm{C}$ 条件下，输出电流 i_{O} 在 $250 \sim 750\mathrm{mA}$ 间变化时，Δu_{O} 的典型值为 $5\mathrm{mV}$，则 $R_{\mathrm{O}} = \Delta u_{\mathrm{O}} / \Delta i_{\mathrm{O}} = 5/500\,\Omega = 1 \times 10^{-2}\,\Omega$。

3. 纹波抑制比 S_{rip}

输入和输出电压中的脉动成分(即交流分量)统称为**纹波电压**。S_{rip} 定义为输入纹波电压峰-峰值 U_{IPP} 与输出纹波电压峰-峰值 U_{OPP} 之比的分贝数，即

$$S_{\mathrm{rip}} = 20\lg\frac{U_{\mathrm{IPP}}}{U_{\mathrm{OPP}}} \tag{9.4.4}$$

显然，S_{rip} 越大，稳压电路对纹波的抑制能力越强，u_{O} 的稳定性越好。由于 S_{rip} 是对交流信号而言，因而输入电压的纹波频率不同，S_{rip} 也有所不同。所以，测定 S_{rip} 时，要规定输入交流信号的频率。对 LM7805，其典型值为 $78\mathrm{dB}$($u_{\mathrm{I}} = 8 \sim 18\mathrm{V}$，$f = 120\mathrm{Hz}$ 条件下测定)。

其他常用的技术参数有**稳压系数** $S_{\mathrm{r}} = \left.\dfrac{\Delta u_{\mathrm{O}} / u_{\mathrm{O}}}{\Delta u_{\mathrm{I}} / u_{\mathrm{I}}}\right|_{i_{\mathrm{O}} = C} = \left.\dfrac{\Delta u_{\mathrm{O}} / u_{\mathrm{O}}}{\Delta u_{\mathrm{I}} / u_{\mathrm{I}}}\right|_{\Delta i_{\mathrm{O}} = 0}$、**电压调整率** $S_u = \left.\dfrac{\Delta u_{\mathrm{O}}}{u_{\mathrm{O}}}\right|_{\Delta i_{\mathrm{O}} = 0, \Delta u_{\mathrm{I}} = C}$、**电流调整率** $S_i = \left.\dfrac{\Delta u_{\mathrm{O}}}{u_{\mathrm{O}}}\right|_{\Delta u_{\mathrm{I}} = 0, \Delta i_{\mathrm{O}} = C}$，它们的含义与输入调整因数类似，这里不再赘述。

9.4.2　线性串联型直流稳压电路

稳压二极管直流稳压电路的缺点是工作电流较小，稳定电压值不能连续调节。线性串联型直流稳压电路工作电流较大，输出电压一般可连续调节，稳压性能优越。目前这种稳压电路已经制成单片集成电路，广泛应用在各种电子仪器和电子电路之中。线性串联型直流稳压电路的缺点是损耗较大、效率低。

1. 电路的构成

线性串联型直流稳压电路的组成可以用图 9.4.2 加以说明。

显然，$u_0 = u_I - u_R$，当 u_I 增加时，若 R 受控制而增加，使 u_R 增加，从而在一定程度上抵消了因 u_I 增加而升高输出电压的影响。当负载电流 i_0 增加时（因减小负载电阻 R_L 的阻值引起），若 R 受控制而减小，使 u_R 减小，从而在一定程度上抵消了因 i_0 增加而降低输出电压的影响。理想情况下，通过调整电阻 R 的阻值，可使输出电压保持不变。

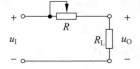

图 9.4.2　线性串联型直流稳压电路组成示意图

在实际电路中，具有调节作用的可变电阻 R 是用一个晶体三极管来实现的，当晶体管工作在放大状态下，通过控制基极电位，从而控制三极管的管压降 u_{CE}，u_{CE} 相当于 u_R。要达到自动控制的目的，电路必须能先感知输出电压的变化，然后采取相应的调节措施，即必须按电压负反馈电路的模式来构造稳压电路。由于起调整作用的晶体管工作在线性放大区，且晶体管与负载串联，故这种类型的稳压电路称为线性串联型直流稳压电路，其典型结构框图如图 9.4.3 所示，它由调整管、取样电路、基准电压源和误差放大器四个部分组成。

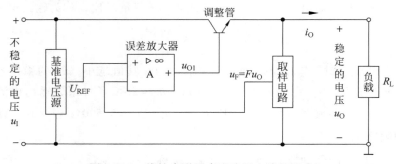

图 9.4.3　线性串联型直流稳压电路的组成

取样电路通常由一个电阻分压器组成。为使流过取样电路的电流远小于额定负载电流，取样电路的电阻值应远大于额定负载电阻 R_L。同时为了使反馈系数，也称取样系数 F 与误差放大器无关，要求取样电阻远小于误差放大器的输入电阻。

2. 工作原理

根据图 9.4.3，分两种情况进行讨论。

（1）输入电压 u_I 变化，负载 R_L 保持不变

假设输入电压 u_I 增加，画电路的直流负载线如图 9.4.4 所示，其斜率为 $-\dfrac{1}{R_L}$（因取样电路的阻值与 R_L 相比较大，忽略不计），为便于看清自动稳定过程，这里将晶体管输出特性曲线的上翘部分画得较陡直，实际曲线较平坦。当稳压电路尚未调整时，对应 $i_B = i_{B1}$ 特性曲线。因为 $\Delta u_I = \Delta u_{CE}' + \Delta u_0'$，而 $\Delta u_0' > 0$，所以使输出电压 u_0 有所增加，输出电压经过取样电路取出一部分信号 $u_F = Fu_0$ 与基准源电压 U_{REF} 比较，使误差信号 $\Delta u = U_{REF} - u_F$ 减少。误差信号经放大后输出电压 u_{O1} 下降，进而使发射结电压 $u_{BE} = u_{O1} - u_0$ 下降，对应 $i_B = i_{B2}$ 特性曲线，此时 $\Delta u_I = \Delta u_{CE} + \Delta u_0$。很明显，调整后，管压降 u_{CE} 增加，阻止了输出电压增大，将输出电压 u_0 拉回到接近变化前的数值。理想情况，$\Delta u_{CE} = \Delta u_I$，从而 $\Delta u_0 = 0$，输出电压 u_0 保持不变。

以上稳压过程可表示为

$$u_I \uparrow \rightarrow u_0 \uparrow \rightarrow u_F \uparrow \rightarrow u_{O1} \downarrow \rightarrow u_{BE} \downarrow \rightarrow u_{CE} \uparrow \rightarrow u_0 \downarrow$$

（2）负载 R_L 变化，输入电压 u_I 保持不变

假设负载 R_L 变小，画电路的直流负载线如图 9.4.5 所示，当稳压电路尚未调整时，对应

$i_B = i_{B1}$ 特性曲线。由于 $\Delta u_1 = \Delta u'_{CE} + \Delta u'_O = 0$，$\Delta u'_{CE} > 0$，因此 $\Delta u'_O < 0$，输出电压 u_O 有所下降。输出电压经过取样电路取出一部分信号 $u_F = Fu_O$ 与基准源电压 U_{REF} 比较，使误差信号 $\Delta u = U_{REF} - u_F$ 增加。误差信号经放大后输出电压 u_{O1} 增加，进而使发射结电压 $u_{BE} = u_{O1} - u_O$ 增加，对应 $i_B = i_{B2}$ 特性曲线，很明显，$\Delta u_{CE} < \Delta u'_{CE}$，调整后，管压降 u_{CE} 下降，阻止了输出电压下降，将输出电压 u_O 拉回到接近变化前的数值。理想情况，$\Delta u_{CE} = 0$，从而 $\Delta u_O = 0$，输出电压 u_O 保持不变。

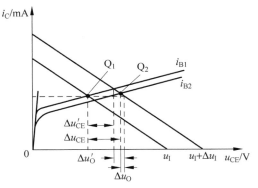

图 9.4.4 u_1 增加时 u_O 自动稳定示意图   图 9.4.5 R_L 减小时 u_O 自动稳定示意图

以上稳压过程可表示为

$$R_L \downarrow \to u_O \downarrow \to u_F \downarrow \to u_{O1} \uparrow \to u_{BE} \uparrow \to u_{CE} \downarrow \to u_O \uparrow$$

3. 输出电压的调节范围

根据图 9.4.3 可知 $u_F \approx U_{REF}$，$u_F = Fu_O$，所以

$$u_O = \frac{U_{REF}}{F} \tag{9.4.5}$$

调节取样系数 F 就可以方便地改变输出电压 u_O。

4. 调整管的选择与保护

调整管工作在放大区，负责自动调整自身的管压降 u_{CE}，使输出电压 u_O 维持恒定。为保证调整管处于放大状态，u_{CE} 不能太小，同时，负载所需求的电流 i_O 全部从调整管流过。因此，调整管的功耗较大，通常采用大功率的晶体三极管。进行电路设计时，需对调整管的主要参数进行估算，并采取必要的过压、过流、过热保护电路。

（1）集电极最大允许电流 I_{CM}

由图 9.4.3 可知，流过调整管的电流由两部分构成——负载电流 i_O 和取样电流 i_{SAM}，则应有

$$I_{CM} > I_{Om} + i_{SAM} \tag{9.4.6}$$

式中，I_{Om} 为负载电流最大值。

（2）反向击穿电压 $U_{(BR)CEO}$

稳压电路正常工作时，调整管上的压降约为几伏，一般不能小于 $3 \sim 4V$。若负载短路，则输入电压 u_1 将全部加在调整管两端，设 U_{Imax} 为 u_1 的最大值，则有

$$U_{(BR)CEO} > U_{Imax} \tag{9.4.7}$$

（3）集电极最大允许耗散功率 P_{CM}

调整管的功耗为 $P_C = U_{CE}I_C = (U_I - U_O)I_C$，则输入电压、输出电压、集电极电流分别达最大值 U_{Imax}、最小值 U_{Omin}、最大值 I_{Cm} 时，管耗达最大值 $P_{Cm} = (U_{Imax} - U_{Omin})I_{Cm}$，所以有

$$P_{CM} > (U_{Imax} - U_{Omin})I_{Cm} \tag{9.4.8}$$

（4）调整管的过流、过压保护电路

过压保护电路常同过流保护电路组合在一个电路中，如图 9.4.6 所示。图中 V_2 为调整管，保护电路由 V_1、VZ、R_1、R_2、R_3 和 R_4 组成，稳压电路正常工作时，V_1、VZ 均截止。当输出过载或短路时，先是限流电阻作用，由于 $i_C R_4$ 的增大使 V_1 管导通，对 V_2 管的基极电流进行分流，从而限制电流 i_C，而且在 V_1 管导通之后，电流 i_C 将随输出电压的下降而减小，这就是**减流型过流保护电路**。

设电路在某一额定值 I_{Cmax} 时开始工作，则有

$$(u_O + I_{Cmax}R_4)\frac{R_2}{R_2 + R_3} - u_O = U_{BE1(on)} \tag{9.4.9}$$

令 $k = \dfrac{R_2}{R_2 + R_3}$，则 V_1 管导通之后，由于输出电流 $i_C \approx \dfrac{u_O}{R_L}$，式（9.4.9）可变换为

$$k\frac{u_O}{R_L}R_4 - (1 - k)u_O = U_{BE1(on)} \tag{9.4.10}$$

由于 $U_{BE1(on)}$ 近似为常数，因此当 R_L 减小时，根据式（9.4.10），$\left[\dfrac{k}{R_L}R_4 - (1 - k)\right]u_O = U_{BE1(on)}$，$u_O$ 将下降，式（9.4.10）可变换为 $ki_C R_4 - (1 - k)u_O = U_{BE1(on)}$，故 i_C 也下降。减流型过流保护电路的输出特性如图 9.4.7 所示。

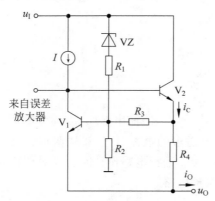

图 9.4.6　过压和过流保护组合电路

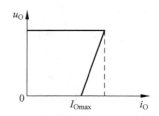

图 9.4.7　减流型过流保护电路的输出特性

过流保护电路工作后，由于输出电压较小，致使调整管的管压降较高，当超过某个规定的数值时，VZ 击穿导通，稳压管电流通过 R_2 在 V_1 的基极产生正向压降，使 V_1 的集电极电流增加，调整管的输出电流继续下降，即可使调整管的输出电流比过压保护电路开始工作时的电流小。可见过压保护电路既限定了调整管的管压降，又限定了输出电流，很好地保护了调整管。

例 9.4.1　电路如图 9.4.8 所示，已知输入电压 u_I 的波动范围为 24～27V，负载电流 $i_O = 0 \sim 100\text{mA}$，稳压管的稳定电压 $U_Z = 7\text{V}$，若调整管采用 3DD2C，其主要参数为 $I_{CM} = 0.5\text{A}$，$U_{(BR)CEO} = 45\text{V}$，$P_{CM} = 3\text{W}$。

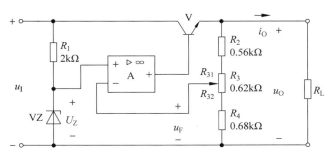

图 9.4.8　例 9.4.1 电路

1）确定输出电压 u_O 的范围。

2）调整管能否安全工作？

解：1）由图 9.4.8 可知，取样系数 $F = \dfrac{R_4 + R_{32}}{R_2 + R_3 + R_4}$，所以有

$$F_{min} = \frac{R_4}{R_2 + R_3 + R_4} = \frac{0.68}{0.56 + 0.62 + 0.68} \approx 0.37$$

$$F_{max} = \frac{R_3 + R_4}{R_2 + R_3 + R_4} = \frac{0.62 + 0.68}{0.56 + 0.62 + 0.68} \approx 0.7$$

根据式（9.4.5）得 $u_O = \dfrac{U_{REF}}{F}$，故

$$U_{Omin} = \frac{U_{REF}}{F_{max}} = \frac{7}{0.7}\mathrm{V} = 10\mathrm{V}, \quad U_{Omax} = \frac{U_{REF}}{F_{min}} = \frac{7}{0.37}\mathrm{V} \approx 18.9\mathrm{V}$$

2）根据式（9.4.6），应有

$$I_{CM} > I_{Om} + i_{SAM} = \left(100 + \frac{18.9}{0.56 + 0.62 + 0.68}\right)\mathrm{mA} \approx 110\mathrm{mA}$$

根据式（9.4.7），应有

$$U_{(BR)CEO} > U_{Imax} = 27\mathrm{V}$$

根据式（9.4.8），应有

$$P_{CM} > (U_{Imax} - U_{Omin})I_{Cm} = (27 - 10) \times 0.11\mathrm{W} = 1.87\mathrm{W}$$

调整管 3DD2C 的主要参数为 $I_{CM} = 0.5\mathrm{A}$，$U_{(BR)CEO} = 45\mathrm{V}$，$P_{CM} = 3\mathrm{W}$，可见，调整管的参数符合安全的要求，而且留有一定的余量。

5．三端线性集成稳压器

　　将线性串联稳压电路和各种保护电路集成在一起就得到了线性集成稳压器。早期的线性集成稳压器外引线较多，现在的线性集成稳压器只有三个外引线——输入端、输出端和公共端，因此称为**三端线性集成稳压器**，应用时外接元件少，使用方便。它的电路符号如图 9.4.9 所示，图中的"×××"用具体的型号代替，外形如图 9.4.10 所示。要特别注意，不同型号、不同封装的三端线性集成稳压器，它们三个电极的位置是不同的，要查手册确定。

　　（1）三端线性集成稳压器的分类

　　三端线性集成稳压器的输出电压有固定式和可调式，输出电压极性有正、负之分，故通用的三端线性集成稳压器可分为 4 类。

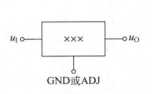

图 9.4.9　三端线性集成稳压器符号

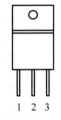

图 9.4.10　三端线性集成稳压器外形图

1）三端固定正输出集成稳压器。国标型号有 CW78L00 系列、CW78M00 系列、CW7800 系列、CW78T00 系列、CW78H00 系列，它们的最大输出电流分别为 0.1A、0.5A、1.5A、3A、5A。具体器件如额定输出电压为 +5V 的 CW7805，额定输出电压为 +12V 的 CW7812，后面两位数字表示输出电压值。相应的国外产品有 μA7805、μA7812（美国仙童公司）、LM7805、LM7812（美国国家半导体公司）等。应注意，不同生产厂商的同系列产品，其输出电压、最大输出电流一致，但具体电路和其他技术指标可能不同，如 CW7805 和 LM7805 都属于 7800 系列，额定输出电压为 +5V，最大输出电流为 1.5A。

2）三端固定负输出集成稳压器。国标型号有 CW79L00 系列、CW79M00 系列、CW7900 系列，它们的最大输出电流分别为 0.1A、0.5A、1.5A。具体器件如额定输出电压为 −5V 的 CW7905，额定输出电压为 −12V 的 CW7912。

3）三端可调正输出集成稳压器。国标型号有 CW117L/217L/317L 系列、CW117/217/317 系列、CW117M/217M/317M 系列，它们的输出电压在 1.25V ~ 37V 范围内连续可调，对应的最大输出电流分别为 0.1A、0.5A、1.5A。

4）三端可调负输出集成稳压器。国标型号有 CW137L/237L/337L 系列、CW137M/237M/337M 系列、CW137/237/337 系列，它们的输出电压在 −37 ~ −1.2V 范围内连续可调，对应的最大输出电流分别为 0.1A、0.5A、1.5A。

（2）应用电路

三端固定输出集成稳压器的基本应用电路如图 9.4.11 所示。输入端外接电容 C_1 用以防止稳压器的自激振荡，输出端外接电容 C_2 用以改善调整管的瞬态响应，减少高频噪声。

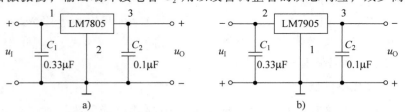

图 9.4.11　三端固定输出集成稳压器基本应用电路

用稳压器可以组成恒流源电路，如图 9.4.12 所示。因电阻 R_1 两端的电压为一稳定值 5V，所以电流 I_1 也稳定，为 $I_1 = 5/R_1$。I_Q 为稳压器的静态工作电流，通常比较小，典型值为 4.2mA。由图可得，$I_0 = I_1 + I_Q$，当 $I_1 \gg I_Q$ 时，输出电流为

$$I_0 \approx I_1 = \frac{5}{R_1} \qquad (9.4.11)$$

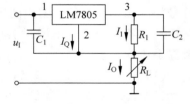

图 9.4.12　稳压器作恒流源电路

此时，电路的恒流特性较好。

7800 系列的集成稳压器最大输出电流为 1.5A，要想增大输出电流，可接成如图 9.4.13a 所示电路。若 V 采用功率管 3AD30，则输出电流可达 5A。电路中电阻 R 的数值可依据下式选取：

$$R \cdot I_{start} = U_{BE(on)} \qquad (9.4.12)$$

式中，$U_{BE(on)}$ 为 V 管的导通压降，I_{start} 为 V 管开始工作时流入 LM7805 输入端的电流，也就是说，当 LM7805 的输入电流小于 I_{start} 时，V 管截止。

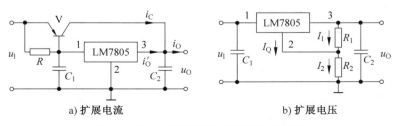

a) 扩展电流　　　　　　　　　b) 扩展电压

图 9.4.13　三端固定输出稳压器的扩展

若想增加输出电压，可接成如图 9.4.13b 所示电路。LM7805 的固定输出电压为 5V，即 2、3 两引脚间电压为 5V，因引脚 2 通过 R_2 接地，所以有

$$u_O = 5\left(1 + \frac{R_2}{R_1}\right) + I_Q R_2 \approx 5\left(1 + \frac{R_2}{R_1}\right) \qquad (9.4.13)$$

考虑到输入电压变化时，稳压器的输出（5V）有一定的变化，为保证输出电压的稳定性较高，电阻 R_2 的数值不宜太大。

三端可调输出集成稳压器的基本应用电路如图 9.4.14 所示。在集成稳压器的内部，输出端和调节端之间是 1.25V 的基准电压源，因此输出电压可通过电位器 R_2 调节，调节端的电流较小，典型值为 50μA。由图 9.4.14 可得

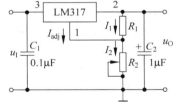

$$u_O = 1.25\left(1 + \frac{R_2}{R_1}\right) + I_{adj} R_2 \approx 1.25\left(1 + \frac{R_2}{R_1}\right) \quad (9.4.14)$$

图 9.4.14　三端可调输出集成稳压器
基本应用电路

9.4.3　开关型直流稳压电路

为解决串联线性稳压电路效率低（最高不超过 50%）的缺点，研制了开关型直流稳压电路。开关型直流稳压电路的调整管工作在开关状态（截止、饱和），截止期间无电流，不消耗功率，饱和导通时，功耗为饱和压降乘电流，功耗很小，所以，其能量转换效率很高，可达 90% 以上。同时，具有造价低、体积小的优点。开关型直流稳压电路的缺点是纹波较大。

开关型直流稳压电路的分类方法较多。按启动调整管的方式可分为自激式和他激式；按调制方式可分为脉宽调制型、脉频调制型和脉宽与频率均能改变的混合调制型；按开关管与负载的连接方式可分为串联式、并联式和脉冲变压器（工作在高频）耦合式。

所有类型的开关型直流稳压电路的工作原理基本一致，目前串联脉宽调制开关型直流稳压电路使用较普遍，下面讨论其工作原理。

1. 串联脉宽调制开关型直流稳压电路的工作原理

串联脉宽调制开关型直流稳压电路的构成框图如图 9.4.15 所示，它主要由调整管 V_1、滤波电路、比较器、三角波发生器、误差放大器和基准电源等部分构成。

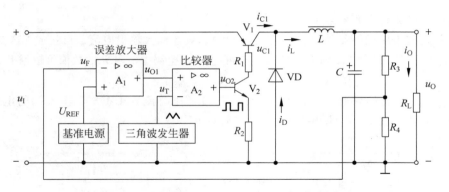

图 9.4.15　串联脉宽调制开关型直流稳压电路构成框图

当 $u_{O1} > u_T$ 时，比较器输出 u_{O2} 为高电平，驱动管 V_2 饱和导通，进而控制调整管 V_1 饱和导通，输入电压 u_I 向电感 L 充电而使 L 存储能量，在负载 R_L 中产生电流 i_O，此时二极管 VD 因反偏而截止。若忽略 V_1 的饱和压降 $U_{CE(sat)}$，则 $u_{C1} = u_I$。

当 $u_{O1} < u_T$ 时，比较器输出 u_{O2} 为低电平，驱动管 V_2 截止，进而控制调整管 V_1 截止。由于流过电感 L 的电流 i_L 变小，而产生左负右正的自感电动势，使二极管 VD 导通，电感 L 中存储的能量向负载 R_L 释放，使负载 R_L 中继续有电流 i_O 通过。此时，$u_{C1} = -U_{D(on)}$。当 V_1 管截止时，二极管 VD 给电感 L 中的电流提供一个泄放通路，使负载 R_L 中继续有电流通过，故常把 VD 称为**续流二极管**。

各点波形如图 9.4.16 所示，图中 t_{on} 为调整管 V_1 的导通时间，t_{off} 为调整管 V_1 的截止时间。虽然调整管 V_1 处于开关工作状态，但由于二极管 VD 的续流作用和滤波元件 L、C 的滤波作用，输出电压 u_O 比较平稳。由于输出端存在滤波电容 C，使输出电压 u_O 相位滞后电流 i_L。若忽略电感的直流电阻，输出电压 u_O 的平均值 U_O 即为 u_{C1} 的平均值，于是有

$$U_O = \frac{1}{T}\int_{t_1}^{T+t_1} u_{C1}\,dt = \frac{1}{T}\left[\int_{t_1}^{t_2}(-U_D)\,dt + \int_{t_2}^{T+t_1} u_I\,dt\right]$$

$$= -\frac{t_{off}}{T}U_D + \frac{t_{on}}{T}u_I \approx \frac{t_{on}}{T}u_I = qu_I \qquad (9.4.15)$$

式中，$q = t_{on}/T$，称为脉冲波的占空比，是脉冲波中高电平持续时间占整个周期的百分比。由图 9.4.16 可见，输出电压 u_O 围绕直流电压 U_O' 上下波动，由于正、负半周不对称，因此严格讲，$U_O' \neq U_O$，但两者的差别非常小，在工程实践中，通常取 $U_O' \approx U_O$。

由式(9.4.15)可见，在输入电压 u_I 一定时，输出电压 U_O 与占空比 q 成正比，可以通过改变比较器输出脉冲波的宽度(即占空比)来控制输出电压值，所以这种控制方式称为**脉冲宽度调制**(Pulse Width Modulation，PWM)。

为了稳定输出电压，应按电压负反馈方式引入反馈。设输出电压 u_O 增加，则由图 9.4.15 可知，$u_F = Fu_O$ 增加，误差放大器的输出 u_{O1} 减小，比较器输出脉冲波的高电平部分持续时间减少，调整管导通时间减小，输出电压下降，从而起到了稳压的作用。

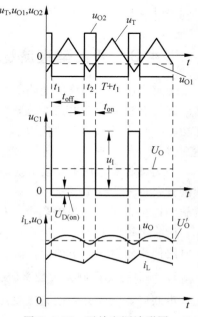

图 9.4.16　开关电源波形图

由以上分析可以得出如下结论：

1）调整管工作在开关状态，功耗大大降低，电源效率大为提高；

2）调整管在开关状态下工作，为得到直流输出，必须在输出端加滤波器；

3）可通过脉冲宽度的控制，方便地改变输出电压值；

4）由于开关频率较高，滤波电容和滤波电感的体积可大大减小。

2. 集成脉宽调制器

集成脉宽调制器是最为流行的开关电源集成控制器之一，它包括基准源、误差放大器、振荡器、比较器、两只交替输出的驱动管和过流、过热保护电路等。应注意的是，集成脉宽调制器内部不包含调整管和 LC 滤波电路，通过外接调整管、LC 滤波电路和少量的电阻、电容元件即可方便地构成串联脉宽调制开关型直流稳压电路。

（1）集成脉宽调制器 SG1524 的结构与工作原理

SG1524 是典型的性能优良的开关电源控制器，其 DIP 封装形式的引脚分布如图 9.4.17 所示，内部的结构框图如图 9.4.18 所示。它包括基准电压源、误差放大器、限流保护电路、比较器、振荡器、触发器、输出逻辑控制电路和驱动管等。

1）基准电压源。它为内部其他电路提供 +5 V 电压，同时对外输出，可作为 +5 V 基准电源。

2）振荡器。通过外接定时元件 C_T（接第 7 引脚）和 R_T（接第 6 引脚），能产生同频的锯齿波和矩形波。锯齿波送至比较器的反相输入端，脉冲波一路作为触发器的时钟信号，另一路作为两个三输入或非门 G_A、G_B 的开启脉冲，控制两个驱动管 V_A、V_B 轮流导通。

3）误差放大器。误差放大器的反相

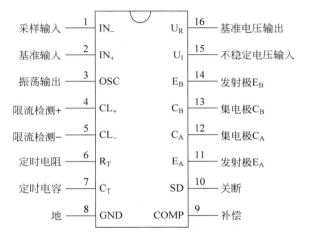

图 9.4.17　SG1524 的 DIP 封装形式引脚图

输入端接取样电压，同相输入端接基准电压，其输出电压控制比较器输出的脉冲宽度。

4）比较器。误差放大器的输出接比较器的反相输入端，与同相输入端的锯齿电压进行比较，控制输出脉冲信号的占空比。例如，输出电压增加，则误差放大器的输出下降，控制比较器的输出脉冲信号的高电平持续时间增加，即脉冲信号的占空比增加。

5）输出逻辑控制电路。由触发器和两个或非门电路组成。触发器在振荡器输出的矩形脉冲信号作用下，交替地置位与复位，由触发器送往两个或非门的信号相位相反。因为只有当或非门的输入均为低电平时，输出才为高电平，相应的驱动管才导通，所以驱动管 V_A、V_B 不会同时导通。

6）驱动管。V_A、V_B 是两个驱动管，工作在开关状态，两管输出相位相差 180 度，集电极和发射极都是开路的。

7）限流保护电路。限流保护电路的组成如图 9.4.19 所示，其功能是限制误差放大器的输出电压进而控制比较器输出脉冲的占空比。当第 4 引脚和第 5 引脚间的电压 U_{45} 增大到某一特定值时，V_2 的发射结导通，误差放大器的电压下降。当 $U_{45} \approx 200\text{mV}$ 时，脉冲占空比下降为 25%。

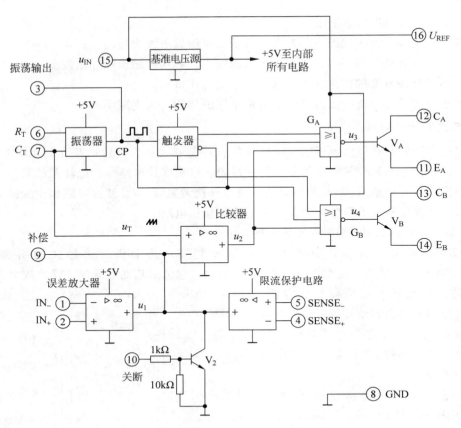

图 9.4.18 SG1524 的内部结构框图

（2）SG1524 构成的开关稳压电路

SG1524 构成的开关稳压电路如图 9.4.20 所示。11 和 14 引脚、12 和 13 引脚相连以控制调整管 V_1、V_2 的开与关，其开关频率由 6 和 7 引脚外接的 R_5 和 C_2 决定。R_1 和 R_2 构成反馈回路，提供取样电压经引脚 1 引入误差放大器的反相输入端，R_3 和 R_4 构成分压器，对 16 引脚输出的 +5V 基准电压分压后经引脚 2 引入误差放大器的同相输入端，提供一个与取样信号比较的基准电压。引脚 9 对地接有串联的 $0.001\mu F$ 电容和 $50k\Omega$ 电阻，以实现频率补偿。限流电阻 R_7 经引脚 4 和 5 引入过流保护，其值决定输出电流的最大值。电感 L、电容 C_4 构成滤波器，VD 为续流二极管。

SG1524 内部电路控制过程的波形如

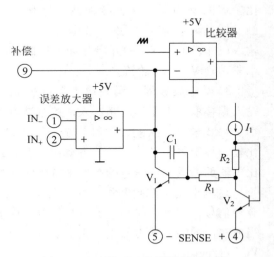

图 9.4.19 SG1524 的限流保护电路

图 9.4.21 所示。锯齿波由振荡器提供，u_1 是误差放大器的输出，它们一起加到比较器上。u_2 是比较器的输出。振荡器输出的时钟 CP 驱动触发器，CP、Q 和 u_2 经或非运算得到 u_3，决定 V_A 的通断。CP、$\overline{Q}$ 和 u_2 经或非运算得到 u_4，决定 V_B 的通断。由于 u_3 和 u_4 这两路信号之间有一定的死区，所以可保证 V_A 和 V_B 管不会同时导通。当 u_1 降低时，u_2 加宽，u_3 和 u_4 的宽度变窄，V_A 和 V_B 管导通时间减小；反之，当 u_1 增加时，V_A 和 V_B 管导通时间增加。

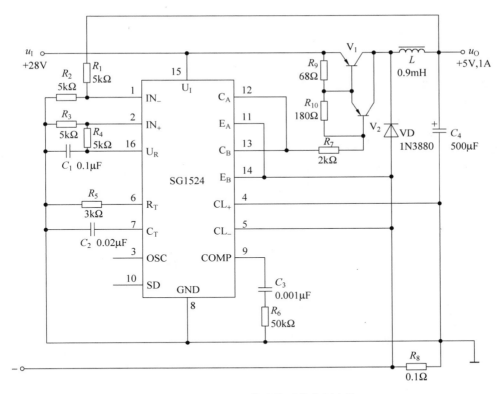

图 9.4.20 SG1524 构成的开关稳压电路

SG1524 构成的开关稳压电路的稳压原理如下：设 u_O 下降，反馈电压减小，误差放大器的输出 u_1 增加，V_A 和 V_B 管的导通时间增加，使调整管 V_1 和 V_2 的导通时间增加，输出电压 u_O 增加；反之，当 u_O 增加时，反馈电压增加，u_1 输出减小，V_A 和 V_B 管的导通时间减小，使调整管 V_1 和 V_2 的导通时间减小，输出电压 u_O 减小。

思考题

1. 整流电路的作用是什么？若单相全波整流电路中一只整流二极管开路，输出波形有何变化？

2. 滤波电路的作用是什么？对单相全波整流电容滤波电路和单相全波整流电感滤波电路，若负载电流增大，则输出电压的纹波分别如何变化？

3. 直流稳压电路的作用是什么？其主要技术参数有哪些？

4. 线性串联型直流稳压电路由哪几个部分构成？每个部分的作用是什么？

5. 串联脉宽调制开关型直流稳压电路由哪几个部分构成？它与线性串联型直流稳压电路的主要区别是什么？

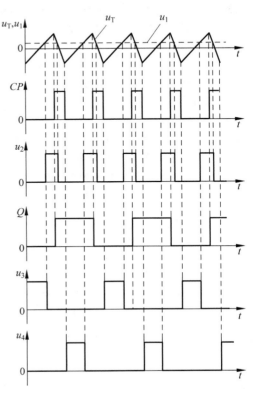

图 9.4.21 SG1524 内部的波形图

习题

9.1 单相全波整流电路如题 9.1 图所示，图中已标出变压器二次绕组电压有效值。

(1)估算负载 R_L 上直流电压平均值 U_O。

(2)若二极管 VD_1 开路，重新估算 U_O。

(3)为保证电路正常工作，整流管的极限参数 I_F、U_{RM} 应满足什么条件？

9.2 电路如题 9.2 图所示，变压器二次绕组电压有效值 $U_{21} = U_{22} = 20V$。

(1)标出 u_{O1}、u_{O2} 对地的极性，并求 u_{O1} 的直流电压平均值 U_{O1}。

(2)u_{O1}、u_{O2} 的波形是全波整流还是半波整流？

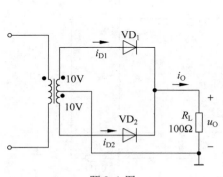

题 9.1 图

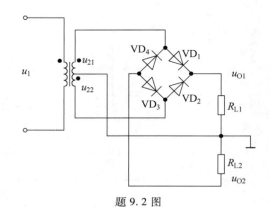

题 9.2 图

9.3 在题 9.3 图所示桥式整流、电容滤波电路中，变压器二次绕组电压有效值 $U_2 = 20V$，$R_L = 20\Omega$，试求：

(1)负载电流 I_L。

(2)整流管的极限参数 I_F、U_{RM} 应满足的条件。

(3)电容器 C 的耐压 U_C。

9.4 已知某直流稳压电源电路如题 9.4 图所示。设晶体管的发射结导通电压 $U_{BE(on)} = 0.7V$，变压器二次绕组电压有效值为 $20V$。

(1)求输出电压 U_O 的调节范围。

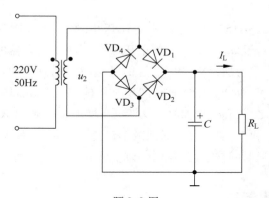

题 9.3 图

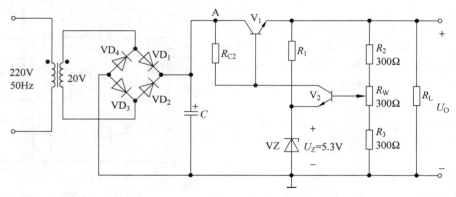

题 9.4 图

（2）当电位器 R_W 调至中间位置时，估算 U_A、U_O 的数值。

（3）当电网电压升高时，说明输出电压稳定的过程。

9.5 由理想运放 A 和晶体管 V 组成的稳压电路如题9.5图所示，试推导输出电压 U_O 与基准电压 U_Z 的关系式。

9.6 题9.6图所示稳压电路中，$U_I = 35V$，$U_Z = 5V$，晶体管 V_1 的 $P_{CM} = 3W$，β 值足够大。

（1）求输出直流电压 U_O 的调节范围。

（2）V_1 管是否能安全工作？

（3）当 $R_L = 15\Omega$ 时，电路是否能输出稳定电压？

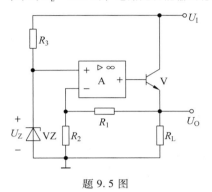
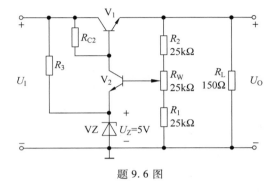

题9.5图   题9.6图

9.7 直流稳压电源电路如题9.7图所示。已知变压器二次绕组电压有效值为15V，三端稳压器为 LM7812。

（1）求整流器输出电压 U_A。

（2）整流管的极限参数 U_{RM} 应满足什么条件？

（3）求 LM7812 的 1、3 端承受的电压 U_{13}。

（4）若负载电流 $I_L = 100mA$，求 LM7812 的功率损耗。

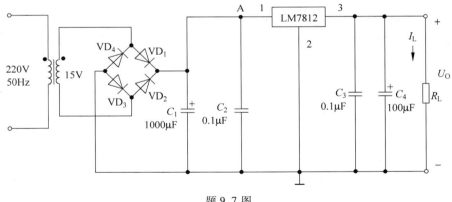

题9.7图

9.8 由三端固定输出稳压器组成的恒流输出电路如题9.8图所示，求输出的恒定电流 I_O。

9.9 根据图9.4.15，说明当输入电压 u_I 下降时，串联脉宽调制开关型直流稳压电路的稳压过程。

9.10 在下列各种情况下，应分别采用线性稳压电路还是开关型稳压电路？

（1）希望稳压电路的效率比较高。

（2）希望输出电压的纹波和噪声尽量小。

（3）希望稳压电路的质量轻、体积小。

（4）希望稳压电路的结构尽量简单，使用的元件个数少，调试方便。

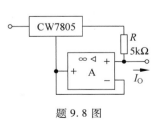

题9.8图

第 10 章

电子电路仿真软件

计算机技术的发展和人们对电子系统设计的新需求，推动了电子电路设计方法和手段的进步，传统的手工设计逐步被 EDA（Electronic Design Automation，电子设计自动化）取代。一台电子产品的设计过程，从概念的确立，到包括电路原理、PCB 版图、单片机程序、机内结构、FPGA 的构建及仿真、外观界面、热稳定分析、电磁兼容分析在内的物理级设计，再到 PCB 钻孔图、自动贴片、焊膏漏印、元器件清单、总装配图等生产所需资料，全部在计算机上完成。EDA 技术借助计算机存储量大、运行速度快的特点，可对设计方案进行人工难以完成的模拟评估、设计检验、设计优化和数据处理等工作。EDA 已经成为集成电路、印制电路板、电子整机系统设计的主要技术手段。

目前常见的 EDA 软件有 Protel、Orcad、System view、Proteus、Pspice、LabVIEW、Multisim、Ultiboard 等。

Multisim 的前身是 EWB（Electronics Workbench），该软件是加拿大 IIT（Interactive Image Technologies）公司在 20 世纪 80 年代后期推出的用于电子电路设计与仿真的 EDA 软件。2001 年前后，IIT 公司对 EWB 软件进行了较大的改动，将其分为 4 个基本模块，即 Multisim（设计、仿真模块）、Ultiboard（PCB 设计模块）、Ultiroute（布线引擎）和 Commsim（通信电路分析与设计模块），能完成从电路的设计、仿真到电路版图生成的全过程，这四个模块相互独立，可以分别使用。IIT 公司 2006 年被美国 NI（National Instruments）公司收购。

使用 Multisim 可以交互式地搭建电路原理图，适用于板级的模拟/数字电路板的设计工作。Multisim 提炼了 SPICE 仿真的复杂内容，这样工程师不必懂得深入的 SPICE 技术就可以很快地进行捕获、仿真和分析新的设计。

10.1 Multisim 11 的基本界面

从图 10.1.1 可以看出，Multisim 11 的基本界面主要由菜单栏（Menu Bar）、标准工具栏（Standard Toolbar）、视图工具栏（View Toolbar）、主工具栏（Main Toolbar）、仿真开关（Simulation Switch）、元件工具栏（Components Toolbar）、仿真工具栏（Simulation Toolbar）、设计工具箱（Design Toolbox）、电路工作区（Circuit Window）、仪器工具栏（Instruments Toolbar）、电子数据表观察区（Spreadsheet View）、状态栏（Status Bar）等项组成。

1. 菜单栏

菜单栏中提供了 Multisim 11 的所有功能的命令，共包含 12 个菜单，如图 10.1.2 所示。从左到右分别为 File（文件）、Edit（编辑）、View（视图）、Place（放置）、MCU（微控制器）、

Simulate(仿真)、Transfer(转换)、Tools(工具)、Reports(报告)、Options(选项)、Window(窗口)和Help(帮助)。每个菜单又包含若干个子菜单或菜单项，以执行相关的功能。

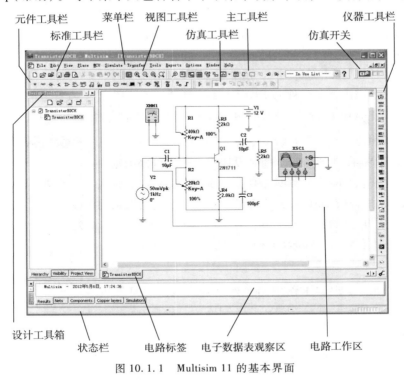

图 10.1.1　Multisim 11 的基本界面

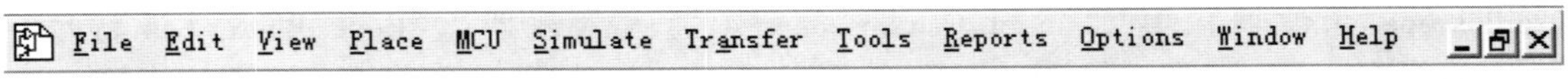

图 10.1.2　菜单栏

2. 主工具栏

主工具栏共包含 14 个按钮和 1 个下拉列表框，如图 10.1.3 所示。从左到右分别为 Find examples(查找电路范例)、Show/Hide SPICE Netlist Viewer(SPICE 网表观察区显示切换)、Show/Hide Design Toolbox(设计工具箱显示切换)、Show/Hide Spreadsheet View(电子数据表观察区显示切换)、Database Management(数据库管理)、Create Component(创建元器件)、Grapher/Analyses List(仿真结果图形显示/分析类型列表)、Postprocessor(仿真结果后处理器)、Electrical Rules Checking(电气规则检查)、Capture screen area(以位图形式将屏幕区域复制到剪贴板)、Go to parent sheet(返回上一层电路图)、Open an Ultiboard . ewnet file and synchronize the schematic with its contents(打开印制板标注文件并据其内容同步原理图)、Forward annotate to Ultiboard(正向标注到印制板)、In Use List(当前电路使用元器件列表)和 Help(帮助)。

图 10.1.3　主工具栏

3. 元件工具栏

Multisim 11 将所有的元件模型分类后放在 17 个元件组(component group)中，如

图 10.1.4 所示。从左到右分别为 Source（信号源）、Basic（基本元件）、Diode（二极管）、Transistor（晶体管）、Analog（模拟元件）、TTL（TTL 元件）、CMOS（CMOS 元件）、Misc Digital（其他数字元件）、Mixed（混合元件）、Indicator（显示元件）、Power Component（电源元件）、Miscellaneous（其他元

图 10.1.4　元件工具栏

件）、Advanced Peripheral（高等外围元件）、RF（射频元件）、Electromechanical（机电类元件）、NI Component（NI 公司元件）和 MCU（微控制器）。图 10.1.4 最右边的两个按钮分别为 Place Hierarchical Block（放置低层模块）和 Place Bus（放置总线）。

4. 设计工具箱

设计工具箱如图 10.1.5 所示。通过设计工具箱，可以浏览一个工程（project）中包含的不同类型文件，如原理图（schematic）、印制板图（PCB）、报告（report）等，还可以观察原理图的层次结构等。设计工具箱共包含 3 个标签：Hierarchy（层次结构）、Visibility（可视图层控制）和 Project View（工程包含资源查看）。

图 10.1.5　设计工具箱

5. 电路工作区

电路工作区相当于现实工作中的操作平台，电路原理图的绘制、编辑、仿真及波形显示等都在此区完成。

6. 仪器工具栏

仪器工具栏含有 22 种用来对电路工作状态进行测试的仪器，如图 10.1.6 所示。从左到右分别为 Multimeter（万用表）、Function Generator（信号发生器）、Wattmeter（瓦特表）、Oscilloscope（示波器）、4 Channel Oscilloscope（4 通道示波器）、Bode Plotter（波特仪）、Frequency Counter（频率计）、Word Generator（字发生器）、Logic Analyzer（逻辑分析仪）、Logic Converter（逻辑转换仪）、IV-Analysis（伏安特性分析仪）、Distortion Analyzer（失真分析仪）、Spectrum Analyzer（频谱分析仪）、Network Analyzer（网络分析仪）、Agilent Function Generator（安捷伦信号发生器）、Agilent Multimeter（安捷伦万用表）、Agilent Oscilloscope（安捷伦示波器）、Tektronix Oscilloscope（泰克示波器）、Measurement Probe（测量探针）、LabVIEW Instruments（LabVIEW 仪器）、NI ELVISmx Instruments（NI ELVISmx 仪器）和 Current Probe（电流探针）。

图 10.1.6　仪器工具栏

7. 电子数据表观察区

通过电子数据表观察区，用户可以快速地查看、编辑参数，如元件的编号（Refdes）、数值（Value）、封装（Footprint）等。可以一次改变部分或全部元件的参数。共包含 5 个标签，即 Results（结果）、Nets（网络标号）、Components（元件）、Copper layers（印制板图层）和 Simulation（仿真），如图 10.1.7 所示。

8. 状态栏

状态栏显示关于当前操作的一些有用信息及鼠标当前所指对象的描述信息。

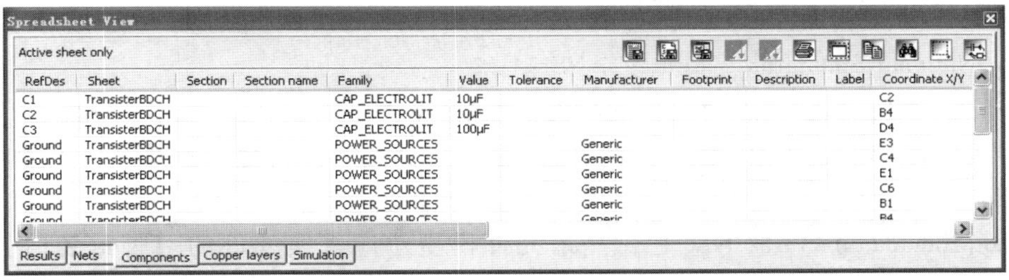

图 10.1.7　电子数据表观察区

10.2　元件库

任何一个电子仿真软件都要有一个供仿真用的元件数据库，习惯称之为元件库。元件库中元件的数量将直接影响该软件的使用范围，而元件模型的精确程度则影响仿真结果的准确性。Multisim 11 中的元件存放在三种不同的数据库中，执行 Tools \ Database \ Database Manager 命令即可看见数据库管理信息，分别为 Master Database、Corporate Database 和 User Database 三个数据库。Master Database 存放 Multisim 11 提供的所有元件，用户不能添加或移除该库中的元件；Corporate Database 仅在专业版中有效，用于多人共同开发项目时建立共用的元件库；User Database 用来存放用户使用 Multisim 提供的编辑器自行开发的元件模型，或者将 Master Database 中的元件修改后存放于此。

Master Database 中包含 17 个元件组（component group），该分类中的 17 个与图 10.1.4 元件工具栏左边 17 个元件组图标相对应。每个组中包含若干个系列（component family），每个系列中包含若干个具体的元件。

1. 信号源

单击图 10.1.4 元件工具栏的左数第 1 个按钮——Source（信号源）图标 ✛，弹出如图 10.2.1 所示的信号源元件选择对话框。由图 10.2.1 可见，Sources 组包含 7 个系列，第 2 个系列中包含 12 个元件。对话框右边各项的说明如下。

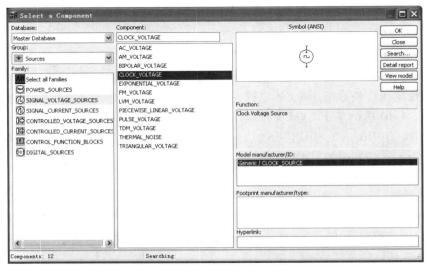

图 10.2.1　信号源元件选择对话框

1）Symbol（ANSI）栏：显示所选择元件的符号，此处采用的是美国国家标准学会（American National Standards Institute，ANSI）标准。

2）Function 栏：显示所选择元件的功能描述。

3）Model manufacturer/ID 栏：显示元件模型对应真实元件的生产商及元件模型在元件库中的标识符。

4）Footprint manufacturer/type 栏：显示元件模型对应真实元件的引脚封装的生产商及类型。

5）Hyperlink：显示与元件相关的超链接。

6）OK 按钮：单击该按钮将选择的元件放到电路工作区（Circuit Window）。

7）Close 按钮：单击该按钮不放置元件并关闭该对话框。

8）Search... 按钮：单击该按钮将弹出如图 10.2.2 所示对话框，可以根据元件所属的组、系列、元件名等信息搜索所需要的元件。

9）Detail report 按钮：单击该按钮将显示元件的详细报告，包括所属的库、组、系列，符号，封装，模型数据等。

10）View model 按钮：单击该按钮将仅显示元件的模型数据报告（Model Data Report）。

11）Help 按钮：单击该按钮将获得有关放置元件的帮助信息。

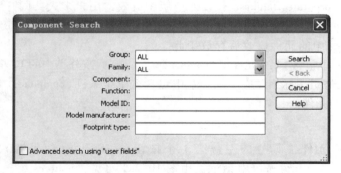

图 10.2.2　元件搜索对话框

Sources 组包含的 7 个系列信号源分别说明如下。

- POWER_SOURCES（电源）：包括交流、直流电源，地，数字地，星形、三角形连接的三相电源等。
- SIGNAL_VOLTAGE_SOURCES（信号电压源）：包括交流电压、AM 电压、时钟电压、双极性电压、指数电压、FM 电压、分段线性电压、脉冲电压、热噪声电压、三角波电压、LabVIEW 基于 LVM 文件电压、LabVIEW 基于 TDM 文件电压。
- SIGNAL_CURRENT_SOURCES（信号电流源）：包括交流、直流电流，双极性电流，时钟电流，指数电流，FM 电流，分段线性电流，脉冲电流，LabVIEW 基于 LVM 文件电流，LabVIEW 基于 TDM 文件电流。
- CONTROLLED_VOLTAGE_SOURCES（受控电压源）：包括模拟式建模电压源、单触发控制电压源、电流控制电压源、频移键控电压源、电压控制分段线性电压源、电压控制正弦电压源、电压控制方波电压源、电压控制三角波电压源、电压控制电压源。

- CONTROLLED_CURRENT_SOURCES（受控电流源）：包括模拟式建模电流源、电流控制电流源、电压控制电流源。
- CONTROL_FUNCTION_BLOCKS（控制功能块）：包括基于拉普拉斯传输函数控制电压源、限流块、除法器、基于频响参数表控制电压源、电压增益可控放大器、乘法器、积分器、微分器、限压块、三路电压求和等。
- DIGITAL_SOURCES（数字源）：包括数字时钟、数字常量、交互式数字常量。

2. 基本元件

单击图10.1.4元件工具栏左数第2个按钮——Basic（基本元件）图标 ，弹出基本元件选择对话框。左边 Family 栏的内容如图10.2.3所示。

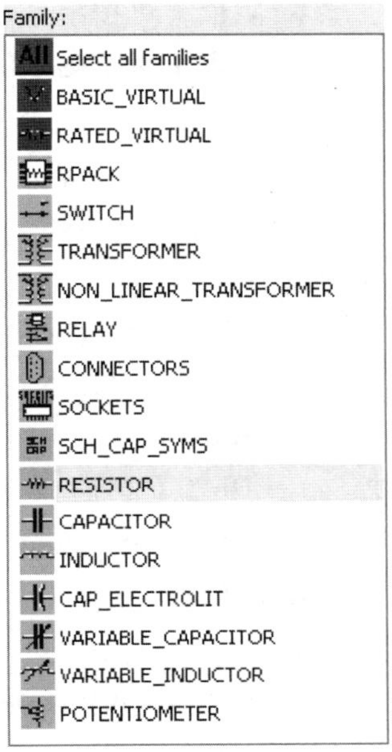

图10.2.3　基本元件组

- BASIC_VIRTUAL（基本虚拟元件）：包括无芯线圈、磁芯线圈、变压器、继电器、电感、电阻、半导体电阻、半导体电容、上拉电阻、压控电阻、压控电容、压控电感等。虚拟元件（Virtual Component）是指元件的大部分模型参数是该类元件的典型值，部分模型参数由用户根据需要自行确定的元件。该类元件没有引脚封装信息，在制作 PCB 时需用有封装的现实元件代替。现实元件是根据实际存在的元件参数设计的元件，与实际元件相对应，有封装信息。由于可以方便地改变虚拟元件的参数，故在仿真中经常使用虚拟元件。

- RATED_VIRTUAL（额定虚拟元件）：包括555定时器、晶体管、有极性电容、电容、二极管、熔丝、电感、发光二极管、继电器、电动机、运算放大器、电位器、电阻、光电二极管、光电三极管、变压器、可变电容、可变电感等。
- RPACK（排阻）：相当于多个电阻并列封装在一个壳内，包括固定和可变两大类。
- SWITCH（开关）：包括电流控制开关、单刀单掷开关、单刀双掷开关、按钮开关、延时开关、电压控制开关等。
- TRANSFORMER（变压器）：包括耦合电感、音频变压器、电源变压器、射频变压器等。
- NON_LINEAR_TRANSFORMER（非线性变压器）：均为考虑了损耗、铁心磁特性的非线性及磁滞特性等因素的变压器。
- RELAY（继电器）：该类元件为控制继电器触点开合的线圈电压值不同的继电器。
- CONNECTORS（连接器）：输入/输出连接器，该类元件对仿真结果没有影响，主要用于 PCB 设计。
- SOCKETS（插座）：该类元件为 DIP 封装形式集成电路的插座，其作用与 CONNECTORS 元件类似。
- SCH_CAP_SYMS（原理图捕获符号）：用于捕获原理图。
- RESISTOR（电阻）：该类元件是标称电阻，其阻值不能改变。
- CAPACITOR（电容）：所有电容为无极性电容，不能改变参数，没有考虑误差，也未考虑耐压大小。

- INDUCTOR（电感）：情况与电阻、电容类似。
- CAP_ELECTROLIT（电解电容）：所有电容为无极性电容，"＋"端须接直流高电位。
- VARIABLE_CAPACITOR（可变电容）：情况与电位器类似。
- VARIABLE_INDUCTOR（可变电感）：情况与电位器类似。
- POTENTIOMETER（电位器）：可通过键盘字母键动态调节电阻值，单按字母键表示增加电阻值，同时按〈Shift〉键和字母键表示减小电阻值。调节增量（如5%）可以改变。

3. 二极管

单击图10.1.4元件工具栏左数第3个按钮——Diode（二极管）图标 ，弹出二极管元件选择对话框。左边Family栏的内容如图10.2.4所示。

该组共包含11个系列：DIODES_VIRTUAL（虚拟二极管）、DIODE（二极管）、ZENER（稳压二极管）、LED（发光二极管）、FWB（全波桥式整流器）、SCHOTTKY_DIODE（肖特基二极管）、SCR（可控硅）、DIAC（双向开关二极管）、TRIAC（双向可控硅开关）、VARACTOR（变容二极管）和PIN_DIODE（PIN二极管）。

图10.2.4　二极管元件组

4. 晶体管

单击图10.1.4元件工具栏左数第4个按钮——Transistor（晶体管）图标 ，弹出晶体管元件选择对话框。左边Family栏的内容如图10.2.5所示。

该组共包含20个系列：TRANSISTORS_VIRTUAL（虚拟晶体管）、BJT_NPN（双极型NPN管）、BJT_PNP（双极型PNP管）、BJT_ARRAY（晶体管阵列）、DARLINGTON_NPN（达林顿NPN管）、DARLINGTON_PNP（达林顿PNP管）、DARLINGTON_ARRAY（达林顿阵列）、BJT_NRES（内部带偏置电阻的NPN管）、BJT_PRES（内部带偏置电阻的PNP管）、IGBT（绝缘栅双极型管）、MOS_3TDN（三端耗尽型NMOSFET）、MOS_3TEN（三端增强型NMOSFET）、MOS_3TEP（三端增强型PMOSFET）、JFET_N（NJFET）、JFET_P（PJFET）、POWER_MOS_N（功率NMOS）、POWER_MOS_P（功率PMOS）、POWER_MOS_COMP（互补功率MOS）、UJT（可编程单结晶体管）和THERMAL_MODELS（带有热模型的MOSFET）。

图10.2.5　晶体管元件组

5. 模拟元件

单击图10.1.4元件工具栏左数第5个按钮——Analog（模拟元件）图标 ，弹出模拟元件选择对话框。左边Family栏的内容如图10.2.6所示。

该组共包含6个系列：ANALOG_VIRTUAL（模拟虚拟元件）、OPAMP（运算放大器）、OPAMP_NORTON（诺顿运放）、COMPARATOR（比较器）、WIDEBAND_AMPS（宽带运放）和SPECIAL_FUNCTION（特殊功能运放）。

6. TTL 元件

单击图 10.1.4 元件工具栏左数第 6 个按钮——TTL(TTL 元件)图标 ，弹出 TTL 元件选择对话框。左边 Family 栏的内容如图 10.2.7 所示。

图 10.2.6　模拟元件组　　　　　　　　　图 10.2.7　TTL 元件组

该组共包含 9 个系列：74STD(标准系列)、74STD_IC(标准系列完整芯片)、74S(肖特基系列)、74S_IC(肖特基系列完整芯片)、74LS(低功耗肖特基系列)、74LS_IC(低功耗肖特基系列完整芯片)、74F(高速系列)、74ALS(先进低功耗肖特基系列)和 74AS(先进肖特基系列)。含有 TTL 元件的电路进行仿真时，电路工作区中要有数字电源符号和数字接地端。

7. CMOS 元件

单击图 10.1.4 元件工具栏左数第 7 个按钮——CMOS(CMOS 元件)图标 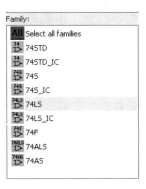，弹出 CMOS 元件选择对话框。左边 Family 栏的内容如图 10.2.8 所示。

该组共包含 14 个系列：CMOS_5V(5V 4000 系列)、CMOS_5V_IC(5V 4000 系列完整芯片)、CMOS_10V(10V 4000 系列)、CMOS_10V_IC(10V 4000 系列完整芯片)、CMOS_15V(15V 4000 系列)、74HC_2V(2V 74HC 系列)、74HC_4V(4V 74HC 系列)、74HC_4V_IC(4V 74HC 系列完整芯片)、74HC_6V(6V 74HC 系列)、TinyLogic_2V(2V TinyLogic 系列)、TinyLogic_3V(3V TinyLogic 系列)、TinyLogic_4V(4V TinyLogic 系列)、TinyLogic_5V(5V TinyLogic 系列)和 TinyLogic_6V(6V TinyLogic 系列)。含有 CMOS 元件的电路进行仿真时，电路工作区中要有相对应的数字电源符号和数字接地端。

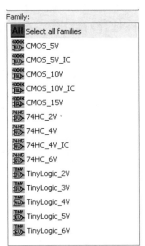

图 10.2.8　CMOS 元件组

8. 其他数字元件

单击图 10.1.4 元件工具栏左数第 8 个按钮——Misc Digital(其他数字元件)图标 ，弹出其他数字元件选择对话框。左边 Family 栏的内容如图 10.2.9 所示。

该组共包含 11 个系列：TIL(TIL 数字逻辑器件)、DSP(数字信号处理器)、FPGA(现场可编程门阵列)、PLD(可编程逻辑器件)、CPLD(复杂可编程逻辑器件)、

MICROCONTROLLERS(微控制器)、MICROPROCESSORS(微处理器)、MEMORY(存储器)、LINE_DRIVER(线性驱动器)、LINE_RECEIVER(线性接收器)和LINE_TRANSCEIVER(线性收发器)。需注意的是，TIL 系列中的元件按照逻辑功能存放，方便调用，它们是虚拟元件，没有用于 PCB 设计的封装信息，不能转换为版图文件。

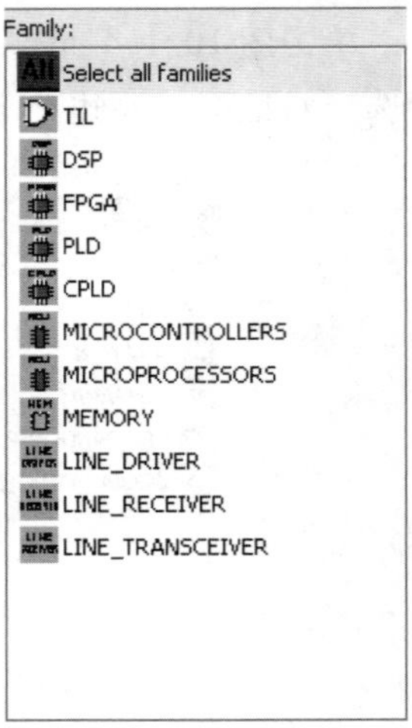

9. 混合元件

单击图 10.1.4 元件工具栏左数第 9 个按钮——Mixed(混合元件)图标 ，弹出混合元件选择对话框。左边 Family 栏的内容如图 10.2.10 所示。

图 10.2.9　其他数字元件组

- MIXED_VIRTUAL(虚拟混合元件)：包括虚拟 555 定时器、模拟开关、分频器、单稳态触发器和锁相环。
- ANALOG_SWITCH(模拟开关)：也称电子开关，通过控制信号控制开关的通断。
- ANALOG_SWITCH_IC(模拟开关完整芯片)。
- TIMER(定时器)：包括 8 种不同型号的 555 定时器。
- ADC_DAC(模数、数模转换器)：包括分辨率为 8 位、16 位等的 ADC 和 DAC。
- MULTIVIBRATORS(多谐振荡器)：包含 8 种单稳态触发器。

10. 显示元件

单击图 10.1.4 元件工具栏左数第 10 个按钮——Indicator(显示元件)图标 ，弹出显示元件选择对话框。左边 Family 栏的内容如图 10.2.11 所示。

图 10.2.10　混合元件组

图 10.2.11　显示元件组

- VOLTMETER(电压表)：可测量交流、直流电压。
- AMMETER(电流表)：可测量交流、直流电流。
- PROBE(探测器)：作用相当于 LED，仅有一个端子，使用时将其与电路中某一点相连，当该点为高电平时，探测器发光。
- BUZZER(蜂鸣器)：当加在该元件端口上的电压超过设定电压值时，元件按设定的频率发声。
- LAMP(灯泡)：该元件的电压和功率不可改变，对直流电压灯泡稳定发光，对交流电压灯泡闪烁发光。当外加电压超过灯泡所能承受的最大电压时灯泡将烧坏。
- VIRTUAL_LAMP(虚拟灯泡)：该元件的电压和功率可以改变，其他同现实灯泡。
- HEX_DISPLAY(十六进制显示器)：包含带译码的 7 端数码显示器、不带译码的 7 端数码显示器等。

- BARGRAPH(条形光柱)：每个元件相当于 10 个发光二极管。

11. 电源元件

单击图 10.1.4 元件工具栏左数第 11 个按钮——Power Component(电源元件)图标  ，弹出电源元件选择对话框。左边 Family 栏的内容如图 10.2.12 所示。

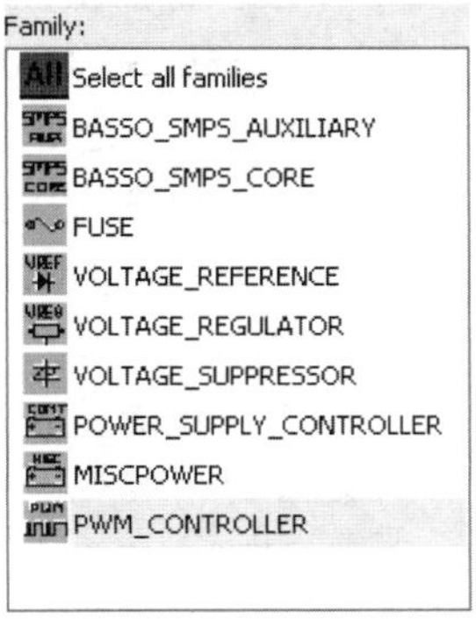

- BASSO_SMPS_AUXILIARY(开关电源辅助元件)：包括通用脉宽调制器、简化运放、与门、或门、非门、迟滞电压比较器、压控振荡器、压控电阻、压控电容、压控电感等。
- BASSO_SMPS_CORE(开关电源核心元件)：包括各种电压模、电流模升压、降压变换器，电压模、电流模脉宽调制器等。
- FUSE(熔丝)：包含不同电流规格的熔丝，当电路中的电流超过其额定最大电流时熔丝将烧断。
- VOLTAGE_REFERENCE(基准电压)：包括不同生产商的多种类型的基准电压元件。

图 10.2.12　电源元件组

- VOLTAGE_REGULATOR(电压调节器)：包含的元件绝大多数为三端电压调节器。
- VOLTAGE_SUPPRESSOR(瞬变电压抑制二极管)：一种高效能电路保护元件，它的外形与普通二极管相同，但却能吸收高达数千瓦的浪涌功率。它的主要特点是在反向应用条件下，当承受高能量的大脉冲时，其工作阻抗立即降至极低的导通值，从而允许大电流通过，同时把电压钳制在预定水平，其响应时间为 ps 数量级，因此可有效地保护电子线路中的精密元器件。
- POWER_SUPPLY_CONTROLLER(电源控制器)：包括 3 个 5 位可编程集成脉宽调制器。
- MISCPOWER(其他电源)：包括数字电位器、桥式推挽功放、三相马达驱动器、智能电源开关等。
- PWM_CONTROLLER(脉宽调制器)：包括电压模脉宽调制器和电流模脉宽调制器。

12. 其他元件

单击图 10.1.4 元件工具栏左数第 12 个按钮——Miscellaneous(其他元件)图标 **MISC** ，弹出其他元件选择对话框。左边 Family 栏的内容如图 10.2.13 所示。

- MISC_VIRTUAL(其他虚拟元件)：包括虚拟晶振、熔丝、电机、光耦和真空三极管。
- OPTOCOUPLER(光耦元件)：包括不同生产商的多种类型的光耦元件。
- CRYSTAL(晶振)：包括多个振荡频率的晶振元件。
- VACUUM_TUBE(电子管)：包含管脚数分别为 3、4、5、6、8 的电子管。
- BUCK_CONVERTER(降压变换器)：用于对直流电压进行降压变换。

图 10.2.13　其他元件组

- BOOST_CONVERTER(升压变换器)：用于对直流电压进行升压变换。
- BUCK_BOOST_CONVERTER(降压－升压变换器)：用于对直流电压进行降压/升压变换。
- LOSSY_TRANSMISSION_LINE(有损耗传输线)：有损耗媒介的二端口网络。传输线长度和单位长度的电阻、电感、电容、电导率共 5 个参数可改变。
- LOSSLESS_LINE_TYPE1(无损耗传输线类型 1)：无传输损耗，其特征阻抗为纯电阻性。特征阻抗和传输延迟时间两个参数可改变。
- LOSSLESS_LINE_TYPE2(无损耗传输线类型 2)：无传输损耗，与无损耗传输线类型 1 相比，不同之处在于传输延迟时间是通过设置传输信号频率和线路归一化长度来确定的。
- FILTERS(滤波器)：包括 5 阶低通滤波器、8 阶低通滤波器等集成滤波器。
- MOSFET_DRIVER(MOSFET 驱动器)：包含单通道、双通道高速 MOSFET 驱动器。
- MISC(其他)：包括可编程 DRAM 控制器/驱动器、集成 GPS 接收机、ADSL 驱动器、开关电容升压转换器、高速电源驱动器等。
- NET(网络)：包含建立电路模型的模板，通过输入网络表来建立一个具有 2 ~ 20 个引脚的模型。

13. 高等外围元件

单击图 10.1.4 元件工具栏左数第 13 个按钮——Advanced Peripheral(高等外围元件)图标 ▆，弹出高等外围元件选择对话框。左边 Family 栏的内容如图 10.2.14 所示。

- KEYPADS(键盘)：包括双音多频键盘、4 × 4 数字键盘和 4 × 5 数字键盘。
- LCDS(液晶显示屏)：包括各种规格的图形、字符液晶显示屏。
- TERMINALS(终端)：包含 1 个串口终端。
- MISC_PERIPHERALS(其他终端)：包括传送带、液体储存箱、交通灯等。

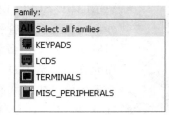

图 10.2.14　高等外围元件组

14. 射频元件

单击图 10.1.4 元件工具栏左数第 14 个按钮——RF(射频元件)图标 Ψ，弹出射频元件选择对话框。左边 Family 栏的内容如图 10.2.15 所示。

当电路工作在射频状态时，由于电路的工作频率很高，因此导致元件模型发生很多变化，在低频下的模型将不能适用于射频工作状态。该组元件共包含 8 个系列：RF_CAPACITOR(射频电容)、RF_INDUCTOR(射频电感)、RF_BJT_NPN(射频 NPN 晶体管)、RF_BJT_PNP(射频 PNP 晶体管)、RF_MOS_3TDN(射频耗尽型 NMOSFET)、TUNNEL_DIODE(射频隧道二极管)、STRIP_LINE(射频传输线)和 FERRITE_BEADS(铁氧体磁珠)。

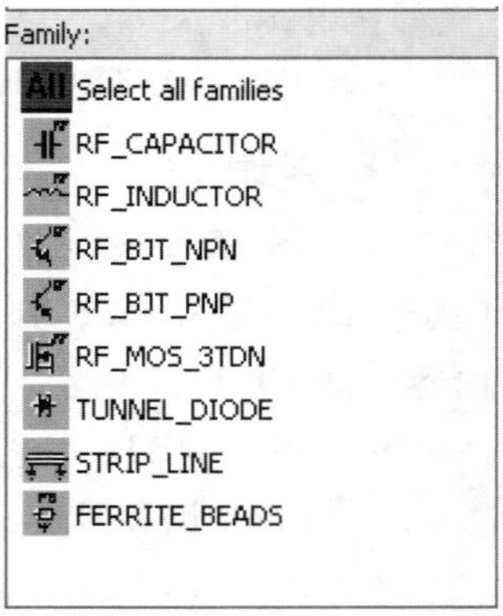

图 10.2.15　射频元件组

15. 机电类元件

单击图 10.1.4 元件工具栏左数第 15 个按钮——Electromechanical(机电类元件)图标 ⏦，弹出机电类元件选择对话框。左边 Family 栏的内容如图 10.2.16 所示。

- SENSING_SWITCHES(感测开关)：可通过键盘上的某个键控制该类开关的开合。

- MOMENTARY_SWITCHES（瞬时开关）：操作与感测开关类似，只是当其动作后不能恢复到原来的状态。

- SUPPLEMENTARY_CONTACTS（接触器）：操作与感测开关类似。

- TIMED_CONTACTS（定时接触器）：通过设置延迟时间控制其开合。

- COILS_RELAYS（线圈与继电器）：包括普通继电器、计数器控制继电器、励磁线圈、正转启动继电器、电机启动继电器、反转启动继电器、延时继电器等。

- LINE_TRANSFORMER（线性变压器）：包括各种空心类和铁心类电感器和变压器。

图 10.2.16　机电类元件组

- PROTECTION_DEVICES（保护装置）：包括磁过载保护器、梯形逻辑过载保护器、过载保护器和热过载保护器。

- OUTPUT_DEVICES（输出设备）：包括三相电机、直流电机电枢、加热器、直流电机和螺线管。

16. NI 公司元件

单击图 10.1.4 元件工具栏左数第 16 个按钮——NI Component（NI 公司元件）图标 🔽，弹出 NI 公司元件选择对话框。左边 Family 栏的内容如图 10.2.17 所示。

该组元件包含各种输入/输出连接器，对仿真结果没有影响，主要用于 PCB 设计。

17. 微控制器

单击图 10.1.4 元件工具栏左数第 17 个按钮——MCU（微控制器）图标 📶，弹出微控制器选择对话框。左边 Family 栏的内容如图 10.2.18 所示。

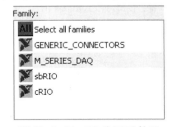

图 10.2.17　NI 公司元件组

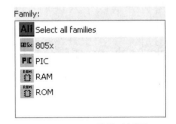

图 10.2.18　微控制器组

该组元件包含 8051、8052、PIC16F84、PIC16F84A 微处理器，以及各种容量的 RAM 和 ROM。

10.3　仿真仪器

Multisim 11 的仿真仪器包括仪器工具栏中的 22 种仪器和显示元件组中的电压表、电流表等。使用仿真仪器时，只需在仪器工具栏中单击选用仪器的图标，然后将该仪器拖到电路工作区即可。双击该仪器即可打开仪器的控制面板进行参数设置。下面简单介绍仿真仪器的功能。

1. Multimeter（万用表）

自动调整量程的数字显示的万用表，可测量交（直）流电压（流）、电阻及电路中两点之间的分贝损耗。

2. Function Generator(信号发生器)

可产生正弦波、三角波和矩形波 3 种波形的电压信号，频率范围为 1fHz ~ 1000THz，幅度范围为 1fVp ~ 1000TVp，直流偏置范围为 -1000 ~ 1000TV。对三角波和矩形波，占空比在 1% ~ 99% 间可调。

3. Wattmeter(瓦特表)

用于测量电路的功率和功率因数，功率以瓦特表示。

4. Oscilloscope(示波器)

双通道示波器，时间标尺范围为 1fs/Div ~ 1000Ts/Div，Y 轴刻度范围为 1fV/Div ~ 1000TV/Div。控制面板上有两个数字光标，便于读取任一点的数值或两点之间的差值。可将波形数据以 ASCII 码格式保存。

5. 4 Channel Oscilloscope(4 通道示波器)

可同时测量 4 个通道的信号，其连接、设置与双通道示波器相似。通过旋钮的切换实现对 4 个输入通道参数的设置。

6. Bode Plotter(波特仪)

测量和显示电路的幅频特性和相频特性，类似于扫频仪。坐标的刻度可选对数(log)格式或线性(lin)格式。

7. Frequency Counter(频率计)

用来测量数字信号的频率、周期、高/低电平持续时间和上升/下降时间。

8. Word Generator(字发生器)

能产生 32 路同步逻辑信号的多路逻辑信号源，最多能产生 8K×32bit 的同步逻辑信号。32 位字信号可分别以十六进制、十进制、二进制、ASCII 码形式显示和编辑，支持循环输出、一次输出、单步输出方式，缓冲区的内容可从文件装载或存入文件(*. dp)。

9. Logic Analyzer(逻辑分析仪)

同步记录和显示 16 路逻辑信号。支持内部时钟或外部时钟触发，具有时钟输入限定(Clock Qualifier)和触发限定(Trigger Qualifier)功能，支持多种触发样本(Pattern A、Pattern B、Pattern C 或它们的组合)，取样数可以设定(Pre-trigger Samples 前沿触发取样数或 Post-trigger Samples 后沿触发取样数)。

10. Logic Converter(逻辑转换仪)

完成以下转换：逻辑电路转换为真值表、真值表转换为逻辑表达式、真值表转换为最简逻辑表达式、逻辑表达式转换为真值表、逻辑表达式转换为逻辑电路(由与、或、非门组成)、逻辑表达式转换为与非门组成的逻辑电路。

11. IV-Analysis(伏安特性分析仪)

用于测量二极管、三极管和 MOS 场效应晶体管的伏安特性。

12. Distortion Analyzer(失真分析仪)

分析电路的失真度，包括总谐波失真 (Total Harmonic Distortion，THD) 和信噪比失真 (Signal Noise Distortion，SINAD) 两种失真计算模式。

13. Spectrum Analyzer（频谱分析仪）

测量信号的频谱。显示的频率范围可由用户设定或由软件自动设置。

14. Network Analyzer（网络分析仪）

用于测量二端口网络的 S、H、Y 和 Z 参数以及稳定因子。

15. Agilent Function Generator（安捷伦信号发生器）

根据安捷伦公司的现实仪器 Agilent 33120A 而设计的虚拟仪器。

16. Agilent Multimeter（安捷伦万用表）

根据安捷伦公司的现实仪器 Agilent 34401A 而设计的虚拟仪器。

17. Agilent Oscilloscope（安捷伦示波器）

根据安捷伦公司的现实仪器 Agilent 54622D 而设计的虚拟仪器。

18. Tektronix Oscilloscope（泰克示波器）

根据泰克公司的现实仪器 Tektronix TDS2024 而设计的虚拟仪器。

19. Measurement Probe（测量探针）

粘贴在鼠标指针上，用于测量电路中任一点的电压、电流和信号频率的数值。可在仿真前或仿真过程中放置，非常便于在仿真过程中观察不同点的电压、电流和频率的数值。

20. LabVIEW Instruments（LabVIEW 仪器）

包括双极型晶体管分析仪、阻抗表、麦克风、扬声器、信号分析仪、信号发生器和流信号发生器。

21. NI ELVISmx Instruments（NI ELVISmx 仪器）

包括数字万用表、示波器、函数信号发生器、波特分析仪、动态信号分析仪、任意波形发生器、数字信号读取器和数字信号写入器。

22. Current Probe（电流探针）

只需一端连接到电路，即可测量电流，电压电流比率设置范围为 1fV/mA ~ 1TV/mA。

10.4　仿真分析方法

Multisim 11 提供了 19 种电路分析方法，如图 10.4.1 所示。

1. 直流工作点分析（DC Operating Point ...）

主要用来计算电路的静态工作点。可分析电路中各个节点的电压数值及流过电源支路的电流数值。在对电路进行直流工作点分析时，电路中的电感视为短路、电容视为开路，交流源自动置零（即交流电压源视为短路，交流电流源视为开路），数字元件视为高阻接地。

2. 交流分析（AC Analysis ...）

交流分析，即小信号频率响应分析。分析时首先对电路进行直流工作点分析，为建立电路中非线性元件的交流小信号模型奠定基础。直流源被自动置零，交流信号源、电容、电感均用它们的交流模式表示，数字元件视为高阻接地。输入信号采用正弦波形式，不管电路的输入端为何种输入信号。

3. 单一频率交流分析(Single Frequency AC Analysis...)

在指定频率下对电路进行交流分析,其他同交流分析。

4. 瞬态分析(Transient Analysis...)

瞬态分析,就是时域分析(time domain analysis),观察电路节点电压对时间变量的响应。软件将每一个输入周期划分成若干个时间间隔,并且再对每一个时间点执行一次直流工作点分析。某个节点的电压波形是通过对整个周期内每个时间点的电压数值来测定的。在瞬态分析时,直流电源保持常数,交流信号源数值随时间而变,电路中的电容和电感都以能量储存模式出现。

5. 傅里叶分析(Fourier Analysis...)

傅里叶分析就是求解时域信号的直流分量、基波分量和谐波分量的幅度和相位。傅里叶分析前,首先确定分析节点,其次把电路的交流激励信号源设置为基频。如果电路存在几个交流源,可将基频设置在这些频率值的最小公因数上,例如有 6.5kHz 和 8.5kHz 两个交流信号源,则取 0.5kHz,因 0.5kHz 的 13 次谐波是 6.5kHz,17 次谐波是 8.5kHz。

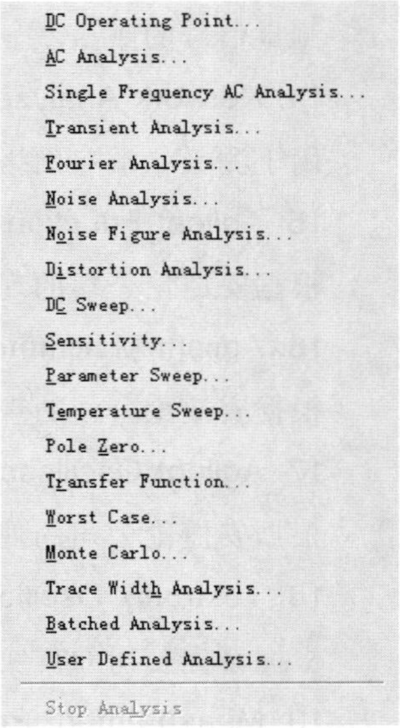

```
DC Operating Point...
AC Analysis...
Single Frequency AC Analysis...
Transient Analysis...
Fourier Analysis...
Noise Analysis...
Noise Figure Analysis...
Distortion Analysis...
DC Sweep...
Sensitivity...
Parameter Sweep...
Temperature Sweep...
Pole Zero...
Transfer Function...
Worst Case...
Monte Carlo...
Trace Width Analysis...
Batched Analysis...
User Defined Analysis...

Stop Analysis
```

图 10.4.1　分析菜单

6. 噪声分析(Noise Analysis...)

噪声分析用于检测电路输出信号的噪声功率,分析计算电路中各种无源器件或有源器件产生的噪声效果。分析时,假设每一个噪声源之间在统计意义上互不相关,而且它们的数值是单独计算的。这样对于指定的输出节点的总噪声就是每个噪声源在该节点产生的噪声之和(有效值)。

7. 噪声系数分析(Noise Figure Analysis...)

分析电路的噪声系数——输入端信噪比与输出端信噪比的比值。

8. 失真分析(Distortion Analysis...)

失真分析用于检测电路中的谐波失真和内部调制失真。如果电路中只有一个交流激励源,则失真分析检测电路中每一个节点的二次谐波和三次谐波失真。如果电路中有两个交流源 f_1 和 f_2,则失真分析求出电路变量在 3 个不同频率点 f_1+f_2、f_1-f_2 和 $2\max(f_1,f_2)-\min(f_1,f_2)$ 的失真。

9. 直流扫描分析(DC Sweep...)

直流扫描分析是计算电路中某一节点上的直流工作点随电路中一个或两个直流电源的数值变化的情况。

10. 灵敏度分析(Sensitivity...)

当电路中某个元件的参数值发生变化时,必然影响电路中节点电压、支路电流的大小和频响特性指标。灵敏度分析是计算电路的输出变量对电路中元器件参数的敏感程度。

11. 参数扫描分析(Parameter Sweep...)

参数扫描分析是通过对电路中某些元件的参数在一定取值范围内变化时对电路直流工作点、瞬态特性及交流频率特性的影响进行分析,以便对电路的某些性能指标进行优化。

12. 温度扫描分析(Temperature Sweep...)

温度扫描分析就是研究温度变化对电路性能的影响。主要考虑电阻的温度特性和半导体器件的温度特性。通常电路的仿真是假定在 27℃ 下进行的，当温度变化时，电路的特性也会产生一些变化。

13. 零极点分析 (Pole Zero . . .)

零极点分析用于求解交流小信号电路传递函数中极点和零点的个数及其数值。零极点分析对检测电子线路的稳定性十分有用。

14. 传递函数分析 (Transfer Function . . .)

传递函数分析是分析计算在交流小信号条件下，由用户指定的作为输出变量的任意两节点之间的电压或流过某一个元件的电流与作为输入变量的独立电源之间的比值，同时计算出相应的输入变量处的输入阻抗值和输出变量处的输出阻抗值。

15. 最坏情况分析 (Worst Case . . .)

最坏情况分析是一种统计分析方法，可观察到元件参数在给定的误差条件下电路特性变化的最坏可能结果。

16. 蒙特卡罗分析 (Monte Carlo . . .)

蒙特卡罗分析利用统计分析的方法，观察电路中的元件参数，按照给定的误差分布类型，在一定的数值范围内变化时对电路特性的影响。这种分析方法可以预测电路在批量生产时的合格率和生产成本。

17. 布线宽度分析 (Trace Width Analysis . . .)

帮助用户在设计印制电路板(PCB)时确定走线的宽度。

18. 批处理分析 (Batched Analysis . . .)

批处理分析是将不同的分析或者同一分析的不同实例放在一起依次执行。

19. 用户自定义分析 (User Defined Analysis . . .)

用户自定义分析是 Multisim 提供给用户扩充仿真分析功能的一个途径，可根据需要输入可执行的 SPICE 命令。

10.5 在模拟电子技术中的应用

例 10.5.1 试用 Multisim 测量 NPN 晶体管的输出特性曲线。

解： 在实验室中可以采用专门的晶体管特性图示仪来直接测量晶体管的输出特性。Multisim 11 中可以采用伏安特性分析仪测量，测量电路及测量结果如图 10.5.1 a、b 所示。也可以采用 LabVIEW 中的双极型晶体管分析仪测量，测量电路及测量结果如图 10.5.2 a、b 所示。

例 10.5.2 单级放大器电路如图 10.5.3 所示，运用 Multisim 完成以下工作。

1）计算直流工作点。

2）分析电路的频率响应。

3）分析电路的交流输入电阻和输出电阻。

解： 用 Multisim 绘制的电路原理图如图 10.5.4 所示。

1）计算直流工作点。

启动 Simulate \ Analyses \ DC Operating Point . . . 命令，选择需观测的节点后，执行仿真，得到如图 10.5.5 所示的窗口，得到节点 4、5、3 的直流电压分别为 2.25059V、

7.52703V、2.89655V，以及 U_{CC} 支路的直流电流 2.35787mA。

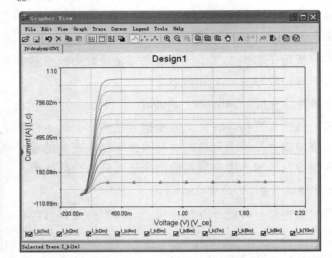

a) 测量电路   b) 测量结果（I_b 从1mA至10mA，间隔1mA）

图 10.5.1   采用伏安特性分析仪测量 NPN 晶体管的输出特性曲线

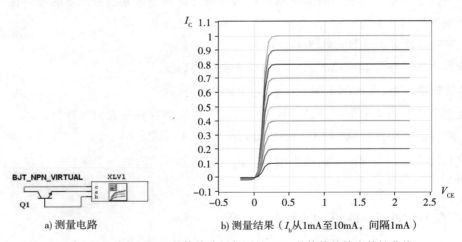

a) 测量电路   b) 测量结果（I_b 从1mA至10mA，间隔1mA）

图 10.5.2   采用双极型晶体管分析仪测量 NPN 晶体管的输出特性曲线

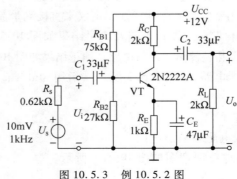

图 10.5.3   例 10.5.2 图

2）分析电路的频率响应。

启动 Simulate \ Analyses \ AC Analysis ... 命令，选择需观测的节点后，执行仿真，得到

如图 10.5.6 所示的窗口。在电路中接入波特仪，进行仿真，得到的幅频特性如图 10.5.7 所示，可知电路的中频增益为 36.441dB，让增益下降 3dB（即变为 33.441dB），易获得上限截止频率为 38.294kHz，下限截止频率为 232.804Hz。

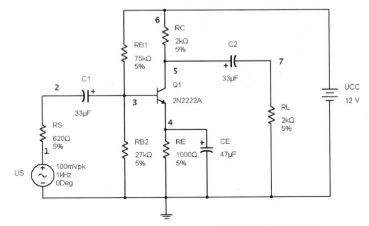

图 10.5.4　用 Multisim 绘制的单级放大器原理图

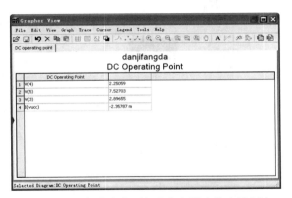

图 10.5.5　各节点电压（V）和电源支路电流（A）

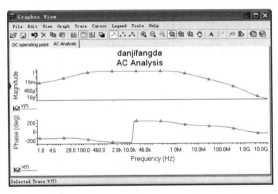

图 10.5.6　AC 分析获得的幅频和相频特性

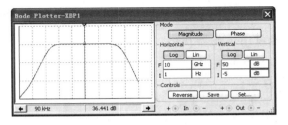

图 10.5.7　接入波特仪获得的幅频特性

3）分析电路的交流输入电阻和输出电阻。

在电路的输入和输出端口接上电压表和电流表，并选择 AC 档，测出此电压与电流的有效值，两者相除即可求得放大电路在某个频率下的输入和输出电阻。按图 10.5.8 和图 10.5.9 将两表接入电路，启动仿真开关，根据电压表和电流表的读数，可得到电路在 1kHz 频率下的输入电阻为 $5.512\text{mV}/2.558\mu\text{A}=2.15\text{k}\Omega$，输出电阻为 $7.071\text{mV}/4.573\mu\text{A}=1.55\text{k}\Omega$。

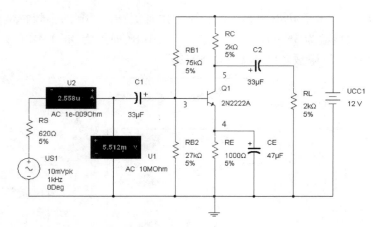

图 10.5.8　测量输入电阻时电压表、电流表与电路的连接

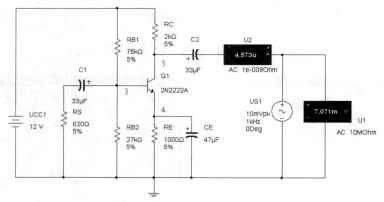

图 10.5.9　测量输出电阻时电压表、电流表与电路的连接

例 10.5.3　差动放大电路如图 10.5.10 所示，三极管均采用 2N1711，当输入信号频率为 1kHz 时，试分析双端输出差模电压放大倍数 $A_{ud} = U_o/U_i$。

解：用 Multisim 绘制的电路原理图如图 10.5.11 所示。

电路的输出电压信号可用示波器观察，采用双通道示波器的 ADD 功能（两个通道都采用 DC 耦合方式），实现两个三极管集电极（即节点 4 和节点 3）电压信号 $V_{(4)}$、$V_{(3)}$ 叠加，显示双端输出波形 $V_{(4)} - V_{(3)}$，Grapher View 窗口显示的双端输出波形如图 10.5.12 所示。若将图

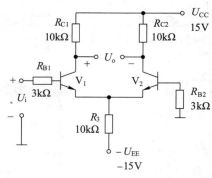

图 10.5.10　例 10.5.3 图

10.5.11 改接成共模信号输入形式，则可观察节点 4 和节点 3 没有交流信号输出，即电路的共模电压增益 $A_{uc} = 0$，故图 10.5.12 中的输出电压 U_o 全部由差模电压 U_i 经放大后获得，所以 $U_o = A_{ud}U_i$。移动 Grapher View 窗口中的滑动标尺，可读出波形的峰峰值电压约为 $0.626 \times 2\mathrm{V} = 1.252\mathrm{V}$，而输入电压的峰峰值为 10mV，故差模电压放大倍数 $A_{ud} = 1.252/0.01 = 125.2$。

也可采用波特仪对从节点 3 输出的电路进行频响分析，结果如图 10.5.13 所示。由于共模电压增益为 0，故图 10.5.13 中测得的电压增益为差模电压增益的一半，光标 2 处的信号频率为 1kHz，对应的增益为 35.9122dB，根据 $20\lg|A_{ud}/2| = 35.9122$，可求得差模电压放

大倍数 $A_{ud}=124.9$，与采用示波器分析方法得到的结论相符。

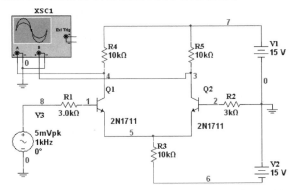

图 10.5.11　用 Multisim 绘制的差动放大电路原理图

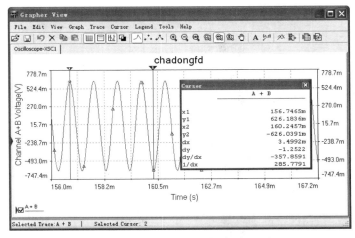

图 10.5.12　差动放大电路双端输出波形

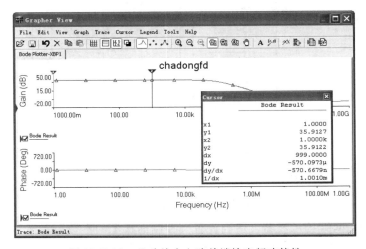

图 10.5.13　差动放大电路单端输出频响特性

例 10.5.4　电压串联负反馈放大器电路如图 10.5.14 所示，若开关 K 闭合，C_6、R_{10} 引入了级间电压串联负反馈，运用 Multisim 完成以下工作。

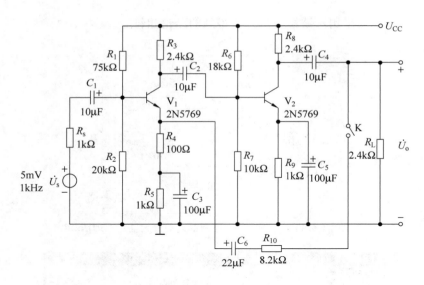

图 10.5.14　例 10.5.4 图

1）分析开关打开、开关闭合两种情况下电路的输出波形。

2）分析开关打开、开关闭合两种情况下电路的频率响应。

解：用 Multisim 绘制的电路原理图如图 10.5.15 所示。

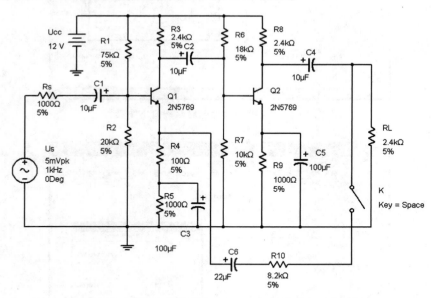

图 10.5.15　用 Multisim 绘制的电压串联负反馈放大器原理图

1）分析开关打开、开关闭合两种情况下电路的输出波形。

在输出负载 R_L 两端接示波器，适当设置其控制面板上的参数，单击仿真开关进行仿真，打开开关 K（无负反馈）和闭合开关 K（有负反馈）两种情况下，示波器显示的波形分别如图 10.5.16a、b 所示。从图 10.5.16 可知，无负反馈时，输出波形幅度较大（1.487V），但有明显的截止失真；有负反馈时，输出波形已看不出失真，但波形幅度减小（322.794mV）。

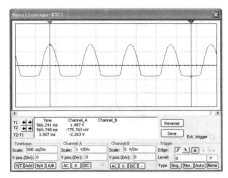
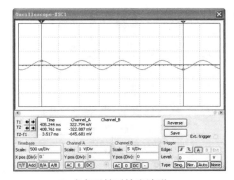

a) 无负反馈时输出波形   b) 有负反馈时输出波形

图 10.5.16   无负反馈和有负反馈时电路的输出波形

2) 分析开关打开、开关闭合两种情况下电路的频率响应。

在电路中接入波特仪, 进行仿真, 无负反馈和有负反馈时, Grapher View 窗口显示的频响特性曲线分别如图 10.5.17 a、b 所示。移动 Grapher View 窗口中的滑动标尺, 可读出无负反馈时, 电路的中频电压增益为 54.1dB, 上、下限频率分别为 838.1kHz 和 57.4Hz; 有负反馈时, 电路的电压增益为 36.9dB, 上、下限频率分别为 6.2MHz 和 17.7Hz。由此可见, 负反馈以降低增益为代价, 换来通频带的拓宽。

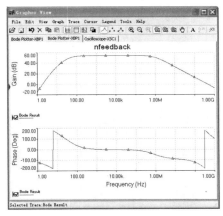
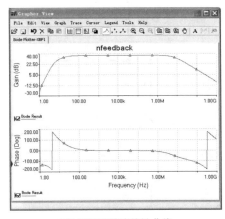

a) 无负反馈时频响特性曲线   b) 有负反馈时频响特性曲线

图 10.5.17   无负反馈和有负反馈时电路的频响特性曲线

例 10.5.5   乙类功率放大电路如图 10.5.18 所示, 若输入 u_i 为有效值 2V、频率 1kHz 的正弦波, 运用 Multisim 观察电路的输出波形是否出现交越失真。

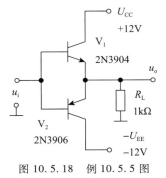

图 10.5.18   例 10.5.5 图

解：用 Multisim 绘制的电路原理图如图 10.5.19 所示。

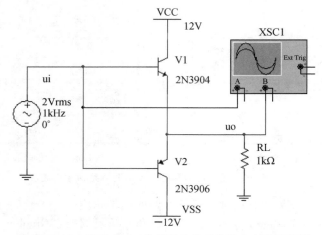

图 10.5.19　用 Multisim 绘制的乙类功率放大电路原理图

在输出负载 R_L 两端接示波器，适当设置其控制面板上的参数，单击仿真开关进行仿真，示波器显示的波形如图 10.5.20 所示。从图 10.5.20 可知，上面的为输入波形，峰峰值为 5.550V，波形正常，下面的为输出波形，峰峰值为 4.153V，出现了明显的交越失真。为方便观察，输入波形向上平移了 1.4 格，输出波形向下平移了 1.2 格。

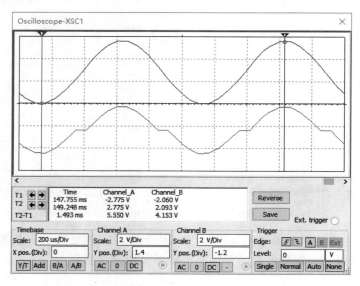

图 10.5.20　乙类功率放大电路的输出波形有交越失真

思考题

1. Multisim 软件提供了哪些分析功能？
2. Multisim 软件提供了哪些元件库、元件组？
3. 在 Multisim 软件中观测放大器输出信号的失真情况，可使用何种虚拟仪器仪表？
4. 在 Multisim 软件中测量放大器的电压增益，可使用何种虚拟仪器仪表？

习题

10.1 试用 IV-Analysis(伏安特性分析仪)测量二极管 IN4009、三极管 2N5769 和三端增强型 N 沟道 MOS 场效应晶体管 2N6765 的伏安特性。

10.2 用示波器测量信号发生器的输出波形，调整各参数，观察波形变化。

10.3 二极管电路如题 10.3 图所示，二极管为 IN4009，当 $u_i = 5\sin 2\pi \times 1000t(\text{V})$ 时，用示波器测量输出波形。

10.4 共集电极电路如题 10.4 图所示，当信号源频率为 1kHz 时，试分析放大电路的输入电阻、输出电阻及电压增益。

10.5 MOSFET 构成的放大电路如题 10.5 图所示，当信号源频率为 1kHz 时，试分析放大电路的输入电阻、输出电阻及电压增益。

10.6 试分析题 10.5 图所示电路的频率响应。

10.7 差动放大电路如题 10.7 图所示，晶体管均采用 2N5769，试求静态值 U_{C1Q}、U_{C2Q}、U_{B3Q}；当输入信号频率为 1kHz 时，试求差模电压放大倍数 $A_{ud} = U_o / U_i$。

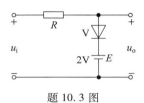

题 10.3 图

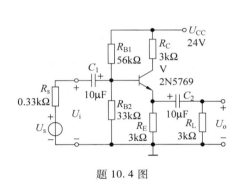

题 10.4 图

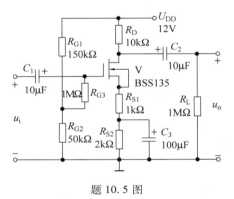

题 10.5 图

10.8 OCL 功放电路如题 10.8 图所示，V_1 和 V_2 采用虚拟双极性晶体管，调节 R_w 的阻值，使之从 0 逐渐加大，观察输出波形的变化。

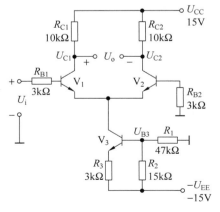

题 10.7 图

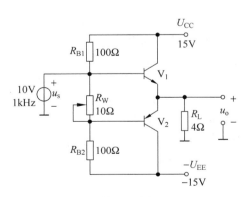

题 10.8 图

第 11 章

集成逻辑门电路

逻辑门电路是指能完成一些最基本逻辑功能的电路。最基本的门电路是与门、或门和非门。由于半导体工艺和集成工艺的发展，由分立元件构成的门电路已被集成逻辑门电路所代替。

数字集成电路按其集成度可分为小规模集成电路（Small Scale Integration，SSI）、中规模集成电路（Medium Scale Integration，MSI）、大规模集成电路（Large Scale Integration，LSI）及超大规模集成电路（Very Large Scale Integration，VLSI）。集成逻辑门电路属于SSI，是构成数字电路的基本器件。

从制造工艺来看，数字集成电路又分为双极型晶体管逻辑和单极型晶体管逻辑。常见的双极型器件有：晶体管—晶体管逻辑（Transistor-Transistor Logic，TTL）、射极耦合逻辑（Emitter Coupled Logic，ECL）、集成注入逻辑（Integrated Injection Logic，I2L）。常见的单极型器件有：互补 MOS 逻辑（Complementary MOS Logic，CMOS）。

单极型器件集成度高而速度低，双极型器件速度高而集成度低，但两者都向着高速、高集成度和低功耗的方向发展。

本章着重介绍典型 TTL、CMOS 集成逻辑门电路的基本结构、工作原理和它的外部特性。

11.1　双极型晶体管的开关特性

在数字电路中，双极型晶体管（以下为叙述方便，在不引起混淆的情况下，简称三极管）常作为开关元件来使用，此时三极管交替工作在截止区和饱和区。共射组态的三极管电路由于其增益高、负载能力强而常被用作开关电路，图 11.1.1 是常用的三极管开关电路。

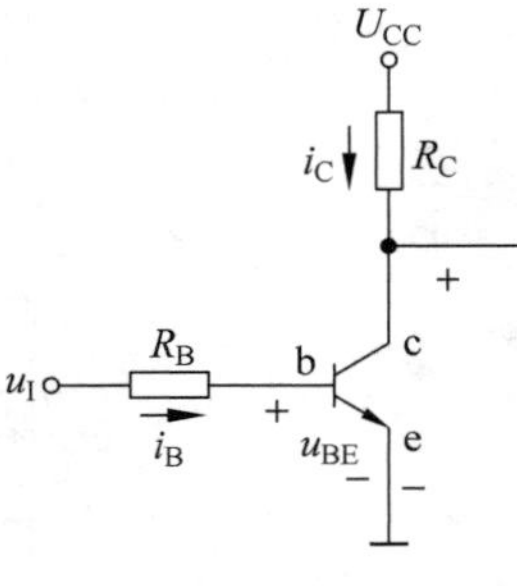

当发射结与集电结均反偏时，三极管工作在截止区，c、e 间呈高阻抗状态，近乎开路，$i_B = i_C = 0$，$u_{CE} = U_{CC}$，此时三极管开关电路的等效电路如图 11.1.2a 所示。当发射结与集电结均正偏时，三极管工作在饱和区，c、e 间呈低阻抗状态，近乎短路，$u_{CE} = U_{CES}$，i_C 几乎不随 i_B 的变化而变化，此时三极管开关电路的等效电路如图 11.1.2b 所示。

图 11.1.1　三极管开关电路

三极管在饱和区（也称三极管处于开态）和截止区（也称三极管处于关态）相互转换时，由于三极管内部电荷的建立和释放都需要一定的时间才能完成，故集电极电流和输出电压的变化将滞后于输入电压的变化。三极管在开态、关态相互转换时呈现的动态特性称为三极管的**瞬时开关特性**，如图 11.1.3 所示。

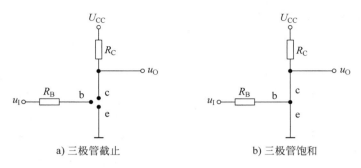

a) 三极管截止   b) 三极管饱和

图 11.1.2 三极管开关电路的等效电路

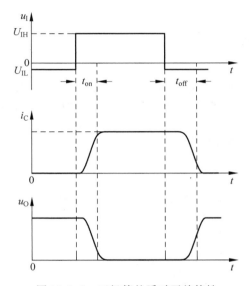

图 11.1.3 三极管的瞬时开关特性

图 11.1.3 中，t_{on} 称为**开启时间**，表示 u_I 从正跳开始到 i_C 上升至其最大值的 90% 时所需要的时间，这段时间对应三极管从关态转入开态；t_{off} 称为**关闭时间**，表示 u_I 从负跳开始到 i_C 下降至其最大值的 10% 时所需要的时间，这段时间对应三极管从开态转入关态。

t_{on} 和 t_{off} 的大小关系到三极管的开关速度。若 $t_{on} = 1.5\,\text{ns}$，$t_{off} = 3.5\,\text{ns}$，则 u_I 的最高频率

$$f_{max} = \frac{1}{t_{on} + t_{off}} = \frac{1}{1.5\,\text{ns} + 3.5\,\text{ns}} = 200\,\text{MHz}。$$

11.2 MOS 管的开关特性

若 MOS 管只工作在截止区和可变电阻区，则可将 MOS 管等效成开关元件。由 ENMOS 管构成的共漏组态的开关电路如图 11.2.1 所示。

当 $u_I = u_{GS} < U_{GSth}$ 时，MOS 管工作在截止区，D、S 间呈高阻抗状态，近乎开路，$i_D = 0$，$u_{DS} = U_{DD}$。当 $u_I = u_{GS} > U_{GSth}$ 且 $u_{DS} < u_{GS} - U_{GSth}$ 时，MOS 管工作在可变电阻区，D、S 间呈低阻抗状态，近乎短路，$u_{CE} \approx 0$。MOS 管开关电路的等效电路如图 11.2.2 所示，图中的 C_I 代表栅极和源极间的电容，约为几个皮法，称为输入电容。由于 C_I 的存在，当输入 u_I 变化

时，也会出现类似双极型晶体管的输出信号 i_D、u_O 滞后于 u_I 的动态特性。

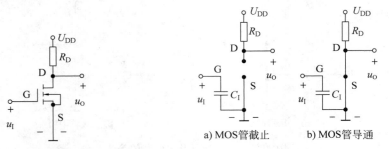

图 11.2.1　MOS 管开关电路

a) MOS管截止　　b) MOS管导通

图 11.2.2　MOS 管开关电路的等效电路

11.3　TTL 门电路

TTL 集成电路是较早生产并发展迅速、应用极为广泛的一种双极型电路。下面以 54/74 系列（标准系列）中的 2 输入与非门为例，介绍其电路结构、工作原理和典型参数。

11.3.1　TTL 标准系列与非门

1. 电路结构

图 11.3.1a 是 TTL 标准系列 2 输入与非门的典型电路。因为这种类型的电路的输入端和输出端均为晶体管结构，所以称作晶体管-晶体管逻辑电路（TTL），图 11.3.1b 是其逻辑符号。该电路可分为输入级、中间级和输出级三部分。

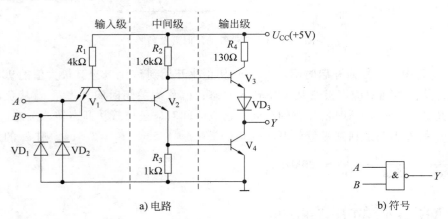

a) 电路　　　　　　　　　　　　　　b) 符号

图 11.3.1　典型 TTL 与非门

（1）电路输入级

电路输入级由 V_1、R_1、VD_1 和 VD_2 组成。V_1 是一个多发射极的三极管，其结构如图 11.3.2a 所示。可以把多发射极三极管看作是两个发射极独立而基极和集电极分别并联在一起的三极管。从逻辑功能上看，输入级相当于由二极管构成的与门，如图 11.3.2b 所示，实现输入变量 A、B 的逻辑与。

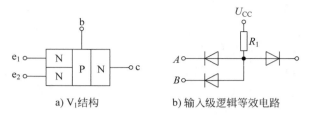

a) V₁结构   b) 输入级逻辑等效电路

图 11.3.2 V₁ 结构及输入级逻辑等效电路

（2）电路中间级

电路中间级由 V_2、R_2 和 R_3 组成。V_2 的集电极和发射极能提供一对相位相反的信号以驱动 V_3 和 V_4，故中间级又称为倒相级。

（3）电路输出级

电路输出级由 VD_3、V_3、V_4 和 R_4 组成。输出级为一推拉式输出电路，V_3、V_4 轮流导通，输出阻抗较低，有利于改善电路的输出波形，提高电路的负载能力。

2. 工作原理

如图 11.3.3 所示，设电源电压 $U_{CC}=5V$，输入信号的高、低电平分别为 $U_{IH}=3.4V$，$U_{IL}=0.2V$。将 PN 结的伏安特性进行折线化近似，并认为开启电压 $U_{BE(on)}=0.7V$。

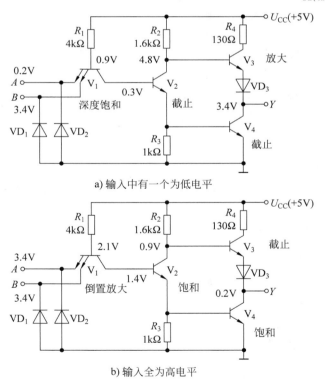

a) 输入中有一个为低电平

b) 输入全为高电平

图 11.3.3 典型 TTL 与非门工作原理

当输入信号有一个为低电平时，设 $u_A=0.2V$，$u_B=3.4V$，则 V_1 的基极与 A 端间对应的发射结导通，使 V_1 的基极电位被钳制在 0.9V。由于 V_1 的集电极回路电阻是 R_2 和

V_2 的 b-c 结反向电阻之和，阻值非常大，导致 V_1 的集电极电流 i_{C1} 非常小，而 V_1 的基极电流 $(U_{CC} - u_{B1})/R_1 = (5-0.9)/4\text{mA} \approx 1\text{mA}$，所以 $\beta_1 i_{B1} \gg i_{C1}$，因而 V_1 工作在深度饱和状态，$U_{CES1} \approx 0.1\text{V}$。此时，$V_1$ 的集电极电压约为 $u_{C1} = U_{IL} + U_{CES1} \approx 0.2\text{V} + 0.1\text{V} = 0.3\text{V}$，该电压使 V_2、V_4 截止。电源 U_{CC} 经 R_2 驱动 V_3 和 VD_3，使 V_3 和 VD_3 导通，由于 V_3 的基极电流很小，所以 R_2 上的电压也很小，约为 0.2V。各个三极管的工作状态如图 11.3.3a 所示。输出电压 u_0 为

$$u_0 = U_{CC} - u_{R2} - U_{BE3(on)} - U_{VD3(on)} \approx (5 - 0.2 - 0.7 - 0.7)\text{V} = 3.4\text{V} \qquad (11.3.1)$$

该电压为高电平，用 U_{OH} 表示。

当输入信号全为高电平时，V_1 的基极电压升高，足以使 V_1 的集电结、V_2 和 V_4 的发射结导通，使 u_{B1}、u_{C1} 分别钳制在 2.1V、1.4V，V_1 管工作在发射结反偏、集电结正偏的状态，即倒置放大状态（此时的电流放大系数 $\beta_{倒置} = I_{E1}/I_{B1} \ll 1$）。基极电流 i_{B1} 驱动 V_2 管、V_4 管，使两管进入饱和状态，输出电压 u_0 为 V_4 管的饱和压降 U_{CES4}，即

$$u_O = U_{CES4} = 0.2\text{V} \qquad (11.3.2)$$

该电压为低电平，用 U_{OL} 表示。这时，V_2 管集电极电压 $u_{C2} = U_{CES2} + U_{BE(on)} = 0.2\text{V} + 0.7\text{V} = 0.9\text{V}$，因此 V_2 管、V_4 管集电极间只有 0.7V，不足以使 V_3 和 VD_3 导通，所以 V_3、VD_3 截止。各个三极管的工作状态如图 11.3.3b 所示。

由以上分析可见，当输入端中有一个是低电平时，则输出高电平；当输入端全是高电平时，则输出低电平，该电路的输出与输入之间是与非逻辑关系，即 $Y = \overline{AB}$。

在稳定状态下，V_3、V_4 总是一个导通而另一个截止，这有效地降低了输出级的静态功耗并提高了驱动负载的能力。通常把这种形式的电路称为推拉式（push-pull）输出电路。为确保 V_4 饱和导通时 V_3 可靠地截止，在 V_3 的发射极引入二极管 VD_3。VD_1 和 VD_2 是输入端钳位二极管，它们既可以抑制输入端可能出现的负极性干扰脉冲，又可以防止输入电压为负时 V_1 的发射极电流过大，起到保护作用。这两个二极管允许通过的最大电流约为 20mA。

3. 主要外部电气特性

（1）电压传输特性

电压传输特性是指输出电压 u_0 与输入电压 u_1 之间的关系曲线，测试电路、电压传输特性分别如图 11.3.4a、b 所示。

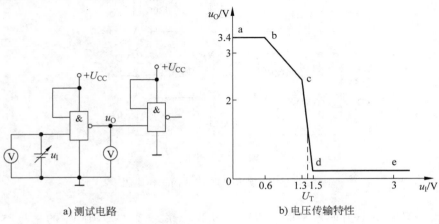

a) 测试电路　　　　b) 电压传输特性

图 11.3.4　电压传输特性

图 11.3.4b 中曲线可分为 ab、bc、cd 和 de 4 段。

ab 段，$u_I < 0.6V$，$u_{B2} < 0.7V$，V_2、V_4 管截止而 V_3、VD_3 管导通，输出高电平 3.4V，称为截止区。

bc 段，$0.6V < u_I < 1.3V$，$0.7V < u_{B2} < 1.4V$，V_2 管导通而处于放大区，V_4 管截止，随 u_I 增加，R_2 上的电压线性增大，输出电压线性下降，称为线性区。

cd 段，$1.3V < u_I < 1.5V$，V_2 管由放大区进入饱和区，V_4 管导通并迅速饱和，R_2 上的电压急剧增大，V_3、VD_3 管迅速截止，u_O 急剧下降，称为转折区。通常把转折区的中点所对应的输入电压称为**阈值电压**或**开启电压**，记为 U_T，一般 $U_T = 1.4V$。

de 段，$u_I > 1.5V$，V_2、V_4 管饱和，V_3、VD_3 管截止，输出低电平 0.2V，称为饱和区。

从电压传输特性曲线可得如下几个重要参数。

1）输出高电平 U_{OH} 和输出低电平 U_{OL}。电压传输特性曲线截止区所对应的输出电压为 U_{OH}，标准值为 3.4V，最小值为 2.4V。电压传输特性曲线饱和区所对应的输出电压为 U_{OL}，标准值为 0.2V，最大值为 0.4V。

2）阈值电压 U_T。如前所述，一般 $U_T = 1.4V$。

3）开门电平 U_{ON} 和关门电平 U_{OFF}。为了正确区分逻辑"0"和逻辑"1"，必须规定输出高电平的下限 $U_{OH(min)}$ 和输出低电平的上限 $U_{OL(max)}$。

当输出为低电平的上限 $U_{OL(max)}$ 时，逻辑门所对应的输入电平 $U_{IH(min)}$ 称为**开门电平**。当输入电压大于 U_{ON} 时，逻辑门处于开通状态（开态）。一般要求 $U_{ON} \leqslant 1.8V$。

当输出为高电平的下限 $U_{OH(min)}$ 时，逻辑门所对应的输入电平 $U_{IL(max)}$ 称为**关门电平**。当输入电压小于 U_{OFF} 时，逻辑门处于关闭状态（关态）。一般要求 $U_{OFF} \geqslant 0.8V$。

U_{ON} 和 U_{OFF} 的示意图如图 11.3.5 所示。

4）高电平噪声容限 U_{NH} 和低电平噪声容限 U_{NL}。从电压传输特性上可以看到，当输入信号偏离正常的低电平（0.2V）而升高时，输出的高电平并不立刻改变。同样，当输入信号偏离正常的高电平（3.4V）而降低时，输出的低电平也不会马上改变。因此，允许输入的高、低电平信号各有一个波动范围。在保证输出高、低电平基本不变（或者说变化的大小不超过允许的限度）的条件下，输入电平的允许波动范围称为**输入端噪声容限**。

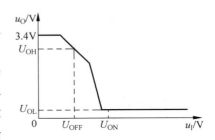

图 11.3.5 U_{ON} 和 U_{OFF} 示意图

在由门电路互相连接组成的系统中，前一级门电路的输出就是后一级门电路的输入。对后一级而言，输入高电平信号可能出现的最小值即为 $U_{OH(min)}$。由此，可得输入为高电平时的噪声容限 U_{NH}，即

$$U_{NH} = U_{OH(min)} - U_{IH(min)} = U_{OH(min)} - U_{ON} \tag{11.3.3}$$

同理，可得输入为低电平时的噪声容限 U_{NL}，即

$$U_{NL} = U_{IL(max)} - U_{OL(max)} = U_{OFF} - U_{OL(max)} \tag{11.3.4}$$

输入端噪声容限示意图如图 11.3.6 所示。可见噪声容限的实质是：在保证电路不出现逻辑错误的情况下，输入端所允许加入的干扰信号的大小。高电平噪声容限是指在保证输出为低电平的前提下，允许叠加在输入高电平上的最大负向干扰（或噪声）电压。低电平噪声容限是指在保证输出为高电平的前提下，允许叠加在输入低电平上的最大正向干扰（或噪声）电压。

因此，噪声容限反映了电路的抗干扰能力。噪声容限越大，电路的抗干扰能力越强，表现在电压传输特性曲线上就是线性区和转折区更陡峭。

SN7400 四 – 二输入与非门的标准参数为 $U_{IH(min)} = 2.0V$，$U_{IL(max)} = 0.8V$，$U_{OH(min)} = 2.4V$，$U_{OL(max)} = 0.4V$，故可得 $U_{NH} = 0.4V$，$U_{NL} = 0.4V$。

（2）输入特性

输入特性指输入电流随输入电压变化而变化的规律。测试电路与输入特性曲线如图 11.3.7a、b 所示（假定电流由信号源流入电路内部为正，反之为负）。由输入特性曲线可得如下参数。

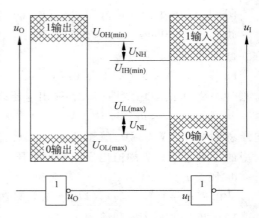

图 11.3.6 输入端噪声容限示意图

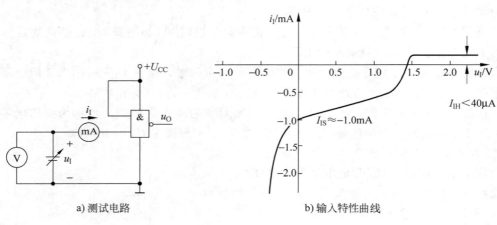

a) 测试电路   b) 输入特性曲线

图 11.3.7 输入特性

1）输入短路电流 I_{IS}。指输入端一端对地短路时，自门电路内部经该端流出的电流，即

$$I_{IS} = -\frac{U_{CC} - u_{BE1}}{R_1} = -\frac{5 - 0.7}{4}mA = -1.07mA \qquad (11.3.5)$$

若该门由前级 TTL 门电路驱动，则该电流是流入前级门的灌电流。

2）低电平输入电流 I_{IL}。指输入端接低电平（0.2V）时，自门电路内部经该端流出的电流，即

$$I_{IS} = -\frac{U_{CC} - u_{BE1} - U_{IL}}{R_1} = -\frac{5 - 0.7 - 0.2}{4}mA \approx -1mA \qquad (11.3.6)$$

该电流与 I_{IS} 近似相等。

3）高电平输入电流 I_{IH}。指输入端接高电平（3.4V）时，流入门电路内部的电流。若由前级门提供，则该电流是前级门的拉电流。74 系列门电路每个输入端的 I_{IH} 值在 40μA 以下。

（3）输入负载特性

TTL 与非门输入端若经过电阻 R_I 接地，则 U_{CC} 在 R_1 和 R_I 上进行分压，于是 R_I 上形成输入电压 u_I。u_I 与 R_I 的关系称为输入负载特性。测试电路及输入负载特性如图 11.3.8a、c 所示。

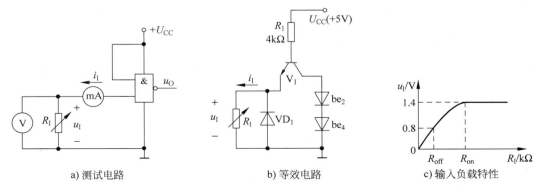

a) 测试电路　　　　　b) 等效电路　　　　　c) 输入负载特性

图 11.3.8　输入负载特性

当 R_I 较小时，R_I 两端的压降较小，u_I 可以当作低电平，随着 R_I 增大，u_I 也增大。此时，输入端的等效电路如图 11.3.8b 所示。由图 11.3.8b 可知：

$$u_I = \frac{U_{CC} - u_{BE1}}{R_I + R_1}R_I \tag{11.3.7}$$

当 $u_I \leq U_{off}$ 时，可以当作输入低电平，则电路输出高电平。我们把 $u_I = U_{off}$ 时所对应的 R_I 记为 R_{off}（**关门电阻**）。按图 11.3.1a 所给电路参数计算得 $R_{off} = 0.91\text{k}\Omega$。

随着 R_I 的增大，u_I 增大到 1.4V 时，V_2、V_4 的发射结同时导通，V_1 基极将被钳位于 2.1V，因此 u_I 也将被钳位于 1.4V，即使 R_I 增大，u_I 也不再增大。这时 u_I 与 R_I 的关系也就不再遵守式（11.3.7）的关系。此时，相当于电路输入高电平，输出低电平。通常，把输出低电平所需要的最小 R_I 记为 R_{on}（**开门电阻**）。经计算，$R_{on} = 2.5\text{k}\Omega$。

因此，R_I 的大小与电路的工作状态密切相关。$R_I > R_{on}$，相当于输入"1"，逻辑门处于开门状态，电路稳定输出低电平；$R_I < R_{off}$，相当于输入"0"，逻辑门处于关门状态，电路稳定输出高电平；当 $R_{off} < R_I < R_{on}$ 时，与非门既不处于关门状态也不处于开门状态，输出为不合格电平。

由图 11.3.8c 可以看出，当 $R_I \rightarrow \infty$ 时，即电路一个输入端开路时，$u_I = 1.4\text{V}$，相当于输入逻辑"1"。通常，TTL 与非门的多余端不宜开路，以免引入干扰信号。电路多余输入端可以与信号端并接使用，或者经电阻（大于 1kΩ，当输入端出现短路等情况时，起限流保护作用）接电源正极，如图 11.3.9 所示。

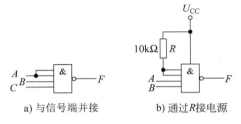

a) 与信号端并接　　　b) 通过R接电源

图 11.3.9　TTL 与非门多余输入端的连接

（4）输出特性

门电路输出端接负载时，其输出电压与输出电流之间的关系曲线称为输出特性（设输出电流流入电路为正，反之为负）。

1）高电平输出特性。当 $u_O = U_{OH}$ 时，V_4 截止，V_3、VD_3 导通，输出端的等效电路如

图 11.3.10a 所示。负载电流自与非门内部向外流，称为**拉电流**。电路的输出阻抗很小，约为 100Ω 左右。i_0 较小时，由于 V_3 工作在射极输出状态而具有自动调节作用，可使 u_0 稳定输出高电平。当负载电阻减小，i_0 增大时，由于 V_3 进入饱和状态而失去调节作用，使 u_0 下降较快，如图 11.3.10b 所示。

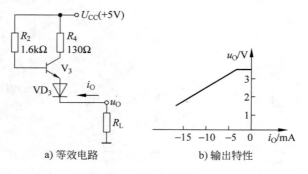

a) 等效电路　　　　　b) 输出特性

图 11.3.10　高电平输出特性

2）低电平输出特性。当 $u_0 = U_{OL}$ 时，V_4 饱和导通，V_3、VD_3 截止，输出端的等效电路如图 11.3.11a 所示。负载电流自外部流入与非门内部，称为**灌电流**。电路的输出阻抗为 V_4 饱和时 c、e 间的电阻，约为 10Ω 左右。i_L 较小时，V_4 维持饱和状态，使 u_0 稳定输出低电平。当负载电阻减小，i_0 增大时，由于 V_4 退出饱和状态而使 u_0 上升，如图 11.3.11b 所示。

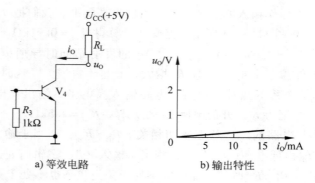

a) 等效电路　　　　　b) 输出特性

图 11.3.11　低电平输出特性

逻辑门在正常工作条件下，输出端驱动同类门的最大数目称为**扇出系数** N_0。输出高电平时，$N_{OH} = I_{OH(max)}/I_{IH}$，输出低电平时，$N_{OL} = I_{OL(max)}/I_{IL}$，$N_0$ 取 N_{OH}、N_{OL} 两者中较小的一个。通常，逻辑门输出低电平时的扇出系数小于输出高电平时的扇出系数，TTL 标准系列与非门的扇出系数 $N_0 \geqslant 8$。图 11.3.12 为一个 TTL 与非门驱动若干个负载门的电路。

（5）动态特性

1）传输延迟。三极管作为开关应用时，由于输出和输入间存在延迟特性（用 t_{on} 和 t_{off} 定量描述），因此当 TTL 与非门的输入信号发生变化时，由于若干三极管 t_{on} 和 t_{off} 的累积，使输出信号的变化滞后于输入信号，如图 11.3.13 所示。

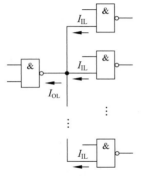

图 11.3.12　TTL 与非门的扇出

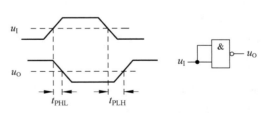

图 11.3.13　TTL 与非门的传输延迟

将 u_I 上升沿中点与 u_O 下降沿中点的时间间隔记为 t_{PHL}，u_I 下降沿中点与 u_O 上升沿中点的时间间隔记为 t_{PLH}，则 t_{PHL} 和 t_{PLH} 的平均值称为 TTL 与非门的**平均传输延迟时间**，记为 t_{pd}，即

$$t_{pd} = \frac{1}{2}(t_{PHL} + t_{PLH}) \tag{11.3.8}$$

它是衡量门电路开关速度的重要指标，如 TTL 标准系列与非门 SN7400，在电源电压 $U_{CC} = 5V$，环境温度 $T_A = 25℃$，负载电阻 $R_L = 400\Omega$，负载电容 $C_L = 15pF$ 的条件下，t_{pd} 的典型值为 9ns，最大值为 18.5ns。

2）动态尖峰电流。TTL 与非门稳态工作时，输出高电平的稳态电源电流 I_{CCH} 约为 1mA，输出低电平的稳态电源电流 I_{CCL} 约为 3.4mA。

当电路状态发生改变时，如 u_I 由高电平向低电平跳变时，会出现 V_1、V_2、V_3、VD_3、V_4 同时导通的情形，此时 i_{CC} 将产生很大的尖峰电流，其峰值可达几十毫安，典型数值为 32mA。TTL 与非门在动态信号输入情况下，电源 U_{CC} 提供的电流的近似波形如图 11.3.14 所示。

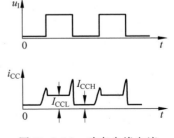

图 11.3.14　动态尖峰电流

由于动态尖峰电流的存在，使得电源功耗增加；动态尖峰电流的另一不利影响是在共用 U_{CC} 的电路间形成串扰，可以在电源与地间接入退耦合电容以消除其影响。

4. 常见 TTL 标准系列与非门

常见 TTL 标准系列与非门的型号有 7400（四–二输入与非门）和 7410（三–三输入与非门），它们的引脚排列示意图如图 11.3.15 所示。

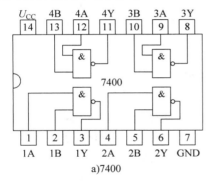

a）7400

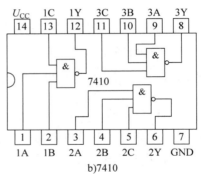

b）7410

图 11.3.15　引脚排列示意图

11.3.2 其他类型的 TTL 标准系列门电路

常见的 TTL 门电路的种类很多，除与非门外，还有非门、与门、或门、或非门、与或非门、异或门、同或门、TS 门、OC 门等。它们的输入级和输出级电路与 TTL 标准系列 2 输入与非门类似，因此前面所讲的与非门的输入特性和输出特性对这些门电路同样适用。

1. 或非门

或非门的典型电路如图 11.3.16 所示。图中 V_1'、V_2'、R_1' 组成的电路与 V_1、V_2、R_1 组成的电路完全相同。当 $A = B = 0$ 时，V_2、V_2' 同时截止，V_4 截止，V_3 导通，从而电路输出高电平，$Y = 1$；当 A、B 中有"1"输入时，设 $A = 1$，$B = 0$，则 V_2、V_4 导通，V_2'、V_3 截止，输出低电平，$Y = 0$。因此，Y 和 A、B 间为或非关系，即 $Y = \overline{A + B}$。如果用多发射极三极管代替 V_1、V_1'，则可构成与或非门。

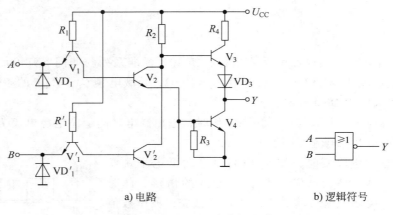

a) 电路　　　　　　　　　　　b) 逻辑符号

图 11.3.16　TTL 或非门电路

2. 异或门

异或门的典型电路如图 11.3.17 所示。图中 V_1 为多发射极三极管，实现与逻辑功能，V_1 集电极输出为 AB；V_2、V_2'、V_3、V_4 构成的电路与图 11.3.16 中 V_1、V_1'、V_2、V_2' 构成的电路一样，实现或非的功能，因此，V_3、V_4 的集电极输出为 $\overline{A + B}$；V_5、V_6、V_7、V_8 构成的电路与图 11.3.16 中 V_2、V_2'、V_3、V_4 构成的电路一样，V_5、V_6 实现或非功能，V_7、V_8 为推拉输出，因此，输出 Y 为

$$Y = \overline{\overline{A + B} + AB} = (A + B)(\overline{A} + \overline{B}) = \overline{A}B + A\overline{B} = A \oplus B$$

即该电路的输出与输入间为异或逻辑关系。

3. 集电极开路输出的门电路

上文所讨论的各类门的输出级电路均是推拉式输出，负载能力较强，但使用时有一定的局限性。

1）输出端不能并联实现线与功能。输出端若能并联使用（相连的输出端实现与逻辑功能，称为**线与**），在用门电路组成各种逻辑电路时，有时能大大简化电路。由图 11.3.18 可见，倘若一个门输出高电平而另一个门输出低电平，由于两个门的输出阻抗都很低，则输出端并联后必然有很大的负载电流同时流过这两个门的输出级。这个电流的数值将远远超过正常工作电流，不仅会破坏电路的逻辑关系，还可能使门电路损坏。

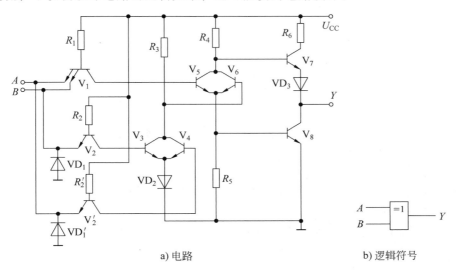

a) 电路   b) 逻辑符号

图 11.3.17 TTL 异或门电路

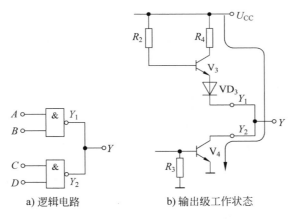

a) 逻辑电路   b) 输出级工作状态

图 11.3.18 推拉式输出级并联的情况

2) 输出高电平无法改变。在采用推拉式输出级的门电路中，电源一经确定(通常规定工作在 +5V)，输出的高电平也就固定了，因而无法满足输出不同高电平的需要。

3) 不能驱动较大电流、较高电压的负载。

为了克服上述局限性，把推拉式输出结构改为集电极开路的三极管结构，改进后的门电路称为集电极开路输出的门电路(Open-Collector Gate)，简称 **OC 门**。

图 11.3.19 给出了 OC 结构与非门的电路结构和逻辑符号。这种门电路在工作时需要外接负载电阻和电源。只要电阻的阻值和电源电压的数值选择得当，就能做到既保证输出的高、低电平符合要求，输出端三极管的负载电流又不过大。

OC 门的输出端可以并联使用实现线与功能，如图 11.3.20 所示。由图可知，只有 $A = B = 1$ 时，V_4 才导通，$Y_1 = 0$，故 $Y_1 = \overline{AB}$；同理，$Y_2 = \overline{CD}$。由于 Y_1、Y_2 两条输出线连接在一起，因而只有 Y_1、Y_2 同时为高电平时，Y 才是高电平，即 $Y = Y_1 \cdot Y_2$。又因为

$$Y = Y_1 \cdot Y_2 = \overline{AB} \cdot \overline{CD} = \overline{AB + CD}$$

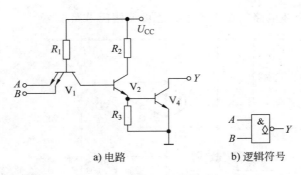

a) 电路　　　　　　　　　　b) 逻辑符号

图 11.3.19　OC 结构与非门

所以将两个 OC 结构的与非门线与连接即可得到与或非的逻辑功能。

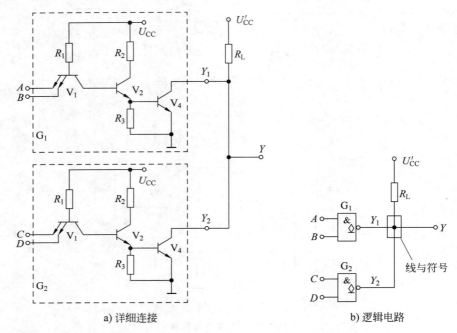

a) 详细连接　　　　　　　　　　b) 逻辑电路

图 11.3.20　OC 门输出端并联实现线与功能

　　由于两个门的 V_4 同时截止时，输出的高电平为 $U_{OH} = U'_{CC}$，而 U'_{CC} 的电压数值可以不同于门电路本身的电源 U_{CC}，因此只要根据要求选择 U'_{CC} 的大小，就可以得到所需的 U_{OH}。

　　有些 OC 门的输出管设计得尺寸较大，足以承受较大电流和较高电压。例如，SN7407 输出管允许的最大负载电流为 40mA，截止时耐压 30V，足以直接驱动小型继电器。

　　下面讨论外接电阻 R_L 阻值的计算方法。假设将 n 个 OC 门的输出端并联，驱动 m 个 TTL 与非门的输入端，如图 11.3.21 所示。

　　当所有的 OC 门同时截止时，输出为高电平，如图 11.3.21a 所示，由于 OC 门输出级 V_4 截止时的漏电流 I_{OH} 和负载门的高电平输入电流 I_{IH} 同时流过外接电阻 R_L，在其两端形成电压，为保证输出高电平不低于规定的数值 U_{OH}，R_L 不能取得太大，由此可得到 R_L 的上限 $R_{L(max)}$。由图 11.3.21a 可得

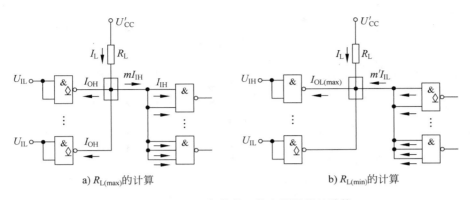

a) $R_{L(max)}$ 的计算　　　　　　　　　　　　　　b) $R_{L(min)}$ 的计算

图 11.3.21　OC 门外接上拉电阻阻值的计算

$$U_{DD} - (nI_{OH} + mI_{IH})R_L \geqslant U_{OH}$$

$$R_L \leqslant \frac{U_{DD} - U_{OH}}{nI_{OH} + mI_{IH}} \qquad (11.3.9)$$

即 $R_{L(max)} = \dfrac{U_{DD} - U_{OH}}{nI_{OH} + mI_{IH}}$。

当 OC 门至少有一个导通时，输出为低电平，如图 11.3.21b 所示，电流 I_L、负载门的低电平输入电流 I_{IL} 都流入导通 OC 门的 V_4 管，当只有一个 OC 门导通时，流入其 V_4 管的电流达到最大，受流经 V_4 管的最大电流 $I_{OL(max)}$ 限制，R_L 不能取得太小，由此可得到 R_L 的下限 $R_{L(min)}$。由图 11.3.21b 可得

$$\frac{U_{DD} - U_{OL}}{R_L} + m' \mid I_{IL} \mid \leqslant I_{OL(max)}$$

$$R_L \geqslant \frac{U_{DD} - U_{OL}}{I_{OL(max)} - m' \mid I_{IL} \mid} \qquad (11.3.10)$$

即 $R_{L(min)} = \dfrac{U_{DD} - U_{OL}}{I_{OL(max)} - m' \mid I_{IL} \mid}$，式中 m' 为负载门的低电平输入电流数目，若负载门为与非门，m' 为与非门的个数，若负载门为或非门，m' 为或非门的并联输入端数。

总之，R_L 的阻值应满足

$$R_{L(min)} \leqslant R_L \leqslant R_{L(max)}$$

4. 三态输出门电路

三态输出门电路又称**三态门**，是在普通门电路的基础上增加控制电路而形成的。它的输出有 3 种状态：高电平、低电平和高阻态。

图 11.3.22 为三态输出与非门的电路结构和逻辑符号。在图 11.3.22a 中，当控制端 $EN = 1$ 时，P 点为高电平，TTL 与非门不受影响，仍然实现与非门功能，此时电路输出为 $Y = \overline{AB \cdot 1} = \overline{AB}$；当 $EN = 0$ 时，P 点为低电平，二极管 VD_1 导通，V_3 的基极电位被钳制在 0.9V，使 V_3 截止。同时，P 作为 V_1 的一个输入信号，使 V_2、V_4 也截止。由于 V_3、V_4 同时截止，因此输出端呈高阻状态。由于控制端 $EN = 1$ 时，三态门处于正常的与非工作状态，因此称控制端高电平有效，其逻辑符号如图 11.3.22b 所示。

如果图 11.3.22a 电路中 EN 与 P 点间的非门只有一个，则在 $EN = 0$ 时三态门为正常工作状态，称控制端低电平有效，其逻辑符号如图 11.3.22c 所示。

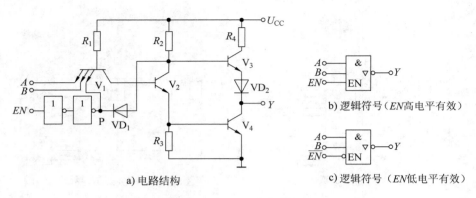

a) 电路结构

b) 逻辑符号（EN高电平有效）

c) 逻辑符号（EN低电平有效）

图 11.3.22 三态与非门

利用三态门可以构成总线结构和实现数据双向传输，如图 11.3.23 和图 11.3.24 所示。在图 11.3.23 中，工作时控制各个门的 EN 端在任何时刻仅有一个等于 1，这样就可以把各个门的输出信号轮流送到公共的传输线——总线上而互不干扰。在图 11.3.24 中，当 $DIR=0$ 时，数据总线上的数据经门 G_2 送到左端，门 G_1 呈高阻态；当 $DIR=1$ 时，左端数据经门 G_1 送到数据总线，门 G_2 呈高阻态。

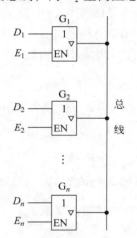

图 11.3.23 用三态门构成总线结构

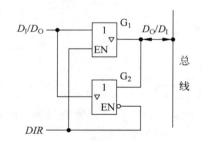

图 11.3.24 用三态门实现数据双向传输

例 11.3.1 电路及输入波形分别如图 11.3.25a、b 所示，试写出电路的输出函数表达式并画出相应的输出波形。

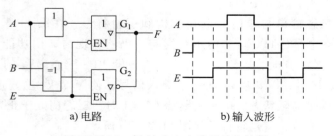

a) 电路

b) 输入波形

图 11.3.25 例 11.3.1 电路及输入波形

解：由图 11.3.25a 可见，当 $E=0$ 时，三态门 G_1 工作，三态门 G_2 处于高阻状态，$F=\overline{A}$；当 $E=1$ 时，三态门 G_2 工作，三态门 G_1 处于高阻状态，$F=\overline{A\oplus B}$。由此可得 F 的综合表达式为 $F=\overline{E}\cdot\overline{A}+E\cdot\overline{A\oplus B}$，$F$ 对应的输出波形如图 11.3.26 所示。

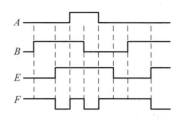

图 11.3.26　例 11.3.1 电路输出波形

11.3.3　TTL 其他系列门电路

理想的门电路应工作速度高而静态功耗低。前述标准系列 TTL 与非门 t_{pd} 的典型值约为 10ns，空载静态功耗约为 10mW。为了进一步提高工作速度，降低功耗，在 54/74 系列后又研制生产了 54H/74H（High-speed TTL）系列、54L/74L（Low-power TTL）系列、54S/74S（Schottky TTL）系列、54LS/74LS（Low-power Schottky TTL）系列、54AS/74AS（Advanced Schottky TTL）系列、54ALS/74ALS（Advanced Low-power Schottky TTL）系列、54F/74F（Fast TTL）系列等。54H/74H 系列和 54L/74L 系列现已淘汰不用，下面以 54/74 系列为参照，简单介绍其他各种系列门电路的特点。

54S/74S 系列：该系列从三个方面进行改进，采用抗饱和三极管，减小电路中电阻的阻值，引入有源泄放电路。抗饱和三极管由普通的双极型三极管和肖特基势垒二极管（Schottky Barrier Diode，SBD）组合而成，如图 11.3.27 所示。SBD 的开启电压较低，约为 0.4V，而且本身没有电荷的存储作用，开关速度较高。当三极管饱和时，SBD 将 b-c 间的正向压降钳制在 0.4V，使 u_{CE} 保持在 0.3V 左右，从而使三极管不进入深饱和状态。54S/74S 系列门电路的工作速度较高，电压传输特性曲线上没有线性区，更接近理想的开关特性，但功耗较大，输出低电平升高（最大值可达 0.5V 左右）。

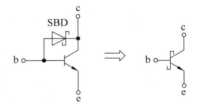

图 11.3.27　抗饱和三极管

54LS/74LS 系列：该系列主要从五个方面进行改进，采用抗饱和三极管，提高电路中电阻的阻值，引入有源泄放电路，用 SBD 代替输入端的多发射极三极管，输出级与中间级间引入放电二极管。门电路的工作速度与 54/74 系列相当，电压传输特性曲线上也没有线性区，功耗降为 54/74 系列的 1/5，输出低电平升高（最大值可达 0.5V 左右）。

54AS/74AS 系列：电路结构与 54LS/74LS 相似，但在电路中采用了很低阻值的电阻，从而提高了工作速度，但功耗较大。

54ALS/74ALS 系列：为了降低功耗，电路中采用了较高阻值的电阻，同时通过改进生产工艺，缩小了器件尺寸，获得了降低功耗、缩短平均延迟时间的双重功效。

54F/74F 系列：工作速度和功耗两方面都介于 54AS/74AS 和 54ALS/74ALS 系列之间。

为便于比较，现将不同系列 TTL 四 2 输入与非门（SN74××00）的最大平均传输延迟、最大静态电流等参数列于表 11.3.1 中。静态电流和静态功耗密切相关，在电源电压相同的情况下，静态电流越小则静态功耗也越小。

表 11.3.1 不同系列 TTL 门电路（SN74××00）的性能比较

TTL系列	最大平均传输延迟 t_{pd}（ns/门）	最大静态电流（mA）	最大输出电流（mA）	最大输入电流（mA）	电源电压范围（V）
74	18.5	22	−0.4/16	0.04/−1.0	4.75~5.25
74S	4.75	36	−1/20	0.05/−2.0	4.75~5.25
74LS	15	4.4	−0.4/8	0.02/−0.4	4.75~5.25
74AS	4.25	10.3	−2/20	0.02/−0.5	4.5~5.5
74ALS	9.5	1.93	−0.4/8	0.02/−0.2	4.5~5.5
74F	5.65	6.5	−1/20	0.02/−0.6	4.5~5.5

54 系列为军用产品，74 系列为工业和民用产品。从芯片内部看，二者实际上采用同一版图设计和工艺制造方法，只是由于 54 系列为军用，因此在制造中加入了非常严格的各种镜检、挑选、封装和筛选。从芯片外部讲，54 系列和 74 系列的区别主要是工作环境温度范围不同、电源电压范围不同，54 系列允许的工作环境温度范围为 −55 ~ +125℃，电源电压范围为 5V ± 10%，74 系列允许的工作环境温度范围为 0 ~ +70℃，电源电压范围为 5V ±5%。

在过去相当长的一段时间里，54LS/74LS 系列是 TTL 电路的主流系列，将来，54ALS/74ALS 系列有可能取代 54LS/74LS 系列而成为 TTL 电路的主流系列。

11.4 ECL 门电路简介

双极型集成电路中，TTL 电路应用较为广泛，其他类型的双极型电路常用在某些有特殊要求的场合。这里简单介绍 ECL（Emitter Coupled Logic）门电路。

ECL 门电路是一种非饱和型的高速逻辑电路，作开关用的三极管只工作在浅截止和放大状态，不进入饱和状态。

图 11.4.1 是典型 ECL 或/或非门电路和逻辑符号。按图中的虚线，电路划分为三个部分：电流开关、基准电压和射极输出。

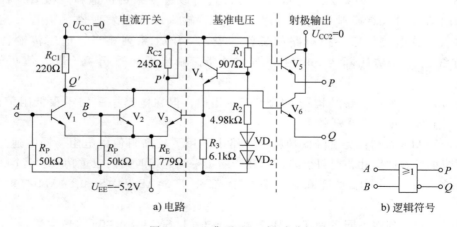

a) 电路 　　　　　　 b) 逻辑符号

图 11.4.1 典型 ECL 或/或非门

电路正常工作时，$U_{CC1} = U_{CC2} = 0$V，$U_{EE} = -5.2$V，V_4 管发射极的电压为基准值 $U_R = -1.3$V，输入信号的高、低电平各为 $U_{IH} = -0.92$V，$U_{IL} = -1.75$V。

当 A、B 均输入低电平 -1.75V 时，因 V_3 管的基极电位为 -1.3V，故 V_3 管导通（假设发射结的正向导通压降为 0.77V），其射极电位为 $u_{E3} = U_R - U_{BE(on)} = -1.3\text{V} - 0.77\text{V} = -2.07\text{V}$。此时，$V_1$、$V_2$ 管的发射结压降为 $u_{BE1} = u_{BE2} = U_{IL} - U_{E3} = -1.75\text{V} - (-2.07\text{V}) = 0.32\text{V}$，故 V_1、V_2 管截止。P' 点为低电平，Q' 点为高电平，分别经射随器 V_5、V_6 输出，考虑到电阻 R_{C1}、R_{C2} 上的压降及 V_5、V_6 管发射结的正向导通压降，则 P 端输出低电平 $U_{OL} = -1.75\text{V}$，Q 端输出高电平 $U_{OH} = -0.92\text{V}$。

当输入端有一个接高电平时（假设为 A 端），V_1 管的基极电位为 -0.92V，高于 V_3 管的基极电位 -1.3V，故 V_1 管导通，其射极电位为 $u_{E1} = U_{IL} - U_{BE(on)} = -0.92\text{V} - 0.77\text{V} = -1.69\text{V}$。此时，$V_3$ 管的发射结压降为 $u_{BE3} = U_R - U_{E3} = -1.3\text{V} - (-1.69\text{V}) = 0.39\text{V}$，故 V_3 管截止。P' 点为高电平，Q' 点为低电平，经射随器输出后，P 端、Q 端分别输出高电平 $U_{OH} = -0.92\text{V}$、低电平 $U_{OL} = -1.75\text{V}$。

可见，$P = A + B$，$Q = \overline{A + B}$。

基准电压由 V_4 管组成的射极输出电路提供，V_4 与 VD_1、VD_2 具有相同的温度特性，能补偿因温度变化而引起的基准电压飘移。

ECL 逻辑门具有以下特点：
- 电路的基本形式为"或/或非门"，有"或/或非"两个互补输出端；
- 使用 -5.2V 负电源，阈值电压 $U_T \approx -1.3\text{V}$，噪声容限在 0.2V 左右，抗干扰能力弱；
- 在各类逻辑门中，工作速度最高，带负载能力较强，但功耗也最大；
- 将多个 ECL 逻辑门的输出端直接相连，可实现线或功能。

目前，ECL 门电路的产品主要用于高速、超高速的数字系统和设备当中。

11.5　CMOS 门电路

CMOS 门电路是单极型逻辑电路，由 PMOS 和 NMOS 管构成互补管作为开关元件，故称为互补 MOS 电路。CMOS 反相器和 COMS 传输门是构成复杂 CMOS 逻辑电路的基本模块。

与双极型逻辑电路相比，CMOS 电路具有如下特点：
- 制造工艺简单，集成度高；
- 工作电源电压允许的变化范围大，功耗小；
- 输入阻抗高，扇出系数大；
- 抗干扰能力强。

CMOS 逻辑电路特别适用于制造中、大规模集成器件，当前的微型计算机系统中，CMOS 电路的使用占有很大优势。

当前，CMOS 逻辑电路已成为与双极型逻辑电路并驾齐驱的另一类集成电路，并且在大规模、超大规模集成电路方面已经超过了双极型逻辑电路的发展势头。

11.5.1　CMOS 反相器

CMOS 反相器电路如图 11.5.1 所示。图中 V_1 为驱动管，N 沟道增强型；V_2 为负载管，P 沟道增强型。V_1、V_2 构成一对互补管。V_1 和 V_2 的开启电压分别为 $U_{GS(th)N}$ 和 $U_{GS(th)P}$，且

$U_{GS(th)N} = |U_{GS(th)P}|$，它们的导通内阻 R_{on} 和截止内阻 R_{off} 也相同，同时取电源电压 $U_{DD} > U_{GS(th)N} + |U_{GS(th)P}|$。

1. 工作原理

1）$u_I = 0V$ 时，对于 V_1 管，$u_{GS1} = 0V < U_{GS(th)N}$，所以 V_1 截止，截止时内阻高达几百兆欧；对于 V_2 管，$u_{GS2} = -U_{DD} < U_{GS(th)P}$，所以 V_2 导通，导通时内阻很小（小于 $1k\Omega$）。因此 $u_O \approx U_{DD}$，输出高电平，用 U_{OH} 表示，对 4000 系列，其规范值为 $U_{OH} \geqslant U_{DD} - 0.05V$，对 74HC 系列，其规范值为 $U_{OH} \geqslant U_{DD} - 0.1V$。

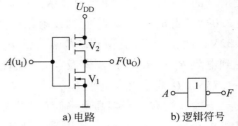

图 11.5.1　CMOS 反相器

2）$u_I = U_{DD}$ 时，对于 V_1 管，$u_{GS1} = U_{DD} > U_{GS(th)N}$，所以 V_1 导通，内阻很小；对于 V_2 管，$u_{GS2} = 0V > U_{GS(th)P}$，所以 V_2 截止。因此 $u_O \approx 0V$，输出低电平，用 U_{OL} 表示，对 4000 系列，其规范值为 $U_{OL} \leqslant U_{SS} + 0.05V$，对 74HC 系列，其规范值为 $U_{OL} \leqslant U_{SS} + 0.1V$，其中 U_{SS} 表示 N 沟道 MOS 管的源极电位，在图 11.5.1 中，$U_{SS} = 0$。

可见，$P = \bar{A}$，实现反相器功能。

2. 电压传输特性和电流转移特性

CMOS 反相器的电压传输特性和电流转移特性分别如图 11.5.2a、b 所示。这两种曲线均可分为 5 个部分。

1）AB 段：$u_I < U_{GS(th)N}$ 时，V_2 充分导通而 V_1 截止，故 $i_D = 0$，$u_O = U_{DD}$。

2）BC 段：$U_{GS(th)N} < u_I < \frac{1}{2}U_{DD}$ 时，V_2 仍然导通，但由于 u_{GS2} 的增加，使其导通程度有所下降，导通电阻升高；另外，V_1 开始导通，由于 u_{GS1} 较低，故其导通电阻较高。因此 i_D 开始出现，且随着 u_I 的增加而增加，而 u_O 有所下降。

3）CD 段：$u_I \approx \frac{1}{2}U_{DD}$ 时，V_1、V_2 均导通；$u_I = \frac{1}{2}U_{DD}$ 时，V_1、V_2 导通程度相同，$u_O = \frac{1}{2}U_{DD}$，i_D 达到最大值。若 u_I 略微变化，会导致 u_O 和 i_D 发生很大的变化。

4）DE 段：与 BC 段类似。

5）EF 段：与 AB 段类似。

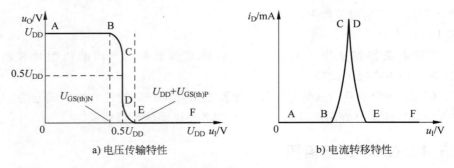

图 11.5.2　电压传输特性和电流转移特性

3. 主要特点

- 静态时，$i_D = 0$（AB 段、EF 段），故 CMOS 电路静态功耗极低。

- 工作电源电压 U_{DD} 允许的变化范围大，如 74AHC 系列为 $2.0 \sim 5.5V$。

- 阈值电压 $U_T = \dfrac{1}{2} U_{DD}$。

- 输入阻抗高，扇出系数大。

- 电路的噪声容限较高，而且只要提高电源电压 U_{DD}，即可提高电路的抗干扰能力。

对 CMOS 电路，通常规定 $U_{OH(min)} = U_{OH(max)} - 0.1 U_{DD} \approx U_{DD} - 0.1 U_{DD} = 0.9 U_{DD}$，$U_{OL(max)} = U_{OL(min)} + 0.1 U_{DD} \approx 0 + 0.1 U_{DD} = 0.1 U_{DD}$，由图 11.5.2a 可得对应的 $U_{IL(max)}$ 和 $U_{IH(min)}$，从而根据式（11.3.3）、式（11.3.4）可计算电路的噪声容限 U_{NH}、U_{NL}。作为一般情况下的估计，可以认为 CMOS 电路的噪声容限是电源电压 U_{DD} 的 30%，即 $U_{NH} = U_{NL} = 0.3 U_{DD}$。

11.5.2 其他类型的 CMOS 门电路

1. CMOS 与非门

CMOS 与非门电路如图 11.5.3 所示，电路由 4 个 MOS 管组成。V_1、V_2 构成一对互补管，V_3、V_4 构成一对互补管。V_1、V_3 为串联的驱动管，V_2、V_4 为并联的负载管。$A = B = 1$ 时，V_1、V_3 导通，V_2、V_4 截止，输出低电平，$F = 0$；A、B 中只要有一个为"0"，则 V_1、V_3 均截止，而 V_2、V_4 中至少有一个管子导通，输出高电平，$F = 1$。可见，该电路实现了与非门的逻辑功能，即 $F = \overline{AB}$。

图 11.5.3 的 CMOS 与非门虽然结构简单，但稍加分析就可发现它存在着一些问题。

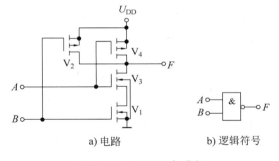

a) 电路　　　　b) 逻辑符号

图 11.5.3　CMOS 与非门

假定每个管子的导通电阻均为 R_{on}，截止电阻为 $R_{off} \to \infty$，则与非门的输出电阻见表 11.5.1。可见输出电阻与电路的输入状态有关，而且若输入端子数变化，输出电阻也会变化，输出电平也随之改变。为克服以上缺点，常用带缓冲级的 CMOS 与非门，如图 11.5.4 所示。

表 11.5.1　与非门的输出电阻

输入		输出	输出电阻
A	B	F	R_o
0	0	1	$\dfrac{1}{2} R_{on}$
0	1	1	R_{on}
1	0	1	R_{on}
1	1	0	$2 R_{on}$

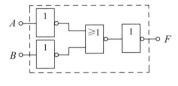

图 11.5.4　带缓冲级的 CMOS 与非门

2. CMOS 或非门

CMOS 或非门电路如图 11.5.5 所示。V_1、V_2 为一对互补管，V_3、V_4 构成另一对互补管。V_1、V_4 为两个并联的驱动管，V_2、V_3 为两个串接的负载管。当 $A = B = 0$ 时，V_1、V_4 截止，V_2、V_3 导通，输出高电平，$F = 1$；当 A、B 中只要有"1"输入时，V_1、V_4 中至少有

一个导通，V_2、V_3 截止，输出低电平，$F=0$。可见，$F=\overline{A+B}$。同 CMOS 与非门相似，可以用带缓冲级的电路消除输出电平和阻抗受输入端子数目和状态的影响，如图 11.5.6 所示。

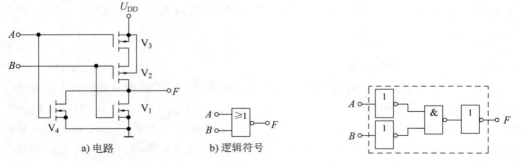

图 11.5.5 CMOS 或非门   图 11.5.6 带缓冲级的 CMOS 或非门

3. CMOS 门电路的构成规律

分析复杂 CMOS 门电路的功能时，可以不必像前面一样逐个分析电路中各 MOS 管的通断情况，首先找到驱动管和负载管构成的一对互补管，然后按照下面的规律判断电路的功能（也可根据此规律设计 CMOS 门电路）。

1）MOS 管的连接方式。分两种情况：驱动管串联，负载管并联；驱动管并联，负载管串联。

2）MOS 管的连接顺序。也分两种情况：驱动管先串后并，负载管先并后串；驱动管先并后串，负载管先串后并。

3）实现的逻辑功能。驱动管相串为"与"，相并为"或"，先串后并为先"与"后"或"，先并后串为先"或"后"与"。驱动管组和负载管组连接点引出输出为"取反"。

4. CMOS 双向传输门

利用 PMOS 管和 NMOS 管的互补可以接成如图 11.5.7 所示的 CMOS 双向传输门。

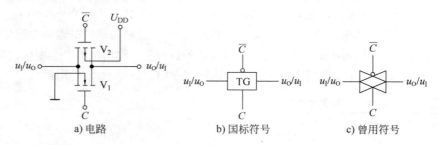

图 11.5.7 CMOS 双向传输门

V_1、V_2 是漏极和源极在结构上完全对称的一对互补管，漏、源极可以互换使用。因此电路图上栅极引出线画在栅极中间。C 和 $\overline{C}$ 为一对互补的控制信号。

当 $C=0$ 时，V_1、V_2 同时截止，因此该双向传输门停止工作，u_0 无输出信号，呈悬浮态。

当 $C=1$ 时，双向传输门开始工作。$0 \leqslant u_I \leqslant U_{TN}$ 时，V_2 截止，V_1 导通；$U_{TN} < u_I \leqslant U_{DD} - |U_{TP}|$ 时，V_1、V_2 均导通；$U_{DD} - |U_{TP}| < u_I \leqslant U_{DD}$ 时，V_1 截止，V_2 导通。故 u_I 在 $0 \sim U_{DD}$ 间变化时，V_1、V_2 中至少有一个导通，因此 $u_0 = u_I$，相当于传输门导通，信号可以通过。输入输出可以互换使用，因此这是一个双向器件。传输门的导通电阻近似为一常数，达数百欧姆。

传输门是 CMOS 集成电路的基本单元，当它和反相器结合起来后，可以组成各种功能的逻辑电路，如触发器、寄存器、计数器等。图 11.5.8 为由反相器和传输门构成的异或门。

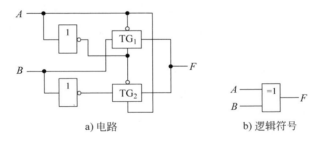

a) 电路　　　　　　　　b) 逻辑符号

图 11.5.8　由反相器和传输门构成的异或门

当 $A = 0$ 时，TG_1 导通而 TG_2 截止，$F = B$；当 $A = 1$ 时，TG_2 导通而 TG_1 截止，$F = \overline{B}$。所以，可得 $F = \overline{A}B + A\overline{B} = A \oplus B$。

同时，传输门也是一种模拟开关，可以传输模拟信号，某些精密 CMOS 模拟开关的导通电阻可在 20Ω 以下。若将多个传输门集成于同一芯片上，可做成多路模拟开关。

CMOS 门电路与 TTL 一样，类型很多，如与或非门、OD（漏极开路）门、TS（三态）门等，这里不一一详述了。

11.5.3　使用 CMOS 集成电路的注意事项

由于 CMOS 集成电路具有很高的的输入阻抗，因此很容易因感应静电而被击穿。虽然其内部在每一个输入端都加有双向保护电路，但在使用时还是要注意以下几点：

1）采用金属屏蔽盒储存或金属纸包装，不能用塑料袋等易产生静电的材料，以防止静电电压击穿器件。

2）工作台面用金属材料覆盖并应良好接地，不宜用绝缘良好的材料，如塑料、橡皮等，防止积累静电击穿器件。

3）由于电路的输入阻抗高，易受外界干扰的影响，因此不用的输入端或者多余的门都不能悬空。应根据不同的逻辑功能，分别与 U_{DD}（高电平）或 U_{SS}（低电平）相连，或者与有用的输入端并在一起。

4）输出级所接电容负载不能大于 $500pF$，否则，输出级功率过大会损坏电路。

5）若输入端出现接低内阻信号源、接大电容、接长线情况，应在门电路的输入端接保护电阻，以保证输入保护电路中二极管导通时流过的电流不超过 $1mA$。

6）焊接时，宜采用 20W 或 25W 内热式电烙铁，烙铁外壳要接地良好，烙铁功率不能过大。

7）组装、调试时，应使各种仪器、仪表等良好接地。

8）调试时，若 CMOS 电路和信号源、负载电路使用不同电源，则加电时应先开 CMOS 电路电源再开信号源、负载电路的电源，关断时应先关信号源和负载的电源，再关 CMOS 电路电源。

9）严禁带电插、拔器件或拆装电路板，以免瞬态电压损坏 CMOS 器件。

10）一般在 CMOS 门电路与 TTL 逻辑电路混用时，要注意逻辑电平的匹配。

11.5.4　CMOS 其他系列门电路

自 20 世纪 60 年代 CMOS 电路出现以来，随着 CMOS 制造工艺的不断改进，CMOS 电路的性能得到了迅速地提高。20 世纪 80 年代后，在减小单元电路的功耗和缩短传输延迟时间两个主要方面的进展尤为迅速。现在，随着移动通信、袖珍仪表等的发展需求，CMOS 电路正朝着低电压、超高速、大驱动能力、高密度集成的方向迅猛发展。目前，CMOS 门电路已形成了 4000 系列、74HC/HCT 系列、74AHC/AHCT 系列、74AC/ACT 系列、74LVC 系列、74ALVC 系列等，可应用于 5V、3.3V、2.5V、1.8V 等不同的应用系统。

4000 系列是最早投放市场的 CMOS 集成电路产品。由于其传输延迟时间很长，可达 100ns 左右，且带负载能力较弱(电源电压为 5V 时，输出电流为 $-0.5mA/0.5mA$)，因此，目前已基本淘汰。

74HC/HCT(High-speed COMS logic/High-speed CMOS logic-TTL compatible)系列产品的典型传输延迟时间缩短到 10ns 左右，仅为 4000 系列的十分之一，同时，它的带负载能力也提高到 4mA 左右。74HC 系列与 74HCT 系列在传输延迟时间和带负载能力上基本相同，只是在工作电压范围和对输入信号电平的要求不同。74HC 系列可以在 2.0~6.0V 间的电压下工作，选择较高的电压可以提高工作速度，而选择较低的电压可以降低功耗。74HCT 系列工作在单一的 5V 电压下，它的输入为 TTL 电平，输出为 CMOS 电平，可以与 TTL 电路混合使用。

74AHC/AHCT(Advanced High-speed CMOS logic/Advanced High-speed CMOS logic-TTL compatible)系列是对 74HC/HCT 系列的改进，工作速度、带负载能力提高了 1 倍左右，同时与 74HC/HCT 系列产品兼容，是目前应用较广的 CMOS 器件。

74AC/ACT(Advanced CMOS logic/Advanced CMOS logic-TTL compatible)系列的工作速度与 74AHC/AHCT 系列相近，但带负载能力提高了 3 倍左右。

74LVC(Low-Voltage CMOS logic)系列的电源电压范围为 2.0~3.6V，在电源电压为 3.3V 时，最大平均传输延迟仅为 4.3ns，最大负载电流可达 24mA，是目前应用最广泛的 CMOS 器件之一。

74ALVC(Advanced Low-Voltage CMOS logic)系列在 74LVC 系列的基础上，进一步提高了工作速度，电源电压范围为 1.65~3.6V，最大负载电流仍可达 24mA。

为便于比较，现将不同系列 CMOS 四 2 输入与非门(SN74××00)的最大平均传输延迟、最大静态电流等参数列于表 11.5.2 中。

表 11.5.2　不同系列 CMOS 门电路(SN74××00)的性能比较

CMOS 系列	最大平均传输延迟 t_{pd}(ns/门)	最大静态电流 (mA)	输出电流 (mA)	最大输入电流(μA)	电源电压范围(V)
74AC	7.75	0.02	$-24/24$	$-1/1$	2.0~6.0
74ACT	8.75	0.02	$-24/24$	$-1/1$	4.5~5.5
74AHC	8.5	0.02	$-8/8$	$-1/1$	2.0~5.5
74AHCT	9	0.02	$-8/8$	$-1/1$	4.5~5.5
74LVC	4.3	0.01	$-24/24$	$-5/5$	2.0~3.6
74ALVC	3	0.01	$-24/24$	$-5/5$	1.65~3.6
74HC	20	0.02	$-4/4$	$-1/1$	2.0~6.0
74HCT	22	0.02	$-4/4$	$-1/1$	4.5~5.5

注：1. 表中给出的最大平均传输延迟和输出电流，74ACT/74AHCT/74AC/74AHC 是 $U_{DD}=5V$ 下的参数，74LVC/74ALVC 是 $U_{DD}=3.3V$ 下的参数；对 74HC，最大平均传输延迟是 $U_{DD}=6V$ 下的参数，输出电流是 $U_{DD}=5V$ 下的参数；对 74HCT，最大平均传输延迟是 $U_{DD}=5.5V$ 下的参数，输出电流是 $U_{DD}=5V$ 下的参数。

2. 74ACT/74AHCT/74HCT 的输入电平为 TTL，输出电平为 CMOS；74ALVC 的输入电平、输出电平为 LVTTL (当电源电压为 2.7~3.6V 时，$U_{IL(max)}=0.8V$，$U_{IH(min)}=2V$)；74LVC 的输入电平为 TTL/CMOS，输出电平为 LVTTL。

54 系列和 74 系列的区别主要是工作环境温度范围不同，54 系列允许的工作环境温度范围为 −55 ~ +125℃，74 系列允许的工作环境温度范围为 −40 ~ +85℃。

11.6　CMOS 门电路与 TTL 门电路的连接

在设计电路中，若同时应用了 TTL 和 CMOS 两种器件，则需要解决它们之间如何连接的问题。需注意的是，无论 TTL 系列还是 CMOS 系列，只要器件名称最后的数码相同，它们的逻辑功能就是一样的，而且，在采用同样的封装形式时，它们的外部引脚的排列顺序也完全相同，但它们的电气特性大不相同，不能简单地相互替换。下面简单介绍连接的原则及常见连接电路。

1. 连接原则

两种器件连接时，驱动门必须为负载门提供合适的高、低电平及足够的驱动电流，由于两种器件的逻辑电平、驱动能力不同，因此在连接时需满足以下 4 个原则。

1) 驱动门输出高电平的最小值需不低于负载门输入高电平的最小值，即

$$U_{OH(min)} \geqslant U_{IH(min)} \tag{11.6.1}$$

2) 驱动门输出低电平的最大值需不高于负载门输入低电平的最大值，即

$$U_{OL(max)} \leqslant U_{IL(max)} \tag{11.6.2}$$

3) 驱动门高电平输出电流的最大值需不低于负载门高电平输入电流的最大值，即

$$|I_{OH(max)}| \geqslant I_{IH(max)} \tag{11.6.3}$$

若驱动门同时驱动多个输入端或门，式 (11.6.3) 改为 $|I_{OH(max)}| \geqslant nI_{IH(max)}$，其中 n 为负载电流的个数。

4) 驱动门低电平输出电流的最大值需不低于负载门低电平输入电流的最大值，即

$$I_{OL(max)} \geqslant |I_{IL(max)}| \tag{11.6.4}$$

若驱动门同时驱动多个输入端或门，式 (11.6.4) 改为 $I_{OL(max)} \geqslant m|I_{IL(max)}|$，其中 m 为负载电流的个数。

常见逻辑电平的标准见表 11.6.1，不同芯片厂家的具体逻辑电平要查阅数据手册。

表 11.6.1　TTL 和 CMOS 系列门电路输出电平和输入电平标准

逻辑电平	电源电源 (V)	$U_{OH(min)}$ (V)	$U_{OL(max)}$ (V)	$U_{IH(min)}$ (V)	$U_{IL(max)}$ (V)
TTL(4.5 ~ 5.5V)	5	2.4	0.4	2	0.8
CMOS(4.5 ~ 5.5V)	5	4.44	0.5	3.5	1.5
LVTTL(2.7 ~ 3.6V)	3.3	2.4	0.4	2	0.8
LVCMOS(2.7 ~ 3.6V)	3.3	2.4	0.4	2	0.8
LVCMOS(2.3 ~ 2.7V)	2.5	2.1	0.2	1.7	0.7
LVCMOS(1.65 ~ 1.95V)	1.8	1.35	0.2	1.17	0.63

为便于对照，表 11.6.2 列出了各种 TTL 系列 (电源电压为 4.75V) 和 CMOS 系列 (电源电压为 4.5V) 门电路 (SN74××00) 的 $U_{OH(min)}$、$U_{OL(max)}$、$U_{IH(min)}$ 和 $U_{IL(max)}$。

表 11.6.2　TTL 和 CMOS SN74××00 系列门电路输出电平和输入电平

门电路系列	$U_{\mathrm{OH(min)}}$（V）	$U_{\mathrm{OL(max)}}$（V）	$U_{\mathrm{IH(min)}}$（V）	$U_{\mathrm{IL(max)}}$（V）
74	2.4	0.4	2	0.8
74HC	3.84	0.33	3.15	1.35
74HCT	3.84	0.33	2	0.8
74AHC	3.8	0.44	3.85	1.65
74AHCT	3.8	0.44	2	0.8
74S/AS/LS/ALS/F	2.7	0.5	2	0.8
74AC	3.76	0.44	3.15	1.35
74ACT	3.76	0.44	2	0.8

注：$U_{\mathrm{OH(min)}}$ 和 $U_{\mathrm{OL(max)}}$ 是最大负载电流下的输出电压。

2. TTL 电路驱动 CMOS 电路

（1）TTL 电路驱动 HC/AHC/AC 系列 CMOS 电路

根据表 11.3.1 和表 11.5.2 给出的数据可知，所有 TTL 电路的高电平最大输出电流都在 0.4mA 以上，低电平最大输出电流都在 8mA 以上，而 HC/AHC/AC 系列 CMOS 电路的高、低电平输入电流都在 1μA 以下。因此，用任何一种系列的 TTL 电路驱动 HC/AHC/AC 系列 CMOS 电路，都可以满足式（11.6.3）和式（11.6.4）。由表 11.6.2 可知，所有 TTL 电路的 $U_{\mathrm{OL(max)}}$ 均低于 HC/AHC/AC 系列 CMOS 电路的 $U_{\mathrm{IL(max)}}$，所以式（11.6.2）也满足。然而，所有 TTL 电路的 $U_{\mathrm{OH(min)}}$ 均低于 HC/AHC/AC 系列 CMOS 电路的 $U_{\mathrm{IH(min)}}$，故式（11.6.1）不满足。

为提高 TTL 电路输出高电平的下限值，最简单的方法是在 TTL 电路的输出端与电源之间接入上拉电阻 R_{U}，如图 11.6.1 所示。当 TTL 电路的输出为高电平时，推拉式输出电路的 V_3、V_4 管同时截止，故有

$$U_{\mathrm{OH}} = U_{\mathrm{DD}} - R_{\mathrm{U}}(I_0 + I_{\mathrm{IH}}) \tag{11.6.5}$$

式中，I_0 为 TTL 电路输出级 V_4 管截止时的漏电流，I_{IH} 为 CMOS 电路高电平输入电流。适当选取 R_{U} 的阻值，可使输出高电平提升至 $U_{\mathrm{OH}} \approx U_{\mathrm{DD}}$。

（2）TTL 电路驱动 HCT/AHCT/ACT 系列 CMOS 电路

因两类电路性能兼容，故可以直接相连，不需要外加元件。

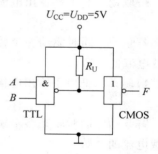

图 11.6.1　接上拉电阻提升 TTL 电路输出高电平的下限值

3. CMOS 电路驱动 TTL 电路

根据表 11.3.1 和表 11.5.2 的数据可知，HC/AHC/AC/HCT/AHCT/ACT 系列 CMOS 电路的 $I_{\mathrm{OH(max)}}$、$I_{\mathrm{OL(max)}}$ 均在 4mA 以上，TTL 电路的 $I_{\mathrm{IH(max)}}$、$I_{\mathrm{IL(max)}}$ 都在 2mA 以下，所以式（11.6.3）和式（11.6.4）满足。根据表 11.6.2，很容易看出式（11.6.1）和式（11.6.2）也满足。

因此，在 $U_{\mathrm{CC}} = U_{\mathrm{DD}} = 5\mathrm{V}$ 情况下，HC/AHC/AC/HCT/AHCT/ACT 系列 CMOS 电路可以直接驱动所有 TTL 电路。

思考题

1. 什么是逻辑门？基本逻辑门指哪几种逻辑门？

2. 晶体三极管饱和导通和截止条件是什么？

3. 什么是开门电阻、关门电阻？在分析 TTL 门电路输入负载特性时应如何确定它们的数值？

4. 当与非门输入端均为高电平时输出端为低电平，此时若负载输入电流过大会产生什么现象？

5. TTL 与非门多余输入端应如何处理？或门、或非门、与或非门多余输入端应如何处理？

6. TTL 与非门输入端并联时总的输入电流的计算方法和 TTL 或非门输入端并联时总的输入电流的计算方法有何不同？

7. 什么是"线与"？普通 TTL 门电路为什么不能进行"线与"？

8. 三态门输出有哪三种状态？接至同一总线上的三态门能够正常工作的必要条件是什么？

9. ECL 门电路的主要特点是什么？

10. 与 TTL 门电路相比，CMOS 门电路有什么特点？

11. 能否将两个互补输出结构的 CMOS 门电路的输出端并联，接成"线与"结构？

12. TTL 与 CMOS 逻辑如何解决"接口"问题？

习题

11.1 在题 11.1 图 a、b 两个电路中，试计算当输入端为以下三种状态时，输出电压 u_O 为多少，并指出三极管 V 工作在何种状态（饱和、截止、放大）。设 V 导通时 $u_{BE} = 0.7V$。（1）$u_1 = 0V$；（2）$u_1 = 5V$；（3）输入端悬空。

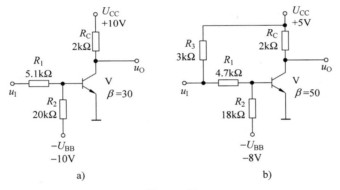

题 11.1 图

11.2 试说明在下列情况下，题 11.2 图 a、b 的电压表和电流表指示值各为多少。设该与非门 $I_{IH} = 30\mu A$，$I_{IS} = 1mA$。已知门电路为 TTL 门电路。

（1）A 悬空；

（2）A 接 3.4V；

（3）A 接地。

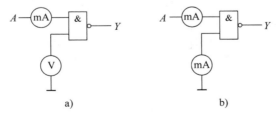

题 11.2 图

11.3 试分析题 11.3 图 a、b 电路的逻辑功能，列出真值表，并写出 P_1、P_2 和 P_3 的逻辑表达式。

11.4 写出题 11.4 图各电路的输出表达式。已知门电路为 TTL 门电路。

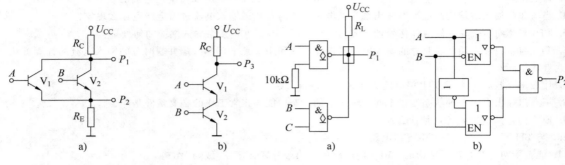

题 11.3 图　　　　　　　　　　　　　　　题 11.4 图

11.5 如题 11.5 图 a 所示电路，已知输入信号的波形如题 11.5 图 b 所示，请画出输出信号 P_1 和 P_2 的电压波形并写出 P_2 的逻辑表达式。已知门电路为 TTL 门电路。

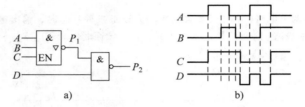

题 11.5 图

11.6 如题 11.6 图所示电路，各电压表的指示值为多少？已知门电路为 TTL 门电路。

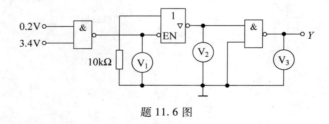

题 11.6 图

11.7 写出题 11.7 图各电路的输出是什么状态（高电平、低电平或高阻态）。已知这些门电路都是 TTL 门电路。

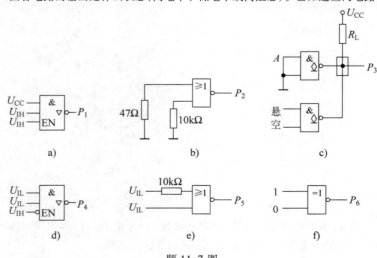

题 11.7 图

11.8 若题 11.7 图中 b、d、e、f 的门电路是 CMOS 电路，那么这些电路的输出又是什么状态（高电平、低电平或高阻态）？

11.9 试说明下列各种门电路中哪些输出端可以并联使用？

    (1) 推拉式输出的 TTL 门；

    (2) TTL 电路的 OC 门；

    (3) TTL 电路的 TS 门；

    (4) 推拉式输出的 CMOS 门；

    (5) CMOS 电路的 OD 门；

    (6) CMOS 电路的 TS 门。

11.10 试指出题 11.10 图所示 TTL 门电路中空闲输入端 X_1、X_2 和 X_3 应如何处理。

11.11 试说明能否将两输入端的与非门、或非门、异或门当作反相器使用。如果可以，输入端应如何连接？

11.12 试计算题 11.12 图电路中上拉电阻 R_U 的阻值范围。其中，G_1、G_2 是 74LS 系列 OC 门，输出管截止时的漏电流 $I_{OH} \leqslant 100\mu A$，输出低电平 $U_{OL} \leqslant 0.4V$ 时允许的最大负载电流 $I_{OL(max)} = 8mA$。G_3、G_4、G_5 是 74LS 系列与非门，它们的输入电流为 $|I_{IL}| \leqslant 0.4mA$、$I_{IH} \leqslant 20\mu A$。电源电压 $U_{CC} = 5V$，要求 OC 门的输出高、低电平应满足 $U_{OH} \geqslant 3.2V$、$U_{OL} \leqslant 0.4V$。

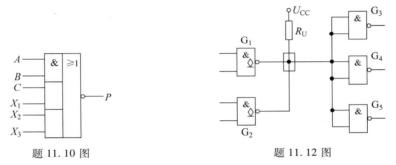

题 11.10 图   题 11.12 图

11.13 将题 11.12 图电路中 G_3、G_4、G_5 改为或非门，其他不变，试重新计算上拉电阻 R_U 的阻值范围。

11.14 写出题 11.14 图所示 ECL 电路输出 F_1、F_2 和 F_3 的表达式。

11.15 题 11.15 图是用 TTL 电路驱动 CMOS 电路的实例，试计算上拉电阻 R_U 的阻值范围。其中，TTL 与非门在 $U_{OL} \leqslant 0.3V$ 时的最大输出电流 $I_{OL(max)} = 8mA$，输出管截止时的漏电流 $I_{OH} = 50\mu A$。CMOS 或非门的高电平输入电流 $I_{IH} = 1\mu A$，低电平输入电流 $I_{IL} = 1\mu A$。电源电压 $U_{DD} = 5V$，要求加到 CMOS 或非门输入端的电压应满足 $U_{IH} \geqslant 4V$、$U_{IL} \leqslant 0.3V$。

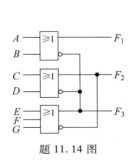

题 11.14 图

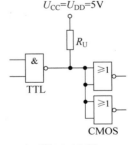

题 11.15 图

11.16 写出题 11.16 图所示电路的逻辑表达式。

11.17 已知 TTL 门电路及各输入信号分别如题 11.17 图 a、b 所示，试在下面两种情况下分别画出输出端 P_1、P_2 和 P_3 的波形。

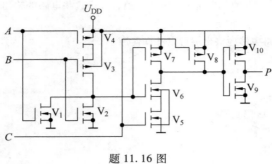

题 11.16 图

（1）不考虑各门的 t_{pd}；

（2）考虑各门的 t_{pd}（假设各门的 t_{pd} 相同）。

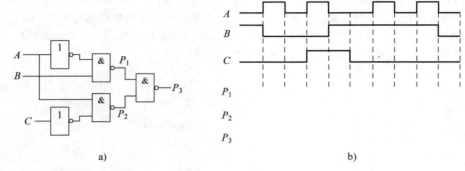

a)　　　　　　　　　　　　　　　　b)

题 11.17 图

11.18 写出题 11.18 图中各 CMOS 电路的逻辑表达式。

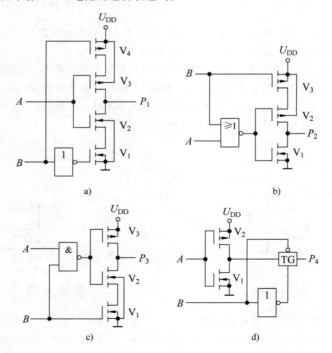

题 11.18 图

模拟电子技术常用符号

1. 基本符号

U、u	电压	L	电感
I、i	电流	F、f	频率
P、p	功率	Ω、ω	角频率
R、r	电阻	$S = \sigma + j\omega$	复频率
G、g	电导	BW	通频带
X、x	电抗	T	温度、周期
B、b	电纳	η	效率
Z、z	阻抗	τ	时间常数
Y、y	导纳	φ	相位角
C	电容		

2. 电流和电压

I_B	大写字母、大写下标，表示直流量
i_B	小写字母、大写下标，表示包含直流量的瞬时总量
I_b	大写字母、小写下标，表示正弦交流量有效值
i_b	小写字母、小写下标，表示交流量瞬时值
I_{BQ}	工作点处直流量（静态量）
I_{bm}	正弦交流量振幅值
$\dot{I}_b$	交流复数值
ΔI_B	直流变化量
Δi_B	瞬时值的变化量
$\dot{I}_f$、$\dot{U}_f$	交流反馈电流、电压复数值
$\dot{I}_i$、$\dot{U}_i$	交流输入电流、电压复数值
$\dot{I}_o$、$\dot{U}_o$	交流输出电流、电压复数值
$\dot{U}_s$	交流源电压复数值
I_R、U_R 或 I_{REF}、U_{REF}	参考电流、电压
u_+	集成运放同相输入电压
u_-	集成运放反相输入电压
u_{ic}	共模输入电压
u_{id}	差模输入电压
Δu_{ic}	共模输入电压变化量
Δu_{id}	差模输入电压变化量
U_{TH}、U_{TL}	电压比较器的阈值电压
U_{OH}	电压比较器的输出高电平
U_{OL}	电压比较器的输出低电平
U_{BB}	基极回路电源电压
U_{CC}	集电极回路电源电压
U_{EE}	发射极回路电源电压
U_{DD}	漏极回路电源电压
U_{SS}	源极回路电源电压

3. 功率

P_i	输入交流功率	P_T	晶体管耗散功率
P_o	输出交流功率	P_E	直流电源供给功率
P_{om}	最大输出交流功率		

4. 频率

f_H	放大电路的上限截止频率	f_p	滤波电路的截止频率
f_L	放大电路的下限截止频率	f_o	电路的振荡频率

5. 电阻

R_i	放大电路的输入电阻
R_o	放大电路的输出电阻
R_s	信号源内阻
R_{if}	负反馈放大电路的输入电阻
R_{of}	负反馈放大电路的输出电阻
R_L	负载电阻
R_N	集成运放反相输入端外接的等效电阻
R_P	集成运放同相输入端外接的等效电阻

6. 放大倍数、增益

A	放大倍数或增益
A_{uc}	共模电压放大倍数
A_{ud}	差模电压放大倍数
$\dot{A}_u$	电压放大倍数的复数值
A_{uI}	中频电压放大倍数
$\dot{A}_{us}$	源电压放大倍数的复数值
F	反馈系数通用符号

7. 半导体和 PN 结

C_T	势垒电容
C_D	扩散电容
C_J	结电容
N	N 型半导体
n	电子浓度
n_{P0}	PN 结 P 区达到动态平衡时的电子浓度
P	P 型半导体
p	空穴浓度
U_B	PN 结平衡时的内建电位差
U_T	温度的电压当量

8. 二极管

V、VD	二极管
VZ	稳压二极管
i_D	二极管的电流
I_{FM}	二极管的最大整流平均电流
I_F	二极管的正偏电流
I_R	二极管的反偏电流
I_S	二极管的反向饱和电流
r_D	二极管导通时的动态电阻
r_z	稳压管工作在稳压状态下的动态电阻
$U_{D(on)}$	二极管的开启电压
U_{BR}	二极管的击穿电压
U_z	稳压管的稳压电压

9. 双极型晶体管

V、VT	双极型晶体管
E、e	发射极
B、b	基极

C、c	集电极
$C_{b'c}$	混合 π 等效电路中集电结的等效电容
$C_{b'e}$	混合 π 等效电路中发射结的等效电容
f_β	晶体管共射接法电流放大系数的上限截止频率
f_α	晶体管共基接法电流放大系数的上限截止频率
f_T	晶体管的特征频率
g_m	跨导
h_{ie}、h_{fe}、h_{re}、h_{oe}	晶体管共射 H 参数模型的 4 个参数
I_{CBO}	发射极开路时集电结反向饱和电流
I_{CEO}	基极开路时 c-e 间的穿透电流
I_{CM}	集电极最大允许电流
P_{CM}	集电极最大允许耗散功率
$r_{bb'}$	基区体电阻
$r_{b'e}$	发射结微变等效电阻
$U_{(BR)CBO}$	发射极开路时 b-c 间的反向击穿电压
$U_{(BR)CEO}$	基极开路时 c-e 间的反向击穿电压
U_{CES}	晶体管饱和压降
$U_{BE(on)}$	晶体管 b-e 间的开启电压
U_A	厄尔利电压
α	晶体管共基交流电流放大倍数
$\bar{\alpha}$	晶体管共基直流电流放大倍数
β	晶体管共射交流电流放大倍数
$\bar{\beta}$	晶体管共射直流电流放大倍数

10. 单极型晶体管

V、VF	单极型晶体管
D、d	漏极
G、g	栅极
S、s	源极
C_{ds}	d-s 间等效电容
C_{gs}	g-s 间等效电容
C_{gd}	g-d 间等效电容
g_m	跨导
I_D	漏极电流
I_{DSS}	结型场效应晶体管、耗尽型场效应晶体管 $U_{GS}=0$ 时的漏极电流
I_S	场效应晶体管的源极电流
P_{DM}	漏极最大允许耗散功率
r_{ds}	d-s 间的微变等效电阻
U_{GSoff}	结型场效应晶体管、耗尽型场效应晶体管的夹断电压
U_{GSth}	增强型 MOS 管的开启电压

11. 集成运放

A	集成运放	I_{IO}	输入失调电流
A_{ud}	开环差模电压增益	U_{IO}	输入失调电压
dI_{IO}/dT	I_{IO} 的温漂	K_{CMR}	共模抑制比
dU_{IO}/dT	U_{IO} 的温漂	r_{id}	差模输入电阻
BW_G	单位增益带宽	S_R	转换速率
I_{IB}	输入偏置电流		

12. 其他符号

Q	静态工作点	$G \cdot BW$	增益带宽积
S_r	稳压电路中的稳压系数	K	热力学温度的单位

参 考 文 献

[1] 孙肖子，张企民．模拟电子技术基础[M]．西安：西安电子科技大学出版社，2001．

[2] 童诗白，华成英．模拟电子技术基础[M]．3 版．北京：高等教育出版社，2000．

[3] 谢嘉奎．电子线路：线性部分[M]．北京：高等教育出版社，1999．

[4] 谢沅清，解月珍．电子电路基础[M]．北京：人民邮电出版社，1999．

[5] 张凤言．电子电路基础[M]．2 版．北京：高等教育出版社，1995．

[6] 王汝君，钱秀珍．模拟集成电子电路[M]．南京：东南大学出版社，1993．

[7] 宋文涛，等．模拟电子线路习题精解[M]．北京：科学出版社，2003．

[8] 王成华．电路与模拟电子学[M]．北京：科学出版社，1999．

[9] 王成华，等．现代电子技术基础：模拟部分[M]．南京：南京航空航天大学出版社，2005．

[10] 阎石．数字电子技术基础[M]．5 版．北京：高等教育出版社，2006．

[11] 张豫溟，等．电子电路课程设计[M]．南京：河海大学出版社，2005．

[12] 张顺兴．数字电路与系统设计[M]．南京：东南大学出版社，2004．

[13] 谢嘉奎，宣月清．电子线路：非线性部分[M]．2 版．北京：高等教育出版社，1984．

[14] Texas Instruments Incorporated. NAND Gates Product [EB/OL]. https：//www. ti. com/logic-voltage-translation/logic-gates/nand-gates/products. html?keyMatch = NAND% 20GATE.

[15] Texas Instruments Incorporated. FilterPro™ User's Guide [EB/OL]. https：//www. ti. com/lit/an/sbfa 001c/sbfa001c. pdf? ts = 1654855480962&ref _url = https% 253A% 252F% 252Fwww. ti. com% 252Fsitesearch% 252Fen-us% 252Fdocs% 252Funiversalsearch. tsp% 253FlangPref% 253Den-US% 2526searchTerm% 253DfilterPro% 2526nr% 253D454.